Paul Gosselin

Fuite de l'Absolu

observations cyniques sur
l'Occident postmoderne

volume I

SAMIZDAT

Catalogage avant publication de Bibliothèque et Archives Canada

Gosselin, Paul, 1957-
Fuite de l'Absolu: observations cyniques sur l'Occident postmoderne. volume I

L'ouvrage complet comprend 2 volumes
Comprend des réf. bibliogr. et un index.
ISBN 2-9807774-1-2 (v. 1)

1. Postmodernisme. 2. Cosmologie. 3. Civilisation occidentale.
4. Religion et civilisation. I. Titre.
B831.2.G67 2006   149'.97   C2006-940497-6

Dépôt légal - Bibliothèque nationale du Québec, 2006
Dépôt légal - Bibliothèque nationale du Canada, 2006

Couverture: Détail de *Le triangle invisible*
par Constance Cimon, 2002 - Acrylique sur toile.
voir: www.samizdat.qc.ca/arts/av/cimon

Samizdat 2006© (réédition Lightning Source 2011, texte intégral)
COP Jean-Gauvin
CP 25019
Québec, QC
G1X 5A3
www.samizdat.qc.ca/publications

mise en page: PogoDesign

Ô lassitude d'hommes qui se détournent de DIEU
À la grandeur de votre esprit et la gloire de votre action,
Aux arts, inventions et entreprises audacieuses,
Aux plans de grandeur humaine entièrement discrédités,
Assujettissant la terre et l'eau,
Exploitant mers et développant montagnes,
Classant les astres en communs et préférés,
Engagés à concevoir le réfrigérateur parfait,
Engagés à produire une moralité rationnelle,
Engagés à imprimer autant de livres que possible,
Conspirant l'utopie et jetant de côté bouteilles vides,
Se détournant de son ennui vers l'enthousiasme fébrile
Pour la nation ou la race ou ce que vous appelez l'humanité;
Bien que tu oublies le chemin vers le Temple,
Quelqu'un se souvient du chemin vers ta porte:
La vie tu peux fuir, mais la Mort tu ne pourras
Tu ne pourras renier l'Étranger.*

TS Eliot (Choruses from 'the Rock' 1982: 117)

Ô monde de printemps et d'automne, naissance et mort!
Cycle sans fin d'idées et d'actions,
Inventions innombrables, expériences sans fin,
Produisent connaissance du mouvement,
Mais non la sérénité.
Connaissance du discours, mais ignorance du silence;
Connaissance des mots et ignorance de la Parole.
Toute notre connaissance nous approche de notre ignorance
Toute notre ignorance nous approche de la mort,
Approche de la mort, sans s'approcher de Dieu.
Où est la Vie que nous avons perdue en vivant?
Où est la sagesse que nous avons perdue en savoir?
Où est la connaissance que nous avons perdue en information?
Les cycles du ciel en vingt siècles
Nous éloignent de Dieu et nous approchent de la Poussière*.

T. S. Eliot (Choruses from 'the Rock' 1982: 107)

L'art de la mosaïque:
Assemblage décoratif de petites pièces rapportées (tesselles) retenues par un mastic et dont la juxtaposition représente un dessin.
Figuré; la combinaison d'éléments disparates, sans lien entre eux, afin de donner forme à un concept inédit.

Table des matières

Avant-propos — **IV**

1 / Visions du monde — **2**
La religion réincarnée — 13
Schizophrénie idéologique — 18
L'Église invisible — 24
Faire entendre sa cause — 32

2 / Vivisection du patient — **44**
Science extrême — 53
Mirages médiatiques — 61
Le déclin de l'empire matérialiste — 64
De nouvelles élites religieuses — 75

3 / Le credo fantôme — **80**
Infrastructures — 89
Les instruments du pouvoir — 93
Comportements médiatiques — 104
La structure des monopoles scientifiques — 121
Des fétiches réexaminés — 125

4 / Rites de passage — **132**
Les règles du jeu — 142
Protocoles et nuances fatidiques — 152
Relativité et relativisme — 157
Prosélytisme et liberté — 170
Sur le plan intellectuel… — 190
Chercher une référence — 194
Ghettos postmodernes — 210

5 / Les anthropophages **222**
   L'embarras du soi   227
   Après soi ?   238
   The ghost in the machine   241
   L'épreuve ultime   247
   Gérer le cheptel humain…   262
   Complémentarités dysfonctionnelles   272
   L'homme biotech   275
   Écologie de l'homo sapiens   294
   La faim   306

6 / Postface   **310**

7 / Bibliographie   **314**

8 / Notes   **334**

9 / Index   **402**

10 / Reconnaissances   **420**

11 / Considérations techniques   **422**

Avant-propos

Il y a un siècle ou deux, la religion jouissait en Occident d'une grande influence (voir le contrôle) sur plusieurs institutions sociales d'une importance stratégique: l'éducation, la justice, la science, les soins de santé, les arts, la culture, etc. Aujourd'hui, les choses ont bien changé. Au cours du xxe siècle, la laïcisation a marginalisé le discours religieux traditionnel occidental. Les grandes institutions sont toutes dominées par une perspective laïque. Exception faite des États-Unis possiblement, il est manifeste pour le plus grand nombre que l'Occident est devenu séculier, sans religion. Mais si on regarde au-delà des apparences, on découvre que le besoin de sens n'a jamais cessé de hanter l'homme occidental. Même si le contexte culturel a changé, les questions ultimes restent tout aussi pertinentes au xxie siècle qu'elles pouvaient l'être dans l'Antiquité ou au Moyen Âge. Est-ce pensable que le matérialisme dit scientifique (et sa nombreuse progéniture idéologique) n'ait pas éliminé la religion, mais, dans le contexte actuel, ait supplanté ses fonctions et participe, bon gré mal gré, à fournir des réponses à la question du sens?

Il faut constater que la vision du monde matérialiste a été d'abord une idée dans l'esprit de quelques penseurs influents du Siècle des Lumières, mais avec le temps elle a fini par former l'attitude et le comportement des classes éduquées et, finalement, de sociétés entières. La pénétration de cette vision du monde est à ce point profonde qu'elle est devenue un présupposé invisible, allant de soi.

À la rencontre d'un intellectuel, je m'amuse parfois à poser les questions suivantes: «Qu'est-ce pour toi que le postmodernisme? Qu'est-ce que la distinction moderne/postmoderne?» Les réponses varient toujours en fonction des champs d'intérêt de la personne et de son domaine de formation. Une définition pertinente, dans le champ des études littératures ou en architecture, sera bien souvent sans intérêt en anthropologie ou en histoire. Il ne peut donc être question ici que d'offrir une perspective inévitablement partielle et partiale de la question.

Qu'est-ce qu'une vision du monde, une idéologie ou une religion[1]? Il s'agit d'abord d'un système de pensée élaboré pour donner un sens à l'existence humaine tout aussi bien sur le plan intellectuel qu'émotif. Dans un premier temps, une vision du monde comporte une **cosmologie**, c'est-à-dire un ensemble de présupposés sur l'ordre du monde. La cosmologie fournit le cadre conceptuel dans lequel se joue le jeu de l'existence humaine, ou, en d'autres mots, la scène où se joue le théâtre de la vie. Elle prend souvent, mais pas toujours, la forme d'un mythe d'origines. Pour exprimer la chose de manière primaire, on pourrait dire qu'une cosmologie fournit une boîte dans laquelle l'existence humaine se joue et prend son sens. Une cosmologie matérialiste[2] propose une boîte assez étroite tandis que les diverses cosmologies théistes proposent des boîtes comportant des dimensions additionnelles ainsi que des catégories d'êtres inconnus dans une cosmologie matérialiste. La cosmologie a donc comme fonction principale d'établir les limites du pensable. Elle fournit un grand nombre d'éléments susceptibles de servir de réponse aux grandes questions de l'existence humaine dont la source de l'aliénation humaine. Déjà, la cosmologie fonde et préfigure les développements moraux, voire une eschatologie[3], qui suivront dans l'édification d'une vision du monde.

Une vision du monde ou **système idéologico-religieux** s'appui sur sa cosmologie et implique une explication de l'aliénation humaine ainsi que des stratégies pour tenter d'atténuer ou de remédier à cette situation. Parfois ces moyens sont conçus pour aboutir à une résolution finale. Cette dernière peut prendre la forme du Progrès, le retour du Messie, le Nirvana, la Nouvelle Jérusalem, l'unification des nations islamiques sous un calife, les cinq cieux hindous[4], la société sans classes ou le cyberespace[5]. Les stratégies des diverses visions du monde pour remédier à l'aliénation humaine ne peuvent évidemment se comprendre sans référence à leur cosmologie propre. Nous postulons donc ici qu'une religion est une tentative d'imposer un ordre, de donner un sens au monde. Que son discours fasse référence ou non au surnaturel est sans importance. Une cosmologie matérialiste peut tout aussi bien fonder un système idéologico-religieux qu'une cosmologie faisant référence au surnaturel. Dans son développement, une religion est intégrative, elle est une réponse totale aux questionnements de l'existence. C'est dire que cette tentative sera plus ou moins réussie selon les contextes historiques et selon la perception que peut avoir l'individu de sa cohérence ou de ses contradictions. Nous postulons ici qu'il est impossible de comprendre le système éthique, la moralité d'un système idéologico-religieux sans comprendre sa cosmologie, car ce sont les présupposés de la cosmologie qui préfigurent: tabous, préceptes éthiques, concepts d'aliénation, divers moyens d'expression artistique ainsi que l'eschatologie[6] d'une religion.

Le système idéologico-religieux **moderne**, héritier du Siècle des Lumières et dominant au XXe siècle, a d'abord mis de côté la religion [chrétienne surtout] et a affirmé que désormais la science serait la source véritable du savoir et du salut. Si autrefois la hiérarchie ecclésiastique ou la Bible étaient les garantes de la Vérité, désormais la science joue ce rôle. L'empirique et la Raison devaient constituer la fondation de tout savoir digne de mention. Et pour assurer la cohérence logique de ce système de pensée, il était nécessaire, voire inévitable, de faire appel à un mythe[7] d'origines auréolé du prestige de la science. Bien qu'une vision du monde matérialiste domine l'Occident depuis le début du XXe siècle; en parallèle, on a maintenu[8] malgré tout plusieurs concepts tirés du bagage culturel judéo-chrétien. Par exemple, on a retenu le concept chrétien d'un sens à l'Histoire[9] et, dans le contexte moderne, on a appelé ce sens *progrès*. D'abord un concept théologique, cette notion s'est vue déplacée, formulée en termes matérialistes. Dans les phases les plus optimistes, on prévoyait que les scientifiques et technologistes nous conduiraient dans une ère de prospérité et de paix sur terre, où la technologie ferait des miracles pour dissiper la maladie ainsi que les limites conventionnelles de l'existence humaine. Aujourd'hui, depuis Auschwitz[10], la bombe H, la résurgence de maladies vaincues telle la tuberculose, les OGM et les divers problèmes de l'environnement liés aux progrès techniques, on est plus prudent. Du point de vue pratique, le politique se trouve désormais «au cœur des choses», c'est-à-dire que le salut moderne est politique. Il vise souvent, mais pas toujours, des projets collectifs.

Dans la période **postmoderne**, on a poursuivi ce processus de délestage et d'autres éléments de l'héritage judéo-chrétien sont, au moyen d'un long processus souterrain, mis de côté, notamment sur le plan de la moralité, le concept d'histoire[11] universelle (unilinéaire), le droit, la place de l'homme dans la nature[12]. De plus, en réaction au moderne, la vision du monde postmoderne renie tout projet politique collectif, universel. Le relativisme culturel élimine tout universalisme moral ou politique, sauf celui de la science. Mais ce n'est là qu'une question de temps. Le concept de progrès est aussi déconstruit. On nie l'universalité de ce concept que l'on aborde en tant que métarécit de l'Occident. Le postmodernisme est en partie une réaction à la monotonie rationnelle du modernisme, de sa foi dans la technologie, dans le progrès et le postulat d'un savoir universel, un colonialisme de l'intellect en quelque sorte. Le féminisme contribue aussi à ce courant postmoderne par son rejet de la Raison mâle, érigé sur l'autel du Siècle des lumières. Chez les postmodernes, la science est sujette à critique. Ces derniers proposent plutôt une idéologie hétérogène, fragmentée. Ils se méfient de l'universel. Si le postmoderne abandonne la Révolution et les grands projets politiques, il lui reste alors un salut dans diverses formes de libération/djihad sexuelle. Tandis que la raison et la vérité sont au cœur du modernisme, il y a lieu de penser que le désir constitue la quintessence du postmoderne. À ce titre, on peut voir dans l'existentialisme un précurseur du postmoderne dans sa relativisation des idéologies collectives modernes et à la place centrale qu'il accorde à l'individu et sa subjectivité, mais cela dit, il reste captif du carcan de la cosmologie moderne (matérialiste).

Il faut noter que le postmoderne ne rejette plus de manière absolue la religion (comme ce fut le cas de l'idéologie moderne), mais son admission sur la place publique est conditionnelle et contraint tout discours religieux à se plier aux exigences du syncrétisme postmoderne, c'est-à-dire que la religion renonce aux prétentions d'un Absolu, d'une Vérité universelle. Le matérialisme pur et dur n'est donc plus obligatoire, l'occulte même n'est pas exclu. Le chamanisme peut cohabiter sans honte avec la prêtrise et le Feng Shui. Les idéologies ou religions collectives[13] sont chose du passé. L'idéologie postmoderne est taillée sur mesure, l'individu est juge de tout. L'individu peut, bien sûr, adhérer à une communauté de foi, mais c'est un aspect de moindre importance, secondaire. Ce processus, que l'on désigne parfois par *cheminement*, masque un *shopping* idéologique, au gré des émotions et des préoccupations du moment. Atteindre un but, trouver la vérité, importe peu, c'est le *cheminement* lui-même qui importe ainsi que la satisfaction émotive ou esthétique que l'individu peut en tirer. Ce processus permet, au moins, de meubler le vide intérieur.

En Occident, l'influence postmoderne est, dans une large mesure, subliminale. Très peu de gens s'identifient en tant que postmodernes et pourtant on constate que chez plusieurs, leurs comportements et attitudes sont largement dominés par les présupposés postmodernes. Il n'y a là rien de très surprenant. Sur le plan médical, par exemple, il est entendu qu'un individu peut être porteur d'une infection sans en être conscient. Par ailleurs, sur le plan idéologique, il est tout aussi possible d'être affecté par la pensée postmoderne, sa mythologie et ses présupposés, sans s'identifier sciemment à ce mouvement. Pour établir les faits, il faut alors appliquer un test diagnostique afin de confirmer ou d'infirmer l'influence postmoderne. Il importe de souligner ici que le sujet de cet ouvrage, le postmoderne, n'est pas un mouvement lié uniquement à la pensée de quelques intellectuels français. Des auteurs tels que Derrida, Foucault, Lyotard, Deleuze et d'autres ont bien sûr participé à, et nourri ce courant, mais il les précède et les dépasse. Il ne s'agit pas d'un phénomène défini par les activités de quelques érudits. Des acteurs tels que les médias populaires, les agences de publicité, le cinéma, les élites médiatiques et d'autres encore participent, de diverses manières, au développement et à la propagation de ce système idéologico-religieux.

La déconstruction et l'analyse de métarécits sont les outils préférés de nos élites postmodernes, mais si on reprend ces outils, en prenant pour cible le discours postmoderne lui-même, il y a lieu de penser que l'intervention est digne d'intérêt. Le sociologue américain Thomas Luckmann est d'avis (1970: 70) qu'a priori toute société possède un système idéologico-religieux, un système de sens, une vision du monde ou, en termes postmodernes, un métarécit. À son avis, il y a toujours une dimension religieuse dans l'élaboration de l'identité personnelle et sociale. Si un système idéologico-religieux constitue donc l'infrastructure de toute civilisation[14], quelle est alors la religion de l'Occident postmoderne? Quels sont ses institutions, ses rites, ses mythes d'origines, ses apôtres, ses fidèles, ses initiations? Dans les pages suivantes, nous tenterons d'examiner toutes ces questions pour regarder au cœur de notre génération. Qu'y trouvons-nous?

1 / Visions du monde

Je ne sais qui m'a mis au monde, ni ce que c'est que le monde, ni que moi-même; je suis dans une ignorance terrible de toutes choses; je ne sais ce que c'est que mon corps, que mes sens, que mon âme et cette partie même de moi qui pense ce que je dis, qui fait réflexion sur tout et sur elle-même, et ne se connaît non plus que le reste.
Je vois ces effroyables espaces de l'univers qui m'enferment, et je me trouve attaché à un coin de cette vaste étendue, sans que je sache pourquoi je suis plutôt placé en ce lieu qu'en un autre, ni pourquoi ce peu de temps qui m'est donné à vivre m'est assigné à ce point plutôt qu'en un autre de toute l'éternité qui m'a précédé et de toute celle qui me suit. Je ne vois que des infinités de toutes parts, qui m'enferment comme un atome et comme une ombre qui ne dure qu'un instant sans retour. Tout ce que je connais est que je dois bientôt mourir; mais ce que j'ignore le plus est cette mort même que je ne saurais éviter. (Blaise Pascal 1670/1960: 125-126)

Dans la collision entre l'Occident et le monde islamique, il y a parfois une confusion chez beaucoup de musulmans qui rejettent et critiquent un Occident dit *chrétien*. Il y a malentendu. Il s'agit en très grande partie d'une illusion, d'un mirage. Cette bête n'existe plus. Il est vrai que sur le plan historique, l'Occident est toujours le porteur d'un certain héritage culturel chrétien, mais il faut bien comprendre que la vision du monde judéo-chrétienne a largement été abandonnée par les élites occidentales depuis un bon moment bien que, lors d'élections, nos politiciens[15] puissent évoquer quelques termes symboliques de l'héritage culturel chrétien. Mais au-delà de la rhétorique, la réalité est tout autre, nous vivons dans une culture postchrétienne. Les influences dominantes actuelles sont rarement chrétiennes. Sur la route de l'Histoire, nous voyons passer les bornes qui marquent cette dérive: racisme génétique (eugénisme), rejet de moralités traditionnelles, matérialisme, Goulag et relativisme des élites, abolition des contraintes sexuelles, culte de la consommation chez les masses, avortement, idéologie gaie, euthanasie, etc.

Évidemment, peu de nos élites sauraient admettre un lien entre la vision du monde postchrétien et les phénomènes que nous venons d'énumérer. Il y a quelques tabous à respecter tout de même. Si le Moyen Âge a dû reconnaître l'Inquisition comme son rejeton, il y a lieu de penser que nos idéologues puissent, un jour, reconnaître les conséquences logiques de leur système de pensée[16].

Pour les élites modernes ou postmodernes, l'homme est un objet parmi tant d'autres, sans statut particulier, naviguant dans le temps et l'espace, un monde où, à bien des égards, rien en soi n'a de sens ou de signification particulière. Il importe de comprendre que la créativité de l'homme moderne s'exerce dans un cadre particulier, c'est-à-dire celui fourni, dans une très large mesure, par la vision du monde matérialiste découlant du Siècle des Lumières et appuyée, depuis le XIXe siècle, sur la théorie de l'évolution. Si l'évolutionnisme est vrai comme nous le proclament les Jacques Monod, Richard Dawkins, Stephen Jay Gould ou Carl Sagan, l'humain n'est effectivement rien d'autre qu'un phénomène naturel parmi tant d'autres. Il n'a aucun sens propre, ni statut particulier. Il n'est, tout au plus, qu'une poignée de molécules bien prétentieuses habitant un univers qui lui est indifférent. L'homme moderne cohérent vit dans un monde désenchanté, vidé de sens où l'organisme que l'on appelle humain s'agite et où aucune divinité n'intervient. C'est un système fermé.

Pour la majorité, cette réalité est masquée, car ce nihilisme porte un voile discret et hypocrite. Mais, bien plus que les gourous scientifiques bien-pensants, les artistes sont sensibles au manque de sens résultant de la vision du monde matérialiste[17]. Puisque le statut professionnel des artistes n'est pas lié généralement à l'institution-science, ils jouissent donc d'une position leur permettant une certaine distance critique. À titre d'exemple, examinons ce que Ray Bradbury, auteur de science-fiction, fait dire à Spender, un de ses personnages principaux, dans **Chroniques martiennes** (1977 : 98-99) :

> C'est l'erreur que nous avons commise après Darwin. Nous avons serré sur nos cœurs Huxley ou Freud. Puis nous avons constaté que Darwin et nos religions ne se concilient pas, ou du moins nous n'avons pas pensé la chose possible. Nous étions stupides. Nous avons tenté de bousculer Darwin, Huxley et Freud. Ils avaient trop de poids. Alors comme des idiots nous avons essayé d'abattre la religion. La réussite a été complète. Nous avons perdu la foi et nous nous sommes demandé quel pouvait bien être le sens de la vie. Si l'art n'était pas plus que l'exutoire d'une sexualité frustrée, si la religion n'était qu'un expédient, à quoi bon vivre ? La foi a toujours fourni réponse à tout. Mais elle s'est totalement effritée avec Freud et Darwin. Nous étions et nous sommes encore des hommes perdus.

Pour leur part, le groupe U2 fait l'écho d'une génération à la fois repue et insatisfaite en notant : « I still haven't found what I'm looking for… » Ainsi, lorsqu'il met de côté, pour un moment, les distractions et s'arrête un moment, l'homme postmoderne contemple le Vide. J.-P. Sartre décrit, avec beaucoup de lucidité, ce manque de sens de l'existence de l'homme moderne (1938 : 182) :

> Le mot Absurdité naît à présent sous ma plume ; tout à l'heure, au jardin, je ne l'ai pas trouvé, mais je ne le cherchais pas non plus, je n'en avais pas besoin : je pensais sans mots, sur les choses, avec les choses. L'absurdité, ce n'était pas une idée dans ma tête, ni un souffle de voix, mais ce long serpent mort à mes pieds, ce serpent de bois. Serpent ou griffe ou racine ou serre de vautour, peu importe. Et sans rien formuler nettement, je comprenais que j'avais trouvé la clef de l'Existence, la clef de mes Nausées, de ma propre vie.

Dans **l'Homme révolté**, Albert Camus, considérant l'œuvre du poète Rimbaud, vise juste touchant le paradoxe tragique de l'homme moderne (1951 : 118) :

La grandeur de Rimbaud n'est pas dans les premiers cris de Charleville ni dans les trafics du Harrar. Elle éclate à l'instant où, donnant à la révolte le langage le plus étrangement juste qu'elle ait jamais reçu, il dit à la fois son triomphe et son angoisse, la vie absente au monde et le monde inévitable, le cri vers l'impossible et la réalité rugueuse à étreindre, le refus de la morale et la nostalgie irrésistible du devoir. À ce moment, où portant en lui-même l'illumination et l'enfer, insultant et saluant la beauté, il fait d'une contradiction irréductible un chant double et alterné, il est le poète de la révolte, et le plus grand.

Kurt Vonnegut, auteur américain de romans noirs et cyniques dont **Slaughterhouse Five/Abattoir 5**, juxtapose, sur le même plan, le destin qui écrase à la fois les insectes et les vies humaines en entonnant le mantra laconique *So it goes*. Vonnegut semble d'ailleurs plutôt cynique quant aux réponses que peuvent nous apporter nos nouvelles élites religieuses. Dans ce même roman, il écrit (1975 : 101) : « À une autre occasion, Billy a entendu Rosewater dire à un psychiatre, 'Je crois que vous, les psys, allez devoir inventer de nouveaux mensonges [religions] sinon les gens ne voudront plus continuer à vivre' »*. On constate chez Vonnegut, comme chez d'autres auteurs matérialistes postmodernes, une certaine schizophrénie. D'une part, on note un besoin d'imposer, sans compromis, le matérialisme impliqué par la théorie évolutionniste et, d'autre part, on observe une tentative, plus ou moins subliminale, de rejeter cette même théorie en raison de ses conséquences impitoyables sur le plan éthique/morale/humain.

Katherine Hayles, une auteure faisant partie du mouvement posthumain[18], explique que les systèmes de croyances traditionnelles, dominants autrefois en Occident, apportaient dans leurs mythes un lieu de refuge pour le sens. Les idéologies postmodernes, par contre, ont des mythes dont l'architecture ne peut apporter un tel abri (1999 : 285) :

> Les travaux d'Eric Havelock, entre autres, démontrent comment, dans la République de Platon, cette perspective de présence originale validait un ego cohérent, stable, pouvant attester et appuyer une réalité cohérente et stable. Par ce biais, et par d'autres moyens, dès le début la métaphysique de la présence introduit ses présupposés dans le système. Le sens du monde était alors assuré, car une origine stable lui était postulée. Nous nous sommes habitués maintenant à la déconstruction qui expose l'incapacité des systèmes à établir leurs propres origines, minant ainsi le discours et rendant le sens indéterminé.*

Hayles souligne que le postmodernisme déconstruit le sens des systèmes de croyances modernes et traditionnelles, mais elle néglige évidemment d'ajouter que l'idéologie postmoderne déconstruit tout sens et, sur le plan interactif, tout concept d'ordre moral transcendant. Il est ironique de constater que la déconstruction est un legs perverti de la culture judéo-chrétienne, car les philosophes grecs d'abord et, ensuite, les apologistes comme Tertullien (155-225 apr. J.-C.≈), ont déconstruit les mythes grecs et romains classiques pour attaquer la crédibilité des religions et philosophies de l'Antiquité. Jean-François Lyotard définit d'ailleurs le postmodernisme comme le rejet de tout métarécit ou métanarratif (1979 : 7-8). Il s'agit de la déchéance des héros, les grands périples et les grandes causes[19], la fin des grands discours rassembleurs qui légitiment tout consensus. Comme on peut le voir, le postmoderne remet en question même les acquis les plus prestigieux de l'époque moderne. Terry Eagleton note (1987) :

> Nous nous réveillons du cauchemar du modernisme, avec sa raison manipulatrice et son fétiche de la totalité. Nous nous réveillons à un monde pluraliste, décontracté où la gamme hétérogène de styles de vie et de jeux de langage a renoncé à l'envie nostalgique de totalisation et de légitimation. La science et la philosophie doivent jeter par-dessus bord leurs prétentions métaphysiques grandioses et adopter une perception plus modeste d'elles-mêmes, en tant que discours narratifs parmi tant d'autres.*

Ernst Gellner mentionne (1992 : 23) que l'attitude postmoderne implique le concept que tout est *texte*, et que la matière première des textes, discours et sociétés, est le sens et ce sens doit être décodé ou déconstruit. Dès lors même le concept qu'il y existe une réalité objective est suspect. En anthropologie, cela implique un relativisme absolu qui enferme chaque culture dans un huis clos incommensurable[20]. On ne peut vraiment comprendre et saisir l'Autre, celui qui ne partage pas notre culture, notre vision du monde. Notre perception de l'Autre est alors toujours défectueuse, partielle.

L'homme postmoderne aime le Beau, les grandes émotions. Devant le manque de sens de l'univers, l'homme postmoderne réagit de diverses manières. Certains font un pèlerinage au Tibet, cherchant l'illumination intérieure. D'autres épargnent le billet d'avion et l'usure des semelles et se trouvent, tout près, un chaman ou un psy. Il s'agit d'une observation banale, mais tragique qu'un grand nombre trouve le sens de leur vie dans *l'épanouissement personnel*. Pour les masses, le salut c'est la consommation et le culte c'est le *shopping*. L'homme postmoderne a renié, depuis longtemps, toute religion explicite, tout carcan rigide. Lorsqu'il tente d'éviter un nihilisme total, l'esthétique est parfois son seul refuge (si on exclut le sexe et les stupéfiants). Pour combler le vide, il peut chercher à s'entourer du Beau dans sa vie quotidienne. On assiste à des pièces de théâtre, on va manger dans les restos les plus huppés, on fréquente les galeries d'art, on achète ces albums d'artistes branchés et on pend des reproductions et des affiches sur les murs de ses appartements. Dans une large mesure, la culture populaire a remplacé la religion. Il est donc à la fois logique et ironique, dans ce contexte, d'observer des églises désaffectées désormais converties en galeries d'art, théâtres, centres culturels ou écoles de cirque.

Depuis le Neandertal, l'homme aime le Beau, mais chez le postmoderne cette quête du Beau sert de paravent misérable au néant intérieur. Mille et un subterfuges pour fuir le Vide, toujours fuir… Un grand nombre d'œuvres artistiques du XXe siècle font écho à ce néant. Un exemple frappant est la pièce musicale **Le monde est stone**, tirée de la comédie musicale **Starmania** créée par l'auteur québécois Luc Plamondon. On peut en dire autant de la pièce **Lucky Man** du groupe rock progressif Emerson, Lake & Palmer dans laquelle on ironise au sujet de la vanité du succès matériel et social lorsque confrontée à la réalité de la mort. T. S. Eliot, poète anglo-américain renommé, fait écho à cette aliénation moderne dans son poème **The Hollow Men** (1954/82 : 77) :

> Nous sommes les hommes vides
> Nous sommes les hommes empaillés
> Nous penchons ensemble,
> Têtes remplies de paille. Hélas!
> Nos voix sèches,
> Lorsque nous chuchotons ensemble,
> Sont silencieuses et insensées,
> Comme le vent dans l'herbe desséchée
> Ou le son de pattes de rats sur le verre brisé,
> Dans notre cave sèche.
>
> Forme sans définition, ombre sans couleur,
> Force paralysée, geste sans mouvement ;

> Ceux qui traversaient,
> Avec des yeux directs,
> À l'autre royaume de la mort
> Se rappellent de nous – s'il est possible –
> Non comme des âmes perdues et violentes,
> Mais seulement comme les hommes vides,
> Les hommes empaillés.*

J.-P. Sartre, le philosophe existentialiste et romancier renommé, a confronté, lui aussi, un aspect particulier du manque de sens dans le monde matérialiste. Dans un échange avec S. de Beauvoir, il note (dans de Beauvoir 1981 : 551) :

> J.-P. S. - Même si on ne croit pas en Dieu, il y a des éléments de l'idée de Dieu qui demeurent en nous, et qui nous font voir le monde avec des aspects divins.
> S. de B. - Quoi par exemple ?
> J.-P. S. - Ça varie selon les gens.
> S. de B. - Mais pour vous ?
> J.-P. S. - Moi, je me sens non pas comme une poussière apparue dans le monde, mais comme un être attendu, provoqué, préfiguré. Bref, comme un être qui ne semble pouvoir venir que d'un créateur, et cette idée d'une main créatrice qui m'aurait créé me renvoie à Dieu. Naturellement ça n'est pas une idée claire et précise que je mets en œuvre chaque fois que je pense à moi ; elle contredit beaucoup d'autres de mes idées ; mais elle est là, vague. Et quand je pense à moi, je pense souvent un peu comme ça, faute de pouvoir penser autrement. Parce que la conscience en chacun justifie sa manière d'être, et n'est pas présente comme une formation graduelle ou faite d'une série de hasards, mais au contraire comme une chose, une réalité qui est là constamment, qui n'est pas formée, qui n'est pas créée, mais qui apparaît comme constamment là tout entière. La conscience d'ailleurs, c'est la conscience du monde, par conséquent on ne sait pas très bien si on veut dire la conscience ou le monde, et, par conséquent, on se retrouve dans la réalité.

Est-ce une coïncidence que les utopies les plus noires, telles que **Le Meilleur des mondes/Brave New World**, (1932 : A. Huxley), **1984** (1949 : George Orwell), la BD d'Enki Bilal ou des films tels que **Fahrenheit 451** (1966 : Fr. Truffaut), **Clockwork Orange** (1972 : S. Kubrick), **Solyent Green** (1973 : R. Fleischer), **Blade Runner** (1982 : R. Scott) ou **Gattacca** (1997 : A. Niccol) aient été écrits/produits au XXe siècle ? Se peut-il que nos artistes ressentent/pressentent des réalités que nos élites postmodernes préfèrent, s'il est possible, ignorer ? Dans le contexte postdarwinien, où un sens de la vie cohérent peut difficilement être établi, est-ce un hasard que Camus pose une question aussi impitoyable (1942 : 99) ?

> Il n'y a qu'un problème philosophique vraiment sérieux : c'est *le suicide*. Juger que la vie vaut ou ne vaut pas la peine d'être vécue, c'est répondre à la question fondamentale de la philosophie. Le reste, si le monde a trois dimensions, si l'esprit a neuf ou douze catégories, vient ensuite. Ce sont des jeux ; il faut d'abord répondre.

J.-P. Sartre a bien cerné ce néant au cœur de l'homme moderne. Dans **La Nausée** (1938), il explore justement ce concept. Antoine Roquentin, le personnage principal du roman, vit un malaise, un malaise généralisé et sans nom. Un malaise qui frappe dans les circonstances les plus banales et qu'on peut difficilement fuir, c'est la Nausée. Le phénomène est si implacable que Roquentin, assis au café Mably, ne peut souffrir de regarder son verre de bière. Son verre le dérange. Ça ne va pas. Le manque de sens est gluant, incommunicable. Il bouffe tout et, après, plus rien (1938 : 19) :

> Seulement, tout de même, je suis inquiet : voilà une demi-heure que j'évite de *regarder* ce verre de bière. Je regarde au-dessus, au-dessous, à droite, à gauche : mais *lui* je ne veux pas le voir. Et je sais très bien que tous les célibataires qui m'entourent ne peuvent m'être d'aucun secours : il est trop tard, je ne peux plus me réfugier parmi eux. Ils viendraient me tapoter l'épaule, ils me diraient : «Eh bien, qu'est-ce qu'il a ce verre de bière ? Il est comme les autres, il est biseauté, avec une anse, il porte un petit écusson avec une pelle et sur l'écusson on a écrit *Spatenbräu*.» Je sais tout cela, mais je sais qu'il y a autre chose. Presque rien. Mais je ne peux plus expliquer ce que je vois. À personne. Voilà : je glisse tout doucement au fond de l'eau, vers la peur.

Sur un autre plan, George Orwell, dans le roman **1984**, a noté aussi ce malaise et semble même s'approcher d'une réponse… si on généralise au-delà du contexte particulier du roman. Orwell remarque (1984 : 89-90) :

> On avait toujours dans l'estomac et dans la peau une sorte de protestation, la sensation qu'on avait été dupé, dépossédé de quelque chose à quoi on avait droit. Il était vrai que Winston ne se souvenait de rien qui fût très différent. À aucune époque dont il put se souvenir avec précision, il n'y avait eu tout à fait assez à manger. On n'avait jamais eu de chaussettes ou de sous-vêtements qui ne fussent pleins de trous. Le mobilier avait toujours été bosselé et bran-

lant, les pièces insuffisamment chauffées, les rames de métro bondées, les maisons délabrées, le pain noir. Le thé était une rareté, le café avait un goût d'eau sale, les cigarettes étaient en nombre insuffisant. Rien n'était bon marché et abondant, à part le gin synthétique. Cet état de choses devenait plus pénible à mesure que le corps vieillissait, mais de toute façon, que quelqu'un fût écœuré par l'inconfort, la malpropreté et la pénurie, par les interminables hivers, par les chaussettes gluantes, les ascenseurs qui ne marchaient jamais, l'eau froide, le savon gréseux, les cigarettes qui tombaient en morceaux, les aliments infects au goût étrange, n'était-ce pas un signe que l'ordre naturel des choses était violé. Pourquoi avait-il du mal à supporter la vie actuelle, si ce n'est qu'il y avait une sorte de souvenir ancestral d'une époque où tout était différent ?

Si on compare la situation actuelle avec celle qui prévalait en Occident, il y a cent ans, lorsque le christianisme dominait sur le plan idéologique et culturel, et qu'on examine les institutions médiatiques et nos élites modernes, le contraste est frappant. La cosmologie[21] judéo-chrétienne a largement été mise aux oubliettes par la majorité comme le vestige rétrograde d'un passé superstitieux. George Steiner, critique littéraire anglais, fait les observations suivantes au sujet des conséquences idéologiques et morales de la chute de l'influence de la vision du monde judéo-chrétienne en Occident[22] (1974 : 2) :

> Cette dessiccation, ce dessèchement, affectant le cœur moral et intellectuel de l'Occident, a laissé un vide immense. Et là où il y a un vacuum, de nouvelles énergies et de nouveaux substituts se manifestent. À moins que je ne comprenne mal les données, l'histoire philosophique et politique de l'Occident, au cours des cent cinquante dernières années, peut être interprétée comme une série de tentatives, plus ou moins conscientes, plus ou moins systématiques et plus ou moins violentes, de remplir le vide central laissé par l'érosion de la théologie[23]. Ce vide, cette obscurité du cœur, était celle de « la mort de Dieu » (le ton ironique, tragique utilisé de l'expression célèbre de Nietzsche est si souvent incompris). Mais je pense que nous pouvons exprimer la chose avec plus de précision : la dégradation d'une doctrine chrétienne intégratrice a laissé en désordre ou vidées, des notions essentielles de justice sociale, du sens de l'histoire humaine, des relations entre l'esprit et le corps et de la place du savoir dans nos démarches morales.*

Le psychiatre allemand, Viktor Frankl, survivant des camps de concentration nazis, appelle ce phénomène le *vide existentiel*. Il écrit (1988 : 116, 117) :

(...) au cours de son évolution [l'homme] a souffert d'une autre perte plus récente : les traditions qui soutenaient son comportement ont rapidement disparu. Désormais, ni son instinct, ni la tradition ne lui dictent sa conduite ; il lui arrive même de ne pas savoir ce qu'il veut. Ou il cherche à imiter les autres (conformisme) ou il se conforme à leurs désirs (totalitarisme). [...] Prenons par exemple la *névrose du dimanche*, cette espèce de dépression qui affecte certaines personnes lorsqu'elles prennent conscience, une fois la semaine de travail terminée, de l'absurdité de leur existence et de leur vide intérieur. Nombreux sont les suicides qui ont pour cause ce vide existentiel. On ne peut comprendre des phénomènes aussi répandus que la dépression, l'agressivité et la toxicomanie sans admettre le vide existentiel qui les sous-tend. Cela est vrai aussi pour les crises que subissent les retraités et les gens qui ont peur de vieillir.

Le discours officiel postmoderne affirme qu'à la suite du processus de laïcisation, la *religion* a quitté la scène publique en Occident et *que cette place est restée vide*. Mais est-ce véritablement le cas ? Peut-on évacuer aussi facilement la question du sens ? Lorsque les chercheurs en sciences sociales nous assurent qu'aucune société ne peut se passer de système idéologico-religieux, il y a lieu de se demander si la place occupée autrefois par le christianisme est maintenant occupée par un système de croyances d'un genre nouveau, un système de croyances qui n'avoue pas son caractère religieux. Cela implique évidemment revoir la définition de la religion, mais nous y reviendrons.

Dans le monde postmoderne, les réponses orthodoxes aux questions fondamentales sont souvent jugées inadéquates, insuffisantes. C'est précisément pour cette raison que la question du sens de la vie se pose de manière si brutale. Ce vide ne peut être réduit à un saut d'humeur passager. Au début du XXe siècle, on espérait que la science nous emmènerait vers un progrès infini, mais ce rêve s'est évanoui. On a espéré par ailleurs que la dictature du prolétariat ferait de nous tous des camarades, mais ce rêve aussi est tombé en lambeaux. Il ne nous reste que le vide laissé par une vision du monde déficiente, inadéquate.

Les symptômes de ce vide idéologique sont divers. Tantôt, l'Occident regarde vers l'Orient pour retrouver le sens perdu. Que les lamas, chamans, maîtres zen et gourous viennent à notre secours et que des apôtres du Feng Shui disposent favorablement nos demeures afin d'éviter une concurrence d'énergies négatives ! Tantôt, l'Occident lève les yeux vers les étoiles pour lire son avenir dans l'horoscope, sinon pour attendre la sagesse provenant d'une autre galaxie. Insérons donc des cristaux de quartz dans nos frigos et dans nos *jeans* afin de jouir d'une meilleure santé ! Si autrefois, en pays catholique, le fétiche de mise au tableau de bord d'une nouvelle bagnole était la statue de Marie[24], aujourd'hui c'est le *capteur de rêves* amérindien. Et *SETI@home* sur nos ordis, dans l'espoir que Quelqu'un nous parle, nous parle enfin et nous explique le sens de tout cela... L'Occident est à la dérive.

Pour ceux qui ne peuvent espérer faire carrière dans le domaine scientifique, le matérialisme *scientifique* des élites n'a pas rempli ses promesses. Dans une large mesure, le mouvement des jeunes des années 60-70 s'est révolté justement contre cette idéologie et cette façon de voir la vie. Le progrès s'est fait attendre... Nos artistes en savent aussi quelque chose. La pièce musicale **Logical Song**, par le groupe de rock progressif SuperTramp, regarde d'abord la beauté du monde, vu par les yeux innocents d'un enfant et, dans la suite des choses, l'aliénation et le cynisme du monde adulte, un monde froid et vide, issu du matérialisme. Cette chanson dit aussi (1987) :

> At night, when all the world's asleep,
> the questions run so deep,
> for such a simple man.
> Won't you please,
> please tell me what we've learned.
> I know it sounds absurd,
> but please tell me who I am.

Cette pièce musicale met le doigt sur un point névralgique. L'univers froid et austère du matérialisme, qui a caractérisé la vieille garde moderne et influencé profondément l'Occident du XXe siècle, a été jugé inadéquat, insuffisant. Si l'univers significatif ne dépasse pas la matière, comment justifier/comprendre l'amour ? Cela n'est-il pas alors qu'une illusion, suscitée par un cycle hormonal, le trajet risible et aléatoire de molécules ?

Les systèmes de pensée de nos élites n'ont pas vraiment de réponses satisfaisantes à un grand nombre de questions sur le sens de la vie. Les masses cherchent à gauche, à droite. Les utopies de nos élites ont été optimistes, rationnelles et pathétiques... comme en témoignent les déclarations des intellectuels les plus admirés (Sartre 1980 : 59) :

> Ce que je pense, c'est que, lorsque l'homme existera vraiment et totalement, ses rapports avec son semblable et sa manière d'être par lui-même pourront faire l'objet de ce qu'on peut appeler un humanisme, c'est-à-dire simplement, ce sera la manière d'être de l'homme, son rapport avec son prochain, et sa manière d'être en lui-même. Mais nous n'en sommes pas là, nous sommes, si on peut appeler ça comme ça, des sous-hommes, c'est-à-dire des êtres qui ne sont pas parvenus à une fin, qu'ils n'atteindront peut-être jamais d'ailleurs, mais vers laquelle ils vont.

Tandis que les réserves évoquées par Sartre ici, sont tout à fait appropriées, laissons son optimisme sans commentaire... Un autre enfant de la même génération, le journaliste anglais Malcom Muggeridge[25], a contemplé une autre porte de sortie à ce dilemme (1988 : 147) :

> Je n'ai jamais été persuadé que l'univers pouvait avoir été créé, et que nous, les homo sapiens, ayons pour quelque raison fait notre apparition, génération après génération, afin de camper brièvement sur cette terre minuscule, uniquement afin de monter l'interminable roman-savon, avec les mêmes personnages et situations se reproduisant interminablement, que nous appelons l'Histoire. Ce serait tout aussi ridicule que de bâtir un grand stade pour une partie de billes entre gamins ou une vaste maison d'opéra pour un récital d'harmonica.*

La religion réincarnée

> L'affirmation que la religion est présente sous une forme non spécifiée dans toutes les sociétés et chez tous les individus acculturés normaux est, dès lors, axiomatique. Cette affirmation sous-entend une dimension religieuse dans la définition de l'individu et de la société, mais elle est vide de contenu empirique spécifique.*
> (Luckmann 1970 : 78)

L'Occident postmoderne n'adhère plus à un système idéologico-religieux structuré et facilement reconnaissable. Un très grand nombre d'individus cherchent le sens dans la culture et les arts. Dans une très large mesure, pour l'homme moderne, la culture joue non seulement un rôle esthétique, mais elle est devenue aussi source du SENS, rôle joué dans les siècles passés par la religion et ses diverses manifestations culturelles[26].

On constate évidemment un certain clivage entre les nouvelles pratiques idéologico-religieuses des masses et celles des élites. Plutôt qu'une participation à un service religieux, nos élites assistent à une pièce de théâtre ou un concert, tandis que les masses assistent à un film, un spectacle musical ou encore à une partie de *foot*[27]. Plutôt qu'une prière quotidienne, on vérifie son horoscope dans le dernier quotidien. La consolation et l'inspiration recherchées autrefois dans la religion le sont aujourd'hui dans les diverses expressions artistiques ou culturelles. Les prêtres et le clergé ont été remplacés par divers personnages médiatiques. Dans la culture de masse, on retrouve les *rock-stars*, les animateurs d'infovariétés, le *morning-man*, etc. Chez les élites, les nouveaux bonzes idéologiques ce sont les astrophysiciens, les intellectuels, les grands littéraires, poètes et artistes. Évidemment, dans ce contexte, la motivation consciente, la recherche du sens reste masquée, subliminale. Mais dans les faits, elle est inévitable, liée à la condition humaine. David Porush, professeur d'études littéraires à la Rensselaer Polytechnic Institute, note que dans un secteur culturel précis, celui de la fiction postmoderne, la recherche de sens, d'une religion cohérente devient de plus en plus explicite (1994: 571):

> Des habitudes associant depuis longtemps (de manière erronée) la transcendance à des croyances doctrinaires, et associant croyances doctrinaires à des mouvements destructeurs et intolérants visant à exclure et à purger les perspectives alternatives, nous ont rendus aveugles à nos propres tendances inadmissibles et soupirs nostalgiques, effacés et dissimulés dans nos démentis doctrinaires. La *métaphysique* est un mot tabou dans le vocabulaire académique postmoderne et le terme *religion* impensable. Malgré tout, si on examine la littérature postmoderne cybernétique et nos propres déclarations irrationnelles sur les visions et soupirs nostalgiques qu'elles produisent en nous, il devient certain que notre littérature la plus intéressante nous conduit lentement, cahin-caha, à la considération de questions qui étaient, jusqu'à récemment, estimées digne seulement de mépris ou de rejet en milieu universitaire[28]. Il faut se demander s'il peut y avoir ici plus qu'un simple babillage de paroles, plus qu'un éthos relativiste, plus que le rassemblement de corps, de l'énergie et de l'information se déployant de manière aveugle dans l'espace et le temps.*

Il est clair qu'on remplace toujours des mythologies par d'autres systèmes mythiques. Ce processus est inhérent à l'élaboration et la légitimation de tout projet social, de toute civilisation. Il est inévitable, fatal. Examinant **Le Contrat social** de J.-J. Rousseau, Camus fait les remarques suivantes (1951 : 150) :

> Le Contrat social est d'abord une recherche sur la légitimité du pouvoir. Mais livre de droit, non de fait, il n'est, à aucun moment, un recueil d'observations sociologiques. Sa recherche touche aux principes. Par là même, elle est déjà contestation. Elle suppose que la légitimité traditionnelle, supposée d'origine divine, n'est pas acquise. Elle annonce donc une autre légitimité et d'autres principes. Le Contrat social est aussi un catéchisme dont il a le ton et le langage dogmatique. Comme 1789 achève les conquêtes des révolutions anglaise et américaine, Rousseau pousse à ses limites logiques la théorie du contrat que l'on trouve chez Hobbes. Le Contrat social donne une large extension, et un exposé dogmatique, à la nouvelle religion dont le dieu est la raison, confondue avec la nature, et le représentant sur la terre, au lieu du roi, le peuple considéré dans sa volonté générale.

L'homme postmoderne est fragmenté. Le sociologue américain, Thomas Luckmann, fait remarquer (1970 : 98-99) que, tout comme l'individu en Occident est libre de faire ses courses au marché pour trouver les produits de consommation qui rencontrent ses goûts et besoins particuliers, sur le plan idéologico-religieux ces mêmes individus y font aussi du *shopping* au marché idéologico-religieux, pour recueillir idées, concepts et présupposés pour ensuite s'échafauder une religion *prête-à-porter*, personnalisée. Dans notre contexte postmoderne, toutes les options sont possibles ; rien n'est à exclure. Sans le savoir, nous sommes une génération syncrétique.

Dans un autre ordre d'idée, la vision du monde postmoderne postule que l'individu est la mesure de toute chose et rejette toute règle morale transcendante, panculturelle, voire collective. On n'a que faire de l'Absolu. Chacun a sa *vérité* que rien ne saurait limiter. Discutant de ce thème, un journaliste remarquait qu'il n'est pas étonnant que nous soyons fascinés par les criminels et les tueurs en série. Ces hors-la-loi poussent leur individualisme à son extrême limite, en ne pensant qu'à satisfaire leurs instincts/besoins, peu importe les autres... Mais si chacun a sa *vérité*, lorsqu'il y a conflit cela aboutit effectivement à une impasse. Il s'en suit que de véritables discussions, des débats d'idées, sont alors impossibles, car où peut-on situer un terrain d'entente véritable ? Nulle part. Quel sera le point de repère, l'Étalon qui pourra départager les avis divers, subjectifs ? Il ne reste que des rapports de force et la manipulation émotive, joués derrière la mascarade dérisoire de la *tolérance* et de l'*ouverture*. La majorité tentera alors de marginaliser tout autre discours. Et si nécessaire (ou désirable), elle peut étouffer de tels discours par des moyens juridiques. Si on fait partie d'une minorité, on réclamera ses *droits* tout en soulignant l'oppression de la majorité. Le truc idéal est de pouvoir étiqueter les affirmations du parti opposé de *discours haineux*. Tabou ! Fin de la discussion.

Dans le contexte universitaire, le professeur Edward Veith, examine l'attitude postmoderne et son influence sur l'établissement de programmes d'études universitaires (1994 : 57-58) :

> On a tendance à adopter ces nouveaux modèles sans égard aux exigences d'évidence requises par les milieux universitaires traditionnels. Si l'eurocentrisme est erroné, on penserait que l'afrocentrisme serait tout aussi étroit. Et si le patriarcat est faux, faut-il estimer que le matriarcat lui soit supérieur ? Mais ces questions ne vont pas à l'essentiel. Concernant les programmes d'études postmodernes, la vérité n'est pas l'objectif, ce qui importe c'est le pouvoir. Les nouveaux modèles accordent le pouvoir à des groupes exclus dans le passé. Les débats en milieu universitaire ne procèdent plus au moyen d'arguments rationnels ou par l'accumulation de données objectives, mais par le biais de la rhétorique (quel discours avance les idéaux les plus progressistes ?) et par la prise de pouvoir (quel discours avantage le plus mon groupe particulier d'intérêt ou, plus brutalement, qui a le plus de chances de me servir pour obtenir une subvention de recherche, l'avancement de carrière et une permanence professorale ?).*

Dans le contexte postmoderne, l'espace occupé par l'individu est tel qu'il peut, à l'occasion, menacer même l'État. Lors d'une manifestation contre la guerre du Golfe en 1990, parmi les manifestants d'une ville américaine, une mère de famille affirmait énergiquement qu'aucune guerre ne pourrait justifier que son fils ait à mourir. Si on déconstruit ce message, cette affirmation implique que l'individu est la valeur suprême à laquelle tout le reste doit être soumis[29]. Il reste pourtant une question, d'où nous vient cette valeur suprême de l'individu ? Qui en est le garant ? L'individu lui-même ? Ce serait gênant. Une bonne blague de la part d'un univers indifférent sans doute... Discutant du surréalisme, Camus explore la face plus sombre de cette liberté individuelle, sans limite, ni restriction (1951 : 123) :

> Le surréalisme ne s'en est pas tenu là. Il a choisi comme héros Violette Nozière ou le criminel anonyme de droit commun, affirmant ainsi, devant le crime lui-même, l'innocence de la créature. Mais il a osé dire aussi, et ceci est le mot que, depuis 1933, André Breton doit regretter, que l'acte surréaliste le plus simple consistait à descendre dans la rue, revolver au poing, et à tirer au hasard dans la foule. À qui refuse toute autre détermination que celle de l'individu et de son désir, toute primauté, sinon celle de l'inconscient, il revient en effet de se révolter en même temps contre la société et la raison[30].

Devant les droits/aspirations de l'individu, même l'État doit se taire. Son autorité, ses exigences à l'égard de l'individu, sont targuées d'arbitraires, d'injustes… Il ne se justifie alors qu'en tant qu'appui et garant des droits de l'individu. Le désir, les pulsions sont au cœur du postmoderne. Sa moralité, sa cosmologie sont à la remorque de cette réalité centrale. Le reste, ce ne sont que les couleurs changeantes du caméléon[31].

Autrefois, en Occident, on vivait dans un monde unifié, un monde où une des variantes du christianisme ou du judaïsme donnait sens à tous les aspects de la vie. Mais, à la suite de la montée de l'influence du Siècle des Lumières, du matérialisme et divers autres courants de pensée apparentés, cette unité est disparue. La vie est segmentée en zones ou fiefs où règnent diverses idéologies. Cela donne lieu à une schizophrénie tout à fait postmoderne. Dans ce contexte, il n'est pas surprenant de constater que bon nombre d'individus peuvent alors affirmer adhérer à un discours religieux traditionnel sur le plan personnel, mais si on observe leur vie professionnelle ou publique, ils se comportent et livrent un discours qui ne se justifie que par une vision du monde matérialiste ou postmoderne.

Schizophrénie idéologique

> C'était un univers où dieux et déesses pouvaient traverser le jardin ou l'atrium à tout moment sans trop étonner personne (ni même un prétendu athée comme Lucrèce). Où le prodige, le présage, la divination, l'apparition, l'ange, le démon, la guérison miraculeuse —tout ce qui relève pour nous de la faribole ou du merveilleux— font l'ordinaire des travaux et des jours (notamment politiques). Un univers tant intérieur qu'extérieur habité au quotidien par l'invisible, naturellement surnaturel, banalement épiphanique. Cette religiosité sans-gêne, antérieure à la promotion du «champ religieux» en domaine circonscrit, où le trivial au fantastique se mêle en toute désinvolture, sans ligne frontière ni poste de douane, est de celles qu'on peut encore pressentir aujourd'hui en Afrique noire ou en Haïti.
> (Debray 2004 : 6)

L'emprise de cette schizophrénie idéologique en Occident tient, en grande partie, au clivage privé/public. Ce concept dichotomique implique que la vie de l'individu est coupée en deux et qu'il doit se soumettre à l'idéologie postmoderne dans sa vie publique/professionnelle, mais que, dans la vie privée, il est libre d'entretenir les croyances les plus exotiques, les plus étranges, dans la mesure où il a la discrétion de les exprimer ailleurs. L'Occident est hanté par une pensée dichotomique depuis fort longtemps. On retrouve ce regard d'abord chez Platon où le rationnel/spirituel s'oppose au terrestre/charnel/émotif/sensuel. La pensée ascétique du Moyen Âge a ses racines dans cette conception des choses. Plusieurs penseurs chrétiens, dont Augustin et Thomas d'Aquin (où s'opposent la grâce divine et le monde naturel), ont repris ces concepts et leur ont assuré une longue vie en Occident. Plus près de nous, on voit réapparaître cette dichotomie dans la pensée de Descartes où elle est exprimée en termes esprit/pensée/émotions/volonté qui s'opposent au monde déterministe, mécanique de la matière.

Chez Kant[32], l'opposition s'exprime par les concepts de liberté/soi en opposition au monde déterministe et la mécanique de Newton. Plus près de nous, on aboutit à une dichotomie assez répandue où s'oppose, d'un côté, la religion/les arts/les valeurs/émotions et, de l'autre, la science et la raison. Depuis le Siècle des Lumières, plusieurs ont tenté d'ériger une conception du monde strictement scientifique/rationnelle, mais la moralité, la créativité, l'amour et bien d'autres choses lui ont toujours échappé. Le mouvement Romantique est en large partie une protestation contre le monde trop morne, trop rigide de la *science*. Comme le souligne Debray ci-dessus, les religions traditionnelles [chrétiennes] ont été repoussées dans un ghetto culturel, la vie privée.

Mais il n'en a pas toujours été ainsi, même en Occident. À ses origines, la science n'avait pas d'ambitions cosmologiques, ne cherchait pas à se faire explication de TOUT. C'est le Siècle des Lumières qui a produit cette attente. Initialement, la science vivait en symbiose avec le système idéologico-religieux de l'époque, c'est-à-dire la vision du monde judéo-chrétienne. Dans la majorité des cas, les premières générations de scientifiques voyaient leur travail comme une quête religieuse, cherchant à explorer les pensées de Dieu dans le monde empirique. Cette attitude n'a pas totalement disparu, même au XXe siècle. On le voit, par exemple, dans l'expression d'Albert Einstein[33] : «Dieu ne joue pas aux dés[34]!» lancée pour justifier son rejet de la mécanique quantique. Puisque la science est née dans un contexte de symbiose avec la vision du monde judéo-chrétienne, il n'y avait, à l'époque, aucun besoin d'en faire une explication totale, une explication qui puisse fonder l'éthique et tout le reste des traits propres à l'homme. C'est le Siècle des Lumières qui a cherché à faire de la science, une cosmologie et par la suite une explication totalisante, une religion.

En anthropologie de la religion, jusqu'aux années 70 environ, la définition de la religion était conçue en opposition à celle de la science[35] et nourrie des stéréotypes habituels : *la science est empirique, la religion est métaphysique. La science est rationnelle, la religion est émotive. La science s'intéresse au naturel, la religion au surnaturel*[36], etc... Mais avec des études plus poussées, on a constaté qu'il fallait admettre que cette approche dichotomique de la culture, typique en Occident, n'est pas universelle. Il est erroné de tenter faire entrer toutes les autres cultures dans ce moule. La majorité des cultures non occidentales ont une pensée unifiée, intégrée où sagesse morale et savoir empirique ne sont pas conçus en termes d'opposition[37].

Cette schizophrénie idéologico-religieuse privée/publique aboutit parfois à des crises où le postmoderne ne sait plus quelle personnalité exprimer, quels principes mettre en action. Au San Salvador, à la suite de la catastrophe du tremblement de terre de janvier 2000, un journaliste a noté que certaines scènes auxquelles il a assisté étaient tellement effrayantes qu'il ne savait plus s'il devait faire son travail ou aider tous ces désespérés. Mais quel dilemme éthique ! Faut-il agir comme un journaliste ou comme un être humain ? Pour le postmoderne, ce sont des questions percutantes. Comment trancher ? Cette dichotomie personnelle/professionnelle apparaît à bien des niveaux. L'exemple le plus classique (voire le plus banal) est sans doute le cas du politicien canadien à qui l'on demande sa position sur la question de l'avortement et qui répond: «Personnellement je suis contre, mais[38]...» Cette schizophrénie produit un contraste plutôt violent lorsqu'on la compare à l'attitude du parlementaire anglais, William Wilberforce, qui fut l'instigateur de l'abolition de la traite des esclaves dans l'ensemble de l'Empire britannique au début du XIXe siècle. Dans une lettre adressée à l'empereur Alexandre de France, il plaide la cause de l'abolition de l'esclavage en France et, à ce titre, justifie sa requête en invoquant explicitement ses convictions religieuses (1822):

> Nous pensions que, dans cette foule d'exilés que le retour de la paix ramenait dans leur patrie, les sentimens [sic] religieux devaient prévaloir; et nous avions l'intime conviction qu'il n'existait pas un homme religieux et vertueux qui ne fût favorable à notre cause. Cette cause, en effet, était celle de tout homme qui n'a pas brisé entièrement les liens moraux et intellectuels qui l'attachent au Souverain Être, et qui n'a pas abjuré le dogme d'un Dieu rémunérateur.

Décriant la *religion* hypocrite et incohérente des marchands d'esclaves, Wilberforce note (1822):

> Il y a quelque chose de plus affreux encore aux regards de tout esprit éclairé; c'est ce démenti pratique et journalier donné à la providence d'un Dieu bon et paternel, en bravant froidement et systématiquement sa vengeance, par la continuation d'une Traite reconnue pour la violation la plus manifeste de ses lois. L'athée le plus opiniâtre peut être éclairé, le plus grand criminel peut se repentir et être pardonné; mais que dirons-nous de ces hommes qui, reconnaissant l'autorité divine et l'énormité de leur crime, déclarent, néanmoins, que ce crime tout flagrant, tout cruel qu'il est, est trop lucratif pour qu'ils en abandonnent l'exercice?

Justifier explicitement une intervention politique par une référence à la religion ? Au XXIe siècle[39], d'une telle attitude, nous en sommes à des années lumières ! Sur la place publique, les convictions religieuses de ce genre sont marginalisées, exclues. Il faut constater que cette attitude permet de maintenir la dominance et le monopole idéologique de la religion postmoderne sur la place publique et la marginalisation des religions traditionnelles[40] qui n'ont droit de cité que dans la vie privée[41]. La religion postmoderne est donc d'abord une religion communautaire, sauf de rares exceptions, occupant la totalité de la place publique. Par ailleurs, elle comporte bon nombre de variantes individuelles et tolère des religions autres (sur le plan privé seulement).

La schizophrénie de l'esprit moderne, où habitent des logiques parallèles (fondées sur des mythologies parallèles), a été analysée de manière fort astucieuse par l'auteur américain, Kurt Vonnegut, dans le roman **Nuit noire/Mother Night**. Cette schizophrénie est bien plus répandue que l'on pourrait penser. Vonnegut exploite ici la notion de *l'horloge coucou en enfer* où l'esprit emploie une logique dans un contexte et une autre dans un autre contexte et glisse de l'un à l'autre sans prendre conscience des contradictions en cause. Dans le contexte du roman, on discute de l'attitude des nazis, mais il y a lieu de penser que cela s'applique bien au-delà (1961 : 162-163) :

> Je n'ai jamais vu une démonstration plus sublime de l'esprit totalitaire, un esprit qui pourrait se rapprocher à un système d'engrenages dont certaines dents ont été éliminées de manière aléatoire. Un tel mécanisme de pensée aux engrenages enroués, poussé par une libido normale voire déficiente, tournoie de manière saccadée, bruyante, clinquante et insensée telle une horloge coucou en enfer. Le G-man en chef conclut à tort qu'il n'y avait pas de dents sur les engrenages de l'esprit de Jones. *Vous êtes complètement fou*, disait-il. Mais Jones n'était pas complètement fou. Ce qu'il y a de consternant chez l'esprit totalitaire classique c'est que tout engrenage, quoique mutilé, aura, ici et là, à sa circonférence des séquences de dents parfaitement ajustées et machinées avec une très grande précision. Ainsi l'horloge coucou en enfer tient parfaitement le temps pendant huit minutes et trente-trois secondes, fait un saut de quatorze minutes, tient parfaitement le temps pendant six secondes, fait à nouveau un saut de deux secondes, tient parfaitement le temps pendant deux heures et une seconde, faisant alors un saut d'une année. Les dents manquantes sont bien sûr, des vérités évidentes, simples, des vérités accessibles et compréhensibles même par un enfant de dix ans dans la majorité des cas. C'est ainsi qu'un ménage aussi contradictoire que celui composé de Jones, Père Keeley, Vice-Bundesfuehrer Krapptaer et le Führer Noir pouvait exister dans une relative harmonie. C'est ainsi que pouvait coexister dans l'esprit de mon beau-père une indifférence envers les femmes esclaves et l'amour du vase bleu. C'est ainsi que Rudolf Hoess, commandant d'Auschwitz, pouvait alterner, sur les haut-parleurs d'Auschwitz, de la musique grandiose et des appels pour des porteurs de

cadavres. C'est ainsi que l'Allemagne nazie ne percevait aucune contradiction importante entre la civilisation et l'hydrophobie. C'est le raisonnement qui me semble le plus plausible pour expliquer les légions et les nations de fous furieux que j'ai rencontrées au cours de mon existence.*

Sans doute Albert Speer, le grand architecte de Hitler et le plus haut fonctionnaire du gouvernement nazi, pourrait admettre l'analyse de Vonnegut, car il fait les observations suivantes concernant cette abdication de la conscience des membres du parti nazi sous le règne hitlérien (1970 : 33) :

> On enseignait aux membres ordinaires du parti que les grandes politiques étaient beaucoup trop complexes pour qu'ils puissent en juger. Par conséquent, on avait l'impression d'être représenté et ne jamais devoir prendre une responsabilité personnelle. La structure globale du système était conçue de manière à empêcher que puissent même survenir des conflits de conscience. Dans ce contexte de conformisme, on aboutit à la stérilité totale de toute conversation ou discussion. Il était tout à fait ennuyeux pour les gens de se confirmer l'un l'autre dans leurs opinions uniformes.
>
> Pire encore était la restriction de la responsabilité à un champ d'activité spécifique. Cette restriction était exigée de manière explicite. Tout le monde se tenait avec son propre groupe d'architectes, médecins, juristes, techniciens, soldats ou agriculteurs. Les organisations professionnelles auxquelles tout le monde devait appartenir étaient appelées des chambres (chambre des médecins, chambre d'art) et ce terme décrivait avec précision la manière avec laquelle les gens étaient emmurés dans des sphères d'activité isolées et limitées. Plus le régime de Hitler s'enracinait, plus les esprits des gens se déplaçaient uniquement dans ces chambres isolées. Je crois que si ce système avait tenu pendant plusieurs générations, ce trait à lui seul aurait causé la dégradation du système dans son ensemble et nous serions parvenus à une sorte de société de castes. La disparité entre cette situation et le *Volksgemeinschaft* (communauté du peuple) proclamé en 1933 m'a toujours étonné. Car cela eut l'effet d'anéantir l'intégration promise ou, à tout le moins, de l'entraver de manière importante. Le résultat final était une société d'individus totalement isolés les uns des autres. Bien que cela puisse sembler étrange aujourd'hui, chez nous ce n'était pas une formule vide que d'affirmer que « le Führer propose et dispose » pour tous.*

Dans ce contexte de canalisation de la pensée et de la dé-structuration du sens, chacun construit son sens, sa vision du monde personnelle comme il peut. Certains sont des activistes écologiques et leur existence tire tout son sens de cette cause. D'autres sont capitalistes et ne vivent qu'en fonction d'une seule valeur, produire et consommer. D'autres sont engagés socialement et leur vision du monde prend tout son sens (ou presque) d'un quelconque projet politique. Il y a là un type courant au XXe siècle, mais plus rare maintenant. Dans le choix d'actualiser leur vision du monde, d'autres encore se font artistes et cherchent le sens dans l'esthétique et l'expression artistique. Dans le monde postmoderne, puisque les seules vérités sont individuelles, les grands projets politiques collectifs du XXe siècle ont perdu leur lustre[42]. Mourir pour la Révolution ? Très peu pour nous. Au XXIe siècle, on peut considérer qu'en général notre aspiration la plus élevée est de parvenir au stade de maître *spirituel* postmoderne, c'est-à-dire celle de consommateur accompli…

L'Église invisible

> Mais le troupeau se reformera, il rentrera dans l'obéissance et ce sera pour toujours. Alors, nous leur donnerons un bonheur doux et humble, un bonheur adapté à de faibles créatures comme eux. (...) Ils éprouveront une surprise craintive et se montreront fiers de cette énergie, de cette intelligence qui nous auront permis de dompter la foule innombrable des rebelles. Notre courroux les fera trembler, la timidité les envahira, leurs yeux deviendront larmoyants comme ceux des enfants et des femmes; mais sur un signe de nous, ils passeront aussi facilement au rire et à la gaieté, à la joie radieuse des enfants. Certes, nous les astreindrons au travail, mais aux heures de loisir nous organiserons leur vie comme un jeu d'enfant, avec des chants, des chœurs, des danses innocentes. Oh! nous leur permettrons même de pécher, car ils sont faibles, et à cause de cela, ils nous aimeront comme des enfants. Nous leur dirons que tout péché sera racheté, s'il est commis avec notre permission; c'est par amour que nous leur permettrons de pécher et nous en prendrons la peine sur nous.
> (Dostoïevski 1879/1973, II : 360-361)

> De toutes les tyrannies, une tyrannie exercée avec sincérité, pour le bien de ses victimes peut être la plus oppressive. Il vaudrait mieux vivre sous le joug d'un seigneur féodal pillard que sous le pouvoir des emmerdeurs moraux omnipotents. La cruauté du seigneur féodal peut dormir à l'occasion, sa cupidité peut parfois être assouvie ; mais ceux qui nous tourmentent pour notre propre bien, nous tourmenteront sans fin, car ils le font avec l'approbation de leur propre conscience*.
> (C. S. Lewis 1970/1986)

En Occident, depuis la Seconde Guerre mondiale, de l'avis général, la religion chrétienne a subi de grands reculs au niveau de son influence sociale. Tous l'admettent. En France, la laïcisation s'est imposée dès le XVIIIe siècle. Que la société occidentale soit maintenant sécularisée, largement sans influence religieuse traditionnelle, fait l'unanimité. Mais qu'en est-il dans les faits? La religion a-t-elle réellement été évacuée? S'est-elle volatilisée? Où se peut-il que, dans un sens, il s'agisse d'une illusion, comme l'a souligné Steiner ci-dessus, qu'un glissement subtil s'est produit, du vin nouveau dans de vieilles outres? On dit que la nature ne tolère pas le vide. Sur le plan religieux ou idéologique, il en est de même.

Dans la situation actuelle, il y a lieu de penser que nous faisons face non pas à l'absence réelle de religion, mais plutôt à la présence d'une religion d'un genre nouveau ; une religion sans credo, sans catéchisme, sans temples ou cathédrales visibles et sans dirigeants religieux notoires. Il s'agit, en grande partie, d'une religion dont le pouvoir tient justement à son invisibilité. Mais ce n'est pas une situation exceptionnelle. Les anthropologues constatent parfois un tel phénomène, dans les sociétés de type syncrétique par exemple, mais on a peu exploité ces observations dans le contexte occidental. En Afrique, la religion locale a été souvent de type implicite. Étant donné la propension des sociétés à tendance syncrétique à éviter d'ériger des *édifices* doctrinaux ou rituels formels, on y retrouve une plus grande fluidité en matière doctrinale et rituelle[43], ce qui explique certains faits notés par l'anthropologue Marc Augé, (1974b : 12) :

> Il est certain en tout cas, que, dans la plupart des sociétés africaines, aucun système idéologique complexe et complet n'est formulé en tant que tel par qui que ce soit : simplement il est fait référence, dans telle ou telle circonstance, et notamment lorsqu'il s'agit d'interpréter le malheur, la maladie ou la mort, aux éléments de représentation nécessaires à sa compréhension.

Si on admet la possibilité que l'Occident soit dominé par une religion invisible, cette hypothèse exige alors la présence d'élites religieuses d'un genre nouveau. En Occident, on associe, de manière traditionnelle, religion et Église, c'est-à-dire un système de croyances et un édifice consacré ainsi qu'une communauté de croyants assistée/dirigée par une hiérarchie ecclésiastique. En Occident, religion et surnaturel sont associés. Dans le cas des nouvelles élites religieuses, ces associations ne tiennent évidemment plus. Il est incontestable que ces élites ne forment pas une communauté facilement identifiable sur le plan social. Par ailleurs, elles ne réfèrent pas à une divinité ou à des concepts liés à des divinités. Est-ce légitime d'affirmer alors qu'il s'agit d'élites religieuses ? Sans doute la majorité d'entre elles protesteraient énergiquement à l'idée que leurs activités ou attitudes puissent être visées par le terme *religieux*. Ce qui est tout à fait prévisible…

Pour comprendre notre thèse, il faut noter d'abord que certaines religions ne se réfèrent pas nécessairement à une divinité, comme par exemple le bouddhisme theravāda[44], qui n'implique pas de divinités personnalisées. La religion ne requiert donc pas une référence obligatoire à des êtres surnaturels. L'anthropologue américain Clifford Geertz a proposé une définition de la religion qui évacue même la référence au surnaturel habituellement associé à la religion. La définition de Geertz est la suivante (1973 : 90) :

> Une religion est (1) un système de symboles (2) qui agit afin d'établir des humeurs et motivations durables chez les hommes (3) en formulant des conceptions d'un ordre d'existence général et (4) en revêtant ces conceptions d'une telle aura de réalité que (5) ces humeurs et motivations semblent tout à fait réalistes.*

Si on admet effectivement une telle définition de la religion, il est alors tout à fait justifié de considérer que nos élites postmodernes constituent des élites religieuses, mais nous n'avons toujours pas de nom pour cette religion. À défaut d'un terme plus ronflant, nous nous contenterons de l'expression **religion postmoderne**.

Si, dans le contexte postmoderne, il y a religion, qu'en est-il ? Comment la définir, non pas en rapport avec le contexte du Moyen Âge ou du XIXe siècle, mais dans le contexte actuel ? Bien d'autres anthropologues suivent l'exemple de Geertz et évacuent la référence au surnaturel dans leur définition de la religion. En somme, une religion ou un système idéologico-religieux a comme fonction de répondre à quatre questions fondamentales :

> D'où venons-nous[45] ? / Pourquoi existons-nous ?
> Quelle est la source de l'aliénation humaine ?
> Comment établir les règles régissant les interactions entre individus[46] ?
> Comment faire reculer ou abolir l'aliénation humaine[47] ?

En Occident postmoderne, ce sont justement nos élites qui répondent à ces questions, elles sont la référence. Un autre trait de cette religion, qui la distingue des religions traditionnelles, c'est son invisibilité. Elle ne frappe pas aux portes, n'a pas de lieux de pèlerinage reconnus et ne distribue pas de traités dans les rues pour faire des convertis. Elle n'a pas de lieux de culte visibles, ni de téléévangélistes notoires. Dans une très large mesure, elle fait connaître ses présupposés et doctrines par le biais des activités de nos élites postmodernes. Ses méthodes de prosélytisme sont aussi implicites, invisibles.

Auteur britannique, Os Guinness, dans son essai **The Dust of Death**, examine le contraste entre christianisme et hindouisme quant à leurs méthodes de recrutement et de prosélytisme. Il note (1973 : 229-230) :

> Le christianisme se tient sur le chemin d'un homme comme un soldat avec une épée nue et déclare : «choisis ou refuse, la vie ou la mort, oui ou non !» Le choix et les conséquences sont très évidents. La subtilité de la religion orientale réside dans le fait qu'elle n'exige jamais un tel moment explicite de conversion. Elle s'infiltre dans une pièce, par le trou de la serrure, par les fenêtres, comme un gaz toxique et inodore et les personnes qui s'y trouvent seront subjuguées, avant même d'avoir pris conscience du danger qui les guettait.*

Le christianisme diffère donc de l'hindouisme et de bien d'autres religions orientales par le fait d'exiger une prise de conscience, un moment de conversion formelle (parfois sujet de rituel). Il exige une décision raisonnée. L'hindouisme, tout comme la religion postmoderne qui domine actuellement en Occident, n'exige pas un tel moment de conversion explicite. Il se contente de la stratégie suivante : constamment miner les présupposés de son auditoire cible et offrir ses propres présupposés comme normaux, éclairés, *cools*, etc. Même un rocher peut être réduit à rien par les vagues qui le frappent sans cesse. Guinness remarque à ce sujet (1973 : 230) :

> À Rishikesh, j'ai partagé une chambre dans l'ashram avec un ami de Frederico Fellini. Cet homme m'affirmait sans cesse qu'il était toujours un athée et un Italien et non un hindou. Mais après seulement une semaine en sa compagnie, j'ai constaté que toutes ses idées sur l'homme, la moralité et la vie étaient dominées par la pensée hindoue, bien que cette influence restait inavouée.*

Tout comme le bouddhisme et d'autres religions syncrétiques, la religion postmoderne ne cherche pas à convertir, mais à *influencer*, à glisser ses présupposés en douceur, tout en marginalisant tout autre discours. Cette religion n'implique donc pas un moment de décision impliquant une conversion publique. Le processus est largement implicite, inconscient. Lorsqu'il y a passage d'un système de croyances à un autre, on désigne ce processus par le terme *conversion* ; l'individu abandonne des présupposés pour en acquérir d'autres qui construisent sa nouvelle conception du monde, son identité et les principes qui dirigent son comportement. Parfois, c'est un processus tumultueux et dramatique, un *chemin de Damas*, selon l'expression chrétienne, mais c'est l'exception. Généralement, la conversion est plutôt le résultat d'un long cheminement comportant un ou plusieurs événements déclencheurs mettant en lumière des difficultés du système idéologico-religieux ancien. Un examen objectif du processus de conversion révèle presque toujours quelques résidus du système de croyances antérieur, même bien des années après la conversion. Ce qui est intéressant, c'est qu'on dit couramment d'un chrétien ou d'un juif qui adopte un système moderne ou postmoderne qu'il a *abandonné la foi* ou qu'il a *perdu la foi*. L'expression est singulière, car elle met en lumière ce qui a été mis de côté, mais tait ce qui a été gagné, adopté... La réalité du processus est escamotée. Pour ce qui est de la destination de ce trajet, le silence est de mise.

Ce qui distingue la religion postmoderne des religions traditionnelles est le fait qu'elle est acquise par le biais, non pas de rites d'initiation formels ou par l'apprentissage d'un catéchisme ou d'un credo, mais qu'elle est absorbée par le contact quotidien avec la culture environnante et les présupposés qu'elle communique. Cette absorption se fait, entre autres, par le biais de deux institutions : l'éducation publique et la culture populaire.

Dans le contexte de la religion postmoderne, l'aspect communautaire, que l'on associe habituellement aux religions traditionnelles (le concept d'individus visiblement regroupés dans une église ou autre lieu de culte à l'architecture distincte), a été évacué. Cela dit, il faut souligner que puisqu'il s'agit d'une religion invisible, ses lieux de rassemblement et de culte existent, mais ils sont également invisibles[48]. Les lieux de *culte* de la religion postmoderne ce sont justement les divers organismes spécifiques qui recueillent les groupes dont il sera question dans les pages suivantes. C'est dans ces organismes qu'on retrouve la plus haute concentration de membres de la religion postmoderne. Par ailleurs, la culture populaire fournit bien d'autres lieux de culte : spectacles de musique, cinéma[49], soirées de remise des Oscars, Palmes d'or, parties de foot/soccer[50], prix Nobel, etc. Le rassemblement collectif implique toujours le rituel et le rituel implique la religion (et ses concepts). À ce sujet l'anthropologue Marc Augé note (1982 : 318-319) :

> (...) la logique ritualiste (...) est à l'origine de tous les comportements collectifs susceptibles de communiquer aux groupes, indépendamment du principe de leur constitution, une conscience, éventuellement éphémère, de leur identité et, en termes durkhei-

miens, de leur sacralité. Dans les sociétés modernes, les occasions de regroupement festif ne sont ni exclusivement ni essentiellement religieuses au sens étroit du terme : la vie économique, syndicale, politique et, plus encore, la vie sportive suscitent les manifestations de masse les plus importantes ; il faudrait citer aussi les grands rassemblements autour de vedettes des formes modernes de musique populaire. Ces divers rassemblements (…) se prêtent d'autant plus à une analyse de type durkheimien qu'à l'effervescence qu'ils suscitent correspondent des représentations, incarnées (vedettes, idoles), plus abstraites (le Parti, le club de football) ou plus symboliques (couleurs, figurations animales), étayées par différents supports (tee-shirts, posters, fanions, casquettes) qui constituent le matériel élémentaire de cultes parcellaires ainsi marqués par leur aspect totémique.

Chez les adeptes les plus ardents de l'IA[51] et du mouvement posthumain[52] un des lieux de culte et d'espoir utopique (virtuel bien sûr), est le cyberespace. À ce sujet, David Porush note (1994 : 555) :

> L'espoir utopique très fort avec lequel plusieurs anticipent le cyberespace et la fréquence avec laquelle la fiction cyberpunk y dépeint des incidents métaphysiques ou transcendants, m'indique que le cyberespace est devenu, pour notre culture postmoderne, au-delà de la raison, une architecture sacrée, bien qu'il n'existe pas encore tout à fait. Comme la majorité des structures sacrées, le cyberespace est préfiguré comme un site pour l'initiation ou le contrôle de l'apocalyptique, un lieu dans le temps où surviendront des révélations futures provenant de lieux au-delà de l'expérience matérielle ou rationnelle. (…)
> En bref, l'intersection entre le monde transcendant et le nôtre a toujours créé ou exigé une architecture qui restructure inévitablement la société elle-même. Encore mieux, nous devrions peut-être dire ceci : les humains ressentent inévitablement qu'une certaine architecture est requise pour attirer le transcendant dans ce monde. Le contraire est aussi vrai : lorsque l'architecture appropriée est édifiée, (il nous semble que) le transcendant sera obligé de l'habiter : « Construisez-le et ils viendront ! » Pour l'homme postmoderne, le cyberespace est ce lieu sacré. Nous ne sommes pas plus affranchis de cette pulsion métaphysique que ne le sont les Zinacatecos.*

À ce titre, Régis Debray note avec ironie (2004 : 2) « Les *croyances*, ce sont toujours celles des autres. Ou celles qu'on n'a plus. Au présent, on ne connaît que la certitude ». Dans les pages suivantes, nous examinerons quelques groupes influents ainsi que leur rôle dans la religion postmoderne. Qu'en est-il, par exemple, des bonzes scientifiques que l'on voit régulièrement à la télé ou à la radio ? Quelle est leur fonction ? Est-ce pensable que nos élites puissent jouer un rôle idéologico-religieux et, si c'est le cas, de quelle manière le font-elles ? Il y a lieu de penser qu'un aspect important de la chose soit le rôle d'intégration, c'est-à-dire examiner les découvertes les plus récentes de la science afin de les assimiler au discours dominant. Ce type de processus, au-delà des objectifs de vulgarisation, a comme but ultime de rassurer les fidèles de la religion postmoderne sur le fait que la science légitimise ce système de croyances et que l'aura scientifique lui est acquise. Pour ce qui est du choix, par les médias, de scientifiques en tant que porte-paroles, il faut bien comprendre que les performances ou diplômes prestigieux importent peu. Ce qui compte, c'est qu'il s'agisse de *croyants véritables*[53]... Il va de soi qu'un autre scientifique, même aux performances supérieures, mais *incroyant*, ne saurait faire l'affaire.

En général, peu d'individus parviennent à discerner le rôle idéologico-religieux des intellectuels, mais cela arrive. Kim Pournin, journaliste au Figaro, nous livre un regard cynique sur l'œuvre et l'influence du psychanalyste renommé, Jacques Lacan (2004) :

> De 1953 à 1980, le psychanalyste Jacques Lacan (1901-1981) donne la parole de son Séminaire en spectacle. Spectacle de sa voix, de ses gestes, et de toute sa personne. À Sainte-Anne, puis à Ulm, enfin au Panthéon, son enseignement s'obscurcit à mesure qu'il s'ouvre au public. Certes, ce Gongora freudien prive, ainsi, ses textes de toute systématisation, et garde à son œuvre l'aspect abrupt d'une pierre de Rosette ; mais un tel ésotérisme ne saurait cacher l'esprit de chapelle qu'il habille : servitude à l'égard du maître, gratifications, excommunications... Car ils guettent, les fanatiques, épigones et autres *femmes du monde fatiguées*, comme dit Jean-François Revel. Ils tapissent, aux dernières années de son pontificat, les gradins des amphithéâtres où notre homme célèbre son office.

Le ton de Pournin est caustique, possiblement offert en boutade, mais atteint néanmoins la cible ici en soulignant le rôle idéologique de Lacan (et de bien d'autres de moindre renommée il va sans dire). La sociologue Eileen Barker, notant le prestige immense de la science au milieu du XXe siècle a produit une étude fort intéressante (1979) sur le rôle idéologique (ou cosmologique) des scientifiques dans le cadre du débat sur les origines de la vie. Dans son étude, elle examine ces scientifiques à la manière d'une prêtrise offrant l'aura de la science, garante de l'authenticité de la vision du monde promue par divers groupes.

Pour les médias, il n'est pas interdit de penser qu'un des lieux de rassemblement des *élus*, sur le plan physique, soit constitué par les multinationales des médias[54] et par les chaînes nationales des pays plus à gauche. Mais il ne faut pas croire que la *droite* échappe à ce phénomène... Pas du tout. Ce qui contribue à maintenir l'invisibilité de ces élites religieuses est le fait qu'elles ont toutes un autre *job*, cependant leur influence idéologique sublimée est exercée dans leur champ d'activité reconnu.

Il faut préciser que l'invisibilité de la religion postmoderne tient au fait que chacun des groupes élites joue, comme c'est le cas parfois d'acteurs au théâtre, deux rôles; l'un professionnel et l'autre idéologique. Le rôle professionnel reste toujours un excellent alibi, un paravent, pour cacher/nier le rôle idéologique, à condition de respecter, bien entendu, une certaine retenue lorsqu'il est question de censurer/marginaliser des positions adverses. Quant aux hautes instances juridiques, on peut s'interroger sur le rôle idéologico-religieux des juges de tribunaux supérieurs des pays développés de l'Occident. Dans un contexte où les religions traditionnelles sont largement bannies de la place publique, ce sont maintenant ces juges qui établissent ce que sont le bien et le mal. Chez les scientifiques, on peut facilement penser aux organismes élites tels l'Académie française, la Royal Society chez les Britanniques ou encore la National Academy of Sciences[55] chez les Américains, ainsi que les organismes subventionnaires desquels dépendent les chercheurs pour le financement de leurs projets[56] dans plusieurs pays.

Et pour les milieux éducationnels, on peut penser évidemment aux ministères de l'Éducation des pays respectifs ainsi qu'aux organismes de haut niveau universitaire. Ce sont ces groupes qui exercent une influence dominante sur le contenu des programmes éducatifs. Chaque groupe comporte sa hiérarchie et veille sur le périmètre du territoire qui lui est propre. Évidemment, de temps à autre, des conflits territoriaux peuvent éclater entre ces groupes, chacun essayant, si l'occasion se présente, d'étendre son influence (ex.: les médias qui tentent parfois de jouer un rôle juridique).

Le système éducatif public, pour sa part, produit une masse d'individus dotés des compétences professionnelles ainsi que des qualités idéologiques exploitables par le système postmoderne. Et même si des individus gardent dans leur for intérieur des convictions autres que postmodernes, au cours de leur éducation ils apprennent, par osmose, les réflexes nécessaires de la *flexibilité* afin de remiser leurs convictions non postmodernes dans le placard de la vie privée. Évidemment, le système éducatif n'est pas sans faille[57] et des individus aux convictions en contradiction avec la religion postmoderne peuvent, malgré tout, s'y introduire et atteindre des rangs élevés. Mais lorsque ceci survient, le système comporte encore des mécanismes de défense, des filtres. Ces récalcitrants peuvent espérer gagner honnêtement leur vie, mais devront accepter une existence plutôt marginale sur le plan idéologique. Ils n'atteindront jamais (à moins de bévues de la part des *gatekeepers*) les postes d'influence. Ces postes étant réservés aux *vrais* croyants de la religion postmoderne.

Faire entendre sa cause

> La loi peut régner, en effet, tant qu'elle est la loi de la Raison universelle. Mais elle ne l'est jamais et sa justification se perd si l'homme n'est pas bon naturellement. Un jour vient où l'idéologie se heurte à la psychologie. Il n'y a plus alors de pouvoir légitime. La loi évolue donc jusqu'à se confondre avec le législateur et un nouveau bon plaisir[58]. Où se tourner alors ? La voici déboussolée ; perdant de sa précision, elle devient de plus en plus imprécise jusqu'à faire crime de tout[59]. La loi règne toujours, mais elle n'a plus de bornes fixes.
> (Camus 1951 : 162)

Toute civilisation est fondée sur une vision du monde et le système judiciaire qu'elle héberge exprime, sur le plan pratique, les principes interrelationnels impliqués par cette vision du monde. En ce qui concerne le parti pris entre individus mêlés à une cause, la neutralité doit, en théorie, exister lors d'un procès, mais sur le plan idéologique cela est impossible pour le système judiciaire dans son ensemble. Autrefois, en Occident il était habituel dans un régime démocratique, de considérer que le rôle du système judiciaire et de ses plus hautes instances était d'appliquer la loi, telle qu'elle était définie par les élus du gouvernement dont il est lié sur le plan de la structure gouvernementale. Mais au cours du XXe siècle, cette conception a été largement abandonnée par les hautes instances judiciaires, en particulier par les juges des tribunaux supérieurs de la majorité des démocraties occidentales. Il en résulte que de plus en plus les tribunaux supérieurs de plusieurs pays assument le rôle de définir la loi. On remarque parfois que les tribunaux supérieurs abolissent des lois existantes, sinon exploitent leur influence élargie à la réinterprétation de lois existantes (ce qui peut revenir au même). Cette situation n'est pas neutre sur le plan idéologique, mais implique l'imposition, par le biais du juridique, d'une moralité issue de la vision du monde postmoderne. Le champ est libre.

La fin du XIXe et le début du XXe siècles ont vu pénétrer l'influence, dans les milieux juridiques, de la vieille garde moderne, une influence dite parfois *humaniste*. Parmi les conséquences de cette infiltration, on constate que la conception de la justice elle-même a changé. Si, autrefois, on considérait les grandes lignes de la loi fondée dans l'absolu, fixées une fois pour toutes, maintenant bien d'autres considérations influencent l'expression et la pratique de la loi en Occident. Dès lors, la justice est conçue plutôt comme liée à des questions statistiques, sociologiques, légitimée par ce qui est coutumier ou perçu comme *normal* dans le contexte d'une société postmoderne. Et pour justifier ces changements dans la pratique, le concept de *progrès* est souvent invoqué. Cette nouvelle conception de la justice s'est bien souvent manifestée en servant des notions individualistes plutôt que communautaires. À ce titre, on peut penser à des questions telles que l'avortement, le libre accès au divorce, les droits des enfants. Le débat au sujet de l'euthanasie est souvent exprimé en termes de droits de l'individu, c'est-à-dire *son droit* de mourir avec *dignité*.

Ayant observé ce changement d'allégeance religieuse (ou idéologique si on préfère) chez nos élites juridiques, il reste à déterminer quels sont les instruments avec lesquels on a effectué ces changements. La situation en Occident varie considérablement d'un pays à l'autre si on examine les mécanismes exploités par les élites juridiques pour établir le nouvel ordre moral postmoderne. Voyons quelques exemples :

>Déclaration des droits de l'homme et du citoyen (France)
>Charte canadienne des droits et libertés (Canada)
>Constitution et parfois Bill of Rights (États-Unis)

Chez les Américains, l'imposition de jugements selon le nouvel ordre moral se fait généralement par des appels à la constitution. Notons par ailleurs que dans tous les États postmodernes, le précédent juridique, c'est-à-dire lorsqu'il y a une cause inédite, fournit souvent l'occasion pour introduire le nouvel ordre moral postmoderne et rendre une décision en *harmonie* avec l'idéologie postmoderne. Il faut noter que le précédent juridique n'est qu'un outil parmi d'autres pouvant faire pénétrer l'influence postmoderne. Il va sans dire que l'application de la loi occupe, à presque 100%, le temps des juges de tribunaux inférieurs, mais dès que l'on s'approche des tribunaux supérieurs, les pouvoirs élargis de ces institutions fournissent des occasions favorables où il est possible de réinterpréter la loi ou d'abolir des lois existantes, jugées *non progressistes* ou *intolérantes*. Il s'agit évidemment d'un processus long et plus ou moins aléatoire puisque les juges ne peuvent intervenir directement sur les lois que si une cause pertinente leur est présentée. Il faut bien s'entendre, les juges ne peuvent, en aucun cas, réécrire la loi, mais vu leur pouvoir de réinterpréter la loi, cette distinction est vaine si on considère leur mainmise sur l'administration de la justice dans sa réalité quotidienne.

Au Canada, l'avènement de la Charte des droits et libertés de la personne en 1982 a fourni cet outil de transformation. Lors d'une allocution pour la rentrée judiciaire 2003-2004 des tribunaux du Québec, le juge en chef du Québec, Michel Robert a noté (dans Balassoupramaniane 2004) :

> Nous sommes passés d'un régime où la suprématie parlementaire ne connaissait [presque] aucune limite (...) à un régime reposant sur la suprématie constitutionnelle dans lequel tant les pouvoirs du Parlement que les pouvoirs des assemblées législatives sont limités par le respect des droits et libertés garantis par l'article 1 de la Charte. Dans un tel régime, la mission des tribunaux s'est considérablement élargie et le pouvoir judiciaire est devenu aussi important que les pouvoirs exécutifs et législatifs. Les tribunaux sont devenus aujourd'hui des instruments de gouvernance proprement dits. Plusieurs questions controversées et particulièrement celles qui divisent la population sont souvent tranchées partiellement ou totalement par les tribunaux plutôt que par les gouvernements. [Par exemple], la légalisation de l'avortement [qui a été] décidée par l'arrêt Morgentaler et le mariage entre personnes de même sexe qui a déjà fait l'objet de cinq décisions judiciaires. [De même], il est difficile d'imaginer une question fondamentale qui n'a pas été traitée par les tribunaux : peine capitale, euthanasie, pornographie infantile, droit au suicide assisté, homicide par compassion, liberté d'expression dans la publicité commerciale, droit des détenus d'exercer leur droit de vote, statut des partis poli-

tiques subventionnés par les ressources de l'État, etc. et la liste est loin d'être exhaustive.

Dans le contexte canadien, on peut considérer que la Charte des droits et libertés de la personne constitue en quelque sorte une loi au-dessus des lois. En Occident si les élites juridiques sont les promotrices de la religion postmoderne, par quel processus cela se fait-il ? Avant de répondre à cette question, il faut bien comprendre que les élites juridiques ont toujours joué un rôle idéologico-religieux, car le droit a toujours des implications morales. L'éthique, pour sa part, ainsi que les concepts du bien et du mal, ne tombent pas du ciel. Ils sont toujours enracinés/fondés dans une vision du monde. Par ailleurs, il faut noter qu'en Occident le système judiciaire a longtemps existé en relation de symbiose, dans les grandes lignes, avec la vision du monde dominante de l'époque, c'est-à-dire d'inspiration judéo-chrétienne[60].

Cette relation de symbiose a rendu, jusqu'à un certain point, la dimension idéologique du système judiciaire invisible et neutre. Cela dit, il n'y a jamais eu, à aucune époque, une dominance totale du système judiciaire par le christianisme, car le système légal, variant en fonction des contextes géographiques et culturels, a toujours abrité des concepts résiduels des sociétés préchrétiennes dont le droit romain est un exemple parmi tant d'autres. Il y a toujours quelques traits du système judiciaire d'un pays qui sont indicatifs des détails de son histoire et de son contexte culturel particulier. Ceci étant dit, dans les grandes lignes, le droit a longtemps reflété en Occident la prédominance de la vision du monde judéo-chrétienne. Cette situation a donc reflété un choix de société. Il faut noter que, même au Moyen Âge, l'intégration du système légal par le christianisme n'a jamais été complète, ni cohérente. Par ailleurs, la vision du monde judéo-chrétienne fournit de grands principes, mais ne fournit pas de prescriptions régissant tous les détails de l'interaction humaine. La Bible, par exemple, ne précise pas quelle sentence imposer à un fraudeur qui a délesté une vieille dame de 40 000 $. Dans le cas de l'islam, la situation est différente, car l'intégration du système judiciaire (et politique) par la religion y est généralement beaucoup plus poussée[61]. À ce sujet, l'anthropologue anglais Raymond Firth remarquait (1981 : 589) :

Mais du postulat central de Dieu, en tant que réalité suprême, ultime et aveuglante, sont tirées des propositions touchant l'homme comme serviteur de Dieu, la nature comme un symbole reflétant la réalité divine et de légale (la *Shari'a*) perspective comme exprimant la volonté divine et couvrant tous les aspects de la vie humaine. Il s'agit d'une foi concise et logique. Pour le musulman, il n'y a pas de distinction ultime entre la loi divine et la loi humaine. Ainsi, chaque acte, ce qui inclut chaque geste politique, a une dimension religieuse et doit avoir une sanction religieuse explicite.*

Le christianisme se contente généralement d'intervenir sur des principes plus généraux. La valeur de la vie humaine par exemple. Au XVIIIe siècle, des chrétiens en Angleterre se sont battus pour rendre l'esclavage illégal. Plus tard, au XIXe siècle aux États-Unis, un grand nombre des intervenants étaient motivés par des conceptions religieuses chrétiennes[62]. Ce n'est pas un hasard si l'esclavage fut aboli d'abord dans les pays sous l'influence de la Réforme. Au XXe siècle, où des relents d'influence raciste ont perduré, il en a été de même avec Martin Luther King qui s'est battu contre la ségrégation des Noirs.

Un article publié dans la revue Scientific American par Larson et Witham (1999) examine les croyances religieuses des scientifiques américains. Dans cette étude, les auteurs ont constaté que chez ces derniers l'athéisme est plus commun que dans l'ensemble de la population, mais ils ont noté que dans le cas des institutions élites, telles la National Academy of Sciences (NAS), la proportion des répondants athées y était beaucoup plus prononcée encore. Dans ces groupes élites, ils forment une majorité écrasante. Il y a lieu de se demander, si une telle enquête était reproduite touchant les convictions idéologico-religieuses des magistrats des tribunaux supérieurs de divers pays en Occident, le résultat ne serait pas, dans une large mesure, analogue... et qu'on y retrouvait une majorité écrasante d'adeptes de la religion moderne ou postmoderne.

Bien que le processus de sélection des juges ait son importance, ce qui est significatif en dernière analyse ce sont les motivations idéologiques des juges eux-mêmes lors de l'exercice de leurs activités et en particulier lors de leurs prises de décisions. Certains conservateurs s'attardent particulièrement sur le processus de sélection des juges, mais à notre avis ce n'est qu'un aspect de la situation, car s'y attarder ne remet pas en question la nouvelle capacité des juges de faire la loi.

Ce qu'il y a de singulier dans la situation présente est le fait qu'au cours du XXe siècle la très grande majorité des élites juridiques a abandonné leur appui implicite de l'héritage judéo-chrétien pour se faire les promotrices d'une tradition moderne d'abord, dite parfois *humaniste,* et maintenant postmoderne. Ce repositionnement idéologico-religieux institutionnel s'est fait, dans la majorité des cas, sans qu'il y ait choix de société véritable, bien souvent par un processus de remplacement, génération après génération, d'intervenants jugés *non progressistes* par des individus aux perspectives dites *progressistes* ou *modernes*. Ce type d'engagement idéologique de la part de nos élites juridiques est presque toujours passé sous silence sinon nié avec véhémence, mais lors d'événements entre pairs, il est parfois possible d'en discuter avec moins d'ambiguïté. Par exemple, au cours d'une allocution prononcée en l'honneur d'un collègue lors d'un banquet-bénéfice devant d'autres juristes, Michel Robert, juge en chef du Québec, nota (2003 : 11-12) :

> C. G. est un homme profondément moral, j'ai bien dit moral et non pas moraliste ou moralisateur. La moralité *qui se dégage de ses opinions*, n'a pas en soi un caractère religieux[63], mais bien plutôt un fondement humaniste que l'on retrouve, malgré les siècles qui les séparent, chez le philosophe d'origine hollandaise Érasme.

Il s'agit évidemment ici non pas d'opinions personnelles, mais d'*opinions* juridiques, c'est-à-dire de jugements en cour. Il est curieux de constater que la schizophrénie éthique exigée des politiciens (qui doivent séparer, dans des cloisons étanches, convictions privées/publiques) ne s'applique pas aux juges des tribunaux supérieurs. Il est clair ici que les convictions (idéologico-religieuses) privées du juge affectent aussi ses jugements en cour. Sur ce plan, il faut se rendre à l'évidence, il n'y a aucune séparation de l'*Église* et de l'État. Et le message subliminal transmis est que cet état de choses est souhaitable, normal. Bien que, pour des causes particulières, il puisse exister plusieurs avis sur le bien-fondé des prises de position de juges des tribunaux supérieurs en Occident, il ne peut y avoir de doute quant aux motifs idéologico-religieux de ces prises de position. Évidemment, il est très rare que les premiers concernés passent aux aveux, mais l'exception confirme la règle. Le juge Michel Robert, affirme, concernant le rôle des juges des tribunaux supérieurs, que (dans Schmitz 2004 : 1) :

> Nous devenons, d'une certaine manière, les nouveaux prêtres de la société civile, car nous prenons des décisions concernant le mariage gai, l'euthanasie et l'avortement. Nous prenons des décisions sur des questions très controversées et ayant un contenu moral ainsi que des implications morales très grandes. Nous sommes devenus les instruments de gouvernance, dans le sens large du terme. Désormais, nous définissons les valeurs socio-économiques de base de la société.*

Il ne faut pas voir l'évolution des diverses décisions juridiques au cours du XXe siècle de manière isolée, mais plutôt dans le contexte de leur logique idéologico-religieuse. Et si on s'engage dans cette logique, il faut alors se demander où elle peut nous conduire. Évidemment, pour plusieurs il serait préférable que la question ne se pose pas...

La religion postmoderne domine largement la place publique et ne souffre aucun rival. Un article par le professeur de droit américain Stephen L. Carter (1989) aborde le processus de nomination d'un juge à la Cour suprême américaine. L'article propose le cas fictif d'un juge qui pose sa candidature pour un poste à la Cour suprême américaine, un juge qui affiche ouvertement des convictions dites *religieuses*[64]. L'article examine les obstacles auxquels devra faire face un tel individu ainsi que divers mécanismes de marginalisation que peut rencontrer ce candidat (que l'on estime insuffisamment *politically correct*) à un poste de juge de la Cour suprême. Il est très important de garder à l'esprit que ce processus (et les mécanismes de marginalisation sur lequel il repose) comporte deux aspects, ce qu'il tente d'exclure et ce qu'il tente de favoriser/protéger... Évidemment, l'article vise le contexte américain, mais ailleurs, même en tenant compte des variantes des divers systèmes juridiques en Occident, le résultat final sera généralement comparable. Dans la majorité des pays occidentaux, le processus de sélection des juges des tribunaux supérieurs implique une mesure [implicite] des perspectives idéologiques des candidats en même temps qu'il assure l'uniformité idéologique des juges en poste. Et de quel côté pencheront alors leurs décisions ? C'est pratiquement aussi facile à déterminer que de prévoir qu'après la pluie...

Dans les milieux *politiquement corrects*, lorsqu'il s'agit de confier des tâches importantes ou d'attribuer un poste critique, on sait, d'instinct, reconnaître les gens d'esprit *progressiste* ou *ouvert*. Tout d'abord, leur production intellectuelle et professionnelle en dira long à ce sujet. Il en est de même dans la vie quotidienne, dans un autocar ou un métro, par exemple, en regardant au-dessus de l'épaule d'un autre voyageur, qui lit tranquillement un livre, on peut parfois deviner/reconnaître (avec une certaine marge d'erreur), en jaugeant le contenu ou le titre de sa lecture, un compatriote, un marginal ou un adversaire idéologique.

Le processus par lequel un poste de juge de la Cour suprême sera comblé est un moment critique en régime démocratique, car il permet [parfois] au public d'examiner quelles sont les convictions idéologiques des individus en cause. Sans doute chaque pays en Occident comporte ses particularités en ce qui a trait à ce processus. Par exemple, la situation canadienne diffère passablement de celle que l'on retrouve aux États-Unis. Chez les Américains, les candidats aux postes de juge de la Cour suprême sont d'abord désignés par le président, mais ce choix doit être ratifié par un comité du Sénat, un comité qui, selon la conjoncture politique du moment, ne sera pas nécessairement favorable au choix présidentiel. Dans ce comité, les juges doivent répondre à plusieurs questions touchant leur intégrité, leurs qualifications professionnelles ainsi que leurs convictions idéologiques. Il faut noter que tout ce processus est exposé au regard du public. Dans les années récentes, certains candidats ont été contestés en rapport avec leurs prises de position sur la question de l'avortement[65].

Au Canada, le processus est laissé à la discrétion du premier ministre qui peut tenir compte de l'avis du ministre de la Justice. Les candidats à un poste de juge de la Cour suprême, comme c'est le cas dans tous les pays, doivent répondre à certaines exigences professionnelles. Ces postulants doivent soumettre leur candidature à un comité consultatif qui, par la suite, fera ses recommandations au premier ministre du pays. Et c'est le premier ministre qui prend la décision finale quant à la personne qui devra occuper le poste. Il faut noter que lorsque ce processus rencontre les intérêts idéologico-religieux des partis en cause, il faut dès lors, s'attendre à ce qu'ils affirment que le processus est tout à fait neutre, adéquat, préserve l'indépendance du judiciaire, etc. Si le lecteur soupçonne que la phrase précédente implique nécessairement le concept d'un *complot*, qu'il soit rassuré, l'expression *convergence d'intérêts* suffit amplement.

Au Parlement canadien, une proposition a été examinée en 2003-2004 concernant le processus de nomination des juges et souhaitant qu'il puisse être élargi, c'est-à-dire soumis au regard du Parlement. Pour certains l'idée que les candidats au poste de juge de la Cour suprême du Canada puissent subir un quelconque examen de la part des élus semble soulever de grandes craintes. Et pour protéger leurs acquis, il faut s'attendre que publiquement, ils nient, de manière catégorique, toute impartialité[66], tout parti pris, toute subjectivité. Alain-Robert Nadeau, professeur de droit, dans un article intitulé **Démocratisation ou chasse aux sorcières** note (2004) :

> D'abord, l'idée même de la *démocratisation* des nominations des juges à la Cour suprême est antagoniste à l'indépendance de la magistrature[67]. (...) M'est avis que cette idée d'examiner l'idéologie des juges avant leur nomination à la Cour suprême porterait atteinte à l'indépendance de la magistrature et constituerait une chasse aux sorcières plutôt qu'une démocratisation du système politique.

Tout va bien, bas les pattes, admirons tous béatement le statu quo... Et s'il faut, discréditons, par tous les moyens possibles, les remises en question sérieuses ainsi qu'un processus susceptible de mettre en lumière les *engagements* idéologico-religieux des juges actuels de la Cour suprême. Dès lors, il semble que ce langage de «chasse aux sorcières» n'est pas trop fort, trop strident... Richard Marceau, député au Parlement canadien, considère, pour sa part, étrange qu'un juge puisse souhaiter se soustraire à un processus d'examen qui est pourtant exigible pour beaucoup d'autres (2003 : M288) :

> Il est important pour les Canadiens de connaître les valeurs et les croyances des hommes et des femmes qui rendent les décisions servant de fondement à notre société. Vous voyez, Madame la Présidente, vous et moi pouvons être tenus de rendre des comptes, comme tous les autres députés. À tous les quatre ans environ, je suis tenu de rendre des comptes lors des élections. Mes valeurs et mes croyances sont examinées à la loupe et, franchement, ce n'est pas toujours très agréable. Mais au plan de la prise de décisions importantes, je me situe au bas de l'échelle. Un juge de la Cour suprême est presque un inconnu, or il peut mettre en échec le gouvernement et le Parlement et infléchir l'orientation de la société dans des directions dont les législateurs ne veulent pas forcément comme, par exemple, le mariage entre partenaires de même sexe, la légalisation de la marijuana, le droit

électoral, les droits des autochtones, etc. Une fois qu'un juge est nommé, il n'a de comptes à rendre à personne et ne peut faire l'objet d'un examen.

Un autre député canadien, James Lunney, commentant la motion du député Marceau, fit les remarques suivantes (dans Marceau, 2003 : M288) :

> C'est une question dont se préoccupent certainement les Canadiens. Il y a eu de vives protestations en Colombie-Britannique, par exemple, parce que les juges n'ont pas réprimé la pornographie juvénile dans l'affaire John Robin Sharpe et ont refusé de poursuivre toute personne accusée d'être pédopornographe. Les gens ont été révoltés par cela. Les gens pensent que le rôle du gouvernement est de légiférer, que celui de la police est de les faire respecter et que celui des juges est d'imposer des peines et de régler les différends. (...) Il y a eu tellement de cas où l'activisme de la magistrature a dérapé. Nous en sommes actuellement témoins avec la question de la définition du mariage. Récemment, les tribunaux ont dit au Parlement qu'il doit modifier ses lois concernant le mariage. Un autre tribunal de la Colombie-Britannique est arrivé à la même conclusion, estimant que le gouvernement doit réagir parce que la société a changé. Les tribunaux nous disent que la société a évolué. Nous savons que ce n'est pas ce que la société attend des juges. Il faut régler ce problème.

Évidemment, certains répliqueront que plusieurs de ces plaintes sont motivées sur le plan religieux, ce qui, dans certains cas, peut être tout à fait juste. Mais qu'à cela ne tienne. Le revers de cette observation, c'est que si on considère le cas des individus qui ne se plaignent pas des activités de ces juges (et du processus qui gère leur sélection), leurs indifférence et acceptation des changements sont tout aussi motivées sur le plan idéologico-religieux. Il est illusoire de croire que certaines positions, à cet égard puissent être neutres. Dans ce contexte, les attitudes et comportements de ceux qui ne se *plaignent pas* du processus ne peuvent être compris qu'en rapport avec leurs *engagements* idéologico-religieux... Mais, sauf de très rares exceptions, on fera silence sur ce que peuvent être leurs présupposés et la vision du monde qui les sous-tend. L'*objectivité* institutionnelle en souffrirait sans doute... On observe donc une marginalisation, dans le contexte juridique actuel, de tout discours qui motive son intervention par une référence à un ordre moral autre que postmoderne. Concernant la situation aux États-Unis, Charles Colson remarque (1996:34) :

> Rédigeant la décision pour la neuvième Cour d'appel dans la cause *Compassion in Dying v. Washington*, dont la décision renversa une interdiction de l'euthanasie, le juge Reinhardt a rejeté, sans équivoque, l'intervention d'individus aux *convictions morales ou religieuses profondes,* car à son avis «ces personnes ne sont pas libres d'imposer leurs perspectives, leurs convictions religieuses ou leur philosophie sur les autres membres d'une société démocratique».*

Puisque les États postmodernes n'admettent pas l'existence d'une loi transcendante, universelle, au-dessus de l'État, il faut alors concéder que ce sont désormais les juges des tribunaux supérieurs qui définissent ce qu'est le bien et le mal à la fois pour la société et la religion postmoderne. Cette attitude à l'égard de la religion est fort répandue en Occident postmoderne. Mais il y a lieu de se demander si de tels juges avaient présidé au XVIIIe ou au XIXe siècles, serait-il raisonnable de croire que Wilberforce et ses confrères du mouvement antiesclavagiste seraient parvenus à leurs buts, car ces derniers évoquaient, sans fausse pudeur, les convictions judéo-chrétiennes qui motivaient leurs interventions. Chose certaine, si on avait exclu leurs interventions pour les motifs évoqués par le juge Reinhardt, il y a fort à parier que l'Occident tolérerait toujours l'esclavage[68]. Le calcul pécuniaire ne nous est certes pas étranger et a pu servir, à toutes les époques, de justification à toutes les injustices.

2 / Vivisection du patient

Plus l'univers nous semble compréhensible, plus il semble absurde.
(Steven Weinberg 1977/1980)

Les deux hémisphères de mon esprit se faisaient la lutte. D'un côté, un océan de poésie et de mythes aux îles multiples et, de l'autre, un rationalisme factice et superficiel. Presque tout ce que j'aimais, je le croyais imaginaire et tout ce que je croyais réel, je le pensais morbide et insignifiant.*
(C. S. Lewis 1955 : 170)

Au cours du XXe siècle, l'époque dite *moderne*, la grande majorité des élites occidentales a été influencée par une cosmologie matérialiste ainsi que par le prestige de la science empirique. La vieille garde de nos élites religieuses est donc presque exclusivement matérialiste. Dans son discours, elle invoque régulièrement l'équation science = vérité. Pour ces élites, la science constitue donc l'autorité épistémologique ultime. Sur le plan social, il s'agit d'une autorité comparable à celle dont jouissaient autrefois le Pape ou la Bible. Aujourd'hui, pourtant, une nouvelle garde postmoderne la remplace progressivement.

Pour mieux comprendre le contraste entre la vieille garde moderne et la nouvelle garde postmoderne, il faut noter que la fin du XIXe siècle et la première moitié du XXe a été la période des certitudes, des *vérités*, où l'on adhérait à des idéologies politiques circonscrites, identifiables. On avait des allégeances soit fascistes, communistes, anarchistes, capitalistes, etc. L'homme moderne affirme que l'Histoire a un sens et que ce sens c'est le progrès[69]. Il postule qu'on se dirige vers le paradis technologique ou, à défaut, la société sans classes. Le moderne rejette donc la perspective religieuse [judéo-chrétienne] sur les questions d'importance et voit dans la science le lieu de la vérité. De ce fait, les idéologies modernes réclament toutes l'épithète *scientifique*. Le moderne a ceci de commun avec la vision du monde judéo-chrétienne, c'est que tous deux prêtent foi à un concept de Vérité[70] tout en situant sa source aux antipodes. Les idéologies modernes devaient donc être *scientifiques*, matérialistes, fondées sur le plan empirique. La vie sociale reflétait largement ces convictions. Sur le plan relationnel, on se tenait avec les gens de convictions semblables tout en évitant d'admettre la légitimité de celles des *autres*.

Mais au cours de la deuxième moitié du XXe siècle, on a vu une érosion graduelle des certitudes idéologiques et politiques collectives. Le mur de Berlin est tombé de toute sa hauteur. La Chine est maintenant capitaliste, non pas sur le plan politique, mais sur le plan économique, chose inimaginable dans les années 70. L'homme postmoderne a mis aux oubliettes ces grands projets collectifs. Ouvrant la voie, dans **l'Homme révolté**, Albert Camus fit, après la Seconde Guerre mondiale, un constat *effronté*, cynique (1951 : 227-228) :

> Toutes les révolutions modernes ont abouti à un renforcement de l'État. 1789 amène Napoléon, 1848 Napoléon III, 1917 Staline, les troubles italiens des années 20 Mussolini, la république de Weimar

Hitler. Ces révolutions, surtout après que la Première Guerre mondiale eut liquidé les vestiges du droit divin, se sont pourtant proposées, avec une audace de plus en plus grande, la construction de la cité humaine et de la liberté réelle. (...) Le rêve prophétique de Marx et les puissantes anticipations de Hegel et de Nietzsche ont fini par susciter, après que la cité de Dieu eut été rasé, un État rationnel ou irrationnel, mais dans les deux cas terroriste.

La suite du XXe siècle n'a pas démenti ces observations... La gauche, la droite, maintenant si on regarde au-delà des étiquettes et de la rhétorique, on arrive bien souvent à peine à les distinguer l'une de l'autre. Tandis qu'autrefois le clivage gauche/droite se tranchait sur les prises de position économiques, aujourd'hui, à la suite de la dérive vers le postmoderne, le clivage vise plutôt les questions de moralité, de sexualité et de reproduction. Les clivages traditionnels sont instables. Sur le plan des croyances, nous sommes donc dans une époque postmoderne. Une période où, dans une grande mesure, on a atténué les clivages idéologiques traditionnels et largué les certitudes explicites. En politique, ce qui compte désormais c'est l'image *marketing*. Il ne faut pas se méprendre.

La génération postmoderne n'est pas sans religion, sans idéologie, mais préfère des idéologies diffuses, ajustables, non circonscrites. Il y a là surtout le refus de credo rigides, de manifestes explicites. La souplesse est de mise. Les grands projets et utopies collectifs n'ont plus la cote. On a plus la foi dans la Révolution. De la gauche, désillusionnée par la chute des régimes et des idéaux socialistes, a émergé le postmodernisme, le rejet de tout métarécit. Le sens (et l'idéologie) n'est désormais plus collectif, il se fonde plutôt sur l'individu, ses préférences, ses goûts, ses fantasmes. La tendance postmoderne tend à trancher sur le plan politique et refuse les découpages traditionnels, à retenir quelques trucs de la gauche et d'autres de la droite. On en arrive donc à des partis politiques *libre-service*. La religion postmoderne est aussi faite sur mesure, à la taille de l'individu. Par ailleurs, l'homme postmoderne rejette l'idée que l'Histoire a un sens et que ce sens soit le progrès. Pour le postmoderne, le concept du progrès n'est qu'un métarécit, un sous-produit de la culture occidentale qui n'a rien d'universel.

De la chute des grandes idéologies collectives explicites, il en résulte une conséquence imprévue, le postmoderne se montre très discret quant à ses convictions. C'est que nos credo, nos catéchismes modernes et nos présupposés métaphysiques, autrefois explicites, affichés aux yeux de tous, sont, dans le contexte postmoderne, gardés au frais, dans un coffre bancaire, loin des regards indiscrets et des remises en question surtout. Il y a un contraste saisissant entre l'attitude prémoderne, où les présupposés sont explicites, visibles et l'attitude postmoderne où les présupposés sont, dans une large mesure, implicites[71], voire inconscients. Que l'individu soit l'architecte et le garant des religions/idéologies postmodernes contribue certainement à la sublimation des credo, car chacun a (potentiellement) un credo qui lui est propre.

Nous sommes aussi à une époque de grande promiscuité religieuse. On admet la légitimité de toute et d'aucune religion. Nous sommes des syncrétistes[72] raffinés. Chez l'adepte de la religion postmoderne, les grandes traditions monothéistes ne sont plus nécessairement un phénomène à combattre ou à éliminer, mais il faut nier leur universalité et, de ce fait, tout droit de parole véritable sur la place publique. Dès lors, toute la symbolique monothéiste est exploitable à des fins postmodernes. Chez le tenant de la religion postmoderne, un discours religieux traditionnel peut exister, mais à la condition d'être marginal, relégué à *sa* place, dans la vie privée. Par ailleurs, il est possible d'emballer le discours séculier postmoderne de jargon et de symboles *chrétiens* vidés de leur contenu[73]. L'illusion de la tolérance est nécessaire. Le compromis est partout de mise.

À l'égard des convictions modernes, le postmoderne commet parfois une hérésie aux yeux de ses ancêtres philosophiques ; il remet en question le statut particulier de la science. Le relativisme du postmoderne aboutit effectivement à une remise en question qui dissout l'opposition science/religion. Cette critique *hérétique* du statut privilégié de la science fait d'ailleurs écho aux positions avancées dans les années 70 par le sympathique (et quelque peu anarchique) philosophe de la science Paul K. Feyerabend (1924-1994). Ce dernier écrivait (1975/1979 : 332) :

> [...], la science est beaucoup plus proche du mythe qu'une philosophie scientifique n'est prête à l'admettre. C'est l'une des nombreuses formes de pensée qui ont été développées par l'homme, mais pas forcément la meilleure. La science est indiscrète, bruyante, insolente ; elle n'est essentiellement supérieure qu'aux yeux de ceux qui ont opté pour une certaine idéologie ou qui l'ont acceptée sans avoir jamais étudié ses avantages et ses limites. Et comme c'est à chaque individu d'accepter ou de rejeter des idéologies, il s'ensuit que la séparation de l'État et de l'Église doit être complétée par la

séparation de l'État et de la Science : la plus récente, la plus agressive et la plus dogmatique des institutions religieuses.

Étant donné l'importance médiatique et cosmologique de la science en Occident, des observations telles que celle-ci restent peu connues du grand public. Le réalisateur Stephen Spielberg constitue un exemple assez typique de la nouvelle garde d'élites religieuses. Dans plusieurs de ses films, on annonce que la sagesse vient, non plus de la raison ou de la science triomphante, froidement rationnelle, mais d'êtres extraordinaires venus des étoiles. À ce titre, il suffit de penser aux films **ET**, **Rencontres du troisième type** et la télésérie **Disparition/Taken**. Pour plusieurs, le rationalisme triomphant de la première moitié du xxe siècle doit être jeté par-dessus bord. On peut donc compter, dans la nouvelle garde culturelle, bon nombre d'intellectuels postmodernes.

Le défunt S. J. Gould, paléontologue et marxiste, personnage fort coloré, peut être considéré comme un cas de transition entre ces deux tendances. Par moments, il est l'apôtre du Siècle des Lumières, défendant avec courage la Raison et les acquis de la science empirique contre les *hérésies* des créationnistes. Mais à d'autres, il développe le concept de NOMA[74], qui admet que la religion peut détenir une autorité et un rôle légitimes sur le plan de la moralité, tandis que la science maintient le monopole de son autorité épistémologique sur le monde empirique. Il faut noter que lorsque son travail de paléontologue lui laissait quelque temps de loisir, Gould se distrayait en chantant[75] des œuvres très chrétiennes comme **La Création** de Joseph Haydn. Il affirmait, sans embarras, (Gould 2000) «J'apprécie les qualités morales et esthétiques du texte de la **Création** d'Haydn, tout en considérant ses inexactitudes empiriques comme sans conséquence et ne nuisant pas à l'ensemble*». C'est dans la logique du NOMA justement. Une autre figure de transition est le philosophe de la science canadien Michael Ruse. Darwiniste convaincu, Ruse (2005) est d'avis que dans le contexte du débat sur les origines il n'est pas inutile que la religion puisse s'y impliquer[76].

Le zoologiste anglais Richard Dawkins, en tant que représentant fidèle de la vieille garde matérialiste, n'a évidemment rien à cirer d'un tel compromis. Dans son essai, **A Devil's Chaplain**, il mentionne (2003 : 154) :

> Comment se fait-il que notre société admette la fiction commode que les affirmations religieuses ont un droit de respect automatique

qu'on ne peut remettre en question ? (...) Si je veux gagner votre respect concernant mes positions sur la politique, la science ou l'art, je dois gagner ce respect par le biais d'arguments, par des références à la raison, par l'éloquence et l'évocation de données pertinentes. Je dois pouvoir accepter les remises en question. Mais si j'affirme qu'une position fait partie de ma religion, les critiques doivent s'éloigner furtivement ou subir le courroux de la société. Comment se fait-il que les opinions religieuses soient protégées de la critique de cette manière ? Pourquoi devons-nous les respecter simplement parce qu'elles sont religieuses[77]?*

(Dawkins 2003 : 150) Le théologien, s'il veut demeurer honnête, devra faire un choix. Il pourra réclamer son magistère propre, distinct de celui de la science, mais digne de respect tout de même. Il pourra conserver Lourdes et les miracles et leur potentiel de recrutement fabuleux parmi les non éduqués ou il devra abandonner le concept de magistère distinct ainsi que toute aspiration bien intentionnée d'une convergence/symbiose avec la science.*

De l'avis de Dawkins les tentatives de conciliation entre science et religion sont impossibles, vaines. Il y a lieu de penser que d'ici une génération ou deux, le pouvoir et l'influence de la vieille garde matérialiste seront choses du passé. En Europe, il est possible que ce processus prenne un peu plus de temps, car la mise institutionnelle à l'égard du matérialisme y est plus massive. Tout comme c'est le cas de la reine d'Angleterre et de la majorité des têtes couronnées d'Europe, il est à prévoir que certains membres de la vieille garde matérialiste seront maintenus à leur poste, à titre symbolique, longtemps après la chute de leur influence réelle.

Il faut noter que l'attitude d'*ouverture* des nouvelles élites postmodernes, à l'égard de la religion, sert, en fait, à masquer les incohérences et le peu de profondeur de leur idéologie relativiste. Tout discours religieux ou idéologique serait alors également *vrai* ? Mais dans un tel cas, où toutes les vérités sont bonnes, aucune n'est vraie, universelle. L'amour, la haine, guérir, tuer, comportements *gais*, *straights*, maternels ou pédophiles, agir de manière aimable ou emmerder tout le monde sur son passage, comment établir alors le bien ou le mal de tels comportements dans l'univers postmoderne ? L'absolu n'a pas droit de cité. Devant ce constat, Hitler, Jésus, Staline, Mahomet, Robespierre, Charlie Chaplin et Pol-Pot auraient donc tous également raison ? Tous auraient leur *vérité* ? S'il n'y a pas d'absolu, pas d'Ordre naturel souverain, les références morales d'une société se réduisent à des normes arbitraires, constamment renégociées sur la base des rapports de force dans chaque contexte historique. Les médias et les moyens de marketing deviennent des outils puissants à cet égard. La notion de critique[78] s'évanouit comme une illusion.

Bien qu'il existe des zones de conflit, au cours du XXIe siècle, on observe encore cohabitation, juxtaposition et relations de symbiose entre visions du monde moderne et postmoderne. Par ailleurs, même si sur le plan théorique on peut s'attaquer à la science, sur le plan pratique, la technologie reste utile. On aime bien les lecteurs DVD, les cellulaires, l'Internet et si possible, un traitement contre le cancer ou la cellulite... Par exemple, bien que le postmoderne s'enorgueillit de son esprit critique et analytique, certaines choses restent taboues. Si les érudits postmodernes ont attaqué avec ardeur le discours colonialiste en Occident, il ne faut pas s'attendre, de leur part, à une déconstruction sérieuse de la théorie de l'évolution, car celle-ci constitue la pierre d'angle du relativisme postmoderne. L'évocation de toute autre explication des origines, de toute autre cosmologie, risquerait de miner les fondements de ce relativisme. Le présupposé postmoderne du *fait* de l'évolution constitue donc cette fondation puisque, dans ce contexte, il ne peut exister de loi universelle, panculturelle.

L'*Affaire Sokal*[79] constitue un exemple fort divertissant de conflit territorial entre modernes et postmodernes, et de ce fait, éclaire les divergences d'attitudes entre les deux groupes. Alan D. Sokal, professeur de physique à l'université de New York, côtoyait des collègues en sciences sociales gagnés à l'influence de la pensée postmoderne. Sokal, troublé par le langage obscur, le manque de rigueur scientifique et de logique de ces auteurs postmodernes, s'est proposé de faire un test. Voici la question qu'il s'est posée (1996b) :

> Afin de mettre à l'épreuve les standards intellectuels dominants, j'ai décidé d'initier une expérience modeste (et, il faut avouer, sans groupe de contrôle). Est-ce qu'une revue nord-américaine de pointe dans le domaine des études culturelles – dont le collectif éditorial inclut des luminaires tels que Fredric Jameson et Andrew Ross – publierait un article librement parsemé de bêtises si (a) il était exprimé de manière convenable et (b) s'il flattait les présupposés idéologiques des éditeurs ?*

Il a alors proposé à la revue Social Text, un article intitulé **Transgressing the Boundaries: Towards a Transformative Hermeneutics of Quantum Gravity**[80]. L'article fut accepté et publié dans un numéro spécial intitulé *Science Wars* (1996a). Par la suite, Sokal a révélé le canular. Ce fut le scandale. Bien que la position postmoderne dans cette affaire s'est vue couverte de ridicule, l'un des enjeux de l'*Affaire Sokal* est le fait que plusieurs intellectuels postmodernes visés par son article, paru dans Social Text, (dont Derrida, Lacan, Irigaray et Aronowitz) avaient remis en question/relativisé la nature absolue/panculturelle de la science occidentale. Pour les membres de la vieille garde moderne, il y a là une hérésie à étouffer le plus rapidement possible. Le premier paragraphe de l'article de Sokal, proposé à Social Text, se moque des scientifiques un peu attardés qui acceptent *toujours* l'idée qu'il existe un monde réel, extérieur à l'observateur, un principe, soit dit en passant, fondamental pour la science occidentale.[81] Il y a lieu de penser que le feuilleton du conflit moderne/postmoderne soit loin d'être terminé...

Cette évolution, ce phénomène de dérive, vers la nouvelle garde postmoderne se manifeste sous différentes formes. Par exemple, un anthropologue que j'ai croisé dans les années 70 était, à l'époque, marxiste et matérialiste, pur et dur. Aujourd'hui, à temps partiel, il initie les gens à des expériences hors du corps, des voyages astraux. Il est devenu, tout compte fait, chaman... Lorsque des individus malavisés remettent en question le présupposé de base de la vieille garde, c'est-à-dire que la science et la raison répondent à tout, ils attisent des émotions très fortes et parfaitement prévisibles puisqu'un monopole idéologique est remis en question. C'est le cas de Fuller, biographe du philosophe de la science Thomas Kuhn. Voyons la réaction à cette critique par Chet Raymo publiée dans la revue Scientific American (2000 : 105) :

> Kuhn a noté : « l'existence même de la science dépend du pouvoir accordé aux membres d'une sorte de communauté spéciale de choisir entre paradigmes. » Fuller a confiance dans le bon sens des gens ordinaires et revendique, avec raison, le droit de se tromper. Mais est-ce que des affirmations telles que l'univers est d'une largeur de plusieurs années-lumière, que la terre est âgée de plusieurs milliards d'années, que toute vie est liée par un ancêtre commun, que les organismes sont composés de cellules qui contiennent la double hélice de l'ADN, et ainsi de suite n'ont aucune autorité plus grande que les histoires de la Genèse des créationnistes ou les consolations populaires de l'astrologie ? Si la réponse est négative, comme Fuller vient si dangereusement près d'affirmer, alors la plupart des scientifiques devraient tout abandonner pour chercher un emploi dans un *fast-food*[82].*

Quel est, au juste, ce *danger*[83] qu'évoque Raymo ? Et si la science n'est pas un discours à part, nous conduisant à la vérité, que ferons-nous ? Si elle n'est plus utile sur le plan idéologique, comment vivre ? Panique existentielle ! Autant sortir dans la rue brandissant des pancartes avec l'avertissement « La fin du monde est proche ! » Pour certains, la question est critique, voire ontologique… Certains peuvent craindre qu'une telle crise puisse provoquer la conversion à un système idéologico-religieux différent. Malgré les apparences, quelques dogmes sont nécessaires à l'homme moderne aussi. Tout comme les Inquisiteurs du Moyen Âge pouvaient invoquer les flammes de l'enfer (et, au besoin, les flammes du bûcher), nos élites religieuses modernes (et postmodernes) invoquent la fin du monde scientifique contre les hérétiques qui osent remettre en question les vérités scientifiques postmodernes concernant les origines. Il faut donc marginaliser/exclure ces hérétiques, même s'ils sont bien intentionnés ou disposent d'arguments empiriques et de diplômes scientifiques dignes de respect.

Sur le plan social, on retrouve ces élites religieuses postmodernes regroupées autour de causes sociales, environnementales, politiques, etc. Ils ont des œuvres charitables qui leur sont propres, leurs confesseurs (les psys, cartomanciennes ou lamas tibétains, etc.) et leurs manifestations culturelles. Tout comme l'Église au Moyen Âge, ils ont leurs saints et leurs martyrs. Darwin, par exemple, joue le rôle de prophète de la raison et on a fait de lui des éloges qui se comparent avantageusement aux œuvres hagiographiques les plus dévotes[84]. Sur le plan des martyrs, ça ne manque pas. On peut penser à l'activiste environnemental qui se met devant la scie mécanique pour éviter qu'on abatte un arbre, à la lesbienne musulmane, au médecin avorteur abattu par un fanatique provie, à l'astrophysicien athée quadriplégique, la féministe qui tente d'entrer dans l'infanterie et le gai mourant du SIDA[85]. On a remplacé le confessionnal par le rituel de confession privée à son psy avec l'option du rite communal, c'est-à-dire la participation à un *talk-show* où l'on expose aux yeux de tous, les expériences, les émotions les plus vives et les péchés les plus vils[86]. Sur le plan moral, ils ont au moins un péché mortel, l'*intolérance*. Ils ont leurs œuvres missionnaires ; que ce soit des médecins ouvrant des cliniques d'avortement dans des quartiers défavorisés ou des profs d'université exerçant l'*anthropologie appliquée* dans le tiers-monde. Les élites postmodernes sont élégantes, bien habillées, bien éduquées et, en entrevue, les dialogues sont *scriptés*, prévisibles, excluant toute remise en question sérieuse. Tout comme l'Église au Moyen Âge, elles ont le pouvoir. Et comme Louis XIV, elles sont recherchés par des hordes de courtisans attirés par leur influence. Pour comprendre la montée de la vieille garde religieuse, l'influence idéologique grandissante des élites scientifiques au XIXe siècle et leur acceptation de nouveaux rôles idéologiques, Robert Proctor fait les remarques suivantes (1988 : 12-13) :

> Vers la deuxième moitié du XIXe siècle, les accomplissements étonnants des sciences expérimentales et théoriques ont auréolé la science d'un certain prestige. La science, vers le milieu du vingtième siècle, devint une source majeure de force économique, industrielle et militaire. De ce fait, on a vu une transformation fondamentale dans la fonction politique de la science. Elle est devenue de plus en plus une métaphore pour l'explication pourquoi les choses sont comme elles sont : les gens regardent à la science afin de trouver une explication de l'origine des institutions et du caractère humain. La science est devenue une partie importante de l'argumentaire idéologique et un moyen de contrôle social.*

Science extrême

> Il est tout à fait incontestable d'affirmer que si vous rencontrez un individu qui affirme ne pas croire à l'évolution, cette personne est soit ignorante, stupide ou folle (ou méchante, mais je préfère ne pas considérer une telle éventualité).*
> Richard Dawkins (1989)

Il est parfois utile de reconnaître un fait banal, mais trop vite oublié, c'est-à-dire que la science est limitée. Lorsque la science expérimentale est née en Occident aux XVIe et XVIIe siècles, on s'accommodait très bien de ses limites, car il était entendu que la science était incomplète et qu'elle devait s'en remettre à la religion[87] pour fournir les réponses ultimes sur le plan cosmologique ainsi que pour les prescriptions de lois morales. La science est liée à une méthodologie qui permet d'explorer et d'examiner des processus observables. Par exemple, si j'échappe une bille d'une hauteur d'un mètre, tous peuvent observer son accélération ainsi que sa vitesse au moment de l'impact. Tous peuvent reprendre mon expérience et vérifier mes conclusions. Cette expérience peut donc être répétée. Et si on ne peut reproduire mon expérience, je dois retourner faire mes devoirs.

C'est d'ailleurs pour cette raison que la fusion à froid, qui a fait brièvement parler d'elle à la fin des années 80, n'a pas été la manne espérée. Des chercheurs avaient annoncé qu'ils avaient découvert un procédé pour obtenir de l'énergie nucléaire, à la température de la pièce! Lorsque d'autres labos ont tenté de reprendre ces expériences, la déception a suivi. Ceux qui tentèrent de répéter l'expérience n'arrivèrent pas aux mêmes résultats. Si les affirmations initiales avaient été confirmées, sans doute que les découvreurs auraient eu droit au Prix Nobel! Une forme d'énergie inépuisable, écologique et bon marché! La morale de cette histoire: la science s'occupe de l'*observable* et du *reproductible*. Le reste, c'est autre chose. Mais le prestige de la science est tel qu'il exerce un attrait irrésistible, séduisant les admirateurs les plus ardents qui espèrent exploiter ce prestige à des fins autres, c'est-à-dire mythiques/idéologiques.

Lorsqu'on remonte à l'origine de toutes choses et qu'on atteint les limites de nos moyens d'observation, soit sur le plan macro (l'univers) ou micro (le monde sous-atomique), les données empiriques deviennent plus minces. Mais plus important encore, répéter les processus qu'on tente d'expliquer devient de plus en plus difficile. Plus on s'approche des limites de la science, plus l'importance des théories (et la subjectivité qu'impliquent leurs présupposés) s'accroît et (de manière proportionnelle) plus l'emprise véritable sur les données empiriques diminue.

Il faut bien comprendre que lorsque le scientifique tente d'expliquer des événements uniques, aux origines du temps, il dépasse les limites de la science, car il n'est plus question de processus **observables**. Sciemment ou non, il quitte la science empirique et navigue au pays fabuleux de la cosmologie et du mythe.

Il y a évidemment des champs de recherche comportant des zones grises. En géologie, par exemple, on peut étudier les roches, observer les strates, découvrir de nouveaux gisements. Ce sont des données tout à fait empiriques, mais on ne peut ni observer, ni reproduire les conditions qui ont déposé des strates ou gisements qui recouvrent parfois des milliers de km^2, pas plus que le biologiste peut observer les conditions qui ont fait naître la première cellule. Il s'agit effectivement d'événements uniques, tout comme la bataille de Waterloo ou la chute du mur de Berlin. On propose alors des récits savants, construits dans le contexte d'un mythe d'origine/cosmologique matérialiste plus large. On ne peut espérer mieux… Évidemment, affirmer que le processus de l'évolution implique l'invention de récits narratifs est généralement considéré d'une impolitesse extrême, si ce n'est une hérésie, mais voyons plutôt le discours du biologiste prestigieux, Ernst Mayr (1997 : 11) :

> Les biologistes doivent étudier tous les faits connus en rapport avec un problème particulier, ils doivent inférer toutes les conséquences possibles d'une constellation de facteurs reconstruits et essaient alors de construire un scénario permettant d'expliquer les faits observés de ce cas particulier. Autrement dit, ils érigent une narration historique.
>
> Puisque cette approche diffère de manière si fondamentale des explications cause - effet, les philosophes de la science classique - venant de la logique, des mathématiques ou des sciences physiques – la considèrent inadmissible. Cependant, des auteurs récents ont réfuté vigoureusement l'étroitesse de la perspective classique et ont démontré non seulement que l'approche historico-narrative est valable, mais encore qu'elle est peut-être la seule approche valable sur le plan scientifique et philosophique pour l'explication d'événements uniques. Bien sûr, prouver de manière catégorique qu'une narration historique est vraie est impossible.*

Évidemment Mayr et bien d'autres disciples de Darwin ne pourraient jamais admettre que ce ne sont que des histoires... Pour maintenir l'intégrité de sa vision du monde, il est essentiel pour le matérialiste que sa définition de la science soit élargie, c'est-à-dire qu'elle puisse inclure autre chose que l'observation de processus susceptibles de répétition. Il faut comprendre que l'adoption d'une définition de la science (plus stricte ou plus élargie) n'est pas une question neutre sur le plan philosophique ou idéologique. Dans le contexte moderne/postmoderne, elle est **toujours** liée au choix préalable, sur le plan individuel ou institutionnel, d'un système idéologico-religieux. Pour l'homme moderne, la science doit avoir réponse à tout. Une définition élargie de la science est alors nécessaire, voire inévitable. Pour bon nombre de postmodernes, une définition limitée sera donc intolérable, et ce, pour des motifs idéologico-religieux généralement inavoués. Il y a autre chose. Il faut donc s'attendre que dans bien des milieux de recherche qu'on s'oppose de manière résolue à toute remise en question sérieuse de la définition de la science, car cela est aussi lié à des questions de sous…

E. O. Wilson, un entomologiste d'Harvard, ayant fait des recherches sur le comportement des fourmis, publie en 1975 **Sociobiologie, la nouvelle synthèse**. Cette théorie repose sur deux principes. 1) la génétique détermine, dans presque tous les cas, les formes de hiérarchie que l'on rencontre chez les sociétés animales. Et cela est tout aussi vrai pour les fourmis que pour les hommes. La sélection naturelle assigne alors à chacun son rôle. 2) les comportements d'individus sont dus à un principe capital, c'est-à-dire diffuser ses gènes le plus largement possible. De ce fait, les comportements aussi différents que l'esclavagisme et l'altruisme, la guerre entre nations et les inégalités entre les sexes s'expliquent par ce type de déterminisme génétique. La théorie de Wilson tentait de fournir une explication évolutionniste pour les attitudes, la moralité et les comportements humains. Cette théorie provoqua une tempête de controverse, même de la part d'un collègue renommé d'Harvard, le paléontologue Stephen Jay Gould. On a accusé les tenants de la théorie de Wilson d'appuyer le racisme et le sexisme. D'après Gould et d'autres, les humains, devenus des êtres culturels, ne sont plus déterminés par leurs gènes. De ce fait, ils échappent au processus évolutif habituel. Leur évolution est désormais culturelle et non génétique. La sociobiologie finit par se voir discréditée, marginalisée. Pour le moment, l'homme moderne peut échapper au spectre du déterminisme biologique avec tout ce que cela implique.

Mais plus récemment une nouvelle approche prend la relève de la sociobiologie. Il s'agit d'un courant de pensée appelé **la psychologie évolutionniste**[88]. Cette branche de la biologie évolutionniste s'intéresse aux comportements et aux états internes humains. Le concept fondamental est que la psychologie humaine a été tout aussi sujette à la sélection naturelle que la morphologie. La psychologie évolutionniste implique donc l'application de la théorie de l'évolution à la psychologie et il en découle l'assujettissement de la moralité à la cosmologie évolutionniste. Considérant que l'homme ne se distingue pas de manière essentielle du monde animal, car il est tout aussi bien un produit de l'évolution que tout autre organisme, on retrouve dans la psychologie évolutionniste de nombreuses études comparant le comportement humain et animal. Selon cette perspective, la conscience humaine est, au fond, une illusion. Dans les milieux universitaires, ceux qui rejettent cette théorie l'accusent parfois de faire la promotion d'un *intégrisme darwinien*[89].

La psychologie évolutionniste exploite fréquemment une astuce pédagogique qu'on appelle l'*exemplum*. L'exemplum implique de prendre un comportement dans le monde animal (ou ailleurs) et d'en faire une leçon morale afin de transmettre quelque principe idéologico-religieux. Notons que la leçon morale peut être explicite ou implicite, selon les objectifs du pédagogue. Mais il n'y a là rien de très original. À peu près toutes les religions, ainsi que bon nombre de philosophes de l'Antiquité, exploitent cet outil pédagogique. La Bible, par exemple, dans le livre des Proverbes, affirme: «Va vers la fourmi, paresseux; Considère ses voies, et deviens sage.» (Prov. 6: 6). On le retrouve aussi dans les récits de sagesse de l'Orient hindou et arabe. L'exemplum est donc un véhicule de propagande. Bien souvent, il ne sert pas à illustrer une vérité doctrinale, mais plutôt à pousser le fidèle à l'action et, dans bien des cas, à le préserver d'une mauvaise action. Mais en général, les grandes religions mondiales exploitent les exempla dans un contexte où ils servent à illustrer une loi externe à la nature, une loi dérivée d'une vision du monde. Le choix des exempla n'est donc pas arbitraire, mais doit servir des buts cohérents avec la vision du monde. Cette loi religieuse sert de référence. Dans le contexte de la psychologie évolutionniste, il n'y a pas de loi extérieure. A priori, la Nature elle-même est la référence. Le choix d'un exemplum est alors forcément arbitraire, car il n'est plus déterminé par une idéologie/code moral explicite. Rien ne dirige ces choix, sinon un certain opportunisme pondéré par un souci de *marketing* idéologique, maintenir l'image…

Un numéro hors série de la revue **Sciences et Avenir** porte sur la psychologie évolutionniste. On y retrouve un essai du philosophe de la science Michael Ruse (2004) qui exploite à fond un exemplum et en fait son argument principal. Au début de l'article, Ruse note qu'une de ses étudiantes à l'université de Floride est aveugle et vient à ses cours accompagnée d'un chien guide. Ce chien rend service à sa maîtresse de manière assez évidente. Ruse pose alors une série de questions sur ce chien. Est-il plus qu'une machine? Est-ce un être moral? Etc. Ces interrogations servent alors de prétexte pour exposer la pensée de Ruse sur ce qu'est la nature humaine. Et la morale du sermon de Ruse? Dans ce cas-ci, elle est explicite: «Mon étudiante aveugle aime et se soucie de son compagnon et celui-ci aime et se soucie de sa maîtresse. Nous, humains, ne sommes pas uniques.» (2004 : 66) Ici, il faut le noter, Ruse se comporte bien plus en théologien qui établit son catéchisme/cosmologie qu'en philosophe. Dans le même numéro de Sciences et Avenir, Élisabeth de Fontenay discute de la pensée évolutionniste du XIXe siècle et rend explicite l'objectif idéologico-religieux visé par l'exemplum dans ce contexte. Elle note (2004 : 70) : «Elles avaient une fonction bien précise : dévaluer l'éminente dignité de l'homme, en relativisant ses capacités langagières et rationnelles, en lui refusant cet accès à la réalité, à la vérité et à la moralité dont, se mettant à part des autres animaux, il s'enorgueillissait.» Un tel but, il faut le souligner, n'a évidemment rien de neutre ou de strictement empirique...

La science joue-t-elle un rôle véritablement religieux ou idéologique? Stephen Toulmin, un épistémologue sans illusions, remarque (1957 : 81) :

> La Création, l'Apocalypse, les fondations de moralité, la justification de la vertu : ce sont là des questions d'intérêt perpétuel et nos mythes scientifiques contemporains ne constituent qu'une tentative de plus dans la série des solutions essayées. Alors la prochaine fois que nous visiterons une bibliothèque du dix-huitième siècle et que nous remarquerons ces rangées sur rangées de sermons et de traités doctrinaux remplissant les étagères, il ne faut plus rester perplexes à leur égard. Maintenant, nous sommes en position de les reconnaître pour ce qu'ils sont : les précurseurs, de bien plus de manières qu'on ne pourrait le croire au premier abord, d'ouvrages de vulgarisation scientifique qui les ont supplantés.*

Il faut noter qu'en cosmologie, les spéculations sur les univers multiples (on rencontre aussi le terme *multivers*) des astrophysiciens du XXIe siècle sont d'un raffinement, et font preuve d'une imagination si prolifique, qu'elles feraient pâlir d'envie les théologiens byzantins les plus ésotériques du Moyen Âge. Ces théories partent, entre autres, du constat que notre univers semble doté de caractéristiques essentielles pour la vie, comme si elle était *prévue*. Le concept des univers multiples atténue la force de ces caractéristiques en postulant que notre univers n'est pas unique, mais n'est qu'un parmi un très grand nombre d'univers, produits par une sorte de *machine à produire des univers*. Ce n'est donc qu'un hasard si nous habitons celui qui a précisément les caractéristiques permettant la vie. Certains des promoteurs du concept des univers multiples, dont Martin Rees[90], admettent librement que ces théories ne sont pas susceptibles d'une preuve empirique, car le processus de création d'univers n'est pas observable. Sans doute ce sujet mérite plus d'attention, car il recèle un champ théologique/cosmologique foisonnant, fertile.

Mais la science n'a-t-elle pas comme fonction de rendre compte du monde empirique? La philosophe britannique Mary Midgley explique que le développement d'une structure cognitive d'une science exige des présupposés métaphysiques et ces présupposés, à leur tour, se rattachent inévitablement à une vision du monde, une religion (1992 : 57).

> La science peut se voir confrontée à la religion lorsque la science s'engage à fournir la foi par laquelle vivent les gens. Mais est-ce que la science s'occupe de telles affaires? Ce genre de foi ne vise pas une croyance dans certains faits particuliers. Ce n'est pas ce que voulait affirmer l'écolier de William James lorsqu'il remarquait: «La foi c'est lorsque vous croyez à quelque chose que vous savez ne pas être vraie». La foi par laquelle nous vivons est quelque chose que nous devons avoir avant de pouvoir demander si quelque chose est vrai ou non. Il s'agit d'une confiance fondamentale. Il s'agit de l'acceptation d'une carte géographique permettant de s'orienter, une perspective, un ensemble de normes et de présupposés, une vision globale dans laquelle on situe les faits. Il s'agit d'un moyen d'organiser le désordre extraordinaire des données. À notre époque, tandis que ce désordre devient de plus en plus confus, le besoin pour tels principes d'organisation ne diminue certainement pas, il augmente.*

Depuis dix ans, on constate un phénomène curieux, celui de scientifiques qui jouent un rôle religieux de plus en plus explicite. À ce titre, il suffit d'évoquer les ouvrages innombrables publiés par divers bonzes scientifiques nous livrant leur philosophie de la vie, leur vision du monde. Les ouvrages d'auteurs tels que Sagan, Jacob, Hawking, Monod, E. O. Wilson et d'autres sont remplis d'exhortations et de recommandations pour donner un sens au monde, d'exhortations à utiliser la raison (ou la *science*[91]) afin d'améliorer la condition humaine. Ils se présentent surtout comme ceux qui *savent* et qui fournissent le sens. Mais la science matérialiste ne peut jamais justifier ces préoccupations ni expliquer pourquoi elles nous obsèdent. En général, ces auteurs ne cherchent pas non plus à les expliquer. Ils les présupposent tout simplement, mais ils nous livrent malgré tout à une certaine culpabilité si on ne les assume pas suffisamment. Il faut noter que ces élites scientifiques vivent dans une relation de symbiose avec les médias qui en font le tri selon des critères servant leurs propres intérêts. Évidemment, il faut être scientifique chevronné, compétent, reconnu par ses pairs, gagnant de prix Nobel si possible, mais par-dessus tout il faut livrer un message postmoderne *kasher*. J. - F. Lyotard note ce qui suit sur l'interaction *science - média – État* (1979 : 49) :

> Que font les scientifiques appelés à la télévision, interviewés dans les journaux, après quelque *découverte* ? - Ils racontent une épopée d'un savoir pourtant parfaitement non épique. - Ils satisfont ainsi aux *règles du jeu narratif*, dont la pression non seulement chez les usagers des médias, mais dans leur for intérieur, reste considérable. Or un fait comme celui-là n'est ni trivial ni annexe : il concerne le rapport du savoir scientifique avec le savoir *populaire* ou ce qui en reste. L'État peut dépenser beaucoup pour que la science puisse se représenter comme une épopée : à travers elle, il se rend crédible, il crée l'assentiment public dont ses propres décideurs ont besoin.

En psychiatrie, Viktor Frankl constate un glissement dans le rôle joué par les professionnels de la santé mentale, un glissement subliminal, qui s'est manifesté au cours du XXe siècle, vers l'idéologico-religieux (1959/1988 : 124) :

> De plus en plus, le psychiatre moderne fait face à des problèmes humains plutôt qu'à des symptômes de névrose chez ses patients. Certaines personnes qui consultent un psychiatre aujourd'hui auraient, hier, vu un pasteur, un prêtre ou un rabbin. Or elles refusent désormais l'aide du clergé et c'est leur médecin qu'elles interrogent sur le sens de la vie.

Dès lors, la charge du psy implique non seulement de soigner des névroses, mais de construire l'identité et de donner sens. Il serait vain de croire que d'autres grandes institutions telles que le système d'éducation échapperaient à ce phénomène. Et la science alors ? Si on entretient quelques doutes au sujet de la définition populaire/folklorique de la pureté *virginale* de la science, il faut bien admettre la possibilité que la science puisse jouer un rôle idéologico-religieux en Occident. Dans nos sociétés postmodernes, la science a donc acquis/usurpé le rôle de porteur et garant de la Vérité, fonction comparable à celle du pape qui, au Moyen Âge, préside au sacre du roi.

Mirages médiatiques

> (...) l'homme est cerné de toutes parts : l'homme et les hommes, car il faut tenir compte du fait que ces moyens ne s'adressent pas tous également au même public. Ceux qui vont trois fois par semaine au cinéma ne sont pas ceux qui lisent attentivement un journal. Les instruments de propagande sont donc orientés en fonction d'un public et doivent tous être utilisés de façon concordante pour atteindre le plus d'individus possible. Par exemple : l'affiche est un moyen populaire atteignant ceux qui n'ont pas d'auto. Le communiqué radio est écouté dans des milieux évolués. (...) Or, chaque moyen s'adapte plus particulièrement à une certaine forme. Le cinéma comme les *human relations* sont les moyens de choix d'une propagande sociologique, de climat, d'infiltration lente, de promotion progressive, d'intégration dans une orientation. La réunion publique, l'affiche sont plutôt les instruments de la propagande de choc, intense et temporaire, conduisant à l'action immédiate.
> (Ellul 1962 : 22)

Une vision du monde qui intègre les expériences de vie est tout aussi nécessaire pour le physicien impliqué dans des recherches concernant l'interaction entre quarks et leptons, que pour le juif orthodoxe qui prie au mur des Lamentations, pour le disciple de Krishna qui chantonne dans la rue, la tête rasée, qu'à la vieille dame dans son fauteuil écoutant un téléévangéliste en flattant son chat ou encore pour le gourou Nouvel Âge qui met des cristaux dans son frigo. Personne ne peut se passer d'une vision du monde. Le processus de développement de l'identité individuelle implique nécessairement l'adoption d'une vision du monde, d'un système idéologico-religieux. Et puisque l'individu est rarement le porteur purifié d'un seul système idéologico-religieux, son identité sera la manifestation des cosmologies contradictoires avec lesquelles il jongle.

Pour comprendre la portée de l'influence des nouvelles élites religieuses postmodernes, il faut considérer en particulier le pouvoir immense des médias de masse modernes. Tout comme le poisson dans l'eau qui ne sait ce qu'est l'eau[92], l'homme postmoderne, entouré de part et d'autre de cette influence, ne saurait la reconnaître généralement. Le philosophe Jacques Ellul fait les remarques suivantes à ce titre (s. d.) :

> C'est l'émergence des médias de masse qui rend possible l'usage de techniques de propagande sur l'échelle d'une société. L'orchestration de la presse, de la radio et de la télévision créée un

environnement continu, durable et total qui rend l'influence de la propagande virtuellement imperceptible, car il crée un environnement continu. Les médias de masse fournissent le lien essentiel entre l'individu et les exigences de la société technologique[93].

Tout comme le personnage Truman Burbank dans le film **The Truman Show**, une fois conscient de sa situation, il est nécessaire de se comporter de manière *imprévisible* afin de saisir tout ce qui implique la réalité construite, c'est-à-dire adopter une attitude critique lorsqu'on s'attend de l'auditeur qu'il avale tout sans poser de questions. Les complaisants n'y échapperont jamais. Le journaliste Malcom Muggeridge, toujours cynique, est d'avis que l'objectivité tant vantée des médias est en quelque sorte un mythe. La *vérité* médiatique est un construit (1978: 61-62):

> Par contre, les productions apparemment dignes de foi des médias représentent une menace différente, précisément parce qu'elles sont susceptibles de passer pour objectives et authentiques. Dans la réalité, elles aussi appartiennent au domaine du fantasme. Ici, l'avènement et l'exploration des médias visuels qui ont suscité l'utilisation de la caméra ont joué un rôle décisif. Ceci est particulièrement vrai de l'actualité et des documentaires. Ces deux moyens d'expression sont considérés fidèles à la réalité, mais, dans la pratique, ils sont produits avec tout le reste, dans l'usine à fantasmes des médias. Ainsi, l'actualité devient, non pas ce qui est arrivé, mais plutôt ce qui a été perçu comme événement ou qui semble être survenu. Ceux qui, comme moi, ont beaucoup travaillé à la production de documentaires, savent que l'élément de mise en scène a toujours été important dans ce moyen d'expression et qu'il ne fait que s'accroître tandis que la production et la réalisation sont devenues plus raffinées et développées sur le plan technique. Dans un article paru dans *The Listener*, Christopher Ralling, un brillant producteur de la BBC, a exprimé son inquiétude à l'égard des producteurs de documentaires qui tendent de plus en plus à s'aventurer dans un *no man's land* entre le théâtre et le documentaire.*

En termes postmodernes, si le discours médiatique est un récit, il faut se demander alors quel est ce récit. Quels sont ses présupposés et dans quel grand récit s'intègre-t-il? Évidemment, ces élites ont tout intérêt à nier leur rôle idéologico-religieux, car leur pouvoir souffrirait inévitablement d'un tel aveu[94]. Le Roi et ses courtisans ne peuvent admettre qu'il soit nu. Pour le postmoderne, tout est filtré, prédigéré. Sans trop d'effort, on peut donner une illusion de pluralité de points de vue et de perspectives dans les médias en procédant à un savant *packaging* de l'information selon les préoccupations des groupes de population visés; éduqués ou non, hommes ou femmes, jeunes ou âgés, sportifs ou amateurs de littérature, etc. Contenants divers, contenus semblables. L'environnement continu évoqué par Ellul étouffe la pensée critique et nourrit le conformisme du plus grand nombre. S. Gablik[95] rend bien compte de la formation de l'esprit postmoderne et de ses présupposés (1984: 37):

> Une personne, dont la vie entière se passe à exécuter un petit nombre de tâches répétitives, se transforme graduellement en un esprit machinal. Sa vie ne dépasse guère la surface de sa routine, il trouve peu d'occasions pour exercer sa compréhension, son jugement ou son imagination. Ses facultés critiques deviennent alors apathiques et sa perception émoussée, sclérosée par une monotonie étouffante. Ce genre de transe collective, avec ses réactions automatiques, est habituellement immuable. L'esprit conformiste ne change pas et ne croît pas avec l'expérience, à moins que quelque chose ne parvienne à le perturber.*

Il est important de noter que les données de l'anthropologie sociale indiquent que toute civilisation est fondée sur une vision du monde, une religion. Il y a là une leçon que les intégristes islamiques ont apprise par cœur. L'anthropologue français Marc Augé, dans un essai sur le paganisme, renverse l'approche de Geertz sur la définition de la religion[96] et note qu'il y a lieu d'examiner la culture comme un système implicitement religieux. (1982: 320):

> Sans doute serait-il très difficile, mais non entièrement vain, de chercher à mettre en évidence les liaisons subtiles entre les diverses pratiques symboliques parcellaires qui constituent pour une partie importante des sociétés modernes une manière de religion sans foi ni culte unifié. Un projet de ce genre impliquerait une démarche inverse de celle de l'anthropologie religieuse, notamment tel que la définit un de ses théoriciens les plus avertis, Clifford Geertz: *The anthropological study of religion is therefore a two-stage operation: first an analysis of the system of meanings embodied in the symbols which make up the religion proper, and, second, the relating of these systems to social-structural and psychological processes.* (Geertz 1966, p. 42). Car ce serait alors moins la religion qu'il s'agirait de définir comme un système culturel que la culture, appréhendée dans ses manifestations les plus contrastées, qu'il faudrait tenter de cerner comme un ensemble virtuellement systématique et implicitement religieux.

De ce fait, il en découle qu'il ne peut y avoir d'institutions culturelles tout à fait neutres sur le plan idéologico-religieux, et ce, même si les institutions visées nient tout rôle ou projet religieux.

Le déclin de l'empire matérialiste

> Votre question sur la comète m'a fait faire une réflexion singulière; c'est que l'athéisme est tout voisin d'une espèce de superstition presqu'aussi puérile que l'autre. Rien n'est indifférent dans un ordre de choses qu'une loi générale lie et entraîne; il semble que tout soit également important. Il n'y a point de grands ni de petits phénomènes. La constitution *Unigenitus* est aussi nécessaire que le lever et le coucher du soleil; il est dur de s'abandonner aveuglément au torrent universel; il est impossible de lui résister. Les efforts impuissans ou victorieux sont aussi dans l'ordre. Si je crois que je vous aime librement, je me trompe. Il n'en est rien. Ô le beau système pour les ingrats! J'enrage d'être empêtré d'une diable de philosophie que mon esprit ne peut s'empêcher d'approuver, et mon cœur de démentir. Je ne puis souffrir que mes sentimens pour vous, que vos sentimens pour moi soient assujettis à quoi que ce soit au monde, et que Naigeon les fasse dépendre du passage d'une comète. Peu s'en faut que je ne me fasse chrétien pour me promettre de vous aimer dans ce monde tant que j'y serai; et de vous retrouver, pour vous aimer encore dans l'autre. C'est une pensée si douce que je ne suis point étonné que les bonnes âmes y tiennent. Si Mlle Olympe étoit sur le point de mourir, elle vous diroit : « Ma chère cousine, ne pleurez pas, nous nous reverrons. » Et puis voilà où m'a mené votre perfide question sur la comète.
> (Denis Diderot, Une lettre à Madame de Maux[97], 1769/1963 : 154-155)

> Despite all my rage, I am still just a rat in a cage
> (Billy Corgan/Smashing Pumpkins : Bullet
> with Butterfly Wings 1995)

Si autrefois on espérait un salut à venir, le paradis où seraient abolies guerres, maladies et toute forme d'aliénation, l'idéologie moderne a promis toutes ces choses ici-bas, grâce à la Raison et au progrès scientifique. Le salut qui visait autrefois l'autre monde s'est tourné, dans le contexte moderne, vers le présent uniquement. Si on exclut une renommée passagère, le moderne n'a rien à espérer après la mort. La cosmologie matérialiste est unidimensionnelle, morne. Dans le **Manifeste du surréa-**

lisme, André Breton remarque sèchement (1924) : «Ce monde dans lequel je subis ce que je subis (n'y allez pas voir), ce monde moderne, enfin, diable ! que voulez-vous que j'y fasse ?»

Dans son essai **Grammaires de la création** (2001 : 12-13), le critique littéraire George Steiner note que le XXe siècle, pour l'Europe et la Russie, a été non pas le ciel sur la terre, mais plutôt l'enfer. Steiner note qu'entre le mois d'août 1914 et la guerre des Balkans des années 90 plus de 70 millions d'individus ont trouvé la mort. Tandis que la Première Guerre mondiale a fait connaître les massacres mécanisés, la Seconde a révélé les exterminations industrielles et la génération suivante a connu la terreur de l'incinération nucléaire. Évidemment, la guerre, la pestilence et la famine ne sont pas des phénomènes uniques au XXe siècle. Ces choses se sont produites auparavant dans l'Histoire. Mais la désintégration du visage humain de ce siècle comporte un certain mystère. Cette désintégration n'est pas le résultat d'invasions barbares ou d'une menace extérieure. Le nazisme, le fascisme et le stalinisme ont tous émergé du contexte social et administratif des hauts lieux intellectuels occidentaux. Dans le cas de la *Solution finale* des nazis, il y a là une singularité, non pas en termes d'échelle, car le stalinisme a tué plus encore, mais sur le plan de la motivation. Le nazisme a décrété qu'il y avait une catégorie de personnes, femmes et enfants inclus, dont le crime était simplement d'*exister*. Il y a là un côté obscur de l'Occident sur lequel il est difficile de lever le voile.

Steiner note que la catastrophe du XXe siècle en Europe a comporté un autre trait particulier, elle a provoquée une régression de la civilisation[98]. Le Siècle des Lumières prédisait avec confiance la fin de la torture par des instances juridiques. Il avait décrété que le retour de la censure, de l'envoi au bûcher de livres, voire même de dissidents ou d'hérétiques, était inconcevable. Le XIXe siècle considérait comme allant de soi que le développement de l'éducation, l'accroissement du savoir scientifique et la facilité de voyager rapidement apporteraient une amélioration continue, voire inévitable, de la moralité publique et privée ainsi que de la tolérance des opinions politiques. Chacun de ces espoirs s'est révélé faux. La Première Guerre mondiale a créé un choc, une grande désillusion pour cette génération, mais ce fut peu de chose si on considère ce qui allait suivre... Selon Steiner, il faut reconnaître que l'éducation, en soi, s'est montrée incapable de rendre la sensibilité et la raison résistantes à la logique de la haine. Mais il est plus consternant encore de constater qu'une culture aussi raffinée, aussi avancée que celle de l'Allemagne sur les plans artistique, scientifique et intellectuel ait collaboré si facilement et si activement au sadisme de l'idéologie et de l'État nazis. Le génie technocratique peut très bien servir ou rester indifférent à l'appel de l'inhumain. Sa cosmologie ne comporte aucun obstacle intrinsèque à une telle tentation. À ce sujet, P.-P. Grassé remarque (1980 : 44) :

> Après le triomphe du national-socialisme, la science allemande apporta massivement sa caution inconditionnelle au Führer. Anthropologistes, généticiens, économistes, légistes, avec zèle, se mirent au service de leur nouveau maître. [il ajoute, en note en bas de page [2] – PG] : L'appui des intellectuels allemands à leur Führer fut massif. Lors du référendum de 1933, les déclarations de professeurs appartenant à des universités (non à toutes) furent réunies en un volume. Parmi les auteurs de ces textes, on relève le nom du célèbre philosophe Martin Heidegger, ce qui est à la fois surprenant étant donné l'idéalisme qui imprègne son œuvre et révélateur de l'état d'esprit qui donna la victoire à Hitler.

Est-ce possible de construire une vision du monde moderne (c'est-à-dire matérialiste) qui puisse affronter la vie dans toute sa complexité ? Quel a été l'apport réel de l'idéologie moderne[99] sur le plan historique et culturel en Occident ? Il est peut-être temps de faire un bilan... Nul doute que quelques individus aient adopté et vécu de manière cohérente selon les principes de la vision du monde moderne. Mais il y a lieu de penser tout de même que les données historiques établissent que le matérialisme est, du moins sur le plan moral, une vision du monde déficiente. L'anthropologue britannique Ernst Gellner souligne au sujet des lacunes de l'idéologie raisonnable du Siècle des Lumières (1992 : 86) :

> Elle comporte un certain nombre de faiblesses en tant que foi [système de croyances] dans la vie pratique, que ce soit comme fondation pour la vie individuelle ou encore pour un ordre social. Elle est trop frêle et trop éthérée pour soutenir un individu en état de crise et elle est trop abstraite pour être intelligible à qui que ce soit à l'exception de quelques érudits affectés d'un penchant pour cette de forme de pensée. Sur le plan intellectuel, elle est presque inaccessible et ne peut offrir de consolation véritable dans les tourments d'une crise. Lorsque les intellectuels occidentaux font face à des difficultés personnelles, ils se tournent vers des méthodes

plus riches sur le plan émotif, des méthodes offrant la promesse d'une guérison telles que la psychanalyse.*

La vision du monde moderne est-elle trop morne, trop étroite ? Certains, même au XIXe siècle, ont pressenti ces faiblesses. Alfred Wallace peut être considéré comme un précurseur de ce phénomène. Wallace, bien que codécouvreur de la sélection naturelle avec Charles Darwin, se tournera, à la fin de sa vie, vers le spiritisme, le phénomène de l'écriture automatique, les séances[100] et l'occulte. Un autre penseur préfigurant cette érosion du matérialisme pur et dur est Aldous Huxley[101], qui dans son essai **Religion sans révélation** (1927) affirme l'importance d'une religion, explicitement matérialiste malgré tout... L'initiative de Huxley n'a pas eu de suite réelle. La nouvelle garde postmoderne, particulièrement les diverses élites culturelles, est attirée par diverses formes de mysticisme (Nouvel Âge, l'occulte, religions orientales et autres). Elle remet en question le rôle dominant de la science en Occident. Ce qui distingue le postmoderne des cultures païennes[102] de l'Antiquité, c'est que le *néo-païen* postmoderne rejette le concept d'une moralité transcendante, absolue, concept admis par la grande majorité des cultures païennes des millénaires passés. Nos élites sont donc à la fois matérialistes et magiciens. Dans le contexte postmoderne, la moralité n'est qu'un élément de plus de la réalité que l'on peut manipuler à sa guise. Mais nous y reviendrons.

La faiblesse éthique de la vision du monde matérialiste peut être perçue de plusieurs manières, mais une des plus frappantes démonstrations de ce fait nous est fournie par un matérialiste des plus notoires, l'Américain Stephen Jay Gould. Au début du XXe siècle, tout bonze matérialiste qui se respectait n'aurait pu admettre quelque utilité à la religion et aurait affirmé avec conviction que dans un avenir brillant toutes ces superstitions moyenâgeuses seraient balayées par les progrès de la science et de la Raison. Mais les choses changent... Dans un essai intitulé **This view of life : Nonoverlapping Magisteria**, rédigé en réaction à un écrit papal admettant la validité scientifique de la théorie de l'évolution, Gould[103] proclame non seulement son admiration de la sagesse papale, mais avance une position de compromis[104] touchant l'autorité respective de la science et de la religion. Il y a à peine une génération ou deux, une telle proposition eut été soupçonnée d'hérésie par les matérialistes les plus orthodoxes[105]. Gould affirme (1997a : 18) :

> La position que j'ai esquissée (…) représente l'attitude habituelle de toutes les religions majeures en Occident (ainsi que de la science occidentale) aujourd'hui. (…) L'absence de conflit entre la science et la religion résulte d'un chevauchement nul entre leurs aires d'expertises professionnelles respectives. La science exerçant son contrôle dans la constitution empirique de l'univers, et la religion dans la recherche pour des valeurs éthiques appropriées et le sens spirituel de nos vies.*

Ce que l'on peut considérer comme les «domaines d'expertises professionnelles respectifs» resteraient à établir, mais le type de compromis avancé par Gould qui porte le nom NOMA ou *NOnoverlapping MAgisteria*, attribue des domaines de compétences exclusifs à la fois à la science **et** à la religion. Pour un membre en règle des élites scientifiques matérialistes, on peut difficilement s'attendre à un aveu plus explicite de la déficience morale de la vision du monde matérialiste (admission involontaire, il va sans dire), mais certains vont encore plus loin. Dans une entrevue à la ABC[106], Richard Dawkins, qui s'est pourtant opposé à plusieurs reprises aux positions de Gould en rapport avec les mécanismes de l'évolution, semble parvenir à une conclusion semblable sur les limites morales de la cosmologie darwinienne (Dawkins 2000):

> Il y eut, dans le passé, des tentatives pour fonder une moralité sur l'évolution. Je ne veux pas être associé à ces tentatives d'aucune manière. Il s'agit du genre de monde auquel se réfère le darwiniste, au concept actuel de la lutte féroce pour la survie, où les forts dévorent les faibles. Je crois effectivement que la nature implique une lutte féroce pour la survie.
> Je pense, si vous observez le comportement animal dans la nature sauvage, dehors, dans les forêts, dans la prairie, qu'il y a là un genre de vie extrêmement impitoyable, extrêmement désagréable. Il s'agit précisément du genre de monde que je ne désirerais pas habiter. Et si un programme politique était basé sur le darwinisme, à mon avis, ce serait de la mauvaise politique, ce serait immoral[107].
> Exprimé en d'autres termes, je dirais que je suis un disciple passionné de Darwin quant à la science, mais lorsque vient le moment d'expliquer le monde [humain], je suis un antidarwinien passionné à l'égard de la moralité et de la politique.*

De la part d'un intégriste darwinien tel que Dawkins, il y a là un paradoxe révélateur... La logique de sa cosmologie n'impose évidemment pas une telle prise de position, mais sur le plan *marketing*, depuis la Seconde Guerre mondiale et le choc de l'Holocauste, elle est essentielle. À la fin du XXᵉ siècle et au début du XXIᵉ, rares sont les évolutionnistes qui exigent la cohérence cosmologique sur ce plan. À la fin des années 70 et au début des années 80, Gould a été étroitement lié au débat touchant la sociobiologie qui affirme que l'on peut tout expliquer du comportement humain et de l'interaction sociale humaine en faisant référence aux gènes. En dépit de son opposition à cette approche sur les plans politique et éthique, il y a lieu de penser que Gould s'est rendu compte, malgré tout, de la cohérence éthique et cosmologique de la position des sociobiologistes. Un tel constat aurait constitué une impasse, car Gould s'était toujours opposé aux systèmes de pensée déterministes. Il est alors pensable que Gould ait développé son concept de NOMA, légitimant en quelque sorte la religion, à la suite de son implication dans cette controverse touchant la sociobiologie[108] afin de trouver une porte de sortie à son impasse. Il est ironique de constater que, tandis qu'au Siècle des Lumières on affirmait avec ardeur qu'il fallait s'affranchir à tout prix de la religion, leurs héritiers aient dû reculer sur ce point justement pour *sauver* la moralité.

La France a été une des premières nations occidentales à se laïciser à grande échelle. Le matérialisme, sous une forme ou une autre, y est presque religion d'État. Mais à l'aube du XXIᵉ siècle, on voit poindre des signes d'essoufflement. À ce titre, on peut penser à la loi antisectes (votée le 30 mai 2001) suite, entre autres, au scandale de l'Ordre du Temple Solaire[109]. Ce scandale a démontré l'attrait des sectes, même auprès de gens éduqués, architectes, ingénieurs et journalistes, groupes a priori immunisés contre la religion, à la fois en Europe et au Québec. D'autres États européens songent aussi à mettre en vigueur des lois antisectes semblables, question de protéger les acquis idéologiques. Il semble qu'il faille rassurer les fidèles. Par ailleurs, on peut penser à la loi française interdisant le port du voile dans les écoles. Cette loi est l'expression du dilemme que pose la présence grandissante de l'islam en France, une question inévitable d'identité sociale, d'identité collective. Il est manifeste, dans ce contexte, que la vieille élite matérialiste est en déséquilibre, en situation de vulnérabilité à la fois sur le plan démographique et idéologique puisqu'elle se voit dans l'obligation de protéger ses acquis par des interventions juridiques. Elle n'a plus la robustesse pour contrer ces tendances sur le plan de la rhétorique ou de la logique. Faire des convertis chez les autres ? L'enthousiasme des masses n'y est plus. L'élan de la religion moderne/matérialiste semble s'essouffler et on constate divers symptômes de sa fragilité/vulnérabilité.

En France, les mots *laïcité* et *religion* restent provocateurs. Dans les années 60, le philosophe Régis Debray adhère au parti communiste. Il s'installe ensuite à Cuba et suit Che Guevara en Bolivie où il est arrêté. Il rentre en France après sa libération. Depuis, sa pensée évolue. Déjà, en 1981 avec son essai **Critique de la raison politique**, Debray s'éloigne des positions orthodoxes marxistes en proposant une critique des idéologies politiques occidentales qui les assimilent à des formes de religion[110]. En 2002, il signe un rapport (2002a) recommandant un retour de la religion dans les écoles laïques en France. Mais il faut bien comprendre que cette recommandation n'implique pas le retour des cours de catéchisme (ou du Coran), mais permet plutôt l'évocation de la religion comme objet d'étude, un artefact en somme. Il est donc question d'étudier le *religieux comme objet de culture*. Exprimé en ces termes, l'intention semble d'élargir la culture populaire aussi bien que de constituer un *vaccin* fortifiant *contre les attraits de la religion vivante*. Debray remarque (2002b) :

> Il nous semble non seulement qu'une laïcité qui s'interdirait ce champ du savoir se condamnerait à une frilosité certaine, mais qu'une pédagogie ainsi comprise pourrait contribuer à une pédagogie de la laïcité elle-même. Il serait vraiment dommage d'abandonner l'information sur ce domaine à ceux qui pourraient la distribuer hors de tout contrôle scientifique, sur le mode de la réquisition ou de l'inculcation.

Mais pour plusieurs Français, cette *concession* à la religion est déjà excessive[111]. À leurs yeux, une telle mesure constitue une étape dans une réhabilitation de la religion. Il est possible aussi que l'on croie que le *vaccin* ait l'effet contraire à celui souhaité par M. Debray. Si le catéchisme matérialiste était valable pour papa, fiston devra s'en accommoder pour un bon moment encore. Dans les milieux anglophones, un effort a été fait pour rehausser l'image quelque peu ternie du matérialisme. Il s'agit d'un concept très *marketing*, où l'on a introduit le terme *bright* (ou brillant), pour désigner le matérialiste, l'athée. Cet effort est appuyé, entre autres, par Richard Dawkins[112] professeur *Charles Simonyi For The Understanding of Science* à Oxford. Il semble nécessaire de s'activer pour stimuler les cotes d'écoute.

La culture populaire, pour sa part, se détourne vers les horoscopes et les capteurs de rêves amérindiens. Le cinéma affirme que la science et le rationnel restent utiles, mais que la sagesse viendra des étoiles (des extraterrestres). Dans la culture populaire, la vision du monde matérialiste n'a jamais eu trop d'adeptes. L'heure de gloire des matérialistes est évidemment à la fin du XIXe siècle et au début du XXe, mais ces intervenants, dont les existentialistes, ont pénétré la culture populaire, surtout européenne, de manière circonscrite dans la majorité des cas. Disney inc., par exemple, s'est toujours intéressé à la magie. Hollywood a toujours un marché pour l'horreur, l'occulte et le fantastique. Le message subliminal de ces productions est «Au-delà de la banalité du monde matériel, il y a *Autre chose*». Même dans l'Europe si matérialiste, les sorciers, druides et adeptes du pendule et des OVNIs font d'excellentes affaires. Lorsque la science-fiction aborde la question des origines de la vie, en général elle rejette une origine strictement matérialiste. On finit presque toujours par évoquer l'intervention d'un phénomène mystérieux, sinon mystique. À ce titre, on peut penser au film **2001, l'Odyssée de l'espace** (1968, S. Kubrick). Il est possible que, sur le plan de la scénarisation, regarder bouillonner la soupe primordiale, pendant des milliers d'heures[113], n'a pas le même attrait, que d'évoquer un *deus ex machina*, un personnage qui puisse rapidement extraire le récit de son impasse et faire *apparaître* la vie. *Que la lumière soit!* Enfin…

Au XXe siècle, la montée au pouvoir des élites matérialistes en Occident coïncida, dans les grandes lignes, avec la pénétration massive de l'influence institutionnelle du darwinisme. Depuis le Siècle des Lumières, une des *divinités* vénérées par les élites modernes est la Raison. Par exemple, ce n'est pas un hasard si une grande partie de la bd francophone du XXe siècle, propose des héros qui sont (au-delà du fait d'être de beaux gosses) des champions de la raison, du rationnel et pourfendeurs de la superstition. Ils ont les yeux brillants, les yeux de ceux qui *savent*. À ce titre, il suffit de penser à Tintin[114], Spirou et même Astérix. Mais où nous conduit la raison, le matérialisme cohérent? Le temps passe, et vers la fin du XXe siècle on observe l'apparition d'une insatisfaction, d'une déception. On voit, par exemple, le romantisme et l'antirationalisme du mouvement hippy des années 60-70. On a fui la raison, même jusqu'à dans la drogue. Eileen Barker fait état d'une évolution des attitudes au cours de cette période. Elle note (1979: 80):

La science, qui avait été présagée d'un zèle messianique, a lentement contribué à sa propre déchéance, du moins dans le rôle d'autorité épistémologique absolu[115]. La science, aux yeux d'une jeunesse de plus en plus vocale, comportait une lacune importante. Elle était incapable d'atteindre les sommets transcendants de l'humanité. La science est réductrice, matérialiste, objective. Elle déshumanise. Elle comprend la quantité, non la qualité. Elle ne peut comprendre l'amour. [...] La beauté de la création a été perdue dans la destruction de Hiroshima. Auschwitz s'est moqué du progrès.*

Après la guerre, les *beats* s'insurgeront contre «la déification de rangées de maisons cossues avec télévision et pelouses où chacun regarde et pense la même chose au même moment». Le groupe rock Cream fait écho, avec une ironie mordante, au vide existentiel de l'idéologie moderne dans la pièce **Anyone for Tennis?**[116] (1968). Autre symptôme du déclin du matérialisme, de fiers matérialistes tels que Francis Crick[117] (codécouvreur de la structure de l'ADN) et l'astrophysicien cosmologiste Fred Hoyle[118] remettent ouvertement en question l'explication matérialiste orthodoxe des origines de la vie. Tous les deux affirment que les difficultés du concept de l'abiogenèse sont telles qu'il faille chercher ailleurs une explication de l'origine de la vie.

Bien qu'il soit un auteur peu connu dans le monde francophone, le littéraire C. S. Lewis évoque une difficulté de la vision du monde matérialiste qui n'est pas d'ordre moral ou existentiel, mais intellectuel. Lewis note (1947/2002 : 136) qu'une perspective matérialiste[119] cohérente postule que tous les événements de ce monde sont déterminés par des lois[120]. Il en résulte que non seulement notre croissance physique, notre sexualité, nos réactions hormonales sont déterminées par des lois, mais aussi notre production culturelle et intellectuelle. Ainsi, nos pensées mêmes sont déterminées par des lois biochimiques ou génétiques. Bien que ce soit de mauvais goût de souligner de tels faits, la logique du système l'impose. Et si on pense à des œuvres telles que **Discours de la méthode** de Descartes, **l'Origine des espèces** de Charles Darwin, **Guernica** de Picasso ou **Das Kapital** par Karl Marx, la logique de la vision du monde moderne mène à la conclusion que ce ne sont rien d'autre que le résultat de lois naturelles[121], il faut constater qu'ils ne sont que le résultat, sans plus, de certaines réactions présentes dans le cerveau ainsi que de quelques circonstances environnementales. Lewis note qu'évidemment les individus concernés ne perçoivent pas les choses ainsi. Ces individus ont, de toute évidence, l'impression d'étudier des choses hors d'eux-mêmes ou encore d'exprimer leur individualité. Ils aiment d'ailleurs en réclamer le crédit et, lorsque c'est possible, en tirer des bénéfices financiers. Mais si le matérialisme est vrai, la logique veut que ces impressions ne soient rien d'autre qu'illusion! En psychologie évolutionniste, on affirmera que c'est l'expression de nos gènes en dernière instance. Ainsi, ceux qui admettent la cosmologie matérialiste doivent aussi admettre le postulat d'une détermination totale de toute leur production culturelle et intellectuelle. Dans un tel cas, pourquoi s'y intéresser? Sinon, à titre de curiosité, tels les motifs créés par les vagues dans le sable au bord de la mer. À ce titre, faisons place à une réflexion de C. S. Lewis (1970/1986 : 138) :

> Il en est ainsi du matérialisme[122]. Il conquiert territoire après territoire. D'abord l'inorganique, ensuite les organismes inférieurs, ensuite le corps de l'homme, ensuite ses émotions. Mais lorsqu'il franchit le dernier seuil et tente de proposer une explication matérialiste de la pensée elle-même, tout à coup l'édifice s'effondre totalement. Le dernier pas fatal a invalidé tout ce qui précède, car il s'agit tous de raisonnements et dès lors la raison elle-même est discréditée. Nous devons alors soit abandonner complètement la pensée ou bien reprendre tout l'édifice depuis ses fondations. À ce stade, il n'y a aucune raison d'évoquer le christianisme ou le spiritualisme. Ils ne sont pas nécessaires pour réfuter le matérialisme. Il se réfute lui-même.*

Un des apôtres de la Raison les plus renommés du Siècle des Lumières était bien conscient de ce problème et semble avoir trouvé une porte de sortie (Descartes 1930 : 131[123]) :

> (…) toutes les fois que je retiens tellement ma volonté dans les bornes de ma connaissance, qu'elle ne fait aucun jugement que des choses qui lui sont clairement et distinctement représentées par l'entendement, il ne se peut faire que je me trompe ; parce que toute conception claire et distincte est sans doute quelque chose, et partant elle ne peut tirer son origine du néant, mais doit nécessairement avoir Dieu pour son auteur, Dieu, dis-je, qui étant souverainement parfait ne peut être cause d'aucune erreur[124] ; et par conséquent, il faut conclure qu'une telle conception ou un tel jugement est véritable.

Évidemment, dans le contexte moderne, cette porte est désormais fermée. Le concept du NOMA de S. J. Gould et la chute du mur de Berlin sont des manifestations diverses et frappantes du déclin du matérialisme pur et dur qui a dominé de manière si efficace au XXe siècle. Le XXIe siècle devait être celui de la victoire totale de la Science et de la Raison sur la religion et les superstitions moyenâgeuses, mais, au contraire, il est désormais *ouvert* à la *religion*, au *spirituel* sous toutes ses formes. La perspective postmoderne n'exclut pas non plus l'occulte ni les religions païennes (préchrétiennes). Cela dit, l'Occident fuit l'Absolu. Dans ce contexte de vide éthique, cosmologique, ce manque de sens, il ne faut pas s'étonner de l'émotivité qui entoure toutes les questions touchant la sexualité en Occident. Autrefois, cela touchait les lois sur la pornographie et le divorce. Maintenant, les points chauds sont l'homosexualité et demain[125]? Pour plusieurs, à la suite de la désintégration idéologique de l'Occident, il ne reste que le sexe pour donner sens à la vie. Un existentialisme érotique a pris place sur le marché des idées.

Hors de l'Occident, le relativisme postmoderne répugne, et nombreux sont ceux qui cherchent refuge dans l'islam, parfois même des matérialistes d'autrefois tel que le français Roger Garaudy, passé du communisme stalinien à l'islam[126]. Dans certaines parties de l'Afrique et de l'Amérique du Sud, le christianisme ne recule pas non plus. Évidemment, il est trop tôt encore pour crier sur les toits, « Le matérialisme est mort! Vive le matérialisme », car ici et là, en Occident, il reste encore d'ardents défenseurs de la pureté de la Raison et de la Réalité réductrice, mais ils sont de plus en plus solitaires… Est-ce possible que la fin approche et que certains s'en doutent? Le temps le dira. Il est possible que de Tocqueville ait vu juste touchant ce phénomène de déclin (1840: 3e partie, ch. XXI):

> Il arrive quelquefois que le temps, les événements ou l'effort individuel et solitaire des intelligences, finissent par ébranler ou par détruire peu à peu une croyance, sans qu'il en paraisse rien au-dehors. On ne la combat point ouvertement. On ne se réunit point pour lui faire la guerre. Ses sectateurs la quittent un à un sans bruit; mais chaque jour quelques-uns l'abandonnent, jusqu'à ce qu'enfin elle ne soit plus partagée que par le petit nombre. En cet état, elle règne encore. (…) La majorité ne croit plus; mais elle a encore l'air de croire, et ce vain fantôme d'une opinion publique suffit pour glacer les novateurs, et les tenir dans le silence et le respect.

L'Occident, depuis la Seconde Guerre mondiale, est sujet à une certaine schizophrénie. D'un côté, on a une soif insatiable des produits technologiques de la science, les vaccins, les voyages en avion à réaction, les ordinateurs et l'Internet, mais, de l'autre, on affectionne moins la vision du monde matérialiste, l'intégrisme rationaliste. Le pouvoir de la vieille garde matérialiste subit donc, depuis quelques décennies, une érosion lente, mais constante. Ses assises institutionnelles[127] constituent toujours une protection importante. À défaut, sa situation actuelle serait beaucoup plus précaire. Aujourd'hui, nous faisons face à une mutation de nos élites religieuses postmodernes. On observe une nouvelle tendance, qui admet l'étroitesse de la vieille garde et qui est prête à concéder une place à la *religion*.

De nouvelles élites religieuses

> Dans les siècles de ferveur, il arrive quelquefois aux hommes d'abandonner leur religion, mais ils n'échappent à son joug que pour se soumettre à celui d'une autre. La foi change d'objet, elle ne meurt point. L'ancienne religion excite alors dans tous les cœurs d'ardents amours ou d'implacables haines; les uns la quittent avec colère, les autres s'y attachent avec une nouvelle ardeur: les croyances diffèrent, l'irréligion est inconnue.
> (de Tocqueville 1835: ch. IX, sect. vi)

Une réflexion préliminaire sur les nouvelles élites religieuses postmodernes indique qu'elles sont composées en majorité d'individus rattachés aux [et actifs dans les] quatre institutions suivantes :

- les médias de masse (presse écrite et électronique)
- les hautes instances juridiques
- la haute direction des grandes institutions éducatives
- les experts (choisis par les médias).

Mais en y réfléchissant plus longuement, il y a peut-être lieu de nuancer. On pourrait, par exemple, réduire les nouvelles élites religieuses à trois groupes plutôt que quatre, car l'existence médiatique des *experts scientifique*s dépend presque totalement du bon vouloir des médias. Même un prix Nobel, dont les accomplissements sont pourtant reconnus par ses pairs, mais dont les opinions ou prises de position ne sont pas jugées *utiles/pertinentes* (selon les vues des médias), sera ignoré des médias (et du public) par la suite[128]. Son influence publique sera négligeable. Et si, par ailleurs, un expert scientifique médiatique attitré *dépasse les bornes* et avance des affirmations à contre-courant, des choses que l'on ne veut pas entendre, il risque alors de ne plus recevoir de coups de fils. Il peut retourner travailler dans son labo[129]... De ce fait, il est tout à fait concevable de réduire les quatre groupes d'influence à trois seulement, car le groupe des experts n'a pas réellement d'existence propre hors des médias... Ce sont d'abord des porte-paroles de prestige ou, selon l'expression anglaise, des *talking-heads*[130]. Évidemment, certains scientifiques jouissent d'une grande renommée dans leur champ de spécialisation. Dès lors, ils peuvent influencer d'autres chercheurs et, s'ils sont profs, plusieurs générations d'étudiants aussi. Il y a là une influence réelle, mais plus circonscrite. Par ailleurs, les élites scientifiques ont joué un rôle critique dans le développement initial de la religion moderne et les universités ont joué le rôle d'*incubateurs* de ces nouvelles idées. À l'égard des médias de masse, il faut noter que nous visons ici ceux qui ont le pouvoir sur le contenu diffusé (ainsi que sur la manière de le présenter, ce qui peut être aussi important que le contenu comme tel), c'est-à-dire cela vise ceux qui établissent la programmation des émissions et font le tri des informateurs et informations *dignes d'attention* aux nouvelles.

Ce qu'il importe de souligner, c'est que ces élites ont remplacé en Occident, au niveau du contrôle du discours épistémologique, social et moral, le rôle religieux joué autrefois par les clercs: archevêques, évêques, curés et pasteurs. Les nouvelles élites produisent la masse d'informations dans laquelle baigne l'esprit postmoderne. Il y a plusieurs siècles, lorsque l'Église catholique régnait sur l'Europe au niveau idéologique (et parfois politique), le prêtre était considéré comme l'intermédiaire entre Dieu et les hommes. Aujourd'hui, les médias en particulier jouent ce rôle en servant d'intermédiaire (presque unique) entre les hommes et ce qu'on appelle la *réalité*. D'autre part, ils définissent ce qu'est l'individu *normal* en Occident, c'est-à-dire celui qui n'a pas de convictions religieuses, sinon des convictions religieuses qui ne remettent pas en question les principes de base de la religion postmoderne.

Certains se demanderont pourquoi ne pas inclure les instances gouvernementales aux côtés des groupes mentionnés précédemment. Il faut concéder, dans certains contextes (en Europe notamment), qu'il soit légitime d'ajouter les hautes instances syndicales ou gouvernementales aux autres groupes déjà nommés. En tant que lieux d'exercice de pouvoir, ils attirent beaucoup d'adeptes de la religion postmoderne. Mais généralement, les hautes instances gouvernementales sont, en termes d'influence, à la remorque des autres groupes cités ci-dessus. Ils ne sont pas à l'avant-garde. Dans la majorité des cas, les paliers gouvernementaux fournissent simplement des soldats idéologiques mettant en pratique les concepts et stratégies développés ailleurs. Lorsqu'il s'agit d'introduire des modifications au système légal, alors les instances gouvernementales jouent parfois un rôle plus actif, en relation avec les instances juridiques. Dans le contexte actuel, il semble qu'en général ce sont les médias qui ont la plus grande part du pouvoir. Mais ces rapports de force sont fluides et peuvent changer avec le temps.

Il faut noter que dans le monde francophone, les intellectuels constituent un groupe influent et, à ce titre, doivent être inclus dans la classe des *experts*, en fonction de leur accès aux médias[131]. Certains doivent leur influence à leur carrière scientifique, d'autres à leur créativité culturelle ou littéraire. En Amérique, sauf quelques exceptions, hors des cercles universitaires les intellectuels jouissent rarement d'un prestige aussi grand. Peu sont connus du grand public. L'Amérique n'a pas un tel culte des intellos. Hors de la culture populaire, les gens les plus influents y sont probablement moins connus, assis, non pas *devant* la caméra, mais *derrière*. Ils sont peu nombreux. Ce sont les portiers, les *gatekeepers*, ces individus qui décident de ce qui *passe* et de ce qui *ne passe pas* dans les réseaux d'information ou les réseaux culturels. Ce sont ces individus qui déterminent ce qui est *pertinent*. Et ce pouvoir est énorme. Mais il faut nuancer, il ne s'agit en aucun cas d'un pouvoir absolu (à la Orwell 1984), mais tout de même d'un pouvoir de canalisation de la pensée, un pouvoir d'influence qu'il ne faut pas sous-estimer. Ils ont donc la main sur le gouvernail, mais ne contrôlent pas le vent...

Si on pousse plus loin l'analyse, on constate que chacun des groupes mentionnés ci-dessus a ses sous-mythologies, ses héros ou demi-dieux exclusifs, ainsi que ses grands-prêtres. Au niveau des médias, il y a le mythe du journaliste objectif, dissipant l'ignorance, cherchant la vérité sur un événement particulier, vérité étouffée par de grandes institutions maléfiques. Dans les milieux éducationnels, il y a le mythe du grand savant qui partage son savoir et libère le peuple de ses préjugés et de ses superstitions.

En milieu juridique, il y a le juriste courageux et altruiste qui fait justice et défend la cause du marginal, rejeté par la société[132].

La vivisection a donc comme objectif d'exposer au regard les structures cachées d'un organisme vivant, mais sans anesthésie. Puisque la vivisection est une procédure plutôt douloureuse pour l'être qui en est l'objet, elle provoque les protestations les plus vives de la part du patient, en particulier lorsqu'il ne voit pas l'utilité de l'opération. Dans le contexte qui nous intéresse ici, il faut donc s'attendre aux protestations les plus vives de la part des sujets de notre étude.

3 / Le credo fantôme

Tony se considérait un homme réfléchi et voulait partager ses pensées, mais lui-même éprouvait de la difficulté à me révéler, et parfois à lui-même, ses croyances fondamentales, c'est-à-dire la structure qui le supportait et l'entourait. Il ne nous est pas plus facile d'exposer l'ensemble de nos croyances fondamentales, que d'exposer notre structure squelettique. Tout comme notre squelette détermine si nous étendons nos membres fins sous la forme d'une main ou d'une aile, ou encore si nous avons la station debout, ou si nous rampons à quatre pattes, ainsi nos croyances déterminent si nous entrons en interaction avec le monde avec maîtrise, ou planons librement et avec confiance dans la vie, ou si nous nous tenons debout contre les épreuves, ou marchons résignés dans les jours sombres. Nous n'énonçons pas certaines de nos croyances voire les examiner dans notre conscience, car nous les considérons évidentes, axiomatiques. Nous cachons nos croyances aux autres pour éviter qu'ils se moquent de notre foi infantile, qu'ils émettent des remarques condescendantes à l'égard de nos craintes les plus profondes, qu'ils méprisent notre optimisme absurde, ou encore qu'ils ne comprennent tout simplement pas ce que nous affirmons*
(Dorothy Rowe 1982: 15)

La tragédie m'a paru souvent l'école de la grandeur d'âme; la comédie, l'école des bienséances; et j'ose dire que ces instructions, qu'on ne regarde que comme des amusements, m'ont été plus utiles que les livres.
(Sophronie dans Voltaire 1761)

Dans un manuel pour étudiants en journalisme intitulé **Rhetoric Through Media,** Gary Thompson (1997: 23) note que le mythe est en général implicite et présent sous la surface visible de tout ce qui nous entoure. Il est probablement impossible de vivre sans mythes. L'idée que nous puissions en être totalement libres est vraisemblablement une de nos illusions postmodernes les plus chères. Si on veut interagir de manière raisonnable sur le plan social, il importe de reconnaître les mythes qui nous entourent ainsi que le fait que ce ne sont pas des choses qui affligent/assujettissent uniquement *les autres*.

Si on pousse l'audace jusqu'à poser la question suivante à un médecin pratiquant des avortements, à un activiste gai défendant le mariage gai ou un généticien se proposant de faire des clones humains: «À quelle vision du monde, cosmologie ou religion vous référez-vous pour établir le *bien* ou le *mal* et justifier vos comportements?» Puisque la religion postmoderne est subliminale, implicite, une telle question sera sans doute accueillie par le silence, par un visage sur lequel se lit l'incompréhension ou encore par un rejet catégorique de la prémisse de la question: «Il n'est pas tant question de religion ici, que de gros bon sens!» Il faut s'attendre à de telles réactions. On constate une ambivalence de la pensée postmoderne. Être atteint de *religion* est perçu comme une forme de *contamination*, en quelque sorte comme une violation de la virginité de la pensée. Il y a là sans doute des relents de réflexes modernes. Pour masquer la cosmologie postmoderne, il arrive qu'on évoque la convergence vers des idées *progressistes* ainsi que de vagues notions du *bien commun*. David Porush, en commentant un ouvrage de science-fiction, **Snow Crash** par Neal Stephenson, émet des commentaires qui ont une grande portée sur une large part de la culture postmoderne, des remarques qui touchent l'occultation de son système idéologico-religieux et du besoin de sens postmoderne (1994: 570):

> L'incapacité du roman Snow Crash à reconnaître sa propre métaphysique, de la transcendance spirituelle qu'il évoque pour la bannir aussitôt, tire sa source dans l'inaptitude à la mode d'accorder quelque crédit à des narrations métaphysiques tandis qu'une grande part de notre culture postmoderne y aspire (et dont tant de discussions ainsi que la littérature évoquent le cyber-espace y font allusion de manière persistante). Nous pouvons comprendre cette hésitation, non pas en rapport uniquement avec le fier héritage de Stephenson, descendant d'un clan de scientifiques itinérants, purs et durs, d'ingénieurs et de

rationalistes nomades, mais en rapport avec notre défiance à l'égard de concepts mystiques. Après tout, sous la forme de discours contrôlants, dirigistes et autoritaires, les constructions métaphysiques ont fait beaucoup de dommage au cours de l'Histoire[133]. De ce fait, elles sont dignes de résistance et de méfiance. Et pourtant, nous avons pris un tournant; ou bien nous ne sommes que des primitifs déguisés en postmodernes rationnels (et nous nous trompons nous-mêmes), ou encore nous tentons d'affirmer quelque chose que notre éducation nous a formés à ignorer.*

Le terme *religion* a donc pris, dans le vocabulaire postmoderne, une telle connotation négative, péjorative, qu'il est dès lors impossible de l'appliquer à soi-même. A priori, ce sont les *autres* qui ont des convictions *religieuses*. Mais pour maintenir l'illusion de la neutralité, de l'absence de religion, bon nombre d'intellectuels continuent de faire appel à une définition commode de la religion, une définition vétuste, datant du XIXe siècle qui, par un curieux hasard, exclut la religion postmoderne. L'ironie de la situation est que nos élites sont très versées dans la tâche d'analyser et de déconstruire les métarécits des autres, mais de mettre en lumière leurs propres présupposés; il y a là un autre niveau de difficulté... Dans les médias, les adhérents de religions dites *traditionnelles* voient exposer immédiatement leur vision du monde. Il faut *désinfecter*, prévenir la *contagion*. Il faut catégoriser, classer, marginaliser. Il ne faut pas laisser courir les *germes*... Mais là aussi, il s'agit d'un phénomène sans importance... D'un autre côté, en périphérie, le postmoderne exploite allègrement les aspects religieux secondaires, la symbolique, l'esthétique, etc. Toujours l'ambivalence...

Pour la majorité, l'introspection idéologique est un processus pénible, ennuyeux, sans intérêt. Mais pour celui qui désire évaluer s'il est influencé par la religion postmoderne, le processus peut commencer en se posant des questions telles que: D'où proviennent les croyances auxquelles j'adhère, les croyances qui influencent mes attitudes, qui dirigent mon comportement? Quelle est leur source? Sont-elles les mêmes dans ma vie professionnelle et ma vie privée? Quelles sont les autorités/institutions sociales qui me semblent les plus dignes de confiance? À ces questions, il vaut mieux ne pas répondre trop rapidement. Il faut réfléchir un peu. Si l'une des trois institutions nommées ci-dessus est une source idéologique majeure, il y a lieu de penser que l'influence de la religion postmoderne est dominante. De plus, si on ne peut nommer d'autres institutions comme source de croyances alors il est plutôt probable que nous sommes un adepte sans partage de la religion postmoderne, car, dans une très large mesure, cet adepte puisera ses convictions dans son environnement culturel. Mais bien souvent la tâche est trop ardue et on ne découvre qu'avec une grande difficulté les sources idéologiques qui nous influencent. Les gens ayant parcouru un cheminement conscient et persistant de *recherche du sens de la vie* sont l'exception, car cela peut être coûteux sur le plan social. S'identifier aux courants de pensée dominants facilite bien des choses.

La religion postmoderne est particulière, car, à l'encontre des sectes, elle ne frappe pas aux portes, ne distribue pas de traités dans la rue pour recruter des convertis et ses télé-évangélistes ne quémandent pas de fric à la télé. Elle n'a pas non plus de catéchisme ou un credo explicite[134], car ceci impliquerait exposer, à la lumière du jour, ses présupposés où tous pourraient les voir facilement... Elle s'infiltre dans divers lieux de pouvoir afin d'imposer sa vision du monde *progressive* aux masses. Et ces masses l'ingurgitent jour après jour, après jour... L'appareil d'État attire ses adeptes. Il est un des lieux de culte important des élites postmodernes. L'État est leur instrument rêvé et, en quelque sorte, leur moyen de salut[135]. Ses télé-évangélistes n'ont donc pas à quêter l'argent du public, ils n'ont qu'à se servir des subventions de l'État afin d'assurer le fonctionnement des divers organismes et associations. Susciter des débats, gagner des arguments, convaincre la foule, faire des convertis, discuter devant le public est trop fastidieux, voire tout à fait inutile lorsque le pouvoir nous est acquis. Idéalement, le *converti* à la religion postmoderne n'a pas conscience de cette influence, mais dans presque toutes les situations il dira ce que veulent entendre les élites postmodernes et sa pensée et son comportement se dérouleront à l'intérieur des paramètres fournis par elles.

Sur le plan épistémologique, la religion moderne est l'héritière de la vision du monde judéo-chrétienne en ce qu'elle affirme aussi qu'il existe un étalon épistémologique, un concept de vérité. La religion moderne chercha sa Vérité non pas dans des écritures sacrées ou les déclarations d'une hiérarchie ecclésiastique, mais dans le discours scientifique, l'empirique, la *connaissance positive*. De cette affirmation d'un étalon épistémologique, il subsiste aussi, pour le courant moderne, le danger d'une inquisition et d'une censure à visage moderne. Arthur C. Clarke, un auteur connu et représentant assez typique du courant moderne, offre, dans un de ses romans de science-fiction, une vision de cette société utopique de tolérance et de sagesse qui ferait plaisir à nombre de nos élites bien-pensantes tout aussi bien qu'aux inquisiteurs les plus légalistes du Moyen Âge. La scène se déroule sur une planète éloignée de la galaxie et on y relate le tri effectué dans l'héritage culturel de l'humanité par les premiers pionniers avant leur départ pour les étoiles (Clarke 1986:146-147):

> Il y avait mille ans, des hommes de génie et de bonne volonté avaient écrit l'histoire et fait le tour des bibliothèques de la Terre pour juger de ce qui serait sauvé et de ce qui serait abandonné aux flammes. Leurs critères de choix étaient simples bien que souvent très difficiles à appliquer. Seuls seraient embarqués dans les vaisseaux-semeurs les ouvrages littéraires ou les archives pouvant contribuer à la survie et à la stabilité sociale des nouveaux mondes. C'était à la fois une tâche impossible et un crève-cœur. Les larmes aux yeux[136], les commissions de sélection avaient rejeté les Veda, *la Bible, le Tripitaka, le Coran* et toute la littérature — fiction ou histoire — qui en découlait[137]. En dépit de tous les trésors de beauté et de sagesse contenus dans ces ouvrages, on ne pouvait leur permettre de réinfecter des planètes vierges avec les anciens poisons des haines religieuses, de la croyance au surnaturel et tout le pieux jargon qui avait jadis réconforté d'innombrables milliards d'hommes et de femmes, au prix de leur raison.

Se peut-il que l'Inquisition ait pu servir d'inspiration à tant de *tolérance*? Évidemment, la destruction physique des *hérétiques* n'est plus admise depuis les communistes et les nazis[138], mais nos élites postmodernes disposent de bien d'autres moyens pour imposer leur vision du monde, moyens qui sauvent généralement les apparences de la *tolérance*. Tandis que les communistes et les nazis ont généralement persécuté les adeptes d'autres religions, les capitalistes les ont tolérés lorsque ces groupes leur semblaient utiles d'une manière ou d'une autre. La tolérance postmoderne accepte tout, sauf... ce qui remet en question les présupposés de base de la religion postmoderne de nos élites[139].

Vu l'attitude syncrétique de la religion postmoderne en Occident, il n'est pas exclu que celle-ci puisse aboutir un jour à une synthèse d'éléments de la cosmologie scientifique avec des pratiques occultes[140]. Des superstitions multimédias... De nombreux parallèles pourraient être tracés entre les attitudes religieuses de notre époque et celles qui avaient cours aux derniers jours de l'Empire romain, entre autres, au niveau de l'attitude syncrétique[141] qui se manifeste aux deux époques. Évidemment, certaines couches de la société restent imperméables au syncrétisme des deux époques, mais si on considère l'ensemble de la population, le syncrétisme est une attitude largement admise et caractéristique. Cette attitude permet, en peu de temps, de grands changements sur le plan idéologico-religieux.

Tout système idéologico-religieux comporte une liste de présupposés fondamentaux, de doctrines ou dogmes. Cette liste est parfois explicite, visible aux yeux de tous, comme c'est le cas d'un credo ou d'un catéchisme catholique, mais parfois implicite[142] comme c'est le cas de la religion postmoderne. Voici une liste, sans doute incomplète, de présupposés au coeur du système idéologico-religieux postmoderne:

- Tout mythe d'origine peut convenir à la cosmologie postmoderne tant qu'il n'entre pas en conflit (ou s'il peut être modifié pour ne pas entrer en conflit) avec les présupposés qui suivent[143]
- L'humain est le résultat de processus évolutifs
- L'humain fait partie de la nature et n'a pas de statut particulier
- Ce qu'est l'humain est toujours en évolution, sujet aux forces naturelles et culturelles
- Puisqu'il n'y a pas de Législateur divin, il n'existe donc pas de système de morale universelle, absolue
- Le concept de Vérité est tout au plus un construit culturel et n'a pas d'existence propre ou universelle[144]
- La raison n'est pas le seul chemin vers le savoir, l'irrationnel est un chemin possible et légitime[145]
- Rejet de toute supériorité occidentale ainsi que le concept de progrès[146]
- Découlant de ce qui précède, le postmoderne peut adopter les comportements/attitudes qui lui plaisent sur le plan éthique/moral dans la mesure où il (ou sa communauté) y trouve un épanouissement[147] personnel (relativisme)
- L'épanouissement[148] de l'individu est le moyen de salut[149], le but ultime de toute structure sociale et de cheminement individuel
- La sexualité est un moyen de salut important[150]
- Tout ce qui est susceptible de procurer du plaisir peut contribuer à l'épanouissement de l'individu et à son salut

- Évacuer tout sentiment de culpabilité contribue à l'épanouissement de l'individu et à son salut
- L'individu doit être autonome (ne subir aucune contrainte) pour s'épanouir
- La réalité est un construit[151]. Le langage construit l'identité et la réalité
- Puisqu'il n'existe pas de système éthique/moral universel touchant la sexualité, personne n'a le droit de juger les pulsions sexuelles d'autrui[152]
- Puisque l'épanouissement de l'individu est le but ultime, aucune pulsion sexuelle ne devrait être limitée.

Parmi quelques présupposés communs, il faut noter la valeur centrale de **l'individu**, ses désirs et ses besoins au-delà de toute autre norme ou valeur sociale. Le postmoderne ne veut pas se sentir *attaché*, privé de sa *marge de manœuvre*. La poursuite de l'autonomie est donc fondamentale pour celui-ci. Un autre présupposé, dérivé du précédent, est le rejet de tout absolu sur le plan moral (le relativisme). Si la cosmologie postmoderne n'exclut pas l'admission de divinités dans son panthéon, il faut noter que ces dernières n'ont certes pas la fonction d'imposer une moralité bien définie ou absolue[153].

Chez la vieille garde matérialiste, il faut noter que toute explication des origines faisant appel à une Intelligence extérieure à la nature est a priori exclue[154]. Si la question d'exposer à la lumière du jour les présupposés ou la structure du système de pensée postmoderne semble difficile à cerner pour l'observateur critique ce n'est pas si surprenant, car on peut voir avec quelle difficulté Aldous Huxley, un cas de transition entre systèmes moderne et postmoderne, s'y prend (sans trop de conviction d'ailleurs) pour expliquer les principes qui seraient au cœur d'une *conception juste des choses*, c'est-à-dire énoncer son projet utopique ou son véhicule de salut (1958/1990: 140):

> La première de toutes sera la liberté individuelle, reposant sur le fait reconnu de la diversité humaine et de l'unicité génétique; puis la charité et la compassion reposant sur l'antique réalité de la famille redécouverte récemment par la psychiatrie moderne: le fait que l'amour est aussi nécessaire aux humains que la nourriture et l'abri, quelle que soit leur diversité mentale et physique; enfin, l'intelligence, sans laquelle l'amour est impuissant et la liberté inaccessible. Cet ensemble de valeurs nous fournira un critère pour juger la propagande. Celle qui sera reconnue à la fois absurde et immorale pourra être rejetée aussitôt. Celle qui sera simplement irrationnelle, mais

compatible avec l'amour et la liberté, sans s'opposer par principe à l'exercice de l'intelligence, pourra être acceptée, à titre provisoire, pour ce qu'elle vaut.

On voit bien, à la première phrase, que les leçons d'Auschwitz et du Goulag ont été apprises. Mais Huxley s'en tient à des banalités et évite la question de fond posée par les catastrophes du xxe siècle, le doigt accusateur qui désigne la cosmologie moderne. Huxley est précurseur du postmoderne.

Les grandes traditions religieuses mondiales, ayant disposé de quelques générations de développement historique de manière à y fonder une civilisation, comportent toutes un certain nombre de présupposés de base partagés par l'ensemble de ses adeptes, mais manifestent aussi une grande diversité de regroupements et de courants de pensée dans lesquels peuvent varier les préoccupations, les habitudes et le rituel, ainsi que des croyances jugées secondaires[155]. C'est le cas, par exemple, de l'islam où les croyants se partagent en trois branches majeures:

- Le sunnisme[156], qui se divise en différents sous groupes: (le malékisme, le hanbalisme, le chafi'isme, le hanafisme)
- Le chiisme
- Le kharidjisme (beaucoup moins répandu que les deux premiers)
- Le sufisme
- Le wahhabisme[157]
- le mutazilisme
- Nation of Islam[158] (États-Unis)

Bien que le catholicisme soit régi par une hiérarchie ecclésiastique fortement centralisée, il comporte malgré tout un grand nombre de regroupements et de mouvements aux intérêts divers dont voici une liste sans doute incomplète:

- Jésuites
- Capucins
- Dominicains
- Carmélites
- Franciscains
- Oblats
- Opus Dei
- Frères maristes
- Ursulines
- Frères des Écoles chrétiennes
- Bénédictins
- Templiers
- Chartreux
- Cisterciens
- Scholastique
- Récollets
- Trappistes

Il en est évidemment de même chez les protestants où Églises et dénominations sont multiples. La religion postmoderne n'échappe pas non plus à ce phénomène et, au-delà d'un bagage de présupposés partagés par l'ensemble, on peut y déceler des manifestations diverses (et parfois contradictoires) de la perspective postmoderne. Comme on peut le voir, plusieurs mouvements et courants de pensée sont liés à la sexualité comme moyen de salut:

- Mouvement du Nouvel Âge
- Mouvement posthumain
- Défenseurs des droits des animaux
- Extrémistes de l'environnement[159]
- Psychologie évolutionniste[160]
- Mouvement pour la libéralisation du divorce
- Idéologie Gay Pride
- Mouvement pro-choix (avortement)
- Mouvement pour la défense de la pornographie
- Féminisme lesbien
- Mouvement pour la défense de la pédophilie
- Spécialistes de l'éthique en biotechnologie
- Érudits postmodernes universitaires (en sciences sociales notamment)
- Mouvement œcuménique
- Mouvement pour interdire la correction corporelle aux enfants (soit en milieu scolaire ou familial)
- Mouvement pour la mort avec *dignité*

Notons que les regroupements et courants de pensée notés ci-dessus visent tout aussi bien des individus travaillant pour une cause[161] et liés à un organisme identifiable que d'autres qui ne s'identifient à aucun organisme structuré, officiel. Il faut nuancer par ailleurs que ces mouvements ou courants de pensée, puisqu'ils ne sont pas explicitement religieux, ne regroupent pas exclusivement que des adeptes de la religion postmoderne. Mais, étant donné le caractère implicite de la religion postmoderne, il est légitime de manifester quelque cynisme même dans les cas où des partisans de l'un de ces mouvements se réclameraient ouvertement en faveur d'une tradition religieuse autre que postmoderne. Il faut noter, malgré le terme *postmoderne*, que certains des mouvements énumérés ci-dessus gardent un résidu, plus ou moins important, d'influence moderne. C'est le cas, par exemple, du mouvement pour la libéralisation du divorce qui eut son essor dans la première moitié du XXᵉ siècle et qui joua un rôle charnière entre moderne et postmoderne.

Comme nous venons de le voir, la vision du monde postmoderne comporte une variété étonnante de positions possibles. Rien d'étonnant d'ailleurs, car toutes les grandes religions mondiales manifestent spontanément cette variété d'expressions idéologiques et institutionnelles dès qu'elles ont atteint un certain niveau de diffusion et d'adhésion.

Infrastructures

> C'est que toute l'épistémè moderne – celle qui s'est formée vers la fin du XVIIᵉ siècle et sert encore de sol positif à notre savoir, celle qui a constitué le mode d'être singulier de l'homme et la possibilité de la connaître empiriquement – toute cette épistémè était liée à la disparition du Discours et de son règne monotone, au glissement du langage du côté de l'objectivité et sa réapparition multiple.
> (Foucault 1966: 397)

> À mesure que le temps passe et que nous accumulons des expériences, nous investissons toujours davantage dans notre système d'étiquettes. Nous devenons partiaux, conservateurs, ce qui nous donne confiance. Il se peut qu'à un moment quelconque nous devions modifier la structure de nos suppositions pour accueillir de nouvelles expériences. Mais plus notre expérience est conforme à notre passé, plus nous avons confiance en nos suppositions. Nous ignorons ou déformons les faits gênants qui se refusent à l'insertion dans le schéma, afin de ne pas déranger nos idées préconçues. Dans l'ensemble, tout ce que nous enregistrons est déjà sélectionné et organisé au moment même de la perception. Nous avons en commun avec d'autres animaux ce mécanisme filtrant qui ne laisse entrer, tout d'abord, que les sensations dont nous savons nous servir.
> (Mary Douglas 1966/1971 36-37)

La cosmologie d'un système idéologico-religieux joue un rôle clé. La cosmologie structure et donne sens à l'existence humaine. Dans son développement, ses présupposés donnent forme aux grandes lignes du comportement humain, de l'altruisme le plus admirable aux préjugés racistes génocidaires les plus méprisables. Elle fournit le cadre conceptuel de la réalité. Elle rend la réalité *pensable*. Elle justifie les actions, les comportements. Cela dit, la cosmologie ne dicte pas à l'ado quel vêtement porter le matin ni quelle carrière choisir. Sa tâche est d'établir les repères de l'existence, ce que sont le cosmos, l'humain, le bien, le mal. Le juriste américain Phillip Johnson note (2002: 105) qu'en Occident postmoderne la cosmologie matérialiste est le métarécit dominant, fondateur de toutes nos institutions d'enseignement supérieur, mais ce métarécit reste implicite, inavoué. Réduit à sa plus simple expression, il nous affirme: «Au commencement apparurent les particules subatomiques et les lois impersonnelles de la physique. De quelque manière, ces particules devinrent de la matière complexe, des corps vivants. Et ces corps vivants conçurent la religion et les divinités, mais par la suite découvrirent l'évolution.» En dépit de la montée au pouvoir des élites postmodernes, ce mythe d'origine conserve une grande partie de sa force et de son influence. Dans ce contexte, puisqu'il n'y a pas de Législateur divin, cette cosmologie est nécessairement relativiste. Chacun peut construire sa moralité. On n'a pas à répondre devant une instance plus élevée.

Comme nous l'avons noté ci-dessus, le postmoderne a abandonné les grands projets collectifs. Au cœur de la perspective postmoderne, nous retrouvons l'individu, son épanouissement, ses désirs, ses droits, qui sont des motifs dominants. Le XXe siècle a enseveli les grands projets politiques collectifs. Il ne reste que l'individu, ses pulsions sexuelles, artistiques, idéologiques et professionnelles. Son salut, c'est l'épanouissement. Tout ce qui impose des contraintes à l'individu s'oppose à l'esprit postmoderne. Somme toute, n'est-ce pas là l'idéologie d'une adolescence perpétuelle?

Au XXIe siècle, les trois groupes mentionnés au chapitre précédent (élites médiatiques, éducatives, judiciaires), donnent forme et propagent collectivement la religion postmoderne en Occident. Ce sont ces groupes qui dictent ce que sont le bien et le mal. On peut difficilement surestimer leur influence[162] et leur pouvoir. Ce sont eux qui établissent les tabous postmodernes, qui prescrivent et interdisent certains comportements/attitudes. Leur pouvoir réside plus particulièrement dans le fait que ce sont eux qui déterminent, pour l'homme postmoderne, ce qui est *significatif* (et ce qui mérite mention), que ce soit sur le plan politique, économique, idéologique ou culturel. Ce sont eux également qui définissent ce qui est insignifiant (et qu'il faut ignorer, taire ou, si nécessaire, censurer…). Ce sont eux qui posent les questions, jamais l'inverse. Ils contrôlent, dans une large mesure, le contexte du discours sur la place publique. Il ne s'agit jamais d'un pouvoir absolu, car dès ce moment leur idéologie court le risque de devenir visible aux yeux de tous. S'ils décident qu'une question sociale doit être abordée d'une manière et non d'une autre, il leur suffit de filtrer l'information transmise au public. Et dans la pub pour les émissions de nouvelles télévisées, on nous assure: «S'il se passe quelque chose d'important aujourd'hui, nous le couvrons!» Mais rien d'aussi simple lorsqu'on peut définir/contrôler ce qui est *important* et ce qui ne l'est pas. Le produit final est un discours qui est, dans l'ensemble, plutôt uniforme, conforme à un modèle préétabli, comme l'a constaté l'écrivain russe Alexandr Soljenitsyne, alors réfugié aux États-Unis (1978):

> La presse est devenue une des plus grandes puissances en Occident, dépassant celle de la législature, de l'exécutif, et du judiciaire[163]. Et pourtant, on peut se demander selon quelle loi a-t-elle été élue et à qui doit-elle rendre des comptes? Dans l'Est communiste, un journaliste est, sans ambiguïté, un agent de l'État. Mais qui a voté afin d'investir les journalistes occidentaux de leurs positions de pouvoir, pendant combien de temps et avec quelles prérogatives?
>
> Il y a encore une autre surprise qui attend celui qui est habitué au totalitarisme de l'Est avec sa presse rigoureusement centralisée. On découvre une orientation, des préférences communes dans la presse occidentale dans son ensemble (l'esprit du temps). On constate des jugements moraux prévisibles et largement admis et possiblement des intérêts corporatifs communs. L'effet de tous ces facteurs réunis étant non pas la compétition, mais l'homogénéisation de la pensée. La liberté sans contrainte existe bien pour la presse, mais pas pour le lecteur, car les journaux transmettent surtout, et ce, d'une manière énergique et vigoureuse, les opinions qui ne contredisent pas trop ouvertement leurs propres positions ainsi que la tendance générale.*

Il faut noter que ces paroles ont été prononcées à une époque où l'URSS et le communisme étaient des réalités matérielles, mais si le régime soviétique n'est plus, le pouvoir de la presse en Occident n'a pas diminué[164]. Tout comme Soljenitsyne, le journaliste anglais Malcom Muggeridge est d'avis que le conformisme des médias est indicatif d'un train de pensée ou d'idéologie, et ce conformisme rend le discours médiatique plutôt prévisible (1978: 91):

> Il semble y avoir un phénomène alarmant dans l'émergence d'une orthodoxie ou d'un conformisme bizarre, particulièrement

chez les gestionnaires des médias. Ce conformisme a comme résultat que l'on peut prévoir, avec une grande précision, les prises de position que prendront l'un et l'autre sur diverses questions. Il est vrai que ceci n'est pas le résultat d'une orthodoxie imposée par une nouvelle Inquisition, mais ils ont des moyens d'imposer leur perspective qui ferait pâlir d'envie les tortionnaires du Moyen Âge.*

Sans aucun doute, pour prendre conscience de ce conformisme[165], noté par les deux auteurs précédents, il est essentiel d'avoir adopté auparavant une perspective cohérente qui tranche, voire s'oppose au courant de pensée postmoderne plus général. À défaut, on n'y verra que du feu… Rien à signaler. Tout va bien. Le processus de contrôle et de déconstruction du sens est assez simple, mais très efficace (tant qu'il reste invisible). Les sources d'information qui abordent une question d'une manière jugée *convenable* auront droit de parole et seront traitées de manière positive, sans filtre. Aucune critique sérieuse ne leur sera adressée, aucune analyse en profondeur ne sera faite pour examiner les conséquences des présupposés qu'implique leur perspective. En faisant, par exemple, la critique littéraire d'un auteur postmoderne, on dira qu'il a produit une œuvre *difficile à résumer, d'une étonnante richesse, foisonnante même, pleine d'images baroques, touffues, soutenues*. Par contre, toutes les critiques et remises en question de la vision du monde traditionnelle (ainsi que les institutions qui s'y identifient) sont évidemment permises. Les convictions et présupposés implicites de l'artiste ou d'une personnalité postmoderne seront rarement sujets à un examen critique ou remise en question comparable[166].

La stratégie de marginalisation la plus efficace consiste simplement à ignorer un phénomène culturel qui, de quelque manière, entre en contradiction avec la vision du monde postmoderne. Mais chez un artiste/intervenant culturel qui ose remettre en question l'idéologie postmoderne (et qui aurait pourtant les mêmes qualités littéraires que le précédent) ces caractéristiques deviendront alors des défauts. Cette méthode de marginalisation est d'une simplicité. On dira de son œuvre (si on daigne même en parler…) qu'elle est *confuse, qu'on ne s'y retrouve pas et qu'elle est pleine d'incohérences*. Pour marginaliser un film ou une pièce de théâtre qui affirme des choses qui ne plaisent pas aux oreilles postmodernes, il suffit de vagues commentaires négatifs, par exemple: qu'il *emballe une distribution médiocre, dans laquelle toutes les stars exagèrent leurs tics de jeu, dans un scénario bâclé et* mal conçu, avec des éclairages de boîte de nuit, une musique fade, et des dialogues aussi faux qu'absurdes, aussi convenus que plats. Ce type de marginalisation reste, dans la majorité des cas, plus efficace qu'une opposition ou une censure ouverte, qui affirmerait clairement que le *contenu* de l'œuvre est intolérable puisqu'il remet en question des dogmes postmodernes. La censure postmoderne est toujours inavouée.

Les instruments du pouvoir

> Ne voyez-vous pas que le véritable but de la novlangue est de restreindre les limites de la pensée? À la fin, nous rendrons littéralement impossible le crime par la pensée, car il n'y aura plus de mots pour l'exprimer. Tous les concepts nécessaires seront exprimés chacun exactement par un seul mot dont le sens sera rigoureusement délimité. Toutes les significations subsidiaires seront supprimées et oubliées (…) La Révolution sera complète quand le langage sera parfait. La novlangue est l'angsoc et l'angsoc est la novlangue, ajouta-t-il avec une sorte de satisfaction mystique.
> (Orwell 1949/1984: 79-80)

> Nous ne parlons pas pour dire quelque chose, mais pour obtenir un certain effet.
> Joseph Goebbels (dans Riess 1956: 130)

Vers le milieu du XXe siècle, deux ethnolinguistes américains, Edward Sapir et Benjamin Lee Whorf, ont travaillé sur des langues amérindiennes. Sapir émit l'hypothèse que les groupes linguistiques différents expriment chacun une perception distincte du monde[167]. À son avis, le langage n'est donc pas un reflet passif de la réalité, mais chaque langue façonne et découpe le réel de manière originale. Chaque langue véhicule donc une perspective sur le monde. Par exemple, chez les Hopis du Sud-Ouest américain, la langue n'a pas de marqueurs temporels, le temps n'est pas envisagé dans son déroulement. Par exemple, le mot *jour* n'a pas de pluriel. Chez les Innus du Canada, il y a plusieurs types et couleurs de neige, tandis que pour le Nord-Américain moyen, la neige est toujours blanche. Selon l'hypothèse Sapir – Whorf donc, la langue détermine en quelque sorte[168] la perception. Poussée à l'extrême la logique de cette hypothèse implique que la langue est le seul accès au réel et n'admettrait même pas la possibilité de la traduction/communication d'une langue à une autre, ce qui reste possible malgré les difficultés formelles de l'exercice[169]. Bien que cette théorie ne soit pas admise dans sa forme la plus extrême, elle met en lumière le pouvoir du langage de former la manière de penser de ses locuteurs.

Dans le contexte postmoderne, il faut noter qu'entre les mains de nos élites, le langage n'est plus qu'un moyen de communication, il est aussi plastique, malléable; un outil. À l'aide du langage, on tente de canaliser la pensée dans certaines directions et, par ailleurs, de prévenir certains *développements indésirables*. Appuyer l'avortement, par exemple, ce n'est pas prôner le meurtre d'enfants avant leur naissance, c'est prôner le *contrôle de son corps* et adopter une perspective *prochoix*. Qu'est-ce que le *harcèlement*, l'*homophobie*, l'*intolérance*, la *compassion* ou le personnage *réactionnaire*? Qu'est-ce qu'un individu de *gauche* ou de *droite*? Ce sont des coquilles vides dans lesquelles on dépose à peu près n'importe quel contenu. Si on vous dit «Je vous aime» cette affirmation peut signifier bien des choses[170]. Par contre si on vous dit «Je vous hais», généralement…

Les termes *tolérant* ou *intolérant* sont exploités abondamment dans le langage postmoderne, mais à l'origine le terme *tolérer* avait un sens beaucoup plus physiologique. À ce sujet, Griffiths note (2002: 31):

> L'étymologie de la forme transitive du verbe (ce qui est vrai aussi du latin *tolerare*) signifie *endurer* ou *supporter quelque chose de désagréable*. Ce sens reste actuel lorsque les gens notent que certains arbres tolèrent mieux que d'autres la sécheresse ou que certaines personnes peuvent tolérer mieux que d'autres une grande souffrance. Une extension mineure de ce sens fondamental rend possible l'utilisation du verbe pour marquer qu'on permet ou admet quelque chose d'a priori désagréable ou indésirable. Dans ce sens, je peux tolérer que tu fumes la pipe, tant que tu ne le fais pas dans ma voiture. Ou encore, je peux tolérer mes allergies, car je trouve que de les éliminer par le biais de médicaments est pire que de leur donner libre cours. Dans tous les cas, ce qui est toléré est quelque chose de désagréable, d'incorrect, d'inapproprié, voire de pénible. Le verbe *tolérer* désigne donc l'action (ainsi que les engagements théoriques qui motivent une telle action) de supporter ou de permettre un comportement ou des croyances tenues pour fausses par ceux qui pratiquent la tolérance (dans le cas d'une croyance) ou inappropriées (dans le cas d'une action).*

Évidemment la langue évolue toujours. Depuis le XVIIe siècle, le verbe *tolérer* vise surtout les convictions politiques et religieuses. Dans les pays anglophones, le terme est devenu associé à l'art de la législation visant à s'assurer que l'État et ses citoyens soient tolérants à l'égard de pratiques et croyances religieuses avec lesquelles ils étaient en désaccord. Le philosophe de la science Karl Popper, dans son livre **La société ouverte et ses ennemis**, évoque un paradoxe souvent ignoré de la pensée postmoderne: «Nous devons donc affirmer, au nom de la tolérance, le droit de ne pas tolérer les intolérants.[171]»* La contradiction inhérente d'une telle phrase nous démontre bien l'inutilité potentielle des termes *tolérant* ou *intolérant*. Il n'est devenu, comme le terme *gentleman* de Lewis (que nous verrons ci-dessous), qu'un terme d'approbation ou, dans ce cas-ci, de désapprobation, de censure. Si on déconstruit le concept de l'expression *intolérant* et son usage par le postmoderne, utilisant le terme à l'égard de son semblable, et on le réduit à sa plus simple expression, généralement cela ne veut rien dire de plus significatif que *celui dont je n'aime pas les affirmations et que je préférerais voir taire!* Dans le langage postmoderne, ce terme est devenu une forme d'accusation, de la boue qu'on lance au visage de l'adversaire idéologique. Il vise celui *qui ne devrait pas avoir droit de parole*. Dans un cas, comme dans l'autre, ces termes sont d'usage trop facile.

Dans la bouche du postmoderne, l'accusation d'*intolérance* est d'une gravité se rapprochant de l'accusation de sorcellerie au Moyen Âge[172]. L'*intolérant* est celui qui pollue/souille l'ordre social, celui qui remet en question les idées dominantes. Il est le nouvel hérétique. L'anthropologue britannique Mary Douglas souligne (1966/1971: 128-129):

> Les *polluants* ont toujours tort. D'une manière ou d'une autre, ils ne sont pas à leur place, ou encore ils ont franchi une ligne qu'ils n'auraient pas dû franchir et de ce déplacement résulte un danger pour quelqu'un[173]. Contrairement à la magie noire et à la sorcellerie, la pollution n'est pas toujours l'œuvre des hommes: c'est une capacité qu'ils partagent avec les animaux. On peut commettre délibérément un acte de pollution; mais l'intention de l'agent n'a rien à voir avec les résultats obtenus. La pollution se fait le plus souvent par inadvertance.

L'*intolérant* est donc l'hérétique par excellence de l'époque postmoderne. Il est répudié au même titre que le terroriste ou le violeur. Ironie du sort, il est l'individu proscrit, qu'il faut faire taire, celui que l'on ne peut *tolérer*... Le développement de termes marqueurs tel le mot *intolérant* est caractéristique du postmoderne. Cela constitue une exploitation du langage qui a tout de même des précédents au xxe siècle, ce type d'utilisation du langage qui implique donc l'attribution d'un étiquetage péjoratif. Autant coudre des étoiles de David sur le vêtement des individus concernés... Dans le discours moderne, le terme *fasciste* a été exploité de manière semblable. L'historien Karl Dietrich Bracher note à ce sujet (1969/1995: 645):

> (...) l'épithète *fasciste* est utilisée avec prédilection par la gauche, y compris pour désigner l'ensemble de la droite, et même des formations de gauche rivales: précisément parce que ce terme ne dit rien de leur contenu ni de leurs revendications, dès que l'on déborde le cadre précis de l'histoire et de la terminologie italiennes.

Le philosophe Francis Schaeffer, écrivant dans les années 70, fait les remarques suivantes sur ce type d'utilisation du langage en Occident et en rapport à la question de l'avortement (1994 vol. V:344):

> La langue est un indice subtil et un outil puissant. Réfléchissez aux changements délibérés dans le langage qui ont été exploités pour atténuer la réalité de l'avortement. On réfère à un avortement comme l'*élimination de tissus fœtaux* ou l'*interruption d'une grossesse*. Les couples sans enfants sont étiquetés *libres d'enfants*[174], expression qui implique que les enfants sont un fardeau inopportun. La langue est puissante. La langue que nous utilisons forme les concepts que nous utilisons et les résultats que ces derniers produisent. Pensons à l'usage par les nazis du terme *Société pour le transport charitable des malades*[175] désignant l'agence qui transportait les gens aux cliniques d'extermination. Ne soyons pas naïfs. Le même pouvoir de la langue est exploité lorsqu'on réfère à l'enfant dans l'utérus comme des *tissus fœtaux*.*

Le médecin et biochimiste Leon Kass note touchant l'exploitation du langage pour modifier les présupposés et attentes à la fin du xxe siècle (2004: 88):

> À une certaine époque, dans les débats sur l'avortement et sur la contraception, on a usé du slogan «Tout enfant doit être désiré». Or, cela peut nous conduire à percevoir l'enfant non plus comme un cadeau dont on doit prendre soin et que l'on doit chérir, mais comme un être qui existe afin de satisfaire nos propres désirs. De plus en plus, l'enfant est une condition de la réalisation de soi des parents. C'est un

changement assez profond que j'ai observé ces dernières décennies aux États-Unis.

Contrôler le sens des termes dans le langage courant est important, mais contrôler le contexte du discours social l'est tout autant comme nous le démontre le philosophe américain Peter Kreeft (1999:141):

> **Isa**: (…) Vous, les relativistes, vous êtes comme les communistes, vous affirmez toujours être la partie du peuple, tandis que, dans les faits, vous dédaignez et méprisez leur philosophie.
> **Libby**: Il me semble qu'il n'y a là que de vains pleurnichements. Tu te plains de ce que nous sommes dominants.
> **Isa**: Non, ce n'est pas ça, Je me plains de ce que vous mentez. Depuis une génération maintenant votre petite minorité d'élites relativistes a, de quelque manière, pris le contrôle des médias et vous avez imposé implacablement votre relativisme élitiste à l'opinion populaire tout en accusant celle-ci, c'est-à-dire la moralité traditionnelle, d'élitisme et d'imposer sa moralité! C'est tout comme la propagande nazie qui affirmait que l'Allemagne avait été attaquée par la Pologne.*

Lorsqu'un discours devient dominant, il peut tranquillement éliminer les définitions de termes qui *ne conviennent plus* pour une raison ou une autre. Dans un essai, C. S. Lewis, explore un exemple banal celui de l'évolution du terme anglais *gentleman* et oppose le sens originel très concret et économique, (c'est-à-dire, de par sa généalogie, membre de la noblesse anglaise et doté de blason et propriétés) à son usage moderne, plus diffus/affectif (1943/1977: 10):

> Lorsqu'un mot cesse d'être un terme descriptif et devient un terme d'admiration, il ne vous fournit plus de renseignements utiles quant à l'objet; il ne fait que vous fournir des renseignements à l'égard de la perception de celui qui parle de cet objet. (Dire qu'il s'agissait d'un *bon* repas signifie seulement que celui qui parle l'a apprécié). Un *gentleman*, une fois qu'on en a fait un concept abstrait et éloigné de son sens ancien, rude et objectif, ne désigne guère plus qu'un homme apprécié de celui qui parle. De ce fait, le terme *gentleman* est pratiquement un terme inutile.*

On a donc exploité le prestige du terme *gentleman*, tout en le vidant de son contenu. Il ne reste qu'une coquille vide, servant de masque pour une émotivité mal avouée. Le langage postmoderne recèle un grand nombre de termes qui n'ont guère d'autre fonction que celle de marquer l'approbation ou la désaprobation des grandes institutions occidentales à l'égard de l'objet visé. Ivan Illich a commenté ce phénomène et emploie l'expression *mot-plastique* pour le décrire (dans Cayley 1996: 312-313):

> Un mot-plastique a de puissantes connotations. L'individu qui l'utilise se sent important; il s'incline devant les membres d'une profession qui en savent plus long que lui sur ce mot, et il est convaincu, en le prononçant, de faire en quelque sorte une déclaration scientifique. Un mot-plastique est comme une pierre lancée dans une conversation, il fait des vagues, mais ne touche rien. Il possède un tas de connotations floues qui le privent de son pouvoir de dénotation précise. En général, c'est un mot qui a toujours existé dans le langage, mais qui a reçu un lessivage scientifique puis a été rejeté dans le langage courant avec une nouvelle connotation. Il a maintenant un rapport avec des connaissances possédées par des personnes auxquelles d'autres personnes ne comprennent rien. Pörksen classe le mot «sexualité», par exemple, dans la catégorie des mots-amibes — comme les mots «crise» et «information».

Comme on l'a noté, un phénomène analogue se reproduit couramment dans le discours postmoderne. Dans son usage médiatique, le terme *intolérant* est exploité dans des contextes semblables aux termes *sectaire*, *intégriste* ou *extrémiste*, c'est-à-dire qu'il sert surtout d'instrument de marginalisation pour réduire au silence les tenants de perspectives qui ne plaisent pas aux élites postmodernes. Cela s'applique tout aussi bien au terme *intégriste*. À la base, ce terme vise l'individu qui tente de développer une vision du monde cohérente, *intégrée*, c'est-à-dire qui tente de rendre son comportement cohérent avec ses présupposés cosmologiques. On peut donc rencontrer des catholiques intégristes, des communistes intégristes, des matérialistes intégristes, des hédonistes intégristes, des postmodernes intégristes, etc. Mais dans l'usage médiatique ce terme sert, pour l'essentiel, d'étiquette péjorative pour désigner celui qui a des convictions désapprouvées par les élites médiatiques. Pour le postmoderne, puisque *l'intégriste* a rejeté le relativisme postmoderne, il est un hérétique, un paria, un exclu. Et pourtant, dans un certain sens, tous sont intégristes[176]. Tous, malgré leurs contradictions, cherchent la cohérence, à intégrer cosmologie et vie quotidienne, croyances et comportements.

Le professeur de droit Butler Shaffer remarque (2005) que dans le contexte politique postmoderne le terme *extrême* ou son dérivé *extrémiste* sont utilisés pour forcer la discussion vers les idées reçues. Le but poursuivi étant de créer une conscience collective permettant à l'État, ou à d'autres grandes institutions sociales, de mobiliser les masses. La notion du compromis, si utile dans les transactions économiques et sociales, est activée dans les débats sur les positions politiques d'une manière qui marginalise les positions basées sur les principes philosophiques cohérents[177]. Dans cette culture de conscience collective, dès qu'une perspective s'est vue étiquetée *extrémiste*, elle n'a plus droit de parole, elle est éliminée de toute discussion ultérieure, peu importe sa rigueur empirique, rationnelle ou philosophique. On attise la crainte à son égard. *Hors de l'Église postmoderne, point de salut...* L'individu est alors rendu impotent, non pas muet, mais incapable de se faire entendre, à moins de s'identifier aux blocs de pouvoir idéologico-religieux déjà en place. Shaffer note que ceci n'implique pas que la pensée, portant l'étiquette *extrémiste*, soit nécessairement fondée sur le plan empirique, rationnel ou philosophique. Ce qui importe c'est le fait que, fondée ou non, ce type de pensée est problématique pour la santé des systèmes politiques, car elle introduit de la variété et de la complexité dans les discussions et, de ce fait, annule les certitudes simplistes sur lesquelles repose la conscience collective postmoderne. Le conformisme est de mise.

Sur un forum Internet, j'ai croisé [virtuellement] un participant affirmant qu'un site web, qu'il avait visité, était à son avis *tendancieux*. Ce participant n'avait pas pris conscience du fait que tout discours est a priori *tendancieux*, à savoir qu'il implique une perspective, une manière de voir les choses et des jugements de valeur. De ce fait, le terme *tendancieux* est alors non significatif, mais, d'un autre point de vue, ce même terme est très significatif, car, tout comme le terme *gentleman* de Lewis, il y a là tout de même un signal de la part de celui qui a la parole. Ce signal nous renseigne peu sur le site web dont il est question, mais nous fournit tout de même des renseignements précis sur la *perception* de ce site par le participant et nous assure du fait qu'il n'appréciait guère la *tendance* de ce site.

Le concept d'*euthanasie*[178] illustre une dérive du langage qui inaugure et reflète à la fois une évolution des attitudes sociales. À l'origine, ce terme ne s'appliquait qu'aux soins ordinaires dont le mourant est l'objet. Mais les choses changent (Universalis 2003; notice, *euthanasie*):

> Ce n'est qu'à la fin du XIXe siècle (...) que le terme d'euthanasie prend un sens nouveau: procurer une mort douce – et l'on retrouve la signification précédente – mais en mettant fin délibéré-

ment à la vie du malade. Et c'est désormais le sens prédominant dans l'opinion publique des sociétés occidentales.

Les nazis exploitèrent, avec une grande finesse, l'arme de l'euphémisme[179], le langage dépouillé de sens. L'expression *Solution finale*, par exemple, avait initialement une connotation floue, masquant le but visé, c'est-à-dire un génocide réalisé à échelle industrielle. Et dans le contexte des discussions postmodernes relatives à l'euthanasie, on rencontre assez souvent l'expression *vivre avec dignité*. Il va sans dire qu'une déconstruction de ce terme *dignité*, dans son usage postmoderne, reflèterait aussi une dérive, à la fois idéologique et sémantique. Tandis qu'autrefois l'expression *vivre avec dignité* concernait des individus qui affrontaient les difficultés et épreuves de la vie avec courage et persévérance, dans le contexte postmoderne cela vise plutôt l'individu souffrant qui décide d'agir afin de mettre fin à ses jours (et à sa souffrance). Cela s'applique également à l'administration du système de santé qui intervient afin de donner la mort à un souffrant sous sa responsabilité (aussi bien que pour mettre fin à sa propre souffrance psychologique devant le souffrant).

Dans le contexte postmoderne, les exemples du contrôle du sens exercé dans les médias abondent. En ce moment, un mot à la mode est le terme *homophobie*. Ce terme est lié, dans l'usage, au concept de *tolérance*. Bien qu'il s'agisse d'un néologisme, ce terme est rarement défini. Il est possible que tous puissent s'entendre, par exemple, sur le fait que le terme *homophobie* pourrait légitimement viser:

- Tout comportement visant à attaquer physiquement un individu s'affichant *gai* (homosexuel ou lesbienne).
- Tout discours qui inciterait d'autres à attaquer physiquement un individu s'affichant *gai*.
- Toute injure visant à dénigrer la personne d'un individu s'affichant *gai*.

Mais, généralement le concept d'*homophobie* est plus large. Dans l'usage courant les termes *homophobe* et *homophobie* vont bien au-delà de ces points. Habituellement, la notion d'homophobie vise aussi (et surtout):

- Tout discours qui critique ou remet en question l'idéologie gaie.

Mais qu'en est-il? N'y a-t-il pas là une affirmation étrange? Si la majorité des États démocratiques modernes font de la liberté de parole un droit fondamental, cela implique qu'on est libre de critiquer le discours catholique, protestant, américain, fasciste, musulman, féministe, palestinien, israélite, communiste ou socialiste. Pourquoi serait-il alors illégitime ou inadmissible de critiquer l'idéologie gaie? Pourquoi devrait-elle être mise à l'abri de la *sélection naturelle* des idées et des opinions sur la place publique? Pourquoi chercher un statut particulier pour cette idéologie? Ceci implique que tous doivent faire preuve de tolérance à l'égard de l'idéologie gaie, mais que les *télé-évangélistes* de l'idéologie gaie ne seront aucunement tenus d'en faire à l'égard des autres... Certains voudraient faire de l'homophobie *un crime haineux*. Quelle est cette censure implicite que l'on veut appliquer à tout débat sérieux sur la place publique? Il y a là une tactique qui ferait sans doute pâlir d'envie des imams cherchant à faire taire toute critique (caricaturale ou non) de l'islam. Touchant le concept d'homophobie, il est possible qu'il y ait ici malentendu et que la liberté d'expression ne soit désormais un privilège accessible qu'aux *bien-pensants*... La question reste à préciser.

Les accusations d'homophobie sont d'autant plus faciles que cette notion est une arme de marginalisation idéologique fort efficace. Le terme *homophobe* comporte le concept *phobie* qui implique que celui qui remet en question le comportement homosexuel *craint* et/ou *hait* les homosexuels. Il a une crainte irrationnelle des homosexuels. Celui qui critique a un *problème* et les problèmes, ça se soigne... Le terme homo*phobe* fait donc du critique de l'idéologie gaie un déséquilibré, un individu sujet à la déraison et les *phobies*. On peut avoir de la compassion à l'égard d'une telle personne, mais on ne peut l'écouter. On ne peut écouter (sérieusement) un fou, mais on peut le craindre. Il s'agit justement d'un phénomène mis en lumière par l'érudit postmoderne Michel Foucault[180]. La tactique est extraordinairement efficace; marginaliser, faire taire le critique, le discréditer, l'exclure. Cette manière de poser le débat est une arme idéologique d'autant plus efficace qu'elle permet d'évincer toute critique de l'homosexualité. L'homosexuel est, par définition, toujours victime et le critique de l'idéologie gaie[181] est toujours l'agresseur, le réactionnaire borné, intolérant, phobique, irrationnel, etc. L'État (et les autres grandes institutions sociales) produit ainsi la connaissance et les catégories cosmologiques du langage définissant la *norma-*

lité. Les contraintes imposées au langage par la religion postmoderne sont efficaces pour étiqueter certaines attitudes et comportements de tabous.

Il faut noter que dans le contexte postmoderne, imposer une contrainte à la liberté sexuelle de l'individu constitue un discours hérétique, sujet à réprobation et censure. Que c'est étrange! Dans nos médias, on a fait du critique actuel de l'homosexualité un portrait semblable à celui fait de l'homosexuel à l'époque victorienne: un être suspect, répulsif, maléfique. Quelle ironie! Les chasses aux sorcières se suivent et... se ressemblent.

Dans un contexte de confrontation idéologique, les élites postmodernes n'ont pas à attaquer directement des concepts traditionnels tirés de l'héritage judéo-chrétien, tels que la famille ou le mariage par exemple. Ils peuvent se dire, en toute sincérité, *pour* la famille, mais en prenant soin de vider ce concept de tout son contenu traditionnel et de le remplacer par un contenu postmoderne[182]. Dans ce contexte, si la définition traditionnelle de la famille ou du mariage ne plaît pas, il est tout à fait inutile de l'attaquer ouvertement, il suffit de la redéfinir et le résultat final sera le même... Bien plus efficace qu'une attaque directe. On évite ainsi bien des débats et confrontations d'idées ennuyeuses où l'on se verrait dans l'obligation de justifier ses présupposés, d'exposer sa cosmologie. Chose curieuse, le naturaliste Charles Darwin avait compris ce principe et l'avait exploité dans la promotion de sa théorie. Il avait bien saisi la contradiction entre sa théorie et l'interprétation littérale de la Genèse qui avait dominé l'Occident pendant plus d'un millénaire. Darwin prônait l'approche discrète, plutôt que la confrontation publique. Dans une missive[183] à son fils Georges, alors aux études à Cambridge, il écrit (dans Himmelfarb; 1959: 387):

> J'ai lu dernièrement **La vie de Voltaire** par Morley et il insiste avec énergie sur le fait que les attaques directes sur le christianisme (même lorsqu'écrites avec la vigueur et la force merveilleuse de Voltaire) produisent peu d'effets permanents. Il semble plutôt que les attaques de biais, silencieuses et lentes, soient les plus efficaces.*

Ernest Gellner note, au sujet du pouvoir du langage de fixer le sens des concepts, (1992: 63): «Il n'y a aucun doute que les concepts ont un effet de contrainte. Les concepts, la gamme des idées disponibles, tout ce qui est suggéré par une langue donnée et tout ce qui ne peut s'y exprimer font partie des mécanismes de contrôle d'une société donnée.*» Si on considère le contrôle du langage par les grandes institutions occidentales, le philosophe Jean-François Lyotard émet les observations suivantes (1979: 34):

> Dans l'usage ordinaire du discours, dans une discussion entre deux amis par exemple, les interlocuteurs font feu de tout bois, changeant de jeu d'un énoncé à l'autre: l'interrogation, la prière, l'assertion, le récit sont lancés pêle-mêle dans la bataille. Celle-ci n'est pas sans règle, mais sa règle autorise et encourage la plus grande flexibilité des énoncés.
>
> Or, de ce point de vue, une institution, diffère toujours d'une discussion en ce qu'elle requiert des contraintes supplémentaires pour que les énoncés soient déclarés admissibles en son sein. Ces contraintes opèrent comme des filtres sur les puissances de discours, elles interrompent des connexions possibles sur les réseaux de communication: il y a des choses à ne pas dire. Et elles privilégient certaines classes d'énoncés, parfois une seule, dont la prédominance caractérise le discours de l'institution: il y a des choses à dire et des manières de les dire. Ainsi les énoncés de commandement dans les armées, de prière dans les églises, de dénotation dans les écoles, de narration dans les familles, d'interrogation dans les philosophies, de performativité dans les entreprises… La bureaucratisation est la limite extrême de cette tendance.

Lors d'une entrevue avec Jacques Derrida, Samuel Weber signale que le pouvoir idéologique des médias consiste à se (présup)poser comme **condition** du savoir (dans De Vries & Weber 2001: 75):

> Les médias, tel que nous les expérimentons, tendent à naturaliser leur spécificité sociale et historique. Une structure technologique qui se *naturalise* elle-même peut sembler paradoxale, mais l'anecdote que je viens de raconter démontre le processus. «Si vous pouvez voir quoi que ce soit, c'est que nous vous le permettons. Et nous vous permettons de voir les choses dans la mesure où vous acceptez votre *liberté de choisir* parmi les articles que nos commanditaires vous offrent.» Sinon vous serez aveugles et muets, par manque de voir et d'entendre. Il y a là un côté négligé du *multimédia* tant vanté, c'est certainement un aspect de sa réalité aujourd'hui.*

L'affirmation de Weber ci-dessus vise surtout la dimension mercantile des médias, mais il est tout à fait justifié et utile d'appliquer cette observation ailleurs, de l'étendre à la prétention des médias de se poser comme fondation et condition du savoir et de la pensée morale dans le contexte des sociétés postmodernes[184]. Cela est d'autant plus vrai si on considère toute la dimension informationnelle et le contrôle du sens qu'exercent les médias électroniques et imprimés. Seul l'Internet y échappe [pour combien de temps?] encore.

Comportements médiatiques

> La structure d'un scénario implique que tout ce qui s'y produit suit un plan préétabli, c'est-à-dire un ordre avec un but. L'une des règles de la production cinématographique est que tout ce qui se produit dans un film doit avoir un but. Des mets que peut manger un personnage jusqu'aux activités qui se produisent en arrière-plan – tout est ordonné avec précision par le scénariste et le directeur afin de définir ce que sont personnages, scénario et thèmes. Il ne peut y avoir d'événements arbitraires. Tout ce qui ne contribue pas au scénario doit être rejeté.*
> (Godawa 2002: 64)

> «… vivre est en soi un jugement. Respirer, c'est juger.» (Camus 1951: 21)

En examinant le comportement des médias confrontés à un intervenant qui ose contester un dogme fondamental postmoderne, la marginalisation est inévitable. Ce comportement/attitude hostile se manifeste non pas lorsqu'on aborde des questions secondaires où l'on admet généralement la légitimité du discours religieux, mais là où il y a confrontation entre dogmes postmodernes ou politiquement corrects et un intervenant jugé non postmoderne osant remettre en question des dogmes postmodernes. C'est une réaction de tabou tout à fait comparable à celle décrite par Mary Douglas dans **De la souillure** (1981: 55) «… notre comportement vis-à-vis de la pollution consiste à condamner tout objet, toute idée susceptible de jeter la confusion, ou de contredire nos précieuses classifications.» Si un intervenant jugé non postmoderne est impliqué dans un fait divers, sans conséquence pour l'idéologie postmoderne, il y a peu de chances qu'il soit la cible de comportements qui seront examinés ci-dessous.

Quel est donc le lieu du pouvoir médiatique? Dans le tri initial des informations, dans la sélection des sujets à traiter, dans l'établissement de priorités, dans le choix du cadre dans lequel un sujet sera abordé et dans la contextualisation des débats. Le pouvoir médiatique s'exprime donc dans la sélection des informations, dans la forme donnée, dans le modelage du *pensable*. Quelles questions seront posées et lesquelles seront ignorées? Les médias contrôlent ainsi non seulement l'entrée et la sortie de l'information, mais aussi le contexte de sa présentation. Ce n'est évidemment pas un pouvoir absolu, mais à notre avis ce serait faire preuve d'une grande naïveté que de sous-estimer ce pouvoir. Il est bien entendu qu'un tri de l'information est inévitable. Ce n'est pas ce qui est en cause, mais cela dit il faut rejeter la conception folklorique et naïve que les médias constituent un canal de transmission *chaste et pur*.

Dans le quotidien, lorsque les médias tentent d'assurer l'uniformité idéologique de leur production (et marginaliser tout contenu jugé *indésirable*), plusieurs stratégies peuvent être exploitées. Voici quelques *précautions* utiles, dans le cadre d'une interview préenregistrée avec un interlocuteur susceptible d'avancer des critiques de la religion postmoderne:

- Prendre soin de souligner l'engagement idéologique de l'intervenant critique[185].
- Faire usage de citations sélectives[186].
- Éliminer les arguments/matériel plus solides et crédibles du produit final.
- Citer les arguments les plus faibles/secondaires.
- Citer des affirmations réelles de l'intervenant critique, mais hors contexte.
- Associer l'intervenant critique avec des personnes/organismes *hérétiques intolérants*, fanatiques, extrémistes, racistes, et autres perspectives méprisées.
- Prévoir du temps ou de l'espace pendant lequel les intervenants appuyant la religion postmoderne peuvent critiquer l'intervenant non postmoderne. Mais lorsqu'on examine des sujets ou intervenants postmodernes, cette précaution n'est plus nécessaire.
- Citer les accomplissements académiques/professionnels de l'intervenant, s'ils peuvent être remis en question.
- Négliger de fournir les accomplissements académiques/ professionnels de l'intervenant s'ils sont crédibles.

Ce sont donc divers outils disponibles qui seront exploités lorsque le besoin se fait sentir. Dans le contexte d'une entrevue diffusée en direct, il faut un *scripting* serré des questions pour neutraliser un interlocuteur critique; sinon il est parfois possible de désamorcer en posant des questions banales, émotives, vides.

Il faut noter que généralement ces stratégies visent à miner la crédibilité de l'intervenant critique. Et si sa crédibilité est anéantie, il a beau parler alors... D'ailleurs, dès qu'il parle, il discrédite aussi tous ceux qui peuvent être associés à sa position. On peut penser qu'en général, le traitement subi par l'intervenant jugé non postmoderne variera en fonction de plusieurs facteurs dont les suivants:

- La gravité de la question abordée ou le poids relatif de l'organisme que représente l'intervenant;
- La taille de l'organisme médiatique[187] impliqué;
- Des préjugés spécifiques de l'intervenant médiatique impliqué;
- L'intervenant jugé non postmoderne en cause, est-il peu ou bien connu[188] du grand public?

Le système médiatique n'exclut pas a priori les journalistes aux convictions religieuses autres que postmodernes, mais il exige de leur part un esprit *flexible*, c'est-à-dire que lors d'un conflit entre la perspective postmoderne et une position religieuse traditionnelle, cette dernière doit adopter une attitude assujettie à l'égard de la première. Si la religion traditionnelle sait garder sa *place* de discours inféodé que les élites postmodernes lui ont assignée, tout ira bien... Le linguiste renommé et militant de gauche Noam Chomsky écrit à ce sujet (1988/2003: 239-240):

> Le modèle de la propagande nous aide à percevoir comment les personnels médiatiques s'adaptent volontairement — ou sont amenés à s'adapter — aux exigences du système: étant donné les impératifs de l'organisation d'entreprise et le fonctionnement des divers filtres, leur réussite exige d'eux qu'ils se conforment aux besoins et aux intérêts des secteurs privilégiés. Dans les médias comme dans toute autre institution d'importance, ceux qui n'affichent pas les valeurs et les perspectives requises risquent d'être considérés comme des *irresponsables*, des *idéologues* — c'est-à-dire comme des aberrations qu'il vaut mieux larguer en route. Il est possible que quelques exceptions réussissent à subsister, mais le schéma est envahissant et tout y est prévu. Ceux qui s'y adaptent en toute honnêteté seront libres de s'exprimer sans grand contrôle institutionnel et il leur sera facile d'affirmer qu'ils

ne ressentent aucune obligation de se conformer au modèle: les médias sont *libres*, en effet, pour ceux qui en adoptent les principes nécessaires à leur *dessein social*. Certains journalistes peuvent être tout simplement corrompus et servir de petits commissionnaires de l'État ou de toute autre autorité, mais cela fait partie de la norme. Nous savons par expérience que de nombreux journalistes connaissent bien la marche du système et qu'ils profitent de ses brèches occasionnelles pour faire passer des informations et des analyses différentes de celles du consensus élitaire ambiant, en leur donnant grosso modo une forme proche de la norme. Ce type d'attitude est plutôt rare: la norme, c'est de croire à la liberté des médias, une *liberté* véridique pour ceux qui ont intériorisé les valeurs et les perspectives requises.

Pour les médias, l'avantage principal de contrôler le contexte d'expression, est le fait qu'il n'est plus nécessaire de procéder à une censure ouverte pour éliminer les adversaires idéologiques. Le contrôle du contexte d'expression a le même effet, tout en gardant le masque de *tolérance*. On joue sur tous les plans… La censure existe donc dans le contexte postmoderne, mais il s'agit d'une censure hypocrite, une censure qui ne se reconnaît pas et qui ne s'avoue pas. Il s'agit d'une censure à deux visages, qui fait taire le discours critique et qui l'exploite à ses propres fins. Dans le cadre d'un essai sur la propagande (terme qui vise habituellement les formes politiques de la religion moderne, exploitant les médias de masse), Jacques Ellul a bien cerné ce besoin d'intégration, d'apporter une réponse totalisante[189] qui est, à vrai dire, la source de la pulsion religieuse (1962: 23):

> (…) la propagande ne peut se satisfaire de demi-réussite, car elle ne tolère pas de discussions: dans son essence même, elle exclut la contradiction, la discussion. Tant que subsiste une tension perceptible, exprimée, un conflit d'actions, la propagande ne peut se dire réalisée, accomplie[190]. Il faut qu'elle coagule une quasi-unanimité, que la fraction opposante soit négligeable, et de toute façon ne puisse plus se faire entendre. Une propagande extrême doit gagner l'adversaire, et au moins l'utiliser en l'intégrant dans son système de référence. C'est pourquoi il est très important de faire parler des Anglais à la radio nazie, le général Paulus à la radio soviétique (…)

Dans les médias, lorsqu'on procède à la marginalisation d'une œuvre, évidemment on peut se permettre, d'accorder des mérites à une entreprise ou courant de pensée que l'on cherche à dénigrer. Cela permet d'entourer la censure implicite d'une certaine noblesse et d'une largeur d'esprit factice. À ce titre, il suffit, pour obtenir l'effet désiré, en parallèle aux critiques de fond, d'accorder des mérites uniquement sur des points mineurs, dérisoires. Comme le disent les Anglais: *Damned by faint praise!*

L'Église postmoderne est maintenant la norme. Elle est l'*Establishment*[191]. Sur le plan social, c'est en rapport à ses croyances et préjugés que l'on juge de ce qui est *tendancieux, étroit d'esprit, progressiste, réactionnaire, tolérant, acceptable* ou *extrême;* que ce soit sur le plan politique, éthique, culturel ou autre. Les médias se présentent parfois (discrètement) comme *sauveurs*, ceux qui nous délivrent du chaos et nous donnent le **sens**. Un *clip* d'autopromotion diffusé par la BBC World Service, avant leur programme d'informations radio, affirme: «Dans un monde inondé d'informations [son de la mer], dans un monde de confusion et de contradictions, la BBC Television et la BBC World Service donnent du sens à l'ensemble!»

Dans le texte original (anglais) cela est rendu *makes sense of it all...* Chose curieuse, c'est justement le rôle d'une religion que de fournir une explication totale, c'est-à-dire produire un discours qui donne sens à tout. De tels aveux démontrent, sans l'ombre d'un doute, que le rôle médiatique dépasse, depuis un bon moment, la fonction de diffuseur d'information. Le contrôle du contexte de transmission de l'information dans les médias de masse comporte un avantage caché, car l'adversaire idéologique est automatiquement mis dans la position de l'agresseur, une position de déséquilibre. Le porte-parole d'une position postmoderne jouit naturellement d'un préjugé favorable. Son accès aux médias est d'autant plus facilité[192] tout en restant sujet aux aléas des *besoins* ponctuels des médias. Le propre de l'idéologie des élites bien-pensantes est le fait d'être masquée par une façade d'objectivité académique, juridique ou journalistique. On joue toujours deux rôles. Selon le niveau de responsabilité exercé par l'individu (et les circonstances particulières dans lesquelles il se trouve), l'importance de son rôle idéologique pourra varier.

Les présupposés qui motivent les prises de position sociales ou éthiques des élites postmodernes restent toujours masqués, implicites, pour l'auditoire cible et souvent même pour leurs auteurs. Il est curieux de constater que Orwell a exploré justement, avec une certaine ironie, ce phénomène dans son roman **1984** (1949/1984: 255):

On exige d'un membre du Parti, non seulement qu'il ait des opinions convenables, mais des instincts convenables. Nombre des croyances et attitudes exigées de lui ne sont pas clairement spécifiées, et ne pourraient être clairement spécifiées sans mettre à nu les contradictions inhérentes à l'Angsoc. S'il est naturellement orthodoxe (en novlangue: *bien-pensant*), il saura, en toutes circonstances, sans réfléchir, quelle croyance est la vraie, quelle émotion est désirable. Mais en tout cas, l'entraînement mental minutieux auquel il est soumis pendant son enfance, et qui tourne autour des mots *novlangue arrêtducrime*, *blancnoir*, et *doublepensée*, le rend incapable de réfléchir et de vouloir réfléchir trop profondément.

Vu le contexte syncrétique qui règne en Occident, pour juger des engagements idéologico-religieux d'un membre de nos élites postmodernes, il serait imprudent de se fier aux allégeances explicites ou aux symboles religieux ostentatoires. Au bout du compte, il faut avoir une connaissance intime de l'histoire de l'individu sinon avoir en main son curriculum vitæ. Les gestes sont plus indicatifs des convictions véritables que le discours. Lorsqu'on examine les causes pour lesquelles une personne est intervenue ou s'est investie, il est alors possible de fixer avec, plus de précision, les engagements idéologiques réels de l'individu (même si cela contredit de nombreuses affirmations idéologiques explicites ou les invocations symboliques référant à d'autres visions du monde qui peuvent pourtant jouir d'une grande importance émotive dans la vie privée de l'individu). Sans doute, le maintien du pouvoir exercé par les élites postmodernes dépend justement de l'entretien d'une façade d'objectivité et de neutralité. La tâche de mettre ces présupposés à la lumière du jour exige des efforts importants. Qui aura le courage ou les moyens de l'exiger?

Dans une culture qui a largement rejeté la notion de vérité, nous arrivons à une situation où rien ne permet d'établir une distinction entre information et propagande. Tout est contaminé. Gary Thompson, dans le contexte d'un manuel pour étudiants en journalisme, pose la question de la propagande, question qu'il aborde et évite à la fois. Dans l'Occident postmoderne, Thompson note (1996: 199):

> Le concept de la propagande existe en contraste avec son contraire – la vérité possiblement. S'il s'agit de propagande, c'est faux. S'il s'agit d'une tentative d'influencer la manière de penser des autres, il s'agit de propagande. Mais nous avons vu que les textes médiatiques tentent tous d'influencer notre manière de penser. *La vérité* est toujours

sélectionnée et présentée sous une forme qui répond à nos attentes et ces attentes ont été créées pour nous par la culture globale. Perçue ainsi, toute communication est propagande. Il est impossible de sortir des intérêts – les nôtres autant que ceux des producteurs de textes – afin de juger de leur degré de vérité.*

Ainsi, s'il n'y a pas de concept de vérité, il ne reste que de la propagande, de la merde et rien d'autre… Dans le contexte de la cosmologie postmoderne, vu les présupposés de ce système de pensée, c'est une conclusion tout à fait cohérente. La majorité des institutions postmodernes ont encore trop à perdre pour qu'une opération de démasquage des présupposés sérieuse et systématique soit menée à terme au grand jour. Quelles sont les chances que nos grandes institutions occidentales reconnaissent leur fonction idéologico-religieuse dans la société postmoderne? Leur neutralité et leur crédibilité en souffriraient. Une question de sous, en dernière instance… On peut supposer que la capacité d'un individu ou d'une institution d'accepter le rôle idéologico-religieux du système soit inversement proportionnelle à son degré d'engagement à l'égard de ce système de pensée. Si le degré d'attachement d'un individu (ou d'une institution) à ce système de pensée est total, alors il est évidemment exclu qu'il puisse remettre en question de quelque manière la neutralité du système ou admettre son rôle religieux.

Les médias, malgré leur objectivité tant vantée, font entendre couramment dans leurs reportages et documentaires des jugements de valeur implicites sur diverses attitudes ou comportements. Les scandales, après tout, c'est le *pain et le beurre* d'une large part des médias[193]. Et qu'est-ce qu'un scandale, sinon le bris d'un interdit, a priori, universel? Il va sans dire qu'un scandale n'a d'intérêt que si un interdit a été violé, qu'il soit général ou universel. Plus d'interdits, plus de scandales. Souligner un scandale suppose [implicitement] un jugement. Par ailleurs, on nous affirme, plus ou moins explicitement, que le sexisme, le racisme ou les critiques de l'idéologie gaie ne sont pas *bien*. Pas bien, mais pourquoi? Est-ce possible d'en discuter sérieusement? À quelle moralité doit-on ces réprobations, voire ces sanctions? Quelle est la cosmologie qui sanctionne les jugements, les foudres médiatiques? Dans les milieux postmodernes, on cherche à faire le silence sur les racines idéologiques de ces jugements de valeur. S'il fallait le faire, on serait alors obligé de dévoiler les assises idéologico-religieuses de ce discours et de rendre des comptes. La façade d'objectivité tomberait, on serait exposé aux regards, aux prises de conscience, aux critiques. Pour les élites postmodernes, la situation actuelle comporte bien trop d'avantages...

Dans le quotidien des médias, les sources d'information qui abordent les questions du jour d'une façon jugée *non convenable* seront traitées de manière négative. Il est certes inutile d'évoquer la censure ou des attaques directes, car un des moyens les plus simples et les plus efficaces à la disposition des médias, c'est d'*ignorer* un phénomène social, un intervenant ou une opinion qui déplaît. Si, par exemple, on enregistre une entrevue avec un individu qui remet en question certaines doctrines de la religion postmoderne et qu'il le fait de manière convaincante et logique; pour éviter le maximum de conséquences fâcheuses on peut simplement couper cette section de l'entrevue et se concentrer sur des extraits où l'interviewé semble moins convaincant, où il cafouille[194]. C'est une solution fort élégante, car si les médias ignorent un phénomène, existe-t-il? Si une manifestation contre l'avortement attire 140 000 personnes, mais n'a pas été *couverte* par la presse, est-ce qu'elle a bien eu lieu? Et si un arbre tombe dans la forêt et qu'il n'y a personne pour l'observer, fera-t-il un bruit en tombant? Lorsque qu'il est impossible d'ignorer, on peut ajouter d'autres experts au *panel* qui sauront diluer les critiques. Noyer le poisson est toujours une option... Par exemple, les médias électroniques font régulièrement appel à une multitude d'experts et de consultants de tout genre: astrophysiciens, historiens de l'art, biologistes, psychologues, sociologues, anthropologues, juristes, etc. Mais il est exceptionnel d'y rencontrer des individus avançant une critique cohérente de la religion postmoderne. Afin de maintenir cet état de choses, il suffit de contrôler la source... Paradoxalement, il est fort utile en Occident d'accéder au statut de *victime*. Les victimes ont droit de parole, ils ont des droits et peuvent formuler des réclamations à l'égard d'autres groupes. Ils peuvent exiger JUSTICE! Ce statut n'est évidemment pas décerné à qui le veut, mais est attribué par les hautes instances médiatiques. Mais ce constat n'est pas inédit. René Girard remarque à ce sujet (1999: 210):

> Au tympan de certaines cathédrales figure un très grand ange muni d'une balance. Il pèse les âmes pour l'éternité. Si l'art n'avait pas renoncé de nos jours à exprimer les idées qui mènent le monde, il rajeunirait cet antique pèsement des âmes et c'est un pèsement des victimes qu'on sculpterait au fronton de nos parlements, de nos uni-

versités, de nos palais de justice, de nos maisons d'édition, de nos stations de télévision. Notre société est la plus préoccupée de victimes qui fût jamais. Même s'il n'est qu'une vaste comédie, le phénomène est sans précédent. Aucune période historique, aucune société connue de nous, n'a jamais parlé des victimes comme nous le faisons. On peut discerner dans le passé récent les prémices de l'attitude contemporaine, mais tous les jours de nouveaux records sont battus. Nous sommes tous les acteurs aussi bien que les témoins d'une grande première anthropologique.

La position dominante des élites médiatiques postmodernes aboutit parfois à des situations conflictuelles, paradoxales. Cela se produit lorsque, pour des raisons diverses, un personnage ou un événement remettant en question la vision du monde postmoderne ne peut être ignoré, c'est-à-dire qu'il est déjà connu du grand public ou qu'il représente une institution bien connue. Dans le jargon journalistique, il faut donc le *couvrir*. Si on évite de couvrir de tels événements, il y aura tôt ou tard des accusations de censure. Cela pose problème, car bien que tous les systèmes idéologico-religieux cherchent à marginaliser les discours critiques ou incompatibles, dans le cas de la religion postmoderne on s'affiche *pour la liberté d'expression*, mais pas n'importe laquelle... D'un autre côté, si on laisse la parole à une position proscrite cela risque de donner crédit à la position honnie. Malgré tout, on dispose d'autres moyens pour régler le problème.

On peut, par exemple, choisir de couvrir l'événement, mais en éliminant tout fait ou commentaire qui pourrait donner une crédibilité à la position exclue et on mettra en évidence tout ce qui est marginal, irrationnel, scandaleux, etc. chez les partisans de la position honnie. Il faut donc un contrôle serré de cette position. Le journaliste mandaté par l'institution médiatique (ainsi que les recherchistes sur lesquels il s'appuie) servira dès lors de filtre, d'intermédiaire. Tout en évitant les apparences de la censure, il ne saurait être question de laisser s'exprimer librement les partisans de positions honnies. Ce serait courir un trop grand danger de remettre en question la position idéologique des élites. À moins d'une gaffe monumentale, cela se produit rarement. En général, le travail invisible d'édition permet de museler ceux qui ne font pas écho au discours approuvé par les bien-pensants. Dans toutes les circonstances, on procède à un tri des informations et on détermine, d'une part, ce qui sera retenu, et soumis à l'attention du public, et, d'autre part, ce qui sera envoyé aux oubliettes[195].

Puisque le *système* est informel, ce type de procédure n'est pas sans faille. De temps en temps, des lapsus surviennent. Dans **De la souillure**, l'anthropologue Mary Douglas explore le processus d'exclusion et de marginalisation qui peut s'appliquer tout aussi bien aux produits domestiques qu'aux concepts, événements et produits culturels/idéologiques qui sont la matière première de la production médiatique ou universitaire (1966/1971: 172):

> Commençons par la saleté [ce qui pollue]. Lorsqu'il s'agit d'imposer un ordre quelconque, soit à l'esprit, soit au monde extérieur, l'attitude envers les fragments et parcelles rejetés passe par deux phases. On les considère tout d'abord comme n'étant pas à leur place; ils menacent le bon ordre des choses, aussi sont-ils tenus pour répréhensibles et vigoureusement écartés. À ce stade, ils ont un reste d'identité: on les considère comme des fragments indésirables de la chose dont ils sont issus; cheveux, aliments, enveloppes. C'est à ce stade qu'ils sont dangereux; leur semi-identité s'accroche à eux, et leur présence compromet la netteté des lieux où ils passent pour intrus. Mais un long processus de pulvérisation, de dissolution et de pourrissement attend toutes les choses physiques reconnues comme saleté. À la fin, toute identité a disparu. Leurs origines oubliées, elles rejoignent la masse des déchets ordinaires. Personne n'a envie de fouiner dans ces ordures afin de récupérer quelque chose, ce qui reviendrait à ressusciter l'identité. Tant qu'ils sont dépourvus d'identité, les rebuts ne sont pas dangereux. Ils ne font même pas l'objet de perceptions ambiguës, puisqu'ils occupent une place bien définie, dans un tas d'ordures quelconque.

Ce processus de tri invisible et de re-présentation des informations est d'une importance primordiale, car par ce moyen les médias jouissent d'un pouvoir immense d'intimidation morale et de canalisation de la pensée. Parfois ce processus peut prendre des formes quasi comiques comme dans l'anecdote suivante, relatée par le journaliste britannique Malcom Muggeridge, lors de sa première journée au quotidien Manchester Guardian (1979):

> Je me souviens de cette première journée et en quelque sorte elle symbolise toute mon expérience à cet endroit. On m'a demandé de rédiger un *leader*, un petit paragraphe de 120 mots, sur la punition corporelle. Il semble que lors d'une conférence pour enseignants, des paroles favorables aient été prononcées et je devais produire un commentaire approprié. Alors, j'ai mis ma tête dans la porte de la pièce la plus proche et j'ai demandé à l'homme qui y travaillait «Quelle est notre position sur la punition corporelle?» Sans lever les yeux de sa machine à écrire, il a répliqué «la même que pour la peine capitale,

mais plus encore». Je savais alors exactement quoi écrire. C'est ainsi que j'ai pris l'habitude d'émettre des opinions infaillibles sur tout ce qui se passait dans le monde; (…) des affirmations très sérieuses que j'ai pu dactylographier, venant de nulle part, et tout probablement, d'une pertinence aussi nulle.*

Il faut noter que lorsque les données sources d'information ne sont pas en contradiction avec un présupposé postmoderne fondamental, rien n'empêche de les laisser passer (de les *couvrir*). La question de fond, n'est pas de déterminer à quel point ce processus de canalisation de la pensée est efficace, mais plutôt de le noter comme indicatif d'une intention idéologique. L'homme ou la femme postmoderne éduqués, qui n'ont pas d'allégeance idéologique ou religieuse externe et cohérente, qui sont sans attache communautaire, sont des plus vulnérables à cette influence. Ils n'ont aucun point de repère leur permettant d'avancer une critique de fond[196]. Il ne leur reste qu'une émotivité passagère ainsi que quelques vestiges de traditions culturelles. Dans notre contexte *branché*, plus on a de chaînes[197], plus on est déterminé par/assujetti aux médias sur le plan conceptuel! Kreeft, dans un dialogue[198] concernant les lois morales absolues, note que le rejet d'une loi morale absolue en Occident aboutit à une conséquence inattendue; le conformisme absolu des masses et la fin de toute critique sociale sérieuse[199] (1999:74-75):

> **Libby**: (…) Nous les libéraux, nous sommes toujours progressistes et nous sommes aussi relativistes. Vous, les conservateurs, vous tenez à vos concepts absolus. Mais vous comprenez tout à l'envers.
> **'Isa**: Non, c'est vous qui comprenez à l'envers. Si vous êtes relativiste, cela implique que vous croyez que les valeurs ne sont pas absolues, mais relatives à la culture, n'est-ce pas?
> **Libby**: Ouais…
> **'Isa**: Vous ne croyez donc pas à une loi universelle, une loi supérieure, un étalon au-dessus de la culture. C'est exact?
> **Libby**: Tout à fait. Nous n'affirmons pas, comme vous le faites, avoir une ligne directe avec Dieu le père.
> **'Isa**: De ce fait, vous ne pouvez critiquer votre propre culture. Votre culture établit le standard, les normes. Votre culture est dieu/sacrée. «Mon pays a toujours raison[200].» Ça ne me semble pas très progressiste. C'est plutôt un conservatisme bien confortable.
> **Libby**: Tu me rends confus. Tu mets tout sens dessus dessous.
> **'Isa**: Bien non, c'est toi qui le fais ou du moins tes institutions médiatiques. Et tu t'es fait berner par elles. Il s'agit d'un mensonge énorme, de la pure propagande. Si tu prenais quelques minutes pour y réflé-

chir tu verrais que c'est le contraire de ce que les stéréotypes médiatiques affirment. Seul celui qui croit dans une loi absolue, une loi au-dessus de la culture ou de l'État, peut critiquer toute une culture. Il est le rebelle, le radical, le prophète qui peut dire à toute une culture «Vous adorez un faux dieu et des valeurs fausses. Changez!» C'est là la perspective absolutiste et c'est une force pour le changement. Les Juifs ont changé l'Histoire plus que tout autre peuple, car ils étaient des absolutistes – la conscience du monde. C'est aussi la maman juive qui te fait sentir coupable de ne pas lui donner un coup de fil ou ne pas donner un coup de fil à Dieu, de ne pas prier. Ou encore qui te fait sentir coupable de t'écraser devant la télé plutôt que de sortir pour t'éduquer, trouver un emploi et changer le monde.
Libby: Mais c'est injuste! Le relativiste est pour le changement aussi.
'Isa: Mais il n'a aucune base morale sur laquelle s'appuyer à cet effet. Tout ce qu'un relativiste peut dire à Hitler est «Je n'aime pas ton comportement, tes attitudes. Je préfère mon comportement, mes attitudes.» L'absolutiste peut déclarer: «Toi et toute ta société êtes méchants et dans le tort. La justice divine te détruira tôt ou tard, à moins que tu ne te repentes.» Lequel de ces deux messages est le plus progressiste? Lequel est une force pour le changement?
Libby: Ça va, il y a effectivement problème. Comment est-ce possible pour un relativiste de générer une passion morale pour changer toute une culture sans faire appel à une loi naturelle au-dessus de la culture? Je suppose… *

Il est étrange de retrouver un écho des remarques de Kreeft chez Albert Camus. Discutant de la pensée de Hegel, Il observe (Camus 1951: 185):

> Un commentateur, hégélien de gauche il est vrai, mais orthodoxe en ce point précis, note d'ailleurs l'hostilité de Hegel aux moralistes et remarque que son seul axiome est de vivre conformément aux mœurs et aux coutumes de sa nation. Maxime de conformisme[201] social dont Hegel, en effet, a donné les preuves les plus cyniques. Kojève ajoute, toutefois, que ce conformisme n'est légitime qu'autant que les mœurs de cette nation correspondent à l'esprit du temps, c'est-à-dire tant qu'elles sont solides et résistent aux critiques et aux attaques révolutionnaires. Mais qui décidera de cette solidité, qui jugera de la légitimité?

Avoir de la *fuite dans les idées*, est-ce une vertu? En général, les médias peuvent assez aisément étouffer toute critique ou remise en question[202]. Si un politicien déplaît, il est parfois possible de détruire sa crédibilité et de le rendre impotent sur le plan professionnel[203]. Il suffit de poser une loupe grossissante sur tout aspect *négatif*, toute bavure, pour le présenter comme un incompétent, un *intolérant* ou un *extrémiste*. Il est alors discrédité, sans droit de parole, muet. Une autre stratégie de marginalisation notée par Veith, qui peut sembler plus *tolérante*, consiste à repousser tout discours inspiré par un Absolu dans la vie **privée**. Il s'agit donc de le marginaliser sur le plan culturel (Veith 1994:148):

> Les idéologies dominantes ont souvent traité avec les minorités religieuses en les emmurant dans des ghettos autonomes. Réduire la religion à un discours d'une sous-culture constitue un moyen de marginaliser le christianisme et de réduire au silence ses arguments. («Vous les pro-vie, ne faites qu'imposer votre religion aux autres»)*

Le discours *religieux* ainsi ciblé n'a alors droit de parole que sur le plan privé. Il doit savoir garder *sa place*[204]. La place publique lui est interdite. Ironie du sort, bien souvent cela s'accompagne d'appels à la *tolérance*, car on évoque alors des fantômes de minorités qui pourraient être offensées par le discours ciblé.

Ce processus de marginalisation est particulièrement évident dans le contexte du débat sur les origines de la vie. En tant que cosmologie, l'orthodoxie évolutionniste domine considérablement la scène intellectuelle et institutionnelle en Occident, mais les élites postmodernes doivent rester alertes afin de maintenir leur monopole cosmologique dans les milieux éducationnels. Dans les milieux francophones, il n'y a pas de débat, ou si peu. La centralisation des médias et du système éducatif rend très difficile, voire impossible de sortir des rangs pour remettre en question l'orthodoxie. Aux États-Unis et en milieu anglophone généralement, la situation est différente, c'est-à-dire particulièrement chaude, car les critiques de la position évolutionniste y sont assez nombreuses. Les causes entendues en cour dans les États américains pour permettre la critique de l'évolution en milieu scolaire sont chose courante. Les défenseurs de la théorie de l'évolution doivent donc raffiner leurs stratégies. En 2001, la NCSE[205] a émis une note proposant divers moyens destinés à faire la promotion de la position évolutionniste auprès des médias écrits; elle proposait à ses lecteurs de faire parvenir des lettres à l'éditeur dans les médias écrits. Parmi les moyens proposés, on note au point 6 (Mendum 2001):

> Conforme-toi au style du quotidien. N'attaque pas le droit du créationniste de promouvoir ses croyances lorsque tu écris à un quotidien libéral. *Tu peux même inclure une affirmation que tu appuies sa liberté*

d'expression et de pratique religieuse lorsqu'ils sont exercés hors du contexte des classes de science.*

Il y a là une attitude fort intéressante. On affirme donc le droit à la critique, à la dissidence, mais hors des cours de science, là où ça compte en somme... «Vous avez tout de même droit de parole, mais seulement dans votre ghetto.» En fait, ce droit de parole résiduel est bidon. Et rien n'est dit sur le rôle, surtout idéologique, de la théorie de l'évolution, motus. En grands seigneurs, on accorde donc un droit à la dissidence, mais un droit factice. Les critiques de l'évolution doivent savoir garder leur place, tout comme les juifs dans le ghetto de Varsovie. Cela découle en quelque sorte de principes épidémiologiques. Lors d'une épidémie infectieuse, il est capital de mettre la maladie en quarantaine. Il en est de même d'une infection de la pensée. Si on l'isole, à long terme, elle s'éteindra toute seule. Évidemment, la censure est un mot fort, qui provoque les émotions, qui évoque l'Inquisition et les autodafés nazis. Ce sont des images vives, mais non pertinentes ici. La censure postmoderne est autre, elle est implicite, tolérante. Elle a un visage enluminé, sage. Elle a très bien compris une des leçons de Mao (1976: 280-281):

> Nous sommes disposés à *encourager* l'expression des opinions, en vue d'unir à nous les millions d'intellectuels et de transformer leurs traits actuels. Comme je viens de le dire, l'immense majorité de nos intellectuels désire faire des progrès; ils veulent se rééduquer et ils le peuvent. La politique que nous adoptons joue ici un rôle très important. La question des intellectuels est avant tout une question d'idéologie, et user de méthodes brutales et de contrainte pour résoudre les problèmes idéologiques est nuisible et ne présente aucun avantage[206].

Dans le contexte des conceptions admises relatives aux origines, l'essentiel est bien sûr de s'assurer à la fois que le monopole idéologique évolutionniste en place dans le système d'éducation reste inviolé, tout en entretenant l'illusion de la *tolérance*. Sur le plan politique, aux États-Unis, les élites postmodernes manient très habilement la clause de la *Separation of Church and State* (ou la séparation de l'Église et de l'État). Initialement, cette mesure visait simplement la protection des pratiques religieuses en empêchant l'État de s'engager vis-à-vis les doctrines d'une église chrétienne particulière, comme c'était la pratique commune en Europe au XVIIIe siècle au moment où la constitution américaine fut rédigée. Aujourd'hui, les élites postmodernes (et les Dominicains postmodernes, les avocats de la ACLU) en font usage, lorsqu'il y a conflit avec un présupposé postmoderne, pour éliminer le discours religieux traditionnel de tout débat social. Bien que le délicieusement cynique Aldous Huxley ait mal jugé les circonstances qui ont porté au pouvoir les nouvelles élites religieuses, de manière générale il semble avoir bien prévu la scène finale du scénario dans le **Retour au meilleur des mondes** (1990:144) :

> Sous l'impitoyable poussée d'une surpopulation qui s'accélère, d'une organisation dont les excès vont s'aggravant et par le moyen de méthodes toujours plus efficaces de manipulation mentale, les démocraties changeront de nature. Les vieilles formes pittoresques — élections, parlements, hautes cours de justice — demeureront, mais la substance sous-jacente sera une nouvelle forme de totalitarisme non violent. Toutes les appellations traditionnelles, tous les slogans consacrés resteront exactement ce qu'ils étaient au bon vieux temps, la démocratie et la liberté seront les thèmes de toutes les émissions radiodiffusés et de tous les éditoriaux — mais une démocratie, une liberté au sens strictement pickwickien du terme. Entre-temps, l'oligarchie au pouvoir et son élite hautement qualifiée de soldats, de policiers, de fabricants de pensée, de manipulateurs mentaux mènera tout et tout le monde comme bon lui semblera.

Devant les aspirations à la liberté sans bornes de l'homme moderne ou postmoderne, le cynisme est probablement l'attitude la plus appropriée. Bien que Huxley ait prévu bon nombre d'aspects de la situation actuelle, il est peu probable qu'il aurait reconnu l'état présent des choses, car les forces en cause ne sont pas liées à un État omniprésent, mais à des associations informelles, des convergences d'intérêts. Il n'est donc pas question de complots, mais plutôt de groupes où les interventions sont liées à la convergence d'intérêts idéologico-religieux assurant ainsi la cohérence du système. L'intervenant critique qui ose s'opposer à la religion postmoderne, que ce soit sur le plan politique, économique, idéologique ou culturel, doit s'attendre à être ignoré d'abord et, s'il ne peut être ignoré, attaqué, sa crédibilité remise en question, diffamé et/ou marginalisé. Plus il dérange, plus ce sera vrai. Son influence (potentielle ou effective) remet en question le monopole idéologique des élites postmodernes.

Même dans un contexte de *tolérance* officiel, la tentation de la censure peut parfois réapparaître sous de nouveaux traits. Il est curieux de constater, à l'égard du processus de mise en marché de la religion postmoderne que, sur le plan idéologique, lorsque confronté à une remise en question par un intervenant identifié en tant que *religieux*, chrétien, un thème récurrent est un moyen âge religieux, oppressif et chrétien. Il importe de comprendre ici que les religions modernes, tout aussi bien que postmodernes sont toutes deux des réactions[207] à la vision du monde judéo-chrétienne[208]. Pour justifier cette coupure, un passé infâme est utile[209]. Il est possible que le mathématicien Bertrand Russell ait énoncé la version canonique de ce métarécit (1964: 42-43):

> Il me semble que bien des chrétiens se sont signalés par leur extrême méchanceté. Fait curieux, plus la religion a été ardente à une époque donnée et plus profonde la croyance dogmatique, plus grande fut la cruauté et pire l'état du monde. Dans les siècles où la foi est très vive et alors que les hommes acceptent la religion chrétienne dans son intégrité, c'est l'Inquisition et ses tortures. Je pense aux millions de femmes brûlées comme sorcières et à toutes les horreurs dont la religion fût le prétexte.

Chose curieuse, Hume, pourtant admiré par Russell, nuance et à certains égards remet en question les stéréotypes modernes. Dans son essai, **Sur la superstition et l'enthousiasme**[210], Hume examine deux tendances de la religion chrétienne qu'il désigne par les termes *superstition* et *enthousiasme*. (1748):

> Ma troisième observation à ce sujet est la suivante, c'est que la superstition est l'ennemie de la liberté civile et l'enthousiasme son ami. Tandis que la superstition croule sous la domination des prêtres et que l'enthousiasme est destructif de tout pouvoir ecclésiastique, ceci suffit pour l'observation présente. D'autre part, l'enthousiasme étant le défaut de tempéraments courageux et ambitieux, il est naturellement accompagné d'un esprit de liberté. La superstition, au contraire, rend les hommes dociles et abjects, propres à l'esclavage. Nous apprenons de l'histoire anglaise qu'au cours des guerres civiles, les indépendants et les déistes, bien que les plus opposés dans leurs principes religieux, étaient unis dans leurs principes politiques et étaient tous deux les défenseurs passionnés du Commonwealth. Et depuis l'origine des whigs et des tories, les chefs des whigs ont été soit des déistes ou des latitudinaires protestants[211] dans leurs principes, c'est-à-dire des amis de la tolérance et indifférents à l'une ou l'autre des sectes chrétiennes. Tandis que les sectaires [évangéliques], qui ont une forte odeur d'enthousiasme, ont tous, sans exception, concouru avec ce parti à l'appui des libertés civiles. Les similitudes entre les superstitions ont longtemps uni les *tories High Church* et les catho-

liques romains à l'appui de l'aristocratie et du pouvoir royal, bien que l'expérience de l'esprit de tolérance des whigs semble, ces derniers jours, avoir réconcilié les catholiques à ce parti.*

Le christianisme maléfique et antiprogressiste demeure toujours un élément indispensable de la mythologie postmoderne. Le symbole le plus fertile, le plus évoqué à cet égard, dans le contexte des prises de position par rapport aux religions traditionnelles, est l'Inquisition. Certes les chrétiens ont des choses à se reprocher, mais il n'est pas inutile d'admettre que ce Moyen Âge diabolisé est un moyen important de faire taire toute critique du matérialisme[212], de ses conséquences, de ses valeurs et de ses idéaux. Les sources idéologiques du Goulag, du Laogai[213], du racisme scientifique[214] et de la *Solution finale*, qui s'y intéresse? À ce titre, l'examen de conscience reste à faire, mais ne saura être fait par ceux qui partagent la même cosmologie, les mêmes présupposés…

Un indice supplémentaire soulignant le fait que le moderne est d'abord une réaction à la vision du monde judéo-chrétienne est le corpus journalistique et littéraire anticlérical, en particulier en milieu francophone. Dans l'Hexagone, cela date des XVIIIe et XIXe siècles tandis qu'au Québec c'est surtout un phénomène lié au XXe siècle, ayant son apogée à la révolution tranquille (1960-70). Évidemment, ce phénomène perd son importance à partir du moment où les élites modernes ont pris le contrôle des institutions les plus importantes dans leurs pays respectifs. Lorsque l'opposition est effectivement marginalisée, le besoin de cette littérature ne se fait plus sentir. En milieu anglophone, ce genre littéraire prends parfois la forme de débats polémiques ou de satires.

La structure des monopoles scientifiques

> La science, elle, est caractérisée pour Horton par un «scepticisme essentiel». (...), Une telle étude révèle que, tandis que quelques chercheurs procèdent sans doute ainsi, la grande majorité suit un chemin différent. Le scepticisme est réduit au minimum, il est dirigé contre les conceptions de l'opposition et contre les ramifications mineures des idées fondamentales, mais jamais contre les idées fondamentales elles-mêmes. Attaquer les idées fondamentales provoque des réactions de tabou qui ne sont pas plus faibles que celles des sociétés dites primitives. (Feyerabend 1979: 335-336)

La mythologie moderne présente le scientifique comme un être neutre, objectif. Il est un dévot du savoir empirique et, dans ses travaux, il évalue toutes les hypothèses possibles, sans parti pris. Somme toute, il est un être *spirituel*, au-dessus des passions communes. Selon la meilleure tradition médiévale, il est un ascète. Comme le stylite, assis au sommet de sa colonne, il regarde, de toute sa hauteur, la vie humaine. Il est apôtre de la Raison, celui qui apporte la *lumière*, celui qui *sait*. Il est le destructeur d'idoles, de tabous et de superstitions. Il est le chaman, le gourou qui conduit au *salut*, c'est-à-dire au savoir, à la *gnose*, au progrès. C'est l'essence du discours moderne à l'égard de l'homme de science. Mais comme nous le souligne ci-dessus Feyerabend, la réalité est parfois autre. Les positivistes ont affirmé autrefois que la science doit être libre de tout présupposé métaphysique, mais cela exige d'y exclure aussi le présupposé métaphysique qui affirme que la science doit être libre de tout présupposé métaphysique. Il y a là un piège conceptuel intéressant.

Le physicien Frank Tipler a fait une étude (2003) sur le processus de la révision par les pairs dans les journaux scientifiques. Ce processus entre en action lorsqu'un scientifique soumet un article rapportant des résultats de recherche ou une note exprimant un point de vue dans une revue scientifique. L'objectif du processus est d'abord d'éliminer les erreurs techniques ou méthodologiques, le plagiat ainsi que la duplication de rapports d'expériences déjà produits par d'autres scientifiques. Tipler relate un fait peu connu, que les trois essais majeurs d'Albert Einstein publiés en 1905 (dont l'un lui mérita un prix Nobel), ne furent pas soumis au processus de la révision par les pairs. À l'époque, presque tous les articles soumis étaient publiés. Mais depuis, les choses ont changé. David Goodstein, professeur de physique à CalTech, note (2002):

> (...) le processus de la révision par les pairs n'est pas bien adapté à un contexte où règne une compétition intense pour des ressources limitées telles que des fonds de recherche ou des possibilités de publication dans des revues de recherche prestigieuse. La raison est assez évidente. Le lecteur[215], qui est toujours choisi parmi un petit nombre d'experts d'un champ de recherche particulier, est dans une situation de conflit d'intérêts. Cela exigerait des standards éthiques inouïs pour empêcher les lecteurs d'utiliser leur pouvoir anonyme à leur avantage. Mais le temps passe et lorsqu'il reçoit des critiques injustes (ayant soumis un article à son tour), le lecteur ordinaire voit ses standards éthiques érodés. Ainsi, tout le système de la révision par les pairs est en péril. Ce sont les éditeurs de journaux scientifiques et les directeurs de programmes subventionnaires supervisant la distribution de fonds de recherche qui tirent le plus d'avantages de ce système, et ils s'entêtent à refuser que le système puisse déraper. Leur travail est facilité, car ils n'ont jamais à prendre la responsabilité de leurs décisions. Par ailleurs, ils n'ont jamais de comptes à rendre pour le choix de lecteurs, qui ont, de toute manière, toutes les compétences requises. Puisque le lecteur fournit un service professionnel, habituellement gratuit, la première responsabilité de l'éditeur ou du directeur du programme subventionnaire est de protéger le lecteur. Ainsi, le lecteur n'a jamais de comptes à rendre au sujet du contenu de ses évaluations. De ce fait, il peut, sans crainte de représailles, retarder ou refuser la publication ou des fonds de recherche à un de ses rivaux. Lorsqu'une inconduite de ce genre se produit, le lecteur est coupable, mais ce sont les éditeurs ainsi que les directeurs de programmes subventionnaires qui sont responsables de propager un système corrompu, un système qui rend ce type d'inconduite presque inévitable.*

Tout cela se déroule dans un contexte régi par le principe très darwinien *publish or perish*[216]. Le système est développé à un point tel, que dans certains milieux, les chercheurs se voient attribuer une cote établie en fonction de leur productivité sur le plan de la recherche et des publications. De cette cote peut dépendre la superficie de leur bureau, leur budget de recherche, voire l'existence de leur poste... Mais la compétition entre chercheurs scientifiques ne touche pas seulement l'espace disponible dans les publications de recherche prestigieuses ou l'accès aux fonds de recherche. La compétition entre écoles de pensée intervient aussi dans ce processus. Sir Fred Hoyle, astronome anglais de renommée mondiale dont les concepts cosmologiques et les thèses sur l'origine de la vie ont été la cible de censure, fait allusion à ce processus de filtration des idées dans le contexte des publications scientifiques (dans Horgan 1995: 47):

> La science actuelle est liée par des paradigmes, (...) Toutes les avenues sont bloquées par des croyances fausses et si vous tentez de faire publier quelque chose dans une revue de recherche, vous vous trouverez en contradiction avec un paradigme et les éditeurs refuseront votre article.*

Mais il faut admettre que ce n'est pas une situation commune, car peu de scientifiques soumettent des articles remettant en question des paradigmes dominants et ce ne sont pas tous les champs d'études qui comportent des paradigmes (ou théories) en compétition. Dans le cadre d'une entrevue en paléontologie au sujet des disparitions d'espèces animales aux époques géologiques passées, Stephen Jay Gould constate (dans Glen 1994: 261):

> Je crois que l'orthodoxie[217] est supportée massivement. À mon sens — et je crois que ceux qui n'admettent pas cette affirmation ne sont pas tout à fait honnêtes – les institutions, et les universités en particulier, sont des lieux très conservateurs. Leur fonction n'est pas – en dépit des bonnes intentions – de générer des idées tout à fait nouvelles. Il y a trop de chasses gardées et de privilèges impliqués dans l'attribution de postes d'enseignement ainsi que dans l'allocation de fonds de subventions de recherche – généralement en faveur des gens âgés aux dépens des plus jeunes, où les professeurs non agrégés sont dans l'obligation de se conformer [aux courants de pensée dominants].*

Le philosophe de la science James Barham examine les contraintes et pressions pouvant supprimer le sens critique en milieu académique à l'égard d'une des théories régnantes en biologie (2004:184):

> Je crois que la pire forme de censure à laquelle tous font face est interne, à savoir la crainte de quitter la perspective approuvée par nos pairs. Peu importe la puissance logique des arguments contre une position, il est très difficile que ces arguments puissent affecter notre pensée si nous vivons dans un milieu où les explications alternatives sont considérées impensables. Je ne travaille plus en milieu académique, mais j'y ai reçu ma formation intellectuelle et je me souviens bien de l'irritation profonde que j'ai ressentie lorsque, pour la première fois, je me suis rendu compte que la seule solution aux problèmes métaphysiques du darwinisme était de prendre au sérieux la téléologie.*

Lorsque la théorie de la tectonique des plaques[218] devint populaire dans les années 60, quelques géologues réticents se plaignirent qu'on leur imposait cette nouvelle théorie avec le zèle de convertis religieux. Par exemple, jusqu'à 1983, un livre populaire édité par le géologue américain Donald Baars fut vendu dans les parcs nationaux américains. L'auteur se demande si cette théorie ne relève pas davantage de la métaphysique que de la géophysique. Il fait part des commentaires suivants (1983: 217-218, 219):

> Le concept de la nouvelle tectonique des plaques globales peut être comparé à une religion. Puisque les données empiriques se font rares, si l'on n'admet pas la théorie, on est considéré comme un athée à l'égard des nombreuses théories et interprétations du clergé, des océanographes et des géophysiciens. Bon nombre de ces concepts sont plausibles et excitants et parfois ils sont en accord avec les données géologiques. Mais, dans bien des cas, ils sont en contradiction et ne concordent pas avec les données géologiques connues; dès lors on ignore ces faits. Mais si on est doué d'une foi suffisamment forte, chaque phénomène terrestre peut être intégré au moyen de cette religion, en particulier en océanographie. Sur terre, par contre, où les strates exposées et les fossiles abondent, il est extrêmement difficile d'avoir la foi. Il est possible que le temps finisse par appuyer cette doctrine ou qu'elle soit réfutée par les géologues, ou qu'une position de compromis soit proposée. Je préfère penser que cette dernière possibilité est la plus probable. [Baars décrit quelques exemples de contradictions].
>
> Il faudrait un autre livre pour examiner le pour et le contre de la théorie de la tectonique des plaques. Il doit être évident à ce stade que je n'ai pas fait l'objet d'une conversion complète à cette religion. Mais c'est là une question de préférence individuelle. Vous êtes libres de croire si cela vous chante, mais s'il vous plaît, n'envoyez pas de missionnaires.*

Lorsque les apôtres du matérialisme défendent le monopole idéologique de la théorie de l'évolution dans le système d'éducation, en affirmant que cette théorie est un *fait*, cela constitue une stratégie d'immunisation très efficace afin de soustraire leur théorie à toute critique, ce qui n'est pas sans rappeler les observations du sociologue et philosophe français Jacques Ellul en rapport avec le phénomène de la propagande (1954/1990: 335):

> (…) cette propagande crée un nouveau sacré: c'est-à-dire, comme le définit très justement M.Monnerot, «quand toute une catégorie d'événements, d'êtres, d'idées, échappe à la critique, c'est

qu'un domaine sacré se constitue en face d'un domaine profane». Par l'influence très profonde de ces mécanismes, il se crée en effet une zone de tabous dans le cœur de chaque individu. Mais cette sphère est créée artificiellement, à l'encontre des tabous des sociétés primitives. Nous ne pouvons plus discuter de certaines questions, nous ne pouvons plus juger ni apprécier: il entre aussitôt toute la série des réflexes montés par les techniques.

Des fétiches réexaminés

> *Le héros se fait signifier une interdiction (définition: interdiction, désigné par y)*
> *I. «Tu ne dois pas regarder ce qu'il y a dans le cabinet»*
> *(Vladimir Propp 1928/1970: 37)*

Un des personnages les plus vénérés au panthéon de la religion moderne est Galilée. On exalte son développement de la théorie héliocentrique du système solaire ainsi que sa courageuse opposition à l'Inquisition. Il est l'archétype ultime de l'opposition à l'obscurantisme et aux préjugés religieux d'un christianisme antiscientifique et autoritaire. Un acteur dans la guerre entre science et religion, Galilée est donc le symbole autour duquel se précipitent un grand nombre de stéréotypes modernes[219]. Selon la mythologie moderne, il est celui qui nous fait goûter au fruit défendu de la connaissance. Qu'en est-il réellement? Est-ce là le Galilée véritable ou une version révisée, un étalage de préjugés modernes ou *politiquement corrects*? Est-ce exact d'affirmer que la science est nécessairement incompatible avec la religion? Où se trouve le portrait fidèle du personnage réel? Que nous dirait Galilée lui-même au sujet de la science et de la croyance en Dieu? En ce qui concerne les capacités de raison et de logique impliquées par l'étude des mathématiques, Galilée déclare (1632/1953: 103-104):

> Quant à la vérité de la connaissance qui est donnée par les preuves mathématiques, elle est du même ordre que celle reconnue par la sagesse divine, mais je dois concéder que la manière de Dieu de connaître les propositions sur lesquelles nous savons quelque chose est infiniment meilleure que la nôtre. Notre méthode procède par rai-

sonnement, par étapes, d'une conclusion à une autre, tandis que Sa sagesse est de simple intuition. (...) Je dois conclure ce qui précède que notre compréhension, ainsi que la manière et le nombre de choses comprises, est dépassée infiniment par le Divin; mais je ne l'abaisse pas pour autant, au point de les considérer nuls. Non, lorsque je considère les choses merveilleuses et combien d'entre elles les hommes ont comprises, étudiées et inventées, je reconnais et comprends avec une grande clarté que l'esprit humain est une œuvre de Dieu et l'une des plus extraordinaires.*

Dans sa lettre à la grande-duchesse Christine (1615), Galilée justifie l'importance de l'observation directe et de l'expérimentation dans ses théories en notant:

> Je ne me sens pas obligé de croire que le même Dieu qui nous a doués de sens, de la raison et de l'intelligence avait l'intention que nous évitions leur usage et prévoyait, par un autre moyen, nous donner la connaissance que pourtant nous aurions pu atteindre par ce biais. Il n'exige pas de nous de rejeter ce que nous dictent nos sens et la raison dans les questions physiques qui sont mises devant nos yeux et nos esprits par l'expérience directe ou des démonstrations nécessaires.*

Les exemples de ce type, chez les scientifiques de cette époque, abondent. Johannes Kepler (1571-1630), astronome allemand renommé du XVIIe siècle, pour sa part, découvrit les orbites elliptiques des planètes et rejeta l'héliocentrisme du système ptolémaïque. Dans **De fundamentis astrologiae certioribus**, il constate (1601: thèse XX):

> Le but suprême de toute investigation sur le monde externe devrait être de découvrir l'ordre rationnel et l'harmonie qui lui ont été imposés par Dieu et qu'Il nous a révélés par le langage des mathématiques.*

Kepler a fait d'importants travaux sur le système solaire. Il connaissait le matérialisme et le rejetait dans ses ouvrages scientifiques. Dans **De nova stella in pede Serpentarii,** il affirme (dans Anonyme 1879: 210):

> Cette étoile a Dieu pour auteur, non le hasard, qui n'est rien. C'est la nature qui l'a produite, c'est-à-dire qu'elle vient de Dieu, l'auteur de la nature. Que l'apparition de cet astre soit attribuée au cours ordinaire de la nature, il n'en est pas moins resté place à l'action de Dieu, savoir la détermination du temps et du lieu de cette apparition.
>
> Mais qu'est-ce que le hasard? Pas autre chose qu'une idole, et la plus détestable des idoles; pas autre chose que le mépris du Dieu

souverain et tout-puissant, ainsi que du monde très parfait sorti de ses mains; idole dont l'âme n'est qu'un mouvement aveugle et téméraire, le corps un chaos infini. Par un sacrilège, on attribue au hasard et l'éternité, et la toute-puissance, et la création du monde, qui n'appartiennent qu'à Dieu.

Concernant le scientifique typique du XVIIIe siècle, l'encyclopédie Universalis indique (2003, notice: Linné, Karl von):

> Chez Linné, comme chez Newton, la foi n'est pas un obstacle à la science. La conviction religieuse cautionne la recherche scientifique; elle fournit à celle-ci le présupposé de l'unité et de l'harmonie de la création; le discours scientifique n'en demeure pas moins autonome; il ne met en œuvre que des éléments d'une rigoureuse positivité.

Carl von Linné (1707-1778), par exemple, est considéré comme le fondateur de l'histoire naturelle moderne et l'auteur d'une systématique qui sert toujours à la classification des organismes en biologie. Dans l'**Oratio de Telluris habitabilis incremento** [Discours sur l'accroissement de la terre habitable], Linné affirme (1744/1972: 29-30):

> 1. Non seulement les divines Écritures, mais aussi la saine raison enseignent qu'il faut regarder avec étonnement la machine de cet Univers qu'a produite et créée la main de l'Artiste infini.
> 2. Rien n'existe, en effet, sans cause et l'idée d'une succession infinie de causes secondes répugne à un esprit sain. La Cause première, infinie, très parfaite doit donc mettre un terme à la série causale.
> 3. Contemplons-nous nous-mêmes; considérons tous les Animaux et les Insectes, pensons à chacun des Végétaux. S'il arrive qu'une Œuvre doive laisser dans la stupéfaction, aucun art humain ou limité ne doit pouvoir l'imiter. Ni art, ni génie ne peut même imiter une seule des fibres aux fascicules infinies qui composent chaque corps. Le plus petit filament, en effet, montre le Doigt de Dieu et le sceau de l'Artiste.

Depuis, les progrès du génie génétique n'ont pas atténué la stupéfaction devant les œuvres contenues dans la nature. Ils ont plutôt révélé des niveaux de complexité dont Linné et Darwin n'auraient pu soupçonner l'existence. Dans le domaine de la physique, peu de noms peuvent rivaliser avec celui d'Isaac Newton (1642-1727). À son sujet, Pierre Thuiller expose comment son œuvre s'érigea sur des présupposés tirés de la cosmologie judéo-chrétienne (1972: 46-47):

> Avec le temps, la physique de Newton est apparue comme le modèle d'une œuvre vraiment scientifique, détachée des spécula-

tions métaphysiques ou religieuses. Mais en fait, Newton s'appuyait sur des convictions chrétiennes; il rattachait l'ordre du monde à l'intelligence du Créateur. La deuxième édition des **Principes mathématiques de la philosophie naturelle** est explicite: «Cet admirable arrangement du soleil, des planètes et des comètes ne peut être que l'ouvrage d'un Être tout-puissant et intelligent. (...) Cet être infini gouverne tout, non pas comme l'âme du monde, mais comme le Seigneur de toutes choses. (...) Il est présent partout, non seulement *virtuellement*, mais *substantiellement*».

Blaise Pascal, ayant vécut de 1623 à 1662, fut mathématicien, physicien, écrivain, théologien et philosophe. Très jeune, il a développé de l'intérêt pour les sciences. À douze ans, il découvrit par lui-même plusieurs théorèmes apparaissant dans les **Éléments** d'Euclide, un ouvrage de géométrie classique. À dix-huit ans, il inventa une machine à calculer, l'ancêtre des ordinateurs actuels, qui fut utilisée pour des calculs administratifs et scientifiques. Il a fait de nombreuses découvertes scientifiques et mathématiques dont, les lois de la pression atmosphérique et de l'équilibre des liquides, le triangle arithmétique et la presse hydraulique. Il a fait des recherches importantes dans le domaine des probabilités. En géométrie, on lui doit des essais importants sur les cônes (dont un publié lorsqu'il n'avait que seize ans). Au point de vue littéraire, il est l'auteur des **Pensées** et **Les Provinciales**. En informatique, on a nommé le langage de programmation Pascal en son honneur. Pour Pascal, le Dieu des chrétiens est bien plus qu'une Cause première, comme pouvaient le prétendre certains philosophes grecs et de nombreux déistes, contemporains de Pascal. Dans ses **Pensées**, il affirme (1670/1960: 218):

> Le Dieu des chrétiens ne consiste pas en un Dieu simplement auteur des vérités géométriques et de l'ordre des éléments; c'est la part des païens et des épicuriens. Il ne consiste pas seulement en un Dieu qui exerce sa providence sur la vie et sur les biens des hommes, pour donner une heureuse suite d'années à ceux qui l'adorent; c'est la portion des Juifs. Mais le Dieu d'Abraham, le Dieu d'Isaac, le Dieu de Jacob, le Dieu des chrétiens, est un Dieu d'amour et de consolation; c'est un Dieu qui remplit l'âme et le cœur de ceux qu'il possède; c'est un Dieu qui leur fait sentir intérieurement leur misère, et sa miséricorde infinie; qui s'unit au fond de leur âme; qui la remplit d'humilité, de joie, de confiance, d'amour; qui les rend incapables d'autre fin que de lui-même.

Un scientifique influent au XIXe siècle, James Clerk Maxwell (1831-1879), physicien écossais et auteur de la théorie électromagnétique de la lumière, a fait aussi des travaux sur la théorie cinétique et a proposé le fameux paradoxe thermodynamique du *démon de Maxwell*. Comme plusieurs scientifiques de l'époque, il ne percevait aucune contradiction entre sa vision du monde chrétienne et ses recherches scientifiques. Voici une prière qu'on a retrouvée dans ses effets personnels:

> Ô Seigneur, notre Seigneur, combien est grand ton nom sur toute la terre. Toi qui as mis ta gloire au-dessus des cieux et qui as tiré la louange de la bouche d'enfants et de nourrissons, lorsque nous considérons tes cieux et l'œuvre de tes mains, la Lune et les étoiles que tu as établies à leur place, enseigne-nous à prendre conscience de ta compassion à notre égard en nous visitant. Tu nous as faits intendants de ta Création, nous montrant la sagesse de tes lois et nous couronnant avec honneur et gloire dans cette vie. Et au-delà des cieux, nous voyons Jésus, pour un peu de temps, sous les anges à notre ressemblance et souffrant la mort, couronné de gloire et d'honneur, il a goûté à la mort à la place de tous les hommes. Ô Seigneur, accomplis ta promesse et assujettis toutes choses à ta volonté. Que le péché soit déraciné de la terre et que le méchant ne soit plus. Béni sois-tu Seigneur. Que mon âme loue le Seigneur.*

Avant le XXe siècle, cette relation de symbiose entre la science et le christianisme était la norme, mais c'est un fait que le Siècle des Lumières et la propagande moderne ont enseveli. Malgré ce rejet, par l'esprit moderne, de la cosmologie judéo-chrétienne, on rencontre parfois un lapsus révélateur, dans des textes scientifiques sérieux, d'attentes cosmiques habituellement inavouées. Dans ces textes, on discute de l'univers physique que l'on qualifie d'adjectifs tels que *hostile*, *indifférent*. Si on admet les présupposés cosmologiques matérialistes, comment se fait-il que l'univers puisse nous sembler *hostile* ou *bienveillant*? Mary Midgley examine ci-dessous des affirmations de Steven Weinberg et de Jacques Monod à l'égard de l'univers ainsi que les attentes implicites que ces lapsus révèlent (1985: 87):

> D'abord, il y a là une attitude d'irritation et de désillusion personnelle qui semble dépendre, chez lui et chez Monod, d'une tentative ratée de se débarrasser de l'animisme ou de l'anthropomorphisme qu'ils dénoncent pourtant explicitement. Un univers impersonnel ne peut être hostile. L'aborder d'une telle manière équivaut à lui reprocher de ne pas être le parent divin d'une croyance antérieure. Ce n'est que chez

un parent véritable, conscient et humain, qu'on peut faire l'équation entre indifférence et hostilité. Pour Weinberg, chez qui l'univers semble une farce, cela semble impliquer que l'indifférence malveillante d'un tel *parent* mène peut-être un enfant à s'attendre à de l'amour, mais se voit rejeté par la suite. Monod semble exprimer la même déception peu raisonnable lorsqu'il déclare que l'homme vit à la limite d'un monde étranger, un monde qui est sourd à sa musique et tout aussi indifférent à ses espoirs qu'il l'est à ses douleurs ou à ses crimes. Certainement si nous nous attendons à ce que le monde matériel qui nous entoure réagisse comme le ferait un monde personnifié et amical, nous serons déçus.*

Comme se fait-il que subsiste, même chez même nos élites modernes les plus cohérents, l'envie d'anthropomorphiser l'univers, de lui attribuer une personnalité, des intentions? Dans le contexte cosmologique moderne, ces attentes sont incohérentes, inexplicables. Ces lapsus révèlent à nouveau la fonction idéologique que l'on fait jouer à la *science* en Occident postmoderne et nous renvoie étrangement à une vision *primitive* du cosmos, telle que décrite par l'anthropologue Mary Douglas (1966/1981: 103-104, 105):

> C'est donc dans ce sens aussi que l'univers primitif et indifférencié est un univers personnel. Il est entendu qu'il se conduit comme une personne intelligente, capable de réagir aux signes, symboles, gestes et cadeaux, capable aussi de distinguer les différentes relations sociales. (...) *Le Rameau d'or* fourmille d'exemples de croyances en un univers impersonnel qui prête néanmoins l'oreille aux discours des êtres humains et y répond d'une façon ou d'une autre. De nos jours, les rapports des chercheurs sur le terrain en sont pleins. (...) En résumé, la vision primitive du monde l'appréhende comme un univers personnel en plusieurs sens différents. Les primitifs considèrent que les puissances de l'univers sont intimement liées à la vie individuelle. Ils ne distinguent pas tout à fait les choses des personnes, ni les personnes de l'environnement. L'univers réagit au discours et au mime. Il connaît l'ordre social et intervient pour le maintenir.

Il y a lieu de s'interroger sur ces vestiges d'anthropomorphisme dans le contexte moderne, dominé par la cosmologie rationnelle, matérialiste. Ces lapsus semblent bien des symptômes, mais de quoi?

4 / Rites de passage

C'est donc pendant les états de transition que réside le danger, pour la simple raison que toute transition est entre un état et un autre et est indéfinissable. Tout individu qui passe de l'un à l'autre est en danger, et le danger émane de sa personne. Le rite exorcise le danger, en ce sens qu'il sépare l'individu de son ancien statut et l'isole pendant un temps pour le faire entrer ensuite publiquement dans le cadre de sa nouvelle condition. Non seulement la transition elle-même est dangereuse, mais aussi les rites de ségrégation constituent la phase la plus dangereuse du rite.
(Douglas 1966/1971 : 113)

Le pouvoir idéologico-religieux des élites postmodernes est habituellement implicite, mais lorsqu'il s'agit d'assurer la succession des dirigeants de ces groupes il est plus en évidence. Sous n'importe quel régime, la passation des pouvoirs est toujours une période critique. L'élection d'un juge à la Cour suprême d'une nation occidentale, par exemple, est généralement un processus bureaucratique obscur qui intéresse peu le citoyen moyen. C'est regrettable, car si la procédure permet d'écarter de manière efficace les individus aux présupposés *politiquement incorrects*, il s'agit d'un moyen très puissant d'assurer l'uniformité idéologico-religieuse d'une institution fort importante en Occident. Cela rappel, par exemple, le cas de la nomination à la Cour suprême américaine du juge Clarence Thomas en 1991, dont les prises de position publiques sur l'avortement[220] lui ont valu bien des ennuis et presque coûté son poste. À la suite de son accession à un tel poste, l'individu doit s'attendre à ce que des pressions soient exercées sur lui afin qu'il ne *souille* pas le statu quo. Ailleurs en Occident, le processus est beaucoup moins transparent et, de ce fait, de tels tiraillements[221] sont ignorés du grand public.

Muggeridge (1903-1990), membre de la presse britannique (écrite et électronique), était d'avis que, même si le processus de sélection des candidats aux postes d'influence dans les médias ne comporte pas de censure explicite ou de pressions manifestes pour se conformer, le résultat final est tout à fait prévisible sur le plan idéologique (Muggeridge 1978: 51-52):

> Des bas-fonds les plus lugubres des médias tels que *Penthouse ou Forum*, jusqu'aux subtilités éthérées des allocutions érudites de Radio 3 sur la politique de Milton ou de l'imagerie de Dante. De *Steptoe and Son* et *Upstairs Downstairs* jusqu'aux séries *Civilisation* de Clark et *Ascent of Man,* de Bronowski, dans toute la gamme des productions médiatiques, on retrouve un consensus d'orthodoxie qui, dans les limites larges, est suivi et, jusqu'à un certain point, imposé. Certainement toute déviation visible, excluant des excentricités pardonnables – le *syndrome Alf Garnett* par exemple – sera à un moment ou un autre désavoué. Cela dit, il y a toute raison de croire que ce phénomène est *naturel*, c'est-à-dire que les gens ne sont pas sélectionnés pour un poste ou un autre une fois qu'on ait exigé d'eux la soumission aux idées reçues. En milieu de travail, ils ne subissent pas non plus de pression explicite afin de se soumettre aux idées reçues dans leurs tâches professionnelles. Malgré tout, les gens sont orientés, sinon obsédés, par le consensus. Je connais plusieurs personnes dans les médias, quotidiens, magazines, agences

de presse, à la radio et à la télévision et vous pouvez me croire, il me serait fort difficile d'en nommer plus d'une poignée, dont les perspectives sur des questions telles que l'avortement, la croissance démographique, la planification familiale, tout ce qui touche les mœurs modernes, l'esthétique, la politique ou les questions économiques ne sont pas tout à fait prévisibles et qui ne réciteraient pas le refrain dicté par les idées reçues sur Nixon, Soljenitsyne, l'apartheid, ou la Rhodésie.*

Évidemment, le processus signalé par Muggeridge est pertinent bien au-delà des salles de presse. Faut-il invoquer une théorie de la conspiration pour expliquer le phénomène du conformisme idéologique dans le contexte postmoderne? Peut-on penser que la situation présente serait le fruit de connivence ou d'ententes entre ces groupes? Doit-on invoquer un *complot* ourdi par de mystérieuses instances postmodernes? Ce serait inutile. À vrai dire la logique du phénomène est tout à fait banale. Dans son essai **La fabrique de l'opinion publique,** Noam Chomsky (avec Herman) met ce type d'interrogation en rapport avec les prises de position idéologiques en milieu médiatique (1988/2003: lii):

> Loin de nous l'utilisation de l'hypothèse d'une conspiration pour expliquer comment fonctionne le monde des médias; notre méthode est proche d'une analyse du *libre-échange* dont les résultats seraient les conséquences de l'interaction des forces du marché. La plupart des préjugés médiatiques ont pour cause la présélection d'un personnel bien-pensant qui intériorise des idées préconçues et s'adapte aux contraintes exercées par les propriétaires, le marché et le pouvoir politique. La censure est généralement de l'autocensure, de la part de reporters ou d'éditorialistes qui adaptent la réalité des sources à leurs exigences opératoires, et de tous ceux qui, à un échelon supérieur, sont choisis pour mettre en œuvre les contraintes imposées par leurs patrons, le marché ou le gouvernement.

Évidemment, dans le contexte de leur essai, Herman et Chomsky se préoccupent davantage de prises de position politiques et économiques, mais leurs commentaires restent tout aussi pertinents à l'égard des attitudes plus larges que peuvent adopter les institutions médiatiques sur le plan idéologico-religieux. La question qui se pose alors est: *comment assurer la succession idéologique des élites postmodernes dans le contexte d'une religion invisible?* Tout comme le choix d'un cardinal ou d'un pape au sein de l'Église catholique, la question d'un processus informel de sélection *naturelle* idéologique des candidats aux hautes sphères du pouvoir chez nos élites postmodernes n'est donc pas sans intérêt.

Étant donné le caractère informel, a priori invisible, de ce processus, il serait illusoire de s'attendre à un édifice monolithique, sans failles. Dans le quotidien des médias, une fuite apparaît parfois dans la digue et des informations *non contrôlées* sont diffusés, pouvant remettre en question le *consensus*. Mais le problème est vite réglé, car il existe des mécanismes qui permettent de reprendre le cours normal des choses. Une uniformité trop grande des médias serait d'ailleurs ennuyeuse[222] et exposerait rapidement, aux yeux de tous, la réalité de la situation. Chomsky note à ce sujet (1988/2003: xii):

> Il est bien connu et l'on peut même avancer que cela fait partie intégrante de la critique institutionnelle présentée ici que les différents domaines médiatiques gardent une autonomie limitée, que certaines valeurs professionnelles et individuelles influent sur le travail médiatique, que la ligne politique générale n'est pas toujours parfaitement suivie et que les médias peuvent même s'autoriser quelques écarts - quelques reportages mettant en cause le point de vue dominant. Il en découle qu'une certaine dissidence permet de couvrir certains événements gênants ou inopportuns. La fin du système, c'est de démontrer qu'il n'est pas monolithique tout en veillant à ce que ces discordances marginales n'interfèrent en rien avec le consensus officiel.

Nous présentons ici une position critique face au pouvoir médiatique, mais il ne faut pas y voir une tentative de règlement de comptes à l'égard des médias, ni le souhait plus ou moins voilé de le voir assujetti à un quelconque projet *conservateur*. Comme le note Noam Chomsky, les médias jouent un rôle important en Occident, non seulement en tant que diffuseur d'information, mais aussi comme limite au pouvoir étatique, corporatif et même ecclésiastique[223]. Chomsky constate (1988/2003: 234):

> Nous partageons l'opinion du juge Hughes, également citée par Lewis, quand il affirme «la nécessité fondamentale d'avoir une presse libre et courageuse» si l'on veut que le processus démocratique fonctionne efficacement sans tourner dans le vide. Mais les faits que nous avons passés en revue ont démontré que ce besoin n'était pas satisfait dans la pratique.

Comme Chomsky, nous appuyons le rôle important de *chien de garde* de la démocratie joué par les médias à l'égard des grandes institutions occidentales, mais il ne faut pas négliger le constat que les médias traditionnels et électroniques forment aujourd'hui une institution très puissante sujette, elle aussi, à servir ses propres intérêts, soit sur le plan économique, politique ou idéologico-religieux. Évidemment la concentration toujours plus forte des intérêts commerciaux dans ce domaine, où une multinationale peut contrôler des médias traditionnels tout aussi bien que des entreprises actives dans *l'entertainment*, rend la question plus pertinente encore. L'État n'est certes pas le seul intervenant. On peut penser que les médias (sans établir de distinction entre les producteurs d'information et les producteurs de la culture populaire) constituent maintenant l'institution idéologico-religieuse la plus puissante du XXIe siècle en Occident.

Sur le plan de l'expression de la pensée critique en sciences, on constate aussi une homogénéisation de la pensée. Cette homogénéisation conceptuelle se rencontre dans la remise en question des idées reçues des grandes institutions scientifiques. Dans son essai **Hunting Down the Universe**[224], Michael Hawkins, astronome de la Royal Observatory à Édimbourg, admet ouvertement que tel est le cas dans le domaine de l'astrophysique (1997: 29):

> Il faut pratiquement faire preuve d'un courage suicidaire pour quitter le troupeau et remettre en question l'autorité de l'establishment en astrophysique. En général, les travaux exprimant des idées vraiment nouvelles se voient refusés lorsqu'ils sont soumis à des revues scientifiques. Ces refus sont justifiés par le fait que ces essais minent les principes généralement admis de la physique. Ceux qui persistent à rédiger de tels travaux sont habituellement marginalisés par leurs pairs de la communauté astrophysique[225].*

Au niveau de la communauté scientifique américaine, un article publié par Larson et Witham (Scientific American, 1999) explore un phénomène connexe. Ces deux chercheurs[226] ont refait un sondage auprès des scientifiques américains en leur posant des questions sur leurs positions idéologico-religieuses, par exemple s'ils croyaient à la vie après la mort ou encore à l'existence d'un Dieu personnel qui entend les prières. Une enquête similaire, en 1916, avait révélé qu'environ 40% des scientifiques répondaient croire en l'existence de Dieu. Larson et Witham ont été surpris de constater, à la reprise de ce sondage en 1996 et 1998, que la proportion était à peu près la même. Dans un deuxième temps, ces chercheurs ont de nouveau posé les mêmes questions, mais cette fois à un groupe de scientifiques américains faisant partie de l'élite, la très prestigieuse National Academy of Sciences (NAS). Parmi les membres de la

NAS, 95% se définissaient athées ou agnostiques. On voit donc que, chez le scientifique ordinaire, la croyance en Dieu est déjà marginale par rapport à l'ensemble de la population américaine (où environ 90% affirme croire en un Dieu), mais dès qu'on s'approche des hautes sphères du pouvoir scientifique, la religion moderne[227] devient dominante et la marginalisation des *indésirables* est de plus en plus efficace. Évidemment, puisque le système est informel, a priori invisible, il n'est pas nécessairement omniprésent, ni sans failles et certains individus *non kasher* peuvent tout de même finir par s'y introduire. Mais cette éventualité est prévue car, règle générale, ils doivent garder une attitude *discrète*, ne pas trop ébruiter leurs convictions, de peur de scandaliser leurs collègues modernes ou postmodernes et de voir leurs subventions de recherche ou leur carrière affectées. En entrevue, l'un des scientifiques questionnés par Larson et Witham explique (1999: 91):

> Dans les institutions de recherche universitaires, «les individus aux convictions religieuses fortes se taisent... Les individus sans religion font de la discrimination. Il est fort utile d'être sans religion dans les échelons supérieurs.» Stark suggère qu'il est possible qu'il y ait plus de membres de la NAS aux convictions religieuses que ceux qui veulent l'admettre.*

Il y a peu de raisons de croire que cette situation soit bien différente ailleurs. En Europe, par exemple, il faut noter que la population dans son ensemble est déjà beaucoup plus influencée par la religion moderne et détachée de l'influence de la vision du monde judéo-chrétienne qu'en Amérique. Il y a un abîme entre les sciences empiriques et la théologie en Europe et cette dernière ne saurait prétendre influencer les premières. Un allemand participant à un forum de discussions Internet sur les origines trouvait d'ailleurs étranges, voire incompréhensibles, les prises de positions créationnistes rencontrées en Amérique. À ce sujet, il fit les commentaires suivants:

> Ici, en Allemagne, la science et le christianisme sont parvenus à un genre de concordat, un *gentleman's agreement*. Ces deux groupes posent (et répondent à) des questions différentes et, ainsi, s'entendent très bien. Le pasteur qui m'a enseigné la Bible, avant ma confirmation, a ouvertement admis les nombreuses contradictions et autres problèmes dans la Bible. J'ai accepté tout ça sans broncher, car ici de toute manière le christianisme est d'abord un truc social[228]. On est chrétien puisque presque tous le sont.

Ce commentaire souligne le fait qu'en Europe, les Églises chrétiennes ont bien appris à garder *leur place*, et à ne pas sortir du ghetto qu'on leur a si généreusement attribué. En Europe, le concept de NOMA, avancé par S. J. Gould (1997a), semble non pas un arrangement hypothétique, potentiel, mais un fait accompli. Notons que dès que le système idéologico-religieux moderne est devenu dominant en Occident aux XIXe et XXe siècles, on a rencontré dans toutes les grandes traditions religieuses (judaïsme, christianisme, islam, etc.) des figures influentes et des mouvements qui tentèrent de développer une fusion syncrétique des principes moraux monothéistes et du prestige de la cosmologie matérialiste. Cette fusion syncrétique a comme but d'éviter une capitulation totale devant la cosmologie matérialiste et permet de diminuer certaines tensions intellectuelles et sociales face à un système de pensée dominant et perçu comme irréfutable. Cette fusion se fait évidemment au prix d'une perte de cohérence du système monothéiste, mais, pour les intervenants, cela semble un moindre mal devant la possibilité d'un abandon total des bénéfices esthétiques et moraux de la religion traditionnelle. Cette stratégie permet aussi d'acquérir le prestige du système idéologico-religieux dominant. De ce fait, on peut rencontrer alors des théologiens, rabbins ou imams auxquels on peut affixer les étiquettes suivantes: *modernes*, *tolérants*, *ouverts*, *libéraux*, *progressistes*, etc. Dans chacune des grandes religions mondiales on peut noter des figures influentes[229] et des écoles de pensée qui ont contribué ou contribuent à de telles fusions syncrétiques.

	figures influentes	écoles de pensée/mouvements
judaïsme	Abraham Isaac Kook	sionisme, juifs progressistes
christianisme	Schleiermacher, Bultmann, Kierkegard, Barth, Heidegger, Tillich, Teilhard de Chardin	haute critique biblique, théologiens Dieu est mort Jesus seminar
islam	Khaleel Mohammed, Irshad Manji[230]	kémalisme (de Mustafa Kemal, dit «Atatürk»)

Lorsqu'on tente de faire admettre aux membres des groupes postmodernes dominants l'existence d'un système servant de filtre contre des candidats influencés par le judéo-christianisme[231] comme l'a mis à jour Larson et Witham, on remarque une grande réticence à examiner ou à admettre ce phénomène, car cela remet en question l'ouverture d'esprit proverbial des scientifiques... Interrogé à ce sujet par Larson, Michael Ruse, un philosophe de la science et défenseur passionné de l'évolutionnisme, a répondu (voir le texte en italiques) avec une certaine ambivalence (Larson & Witham 1999: 93):

> En tant que membre fondateur de l'école moderne de l'histoire de la science, il [Ruse] ne peut s'empêcher d'observer les facteurs sociaux qui influencent l'incroyance[232] parmi les biologistes et l'admission à des groupes de prestige telle la NAS. Est-ce que les grands esprits aboutissent naturellement à l'athéisme ou se peut-il que les académies de prestige n'admettent que des athées? *Les deux affirmations sont vraies en partie* note Ruse. *Les membres aux convictions religieuses explicites sentiront sans doute une tension, surtout si leurs convictions sont conservatrices sur le plan théologique.**

On constate que le scientifique remettant en cause la perspective cosmologique dominante sera défini comme *incroyant* par le système. Et, de ce fait, il jouera alors un rôle structurel tout à fait comparable à l'individu accusé de sorcellerie dans les sociétés dites *primitives*. Dans **De la souillure**, l'anthropologue britannique Mary Douglas constate (1966/1971: 118):

> Ces individus ont tous leur place au sein de la société globale. Pourtant, considérés sous l'angle d'un sous-système auquel ils n'appartiennent pas, mais où ils ont néanmoins un rôle à jouer, ils sont des intrus. Au sein de leur propre système, ils ne sont pas suspects, et il se peut qu'ils exercent en sa faveur des pouvoirs de type conscient. Il se peut aussi que leur pouvoir maléfique, involontaire celui-là, reste latent, tout au long de la vie qu'ils mènent paisiblement dans le coin du sous-système où ils sont parfaitement à leur place, mais où ils passent cependant pour des intrus. Dans la pratique, il leur est difficile de jouer sereinement un tel rôle. Si quelque chose ne va pas, s'ils éprouvent de la rancune ou de la tristesse, leur loyauté partagée et leur statut ambigu au sein de la structure les font redouter [par ceux qui appartiennent pleinement à cette structure[233]]. Ce qui est dangereux, c'est l'existence d'un individu en colère dont la position est interstitielle, et cela quelles que soient ses intentions.

Dans le contexte actuel, on peut se demander si un Isaac Newton, un Blaise Pascal ou un Louis Pasteur serait le bienvenu (avec ses convictions judéo-chrétiennes) dans une de nos institutions scientifiques postmodernes les plus élitistes? De toute évidence, le processus de sélection n'apparaît pas seulement aux plus hautes sphères des élites scientifiques, mais s'applique dès les études graduées. À ce stade, la sélection est certes plus sporadique, mais tout de même présente. Le choix du sujet de thèse influencera beaucoup sur le type de relation entre l'étudiant et les organismes ayant pouvoir d'accréditation ainsi que sur les chances de trouver un emploi. Évidemment, un sujet de thèse très empirique, loin des zones de conflit, ne remettant pas en cause des doctrines postmodernes importantes ou les écoles de pensée dominantes, provoquera peu de tension. Mais même dans ce contexte, les convictions *privées* du candidat, si elles sont connues, peuvent ajouter une note de tension implicite au processus.

Et s'il est question d'accès à un poste d'influence dans une institution prestigieuse, le processus de *sélection naturelle* sera alors d'autant plus exigeant[234]. Ceci engendre un paradoxe. Du point de vue officiel, la dimension idéologique du processus de sélection n'existe pas. Tout comme sur le plan militaire l'objectif du camouflage est de rendre un fantassin *invisible*, mille subterfuges (non prémédités généralement) seront mis au service du système afin que l'élimination des candidats *indésirables* donne l'impression d'accidents, d'une série de coïncidences *inévitables*, les aléas d'un système hiérarchique... Il va de soi qu'on affirmera avec conviction que seuls les critères professionnels ou administratifs sont en cause, même si les résultats du processus sur une longue période affirment autre chose.

Le scientifique aux convictions personnelles *souples* ne pose aucun problème au système. Il est le bienvenu. Le tri serré des candidats pour les postes d'influence souligne le rôle idéologique qu'implique le scientifique à la fois comme enseignant pouvant influencer des générations d'étudiants, mais aussi bien comme personnage médiatique potentiel (pouvant atteindre un public plus large). Notons tout de même que la majorité des scientifiques n'atteignent pas des postes d'un telle influence et, de ce fait, ne sont pas habituellement sujets à ces tensions et exigences. Dans la société postmoderne, le scientifique médiatique joue un rôle chamanique, somme toute comparable à celui des prêtresses de Delphes de la Grèce antique. Évidemment cette formule peut sembler lapidaire, mais le scientifique médiatique nous révèle ce que nous dicte la plus haute instance sur le plan épistémologique en Occident, la science. Il nous dit ce qu'est la *Vérité*. Petit mot, mais dont la portée est considérable. À ce sujet, le philosophe de la science Larry Laudan mentionne (1988: 337):

> Nous vivons dans une société qui fonde de grands espoirs à l'égard de la science. Les experts scientifiques jouent un rôle privi-

légié dans plusieurs de nos institutions, des cours de justice jusqu'aux corridors du pouvoir. À un niveau plus fondamental, la plupart d'entre nous s'efforçons de conformer nos croyances touchant le monde naturel, à l'image de la perspective *scientifique*. Si les scientifiques affirment que les continents se déplacent ou que l'univers a plusieurs milliards d'années, nous les croyons généralement, malgré le fait que ces déclarations peuvent sembler s'éloigner du sens commun. Par ailleurs, nous nous inclinons ordinairement devant ce que les scientifiques nous disent de ne pas croire. Si, par exemple, ils affirment que Velikovsky était un déséquilibré, que l'histoire biblique de la création est bidon, que les ovnis n'existent pas ou que l'acupuncture est sans effet, nous faisons généralement nôtres le mépris du scientifique pour ces choses, réservant à ces personnes les sanctions sociales et les désapprobations qui sont le sort mérité par les illuminés, les charlatans et les escrocs. En somme, une bonne partie de notre vie intellectuelle, ainsi qu'une part de plus en plus grande de notre vie politique et sociale reposent sur la croyance implicite que nous (ou sinon quelqu'un qui nous semble digne de foi dans ces affaires) pouvons distinguer entre la science et ses contrefaçons.*

Si on devait répéter l'enquête de Larson et Witham en milieu universitaire, mais en visant cette fois-ci les sciences sociales, il y a lieu de penser que l'on y rencontrerait une domination plus élevée de la religion postmoderne. Par rapport à l'influence moderne, sans doute que cette domination postmoderne pourrait varier d'un champ d'étude à un autre et d'une institution à une autre, étant minoritaire dans certains cas. Là encore, il semblerait légitime de postuler l'hypothèse qu'on rencontre une plus grande exclusion des religions traditionnelles dès qu'on s'approche des institutions élites et des postes donnant un plus grand accès aux médias. Chez les élites juridiques, il semble que la religion postmoderne est généralement dominante.

Les règles du jeu

> (...) comme Dieu et l'immortalité n'existent pas, il est permis à l'homme nouveau de devenir un homme-dieu, fût-il seul au monde à vivre ainsi. Il pourrait désormais, d'un cœur léger, s'affranchir des règles de la morale traditionnelle, auxquelles l'homme était assujetti comme un esclave. Pour Dieu, il n'existe pas de loi. Partout où Dieu se trouve, il est à sa place ! Partout où je me trouverai, ce sera la première place... Tout est permis, un point c'est tout !...
> (Dostoïevski 1879/1973, II : 330-331)

> « Vous ne croyez pas au Bon Dieu ? » disait la vieille qui allait à la messe tous les matins. Rambert reconnut que non et la vieille dit encore que c'était pour cela. « Il faut la rejoindre, vous avez raison. Sinon, qu'est-ce qui vous resterait ? »
> (Camus 1947 : 163)

> Ils se repaissent des péchés de mon peuple, Ils sont avides de ses iniquités. Il en sera du sacrificateur comme du peuple ; Je le châtierai selon ses voies, Je lui rendrai selon ses œuvres. Ils mangeront sans se rassasier, Ils se prostitueront sans multiplier, Parce qu'ils ont abandonné l'Éternel et ses commandements. (Osée 4 : 8-10)

Un roman de science-fiction peu connu de l'auteur Howard Fast est paru dans les années 60[235]. Ce roman s'intitule **The First Men/Les premiers hommes.** Le récit décrit d'abord un échange de lettres entre un militaire et sa sœur, Jeanne Arbalaid, qui réalise des recherches sur le développement infantile. Jouissant de subventions généreuses, Harry, le militaire, voyage partout dans le monde à la recherche de cas inusités de développement infantile, des enfants élevés par des animaux. Madame Arbalaid conclut qu'étant donné les circonstances de leur développement, ces enfants restent bloqués dans leur évolution psychique. Un enfant élevé chez les loups reste un loup. Un enfant élevé chez les babouins reste un babouin. Mais le récit prend une autre tournure et on avance alors l'idée que si tel est le cas, à l'autre extrême, il doit exister des enfants dont l'intelligence étant au-dessus de la moyenne se trouvent aussi bloqués dans leur évolution dans la famille humaine normale. On développe donc un projet qui propose d'élever des enfants surdoués, dans un environnement idéal, plein d'amour. Un environnement protégé, isolé et contrôlé. (Fast 1967 : 21) :

Nous leur enseignerons la vérité, et là où nous ne connaissons pas la vérité, nous n'instruirons pas. Il ne sera pas question de mythes, de légendes, de mensonges, de superstitions, de prémisses ou de religions. Nous leur enseignerons l'amour et la coopération et nous leur donnerons une pleine mesure d'amour et de sécurité. Nous leur enseignerons aussi la connaissance de l'humanité. Durant les neuf premières années, nous contrôlerons leur environnement de manière intégrale. Nous écrirons les livres qu'ils liront et produirons l'histoire et les circonstances dont ils auront besoin. Ce n'est qu'à ce stade que nous commencerons à expliquer aux enfants le monde tel qu'il est. (…) Nous prenons simplement un groupe d'enfants très doués en leur donnant la connaissance et l'amour. Est-ce suffisant pour atteindre cette partie de l'homme qui est inutilisée et inconnue? Bien, nous verrons. Amène-nous les enfants Harry et nous verrons.*

Les deux premières phrases sont risibles dans leur contradiction. Est-ce possible de parler de vérité sans faire référence à une religion, une idéologie, une vision du monde ou des mythes? Selon la pensée idéologico-religieuse moderne, l'éducation est un moyen de salut important, le chemin vers l'utopie, le *progrès*. À la suite de J. J. Rousseau, la religion moderne prend pour acquis le sens moral inné de l'espèce humaine, sa bonté fondamentale[236], même si ce présupposé est démenti par l'histoire géopolitique du XXe siècle et à tous les jours par la une des nouvelles… Avec le concept de progrès, il s'agit donc d'une des doctrines implicites de l'idéologie moderne ayant largement dominé les XIXe et XXe siècles.

Une approche matérialiste est fort utile sur le plan scientifique puisqu'elle érige un contexte[237] dans lequel on peut établir le point d'ébullition de l'eau, celui du tungstène, la trajectoire de Pluton autour du Soleil, celle d'un électron autour d'un noyau atomique ou l'influence des radicaux libres sur le fonctionnement cardiaque. À l'aide de cette approche, on peut obtenir les renseignements les plus détaillés sur le monde physique et biologique qui nous entoure, développer des bombes et des ordinateurs toujours plus performants, mais si on consulte cette vision du monde (et ses nombreux dérivés) pour déterminer des points de repère afin de régir les interactions entre êtres humains, la réponse est nulle. Depuis le Siècle des Lumières, l'Occident moderne rejette les contraintes d'un Créateur promulguant une loi morale absolue, mais, si on examine la logique de ce rejet, on constate que l'homme moderne est placé devant une contradiction profonde. Le moderne exige de mener sa vie à sa guise afin que personne ne puisse lui taper sur l'épaule et lui dicter sa ligne de pensée ou de conduite. Une règle absolue au plan moral devient une contrainte intolérable dont il faut se débarrasser à tout prix. On parvient alors à une situation où ces règles d'interaction entre humains ne sont fondées sur rien d'autre que l'arbitraire des conventions sociales.

En Occident, la théorie de l'évolution a fourni le mythe d'origine légitimant ce rejet. Elle est parfaitement adaptée à cette fin, une sélection *naturelle* en somme. Cette théorie remplit donc un besoin idéologique très précis. Est-ce un hasard si toutes les copies de **l'Origine** se sont envolées le premier jour de leur parution? Peut-être pas. La publication de **l'Origine** coïncidait justement avec une évolution décisive des perspectives religieuses et surtout cosmologiques au XIXe siècle. On avait donc grand besoin d'un mythe d'origine matérialiste[238]… Darwin lui-même a été confronté aux conséquences de sa théorie et à la question d'une moralité dans un contexte matérialiste. Dans son autobiographie, Darwin réfléchit à la question de la moralité et offre la réflexion suivante (dans Nora Barlow 1958: 94):

> Un homme, qui n'a aucune croyance présente et assurée de l'existence d'un Dieu personnel ou d'une existence future comportant rétribution et récompenses, peut avoir, à mon avis, pour règle de conduite seuls les pulsions et instincts qui lui semblent les plus forts ou qui lui semblent les meilleurs. Un chien se comporte de cette manière, mais il le fait aveuglément. Un homme, par contre, regarde en avant et en arrière et compare ses sentiments, désirs et divers souvenirs. Il trouve alors, en accord avec le verdict des hommes les plus sages, que sa satisfaction ultime est atteinte en suivant certaines impulsions, c'est-à-dire les instincts sociaux. S'il agit pour le bien des autres, il recevra l'approbation de ses concitoyens et gagnera l'amour de ceux avec qui il vit. Et de cette approbation, gagnera le plaisir le plus élevé sur terre. Graduellement, il trouvera de plus en plus intolérable d'obéir à ses passions sensuelles plutôt qu'à ses pulsions plus élevées, qui seront devenues habituelles au point de porter le nom d'instinct. Sa raison pourra parfois lui dicter d'agir à l'encontre de l'avis général et sans leur approbation, mais il aura tout de même la satisfaction inébranlable d'avoir suivi son juge intérieur, sa conscience.*

Mais qu'en est-il dans les faits? Est-ce que le comportement humain confirme le modèle offert par Darwin? Bien sûr, la religion moderne affirmait que la Raison nous conduirait à *l'illumination*… mais Hitler[239], Pol Pot et Staline furent tous des hommes cohérents, raisonnables, selon les prémisses de leurs présupposés cosmologiques respectives. Si certains leur appliquent l'étiquette *monstre*, il y a lieu de penser que ce n'est que pour mieux camoufler leur parenté sur le plan cosmologique. Est-ce une affirmation gratuite? Simone Weil fait, à ce sujet, un commentaire sans équivoque (1949: 302):

> La vie entière de Hitler n'est que la mise en œuvre de cette conclusion. Qui peut lui reprocher d'avoir mis en œuvre ce qu'il a cru reconnaître pour vrai? Ceux qui, portant en eux les fondements de la même croyance, n'en ont pas pris conscience et ne l'ont pas traduite en actes, n'ont échappé au crime que faute de posséder une certaine espèce de courage qui est en lui.

L'étiquette de *monstre*, pour désigner Hitler et ses semblables, est donc *nécessaire*, car il est parfois trop désagréable à la conscience de considérer de manières sérieuses les fruits de la cohérence. Darwin, et ses adeptes après lui, ont proposé l'hypothèse que la moralité est un développement évolutif, lié à l'adaptation à la vie sociale. Mais c'est peu dire, car il est tout aussi cohérent d'affirmer que le tueur en série constitue également une forme d'adaptation à la vie sociale en ce sens qu'il prend des mesures (qui lui semblent appropriées) pour assouvir ses pulsions et ses besoins. Le tout tient uniquement à des définitions plus ou moins larges du terme *adaptation* que l'on est disposé à admettre. De telles affirmations semblent évidemment grossières et injustifiées au premier abord, mais nous y reviendrons…

La cosmologie évolutionniste affirme à l'homme moderne: «Tu es le résultat culminant de processus qui ont eu cours pendant des milliards d'années. Le Hasard est ton Père. Le Chaos est ta Mère. Tu es seul dans l'univers. Ton destin est d'y établir l'ordre selon ton bon plaisir[240]. Tu pourras y disposer de tout de la manière qui te semble bonne. Personne ne saura s'opposer à tes directives. Les lois naturelles seront ta seule contrainte, mais lorsque ton savoir s'agrandira, un jour ton pouvoir sera alors absolu et même la nature te sera soumise.» À cette prophétie, on peut ajouter: «Mais il faut que tu saches aussi que si tu ne parviens pas à la position de l'organisme dominant dans ton environnement, le pouvoir des autres[241] sur toi sera absolu aussi…» Discutant des valeurs (et implicitement de l'éthique) et des attitudes morales qui leur sont liées, Bertrand Russell, mathématicien, philosophe et athée renommé, exprime la position empiriste, très répandue au début du XXᵉ siècle (1971: 171-172):

Les questions de *valeurs* (c'est-à-dire celles qui concernent ce qui est bon ou mauvais en soi, indépendamment des conséquences) sont en dehors du domaine de la science, comme les défenseurs de la religion l'affirment avec énergie. Je pense qu'ils ont raison sur ce point, mais j'en tire une conclusion supplémentaire, qu'eux ne tirent pas: à savoir que les questions de *valeurs* sont entièrement en dehors du domaine de la connaissance. Autrement dit, quand nous affirmons que telle ou telle chose a de la *valeur*, nous exprimons nos propres émotions[242], et non un fait qui resterait vrai si nos sentiments personnels étaient différents.

Il faut noter que cette position est tout à fait cohérente avec la cosmologie matérialiste. Pour le moderne, il en résulte que ce qui n'est pas fondé sur le plan empirique ne peut constituer un savoir valable ou digne d'attention. Partant d'une position matérialiste, voyez à quelles conclusions en arrive le grand logicien autrichien Ludwig Wittgenstein, dans **Tractatus** (1921/86: 163):

> 6.4 - Toutes les propositions sont d'égale valeur.
> 6.41 - Le sens du monde doit se trouver en dehors du monde. Dans le monde toutes choses sont comme elles sont et se produisent comme elles se produisent: il n'y a pas *en lui* de valeur - et s'il y en avait une, elle n'aurait pas de valeur. S'il existe une valeur qui ait de la valeur, il faut qu'elle soit hors de tout événement et de tout être-tel. (*So-sein*). Car tout événement et être-tel ne sont qu'accidentels.
> Ce qui les rend non-accidentels ne peut se trouver dans le monde, car autrement cela aussi serait accidentel.
> Il faut que cela réside hors du monde.
> 6.42 - C'est pourquoi il ne peut pas non plus y avoir de propositions éthiques[243]. Des propositions ne sauraient exprimer quelque chose de plus élevé.
> Il est clair que l'éthique ne se peut exprimer. L'éthique est transcendantale. (L'éthique et l'esthétique sont un[244].)

Wittgenstein rejoint donc la position de Russell. Dans ce contexte, la moralité est donc injustifiable. Elle rejoint l'irrationnel et les questions de goût. Plusieurs penseurs occidentaux ont porté attention à la question, car on peut remonter la généalogie conceptuelle jusqu'à David Hume. Il semble bien qu'il soit le premier, dans le **Traité de la nature humaine**, à noter qu'il est impossible de tirer des obligations éthiques d'observations strictement empiriques. Exprimé autrement, ce qui *est* ne détermine en aucun cas ce que *doit*. Aucun lien logique ne peut être établi entre les deux. En anglais, c'est le paradoxe *is/ought*. La question est donc: Est-ce possible d'établir un devoir moral à partir de ce qui est observé empiriquement? Voyons le commentaire de Hume lui-même (1740/1991, livre III: 65):

> Dans chacun des systèmes de moralité que j'ai jusqu'ici rencontrés, j'ai toujours remarqué que l'auteur procède pendant un certain temps selon la manière ordinaire de raisonner, qu'il établit l'existence d'un Dieu ou fait des observations sur les affaires humaines, quand tout à coup j'ai la surprise de constater qu'au lieu des copules habituels, *est* et *n'est pas*, je ne rencontre pas de proposition qui ne soit liée par un *doit* ou un *ne doit pas*. C'est un changement imperceptible, mais il est néanmoins de la plus grande importance. Car, puisque ce *doit* ou ce *ne doit pas* exprime une certaine relation ou affirmation nouvelle, il est nécessaire qu'il soit souligné et expliqué, et qu'en même temps soit donnée une raison de ce qui semble tout à fait inconcevable, à savoir, de quelle manière cette relation nouvelle peut être déduite d'autres relations qui en diffèrent du tout au tout. Mais comme les auteurs ne prennent habituellement pas cette précaution, je me permettrai de la recommander aux lecteurs, et je suis convaincu que cette petite attention renversera tous les systèmes courants de moralité et nous fera voir que la distinction du vice et de la vertu n'est pas fondée sur les seules relations entre objets et qu'elle n'est pas perçue par la raison.

Si, tel que l'affirme la religion moderne, la Science empirique est l'autorité épistémologique suprême et qu'elle n'a pas d'emprise sur la morale, il est donc logique d'affirmer, comme le font Hume, Russell, et bien d'autres à leur suite, que la morale, puisqu'elle est sans fondement empirique n'existe pas ou, si elle existe, qu'elle est sans signification réelle[245]. Le silence de l'univers devient alors assourdissant... Affirmer que seule l'observation empirique est valide, comme le fait le matérialisme le plus cohérent, est en soi une hallucination métaphysique, car l'affirmation elle-même n'est pas une observation empirique. Mais ces auteurs sont de *bons garçons* et en général n'ont pas le courage féroce et la cohérence du marquis de Sade[246] qui, poussant jusqu'au bout la logique matérialiste dans ses implications sur le plan moral, fit une remarque sur le meurtre (1795/1972: 138-139):

> Qu'est-ce que l'homme, et quelle différence y a-t-il entre lui et les autres plantes, entre lui et tous les autres animaux de la nature? Aucune assurément. Fortuitement placé comme eux sur ce globe, il est né comme eux; il se propage, croît et décroît comme eux; il arrive comme eux à la vieillesse et tombe comme eux dans le néant après le terme que la nature assigne à chaque espèce d'animaux, en raison de la construction de ses organes. Si les rapprochements sont tellement exacts qu'il devienne absolument impossible à l'œil examinateur du

philosophe d'apercevoir aucune dissemblance, il y aura donc alors tout autant de mal à tuer un animal qu'un homme, ou tout aussi peu à l'un qu'à l'autre[247], (…)

Si l'homme n'a effectivement aucune âme immortelle, s'il n'est qu'un animal parmi tant d'autres que l'évolution a produit[248], s'il n'est qu'un quartier de viande ambulant, pourquoi ne pas le charcuter? Où est le mal? Et lorsque les événements de l'Histoire placent au pouvoir un individu partageant les présupposés cosmologiques de Sade, la *Solution finale* et le Goulag deviennent des conséquences tout à fait naturelles, cohérentes. Devant cette logique féroce, la mort de six millions de Juifs dans les camps de la mort et celle des soixante millions dans le Goulag soviétique ne sont donc que des détails ennuyeux de l'histoire. Rien dans tout cela pour nous émouvoir, pour soulever notre indignation face aux agresseurs. Rien non plus pour soulever notre compassion à l'égard des victimes. L'indifférence est la règle… tant, évidemment, que nous ne sommes pas nous-mêmes dans la ligne de mire. Darwin, pour sa part, était un homme doux, un *gentleman* anglais de bonne classe qui devait traiter avec les scrupules de la société victorienne, mais discernait clairement la logique impitoyable de sa vision du monde lorsque appliquée à des circonstances sociales concrètes (Darwin 1888: II, 368-369):

> Je pourrai me débattre et montrer que la sélection naturelle a fait et fait encore plus pour les progrès de la civilisation que vous ne semblez portés à l'admettre. Rappelez-vous quel danger les nations européennes ont couru, il y a peu de siècles, d'êtres écrasées par les Turcs, et combien une idée pareille paraît ridicule de nos jours. Les races plus civilisées, qu'on appelle les races caucasiennes, ont battu les Turcs à plate couture dans le combat pour l'existence. En jetant un coup d'œil sur le monde, sans regarder dans un avenir bien éloigné, combien de races inférieures seront bientôt éliminées par les races ayant un degré de civilisation supérieur.

Mais quelle expression, «éliminées par les races ayant un degré de civilisation supérieur»! Évidemment la force semble ici le seul critère établissant la *supériorité*. Quelle compassion, quelle bienveillance… À ce titre, Nietzsche ne manque pas à l'appel et affirme (1977, vol. xvi; 224-225):

> L'individu a été si bien pris au sérieux, si bien posé comme un absolu par le christianisme, qu'on ne pouvait plus le sacrifier: mais l'espèce ne survit que grâce aux sacrifices humains… La véritable philanthropie exige le sacrifice pour le bien de l'espèce — elle est

dure, elle oblige à se dominer soi-même, parce qu'elle a besoin du sacrifice humain. Et cette pseudo-humanité qui s'intitule christianisme veut précisément imposer que personne ne soit sacrifié.

On retrouve un écho de ce même type de *bienveillance* chez Marx et Engels (dans Camus 1951: 294-295):

> Engels, approuvé par Marx, avait accepté froidement cette perspective quand il écrivait, en réponse à l'Appel aux Slaves de Bakounine: «La prochaine guerre mondiale fera disparaître de la surface de la terre non seulement des classes et des dynasties réactionnaires, mais encore des peuples réactionnaires entiers. Cela fait partie aussi du progrès.»

Le sang des *koulaks* et combien d'autres *contre-révolutionnaires* morts dans le Goulag et le Laogai chinois ne crie t-il pas justice de telles paroles? Et si nous nous tournons vers la vision du monde postmoderne, bien qu'elle soit en partie une réaction aux barbaries du XXᵉ siècle et à la logique impitoyable de la religion moderne, et qu'elle exploite le langage de la *tolérance*, rien n'est réglé à vrai dire sur le plan éthique, car elle reste dans la même logique cosmologique en affirmant que chacun[249] construit sa moralité. Dès lors, toutes les moralités se valent, celle d'Amnistie internationale tout aussi bien que celles d'Idi Amin, de Pol Pot, Staline ou du tueur pédophile local. Si on compare les visions du monde judéo-chrétiennes et matérialistes en rapport avec leur vision de l'homme, le contraste est frappant (Lewis dans Green & Hooper 1979: 204):

> La personne *ordinaire* n'existe pas. Vous n'avez jamais parlé qu'à un simple mortel. Les nations, cultures, moyens d'expressions artistiques et civilisations, ceux-ci sont mortels. Mais ce sont des immortels que nous taquinons, côtoyons au travail, marions, méprisons et exploitons… Mis à part le saint sacrement lui-même, votre voisin est l'objet le plus sacré qui peut se présenter à vos sens.*

Selon la vision du monde judéo-chrétienne, l'être humain, quelle que soit sa race, son classement aux tests QI, ses qualités ou défauts physiques, l'état de ses placements en bourse, a donc une valeur inestimable. La raison est simple, pour le chrétien sa valeur est fixée de manière immuable car l'homme et la femme sont faits à l'image de Dieu. Mais le moderne a largué, depuis un bon moment, de tels concepts. Russell, Wittgenstein et plusieurs autres modernes affirment que puisque les règles morales ne peuvent êtres déterminées de manière scientifique, la morale ne correspond à rien, sinon à des états émotifs transitoires chez les individus qui en font la promotion.

Mais en larguant la Loi absolue (et, évidemment, le concept d'un Législateur divin), la nécessité de comprendre l'humain et les sources de son comportement reste entière. Dans le contexte de la cosmologie matérialiste, il faut admettre le fait que la race humaine, produite uniquement sous l'effet de lois naturelles, devient esclave/sujette à ces mêmes lois naturelles (biologiques et/ou sociales). Rien ne peut y échapper. Le besoin d'expliquer/comprendre ne peut être évité et seule la cosmologie peut fournir les coordonnées/présupposés nécessaires pour édifier un système de savoir. Le déterminisme, sous une forme ou une autre, est donc inévitable. Le déterminisme biologique consitiue une solution tout à fait cohérente avec cette cosmologie. Dans **Mein Kampf**, Hitler s'est penché sur la question et a affirmé (1924/1979: 243):

> L'homme ne doit jamais tomber dans l'erreur de croire qu'il est seigneur et maître de la nature... Il sentira dès lors que dans un monde où les planètes et le soleil suivent des trajectoires circulaires, où des lunes tournent autour des planètes, où la force règne partout et seule en maîtresse de la faiblesse, qu'elle contraint à la servir docilement ou qu'elle brise, l'homme ne peut pas relever de lois spéciales[250].

Dans la ligne de pensée déterministe, on peut défendre aujourd'hui l'activité homosexuelle en affirmant qu'elle est déterminée par le bagage génétique (le gène de l'homosexualité). Si on s'engage dans cette logique, il faut accepter que d'autres comportements sociaux moins prisés actuellement tels que la pédophilie ou les activités génocidaires de Hitler ou de Staline puissent êtres tolérées et défendues pour des motifs identiques. Pourquoi en serait-il autrement? Choquant? Sans doute, mais si la logique de la religion postmoderne et les conséquences qui en résultent sont trop pénibles à la conscience postmoderne, elles seront d'autant plus facilement mises de côté et oubliées par notre génération[251]. Dans ce contexte, la moralité se voit réduite finalement à rien d'autre qu'un jugement ponctuel et arbitraire rendu par nos élites sur les comportements qui, dans l'immédiat, servent (ou non) leurs intérêts. Dans le contexte postmoderne, si on prend le cas d'un homme dont l'épouse a été violée ou une mère dont l'enfant a été enlevé, abusé par un pédophile et retrouvé mort deux mois plus tard; pourquoi un tel individu ne devrait-il pas céder à la tentation de se faire justice soi-même? Pourquoi s'en remettre à une justice transcendante (administrée par l'État)? Pourquoi la justice de l'État, si lente et souvent déficiente, devrait-elle avoir priorité sur celle de l'individu? Qu'est-ce qui justifie cette priorité? Dans le contexte postmoderne, de telles questions restent sans réponse et tombent dans le néant.

Une illusion démesurée règne dans les milieux institutionnels en Occident. Il s'agit de jugements éthiques avancés sans rendre explicite leur infrastructure (ou fondement) cosmologique. On affirme qu'il soit possible d'aborder des questions éthiques de manière abstraite, neutre, dans le vide, mais il y a là une erreur fondamentale. L'éthique est toujours ancrée dans une cosmologie, liée à une vision du monde, une religion. Que celle-ci soit explicite ou non n'y change rien. Le fait de taire ou d'ignorer ce lien n'y change rien non plus. Mais il faut comprendre la causalité historique qui explique cette attitude de la part de nos grandes institutions, car comme on l'a signalé déjà, autrefois, dans un contexte où le christianisme a été la vision du monde dominante en Occident pendant des siècles, il était acquis et entendu que l'éthique, dans ses principes fondamentaux, était édifiée en grande partie[252] sur le christianisme. Nul besoin alors d'établir la fondation de l'éthique, ni de la justifier.

Aujourd'hui, la situation est tout autre. Il est non seulement malavisé, mais malhonnête d'aborder l'éthique sans clairement établir à quelle cosmologie ou religion l'expert en déontologie ou en bioéthique qui nous fait son discours se rattache et fonde ses avis et recommandations. Mais puisque bon nombre d'individus ont une carrière qui dépend de cette illusion, il est fort probable que ces questions resteront longtemps enfouies dans le placard de la conscience postmoderne. Neutralité professionnelle oblige... Il faut gagner sa vie tout de même!

Protocoles et nuances fatidiques

> C'est dans ce contexte politique et social que prit forme le stéréotype du Juif, que la littérature contribua largement à diffuser. Le portrait du Juif typique, tel qu'il apparaissait dans de nombreux ouvrages populaires dont les auteurs étaient parfois des libéraux comme Gustav Freytag (Soll und Haben, 1855) ou Wilhelm Raabe (Der Hungerpastor, 1862), n'était pas nécessairement lié à un quelconque credo raciste: conjoncture qui devait par la suite permettre à nombre de braves Allemands, qui n'épousaient pas la doctrine raciste, d'accepter passivement l'antisémitisme national-socialiste. Selon un cliché pré-raciste largement répandu, le Juif était jugé incapable de création intellectuelle ou artistique et de vie spirituelle. Il incarnait toutes les caractéristiques négatives du concept de civilisation, auquel on opposait la véritable Kultur. Ce contraste entre l'âme profonde, base de la culture, et l'intellect superficiel signifiait, selon les conceptions fort populaires de Chamberlain et de Spengler, la fin de la culture. Le conflit croissant entre la réalité d'un monde industriel et urbain imprégné de rationalité et la glorification de la terre, de la vie simple et des forces irrationnelles, ne tarda pas à être symbolisé par la figure rebutante du Juif commerçant et citadin. (Bracher 1969/1995: 62-63)

> Abandonnez tout espoir, vous tous qui entrez.
> (Dante, La Divine Comédie)

Examinons le cas du Dr Eduard Verhagen, directeur des soins pédiatriques au Centre médical universitaire de Groningen (Pays-Bas). Le Dr V est un médecin à l'avant-garde de la pensée postmoderne. Il est d'avis qu'il faut offrir tous les soins possibles à ses patients afin d'améliorer leur situation, mais lorsqu'il est en présence d'un patient souffrant, défini comme *sans espoir* (c'est-à-dire sur lequel les technologies médicales les plus avancées n'ont pas d'emprise), il affirme qu'il serait préférable pour les médecins d'avoir l'option (légale) de mettre fin à de telles vies. Ces patients, aux souffrances intraitables, sont considérés comme des cas où il y a une souffrance sans espoir d'atténuation par des moyens médicaux. Le Dr V a d'ailleurs entrepris des démarches auprès des autorités juridiques des Pays-Bas afin que l'euthanasie devienne une pratique admise ouvertement, plutôt qu'une réalité clandestine, réprouvée. Il a, par ailleurs, développé un protocole (Verhagen 2005a), à savoir une liste de critères/conditions pouvant être exploitée par des médecins pour trancher entre les patients qu'il faut soigner et/ou laisser vivre et les autres... Un des arguments du Dr V est que (dans Sheldon 2005: 560) «Il faut être honnête.

Partout dans le monde, des médecins mettent fin à des vies, de manière discrète et par compassion.»*

Que signifie au juste une telle affirmation? Serait-elle plus significative ou aurait-elle plus de poids si elle avait la forme suivante: *Il faut être honnête.* **Tous** *les médecins dans le monde mettent fin à des vies, de manière discrète et par compassion. Une enquête menée sur une période de dix ans, subventionnée par l'Organisation mondiale de la santé, a établi que tous les médecins tuent, de manière délibérée, au moins deux patients par année.* Ou serait-elle moins crédible si la réalité derrière l'affirmation du Dr V était plutôt: *L'an dernier deux médecins ont tué un patient de manière délibérée. Ce médecin, c'est le Dr V aidé d'un collègue.* Est-ce que l'on peut trancher de telles questions en s'appuyant que sur des données statistiques, comptables? Certainement pas.

L'affirmation originale du Dr V vise évidemment la modification d'attitudes et de comportements chez ses concitoyens. De ce fait, il faut la déconstruire, c'est-à-dire la considérer comme un discours moral/moralisateur et, comme on l'a vu ci-dessus, tout discours moral est ancré et fait appel à une cosmologie. Mais dans le cas qui nous intéresse, à laquelle le Dr V se réfère-t-il? Quelle est l'autorité épistémologique (ou spirituelle) invoquée pour justifier son affirmation? Ni Jéhovah, ni Allah y figurent. On n'invoque pas, non plus, Bouddha, les divinités vaudoues, Baal ou les dieux du stade. Le Dr V n'invoque pas plus les enseignements de Joseph Smith, de Zarathoustra, l'Upanishad, Ron Hubbard ou encore le livre d'Urantia. Non, le Dr V est un moderne et il n'a pas d'autre référent moral que la réalité empirique et sociale, la cosmologie matérialiste[253] en somme. La logique de son argument est la suivante, si le phénomène/comportement existe, il est donc légitime.

Mais qu'en est-il, si un phénomène social ou un comportement peut être attesté, devient-il alors légitime, admissible? Pour bien comprendre la logique de l'argument, il n'est pas inutile de modifier le contexte de son expression. Retenant la logique de l'affirmation du Dr V, serions-nous plus enclins à admettre la déclaration suivante: *Il faut être honnête. Partout dans le monde, des* **policiers**[254] *mettent fin à des vies, de manière discrète et par compassion?* Quelle crédibilité pourrait être accordée à une telle affirmation, même si elle s'avère confirmée par les faits? Peut-on l'admettre comme un argument *moral*? Pour serait-elle plus acceptable de la bouche d'un médecin plutôt que de la part d'un policier?

Évidemment, bien des faits sont attestés sur les plans historique et social sans que cela rende légitimes de quelque manière les comportements ou attitudes en cause. L'argument du Dr V est donc d'une grande pauvreté, car il peut tout aussi bien rendre légitime le comportement de tueurs en série, de pédophiles ou de despotes génocidaires. La cohérence est une chose à laquelle aspirent la majorité des hommes, mais ils n'aiment pas toujours ce qu'ils trouvent une fois arrivés à destination.

En général, la peine de mort n'est appliquée qu'à des criminels de la pire espèce. D'un point de vue juridique, on a certes rien à reprocher aux individus visés par le Dr V, ces individus *sans espoir*. Ils ne sont coupables de rien. Mais sont-ils *coupables* sur d'autres plans? On peut concevoir, par exemple, qu'à l'égard de leurs familles et de la société, ces patients sont *coupables*, car leur souffrance, dans le système idéologico-religieux postmoderne (qui affirme que cette vie est la seule et que la mort c'est l'anéantissement), est déclarée vaine. L'engagement temporel et émotif des parents dans ces enfants *sans espoir* est aussi vain. Ces patients exposent le fait que, dans la religion postmoderne, certains individus ne puissent êtres sauvés, puisqu'ils sont incapables de jouir, de consommer et de produire. Valeurs sans lesquelles, l'individu n'a pas de sens. Ainsi, bien souvent les proches sont d'accord avec l'euthanasie, puisqu'eux aussi ont admis les présupposés postmodernes et que ces patients rappellent, dans leur corps, les limites de l'existence humaine. Ils sont aussi *coupables* à l'égard de leurs médecins, car ils révèlent/exposent, dans leurs corps, les limites de la science médicale et du progrès scientifique. C'est là leur *crime*. Leur existence est en soi une remise en question de la religion postmoderne. Après tout, que fait-on des *hérétiques*? Il vaut donc mieux, pour le *bien* de tous, les éliminer, question de dormir un peu plus tranquille la nuit.

Dans le contexte postmoderne, le terme *compassion* est une boîte vide (avec tout de même un joli emballage)... Meilaender examine (2002: 28) le contraste entre la notion antique de la sympathie et ce concept postmoderne de *compassion*. Il note que la sympathie implique la volonté de partager la souffrance de l'autre et d'entrer dans les ténèbres de sa tristesse. Le concept postmoderne de *compassion* implique, par contre, la volonté de s'opposer à la souffrance en tant que telle. La compassion postmoderne fonctionne à distance et ne cherche pas à s'approcher du souffrant. Elle implique le rejet de la souffrance (ainsi que du souffrant[255]) plutôt que de lui trouver un sens. Puisque cette cosmologie érige la volonté de l'individu en absolu, la souffrance entre en contradiction avec le principe de l'épanouissement. La souffrance ne peut donc avoir de sens dans ce contexte.

Sans doute cette déconstruction n'épuise pas le sujet. La question des motifs derrière les affirmations telles que celles du Dr V serait sans doute digne d'intérêt. À ce sujet, un psychologue ou analyste attentif pourrait nous renseigner sur les motivations profondes du Dr V. Il est aussi possible que sa biographie puisse illuminer ses prises de position. Par ailleurs, un économiste pourrait nous éclairer sur les contraintes matérielles qui affectent l'administration et la pratique médicale d'un institut de santé aux Pays-Bas (tenant compte du vieillissement de la population, etc.), facteurs qui peuvent influencer des prises de position telles que celles du Dr V. Le sujet est fertile. Le langage des défenseurs du protocole de Groningen résonne d'un vocabulaire éthique et moral au-dessus de tout soupçon (Verhagen 2005b: 2355):

> Le protocole de Groningen a été conçu pour inciter les médecins à adhérer *aux standards de prises de décision les plus élevés* et pour réduire l'euthanasie dissimulée en facilitant les rapports à ce sujet. Le protocole exige *que toutes les mesures de soins palliatifs soient épuisées* avant que l'euthanasie soit effectuée. Cette exigence *permettra de faire plus pour mobiliser les ressources en soins palliatifs* dans le contexte actuel d'interventions non rapportées.*

Un autre aspect de l'affirmation du Dr V («Il faut être honnête. Partout dans le monde, des médecins mettent fin à des vies, de manière discrète et par compassion.*») est qu'elle comporte une demande d'approbation et d'appui de la part de la société. À son avis, il n'est pas *normal*[256] que des médecins soient obligés d'euthanasier des patients de manière *discrète*, dans la semi-légalité. Puisque les médecins sont des personnages importants, prestigieux, toutes leurs activités devraient se faire avec l'appui, sinon la complaisance de la société. Cette approbation recherchée permettrait de sortir ces pratiques euthanasiques, que le Dr V nous affirme être *universelles*, du placard, de leur clandestinité. Évidemment, il faut croire le Dr V.

Sur le plan subliminal, ces médecins affirment: Dans les faits et par notre comportement nous demandons la mort de ces gens *diminués*, *sans espoir*, mais nous ne voulons pas en porter la responsabilité ni subir le blâme qui y serait associé de par nos propres règles d'éthique[257], ni avoir la conscience dérangée, ou voir notre sommeil perturbé. Mais il est important de noter que cette demande fait partie du processus invisible de conversion à la religion postmoderne, qui implique l'imposition, présupposé par présupposé, d'un système idéologico-religieux nouveau. Le processus de conversion est donc implicite et évite la confrontation de l'imam qui émet une *fatwa* exigeant l'élimination des critiques de l'islam ou celle du télévangéliste demandant à ses auditeurs de *donner leur vie à Jésus*. Le processus de conversion postmoderne évite la confrontation et surtout la prise de conscience qui l'exposerait aux regards de tous. Les débats sur l'avortement ainsi que sur l'homosexualité et le mariage gai, pour ne citer que ces exemples, font aussi partie de ce processus de transformation idéologico-religieux.

Bien que les concepts eugéniques de *races inférieures* ou *supérieures* soient désormais réprouvés en Occident, il est indéniable qu'il existe des différences physiques et intellectuelles entre humains, et si on n'a que la cosmologie darwinienne comme référent, il n'est pas incohérent de considérer ces différences comme significatives ou décisives. Il est ironique de constater que le seul garde-fou faisant obstacle à une telle perspective soit le concept judéo-chrétien qui affirme que tous les hommes sont faits à l'image de Dieu et donc tous dignes du même respect. Le nouvel eugénisme postmoderne ne s'exprime donc plus au moyen de termes entachés tels que des *races* plus ou moins pures, mais on retient la même logique d'une évaluation des humains en fonction de leur apport (actuel ou potentiel) sur le plan intellectuel, économique ou physique.

Relativité et relativisme

> Cependant, tu comprendras, j'en suis certain, que de telles règles ont beau être sacrées pour les petits garçons - de même que pour les domestiques... les femmes... et au fond pour tout le monde en général - il est difficile de les imposer aux chercheurs les plus sérieux, aux grands savants ou aux sages. Non, Digory, c'est impossible. Ceux qui, comme moi, possèdent une sagesse secrète ne sont pas tenus de suivre les règles du commun des mortels, pas plus qu'ils ne partagent leurs plaisirs. Nous sommes promis à une destinée exceptionnelle et solitaire, mon enfant. (Lewis 1955/2001: 26)

> Thrasymaque, supposons que je vous donne raison. Vous m'avez convaincu que la moralité n'est qu'une chose inventée par les hommes, mais que je vous dise aussi que je vais tout de même m'y soumettre, même l'adorer comme si c'était la voix de Dieu, que je me sentirais coupable si je transgressais ses principes et si j'enseignais à d'autres à faire de même. Que dirais-tu de moi alors?
> Je dirais que tu es un imbécile Socrate et un menteur par ailleurs.
> Et alors, ce que j'enseignerais serait faux, vraiment faux?
> Ah non, pas ce terme encore...
> Tu vois? Si, comme tu le crois, les concepts du bien et du mal ne sont que des construits humains, alors il va de soi que si je pense qu'il est légitime de croire qu'il n'y a rien de mal à mentir et enseigner à d'autres à faire de même, ça ne peut poser de problèmes. Alors, pourquoi me juges-tu si j'enseigne ce qui est faux puisque tu ne crois pas à la Vérité?*
> (Kreeft 1996: 77)

Dans **Esthétiques de la postmodernité**, Caroline Guibet-Lafaye[258] examine et établit des repères qui éclairent le contexte du développement de l'art postmoderne. Elle note quelques conséquences du postmodernisme, conséquences qui affectent non seulement l'art, mais aussi toute réflexion éthique et morale dans le contexte postmoderne (2000: 4):

> La dissolution des grands récits et des normes qu'ils proposaient, la perte des illusions modernistes ont engendré une autonomisation croissante de l'individu. La fin des grands récits ouvre la porte à l'individualisme. Le rejet de la raison universalisante fait de l'individu la finalité de toute chose. L'individualisme exprime et coïncide avec la tendance à l'hétérogénéité et au pluralisme propres à l'époque postmoderne. Celle-ci valorise les différences et le particularisme, l'*équilégitimité*. La revendication accrue des libertés et des droits traduit l'autonomisation de l'individu. La dissolution des valeurs traditionnelles laisse place à une unique valeur, «le droit de choisir nous-mêmes ce qui nous concerne». Cette liberté de choix signifie, en

dernière analyse, le droit de choisir les critères de vérité. La dissolution des valeurs traditionnelles est aussi celle des valeurs métaphysiques. L'individualisme postmoderne rejette l'autorité et les valeurs imposées[259], ainsi que toute normativité.

À qui veut l'entendre, nos sociétés postmodernes prônent la *tolérance*. Tolérance des points de vue et tolérance des pulsions. Toute censure est proscrite. *Il est interdit d'interdire...* Les anthropologues et les ethnologues furent les premiers dans la mêlée. Le terme technique approprié en sciences sociales quant à cette question est le *relativisme culturel*. Ce concept, qui eut son apogée avant la Seconde Guerre mondiale, implique le rejet, par principe, d'une imposition de valeurs (occidentales généralement) d'un groupe sur des individus d'un autre groupe (ainsi que sur les groupes plus marginaux en Occident). Ceci implique donc que, dans leur contexte culturel d'origine, tous codes juridiques et les systèmes éthiques se valent. Aucune nation ou peuple ne saurait prétendre posséder un concept du bien et du mal qui soit absolu, universel ou supérieur aux autres. Cette attitude s'applique évidemment aux activités coloniales de l'Occident au XVIIIe et XIXe siècles ainsi qu'aux groupes missionnaires qui cherchent à avancer la cause du christianisme, mais rien, sur le plan logique, n'empêche d'étendre ce principe à d'autres présupposés. Avec de tels présupposés, l'anthropologue qui fait du terrain dans une tribu au fond de la jungle est sensé s'abstenir aussi de tout jugement de valeur sur les règles d'interaction entre individus dans une société non occidentale.

Mais les choses ne se passent pas toujours comme prévu. Parfois, les circonstances conduisent à une crise mettant en lumière des contradictions profondes entre divers présupposés postmodernes, contradictions jusqu'alors invisibles... Voici un exemple instructif. Lors de son expérience de terrain[260], l'anthropologue fait appel à des personnes clés (ou *informateurs*) lui donnant une porte d'accès à la culture de la société étudiée. Ce sont en quelque sorte des experts que le chercheur consulte pour comprendre tel ou tel aspect de cette culture si différente. Dans ce contexte se tissent souvent des relations de grande sympathie et d'amitié entre le chercheur et l'informateur. C'est justement le cas dans la citation ci-dessous. Dans cette situation, où les auteurs ont fait des recherches sur le terrain chez les Sambia de la Papouasie-Nouvelle-Guinée, l'informatrice est une femme, portant le pseudonyme «P». Dans un tel contexte, les règles régissant l'interaction entre humains de la société étudiée peuvent poser des problèmes à un relativiste cohérent. (Herdt et al.1990: 200):

> Dans le cas de P, nous nous demandions, avant de quitter la Vallée, s'il se pouvait que certains hommes, comme leur permettaient leurs coutumes locales, puissent la tuer pour avoir été une femelle rebelle, dérangeante. Était-il légitime de notre part de prévenir son meurtre et, ce faisant, d'imposer notre moralité étrangère à ces gens? Lorsque nous avions décidé: merde – nous allions protéger P en les avertissant de ne pas la tuer, ni même la battre jusqu'à l'inconscience – nous savions qu'il y avait là un caprice de notre part. Car en agissant ainsi, nous la sauvions peut-être, mais nous avions poussé ces gens un peu plus loin sur le chemin des changements culturels imprévisibles.*

Pour l'anthropologue ou le postmoderne qui a bien assimilé la révélation relativiste, remettre en question des coutumes ou pratiques culturelles hors de l'Occident constitue, en quelque sorte, une hérésie, un comportement sujet à censure de la part de la communauté anthropologique. Un comportement tabou, à éviter. D'après les règles de comportement (non écrites) de la communauté anthropologique, ces auteurs reconnaissent tout de même leur culpabilité. On constate donc deux niveaux de relativisme. Le premier est apparent et ne vise, au fond, que des croyances ou pratiques considérés comme ayant peu de valeur par le relativiste. Ce relativisme vise avant tout les croyances que le relativiste ne partage pas, à savoir celles des autres! Comme on l'a vu dans l'exemple qui précède, les circonstances démasquent parfois ce relativisme trop commode et exposent les présupposés non relatifs sous-jacents de la cosmologie postmoderne. Le relativisme pur et dur, c'est-à-dire absolu, est un concept exclusivement théorique. En ce qui concerne les deux visages du relativisme, C. S. Lewis remarque (1943/1986: 98-99):

> Leur scepticisme à l'égard des valeurs est superficiel: il concerne les valeurs des autres, car pour ce qui est des valeurs admises dans leur propre milieu, ils sont loin d'être suffisamment sceptiques. C'est d'ailleurs un phénomène très courant. Un grand nombre de ceux qui refusent tout crédit aux valeurs traditionnelles ou *sentimentales*, comme ils disent, tiennent obscurément à des valeurs à eux qu'ils croient inaccessibles à toute critique.

En examinant attentivement la citation de Herdt à la page précédente, on voit très bien que ces anthropologues réalisent qu'ils violent un tabou implicite de l'anthropologie sociale, soit de ne jamais changer ou contester les coutumes ou valeurs d'une société qu'ils étudient. Mais Herdt et al nous affirment qu'ils ont osé passer outre au tabou relativiste et ont imposé des valeurs occidentales. Quelle est alors la source de ce snobisme et de cette supériorité morale postmoderne? Des vestiges, toujours des vestiges... d'une vision du monde rejetée. Étant donné les présupposés cosmologiques darwiniens dominant le discours, il est désormais totalement incohérent de parler de comportements qui ne sont pas *naturels*. Tout est naturel. Que les auteurs anthropologues mentionnés ci-dessus admettent s'être permis *un petit caprice* en avertissant les hommes de la vallée de ne pas s'attaquer à la femme (désignée par «P») souligne le fait que ces auteurs reconnaissent (du moins à un niveau subconscient) que leur relativisme rend injustifiable une telle intervention/jugement. Dans ce contexte leur intervention/jugement est complètement irrationnel, car il ne peut être motivé ou justifié dans le contexte cosmologique dans lequel ils opèrent. Leur seul point de repère sur le plan moral est une réaction *éthique*, pour l'essentiel émotive, dans une situation particulière, mais les pressions sociales[261] et l'usure peuvent facilement en venir à bout[262]. L'émotion *éthique* s'use et l'indifférence s'installe. Comme le vent, elle est vite passée. Mais il ne faut pas en faire un plat. Les affirmations qui précèdent ne visent pas particulièrement Herdt et al, car il y a lieu de penser que le relativiste moyen, sur le terrain ou dans la vie quotidienne, se comporte de la même manière[263].

Le relativisme culturel/moral, dans la pratique des anthropologues féministes, conduit à des culs-de-sac éthiques comparables. Elles sont confrontées à de véritables dilemmes. Hors de l'Occident, dans un contexte culturel où le statut subordonné de la femme est conçu comme *naturel*, normal, où une femme insoumise peut être battue publiquement sans conséquences pour le mari, on peut poser la question: «Faut-il, oui ou non, prêcher la *Bonne Nouvelle* de la vision féministe occidentale des rapports entre les sexes aux sociétés non occidentales?» Si tel est le cas, il faut justifier... car on ne peut négliger le fait que ceci implique le sacrifice du concept de relativisme culturel. Et si on sacrifie le concept de relativisme culturel, comment justifier ce rejet? Si on impose une valeur *universelle* à des sociétés non occidentales, à quelle cosmologie fera-t-on appel pour la justifier? Les droits de la femme sont-ils absolus et universels ou, comme nous l'affirme le présupposé relativiste de la religion postmoderne, légitimes seulement dans le contexte culturel d'origine? L'Occident postmoderne, qui affirme le principe relativiste, peut-il s'opposer, de manière cohérente, à l'excision pratiquée sur les jeunes filles en Afrique ou encore au commerce du sexe impliquant des mineures en Thaïlande ou ailleurs? Au nom de quelle morale peut-on s'y opposer sans faire preuve d'incohérence sur les plans logique et cosmologique? Ce ne sont pas les questions qui manquent...

Les conceptions des droits de la personne nous renvoient à la moralité d'une société et la moralité nous renvoie à la cosmologie de cette société. Sur le plan idéologico-religieux, tout est lié. Il est curieux de constater que la dominance de la vision du monde judéo-chrétienne pendant tant de siècles a créé une situation où la moralité a été prise pour acquise, fixée de manière immuable. Mais la moralité n'est jamais *donnée* ou *naturelle*. L'éthique devient possible, socialement et individuellement, qu'en ayant intégré, plus ou moins consciemment, une cosmologie. Dans le contexte d'une étude sur le rapport entre l'Occident et l'islam, Ernest Gellner explore une autre facette de la schizophrénie relativiste. Il constate qu'on tolère assez bien l'absolu au loin, mais de près... (1992: 84):

> Les relativistes dirigent leurs attaques seulement contre ceux qu'ils affublent de l'épithète *positiviste*, c'est-à-dire le non-relativiste occidental, mais passent sous silence le conflit/désaccord qui les sépare du fondamentalisme religieux [non occidental]. Leur attitude est, en somme, la suivante: l'absolutisme doit être toléré seulement s'il est suffisamment étrange sur le plan culturel. Ce n'est que chez soi qu'ils ne peuvent le tolérer.*

Il y a un autre aspect de la réaction variable du postmoderne à l'égard des affirmations de l'absolu, en Occident ou en dehors. Ce phénomène semblera incompréhensible, voire irrationnel, à moins de tenir compte du fait que les systèmes de croyances modernes et postmodernes sont en grande partie des réactions à l'héritage judéo-chrétien[264]. Cela explique assez bien les différences d'attitudes notées par Gellner. En rapport aux autres grandes traditions religieuses mondiales, on pourrait même affirmer que ces deux courants (moderne et postmoderne) constituent des hérésies chrétiennes, étant donné le grand nombre de concepts judéo-chrétiens qu'ils traînent dans leur bagage (que nous avons souligné, ici et là, dans ce texte). Dans leur attitude vis-à-vis le christianisme (et parfois le judaïsme) tous deux, de manières différentes, donnent suite au cri de Voltaire: *Écrasez l'infâme!*

Si on considère les systèmes idéologico-religieux modernes ou postmodernes avant tout comme une réaction au christianisme[265], cela explique le contraste entre l'attitude des élites postmodernes en Occident à l'égard de l'islam[266] et celle qui touche le christianisme. Gellner ajoute, avec quelque ironie, à ce sujet (1992: 73-74):

> Ensuite, il y a un mouvement qui nie jusqu'à la possibilité de l'existence d'une source externe d'autorité et de validation. Il faut admettre qu'il est particulièrement insistant sur ce démenti, lorsque l'affirmation contraire d'une validation externe vient de non-relativistes, membres *de leur propre société*. La pudeur relativiste et l'expiation de la culpabilité coloniale interdisent par contre de faire valoir ce point aux membres d'autres cultures. L'absolutisme des autres a donc droit à un traitement de faveur et une sympathie tiède qui est très près de l'appui. (…) Le relativiste endosse l'absolutisme des autres, et ainsi son relativisme entraîne un absolutisme qui le contredit également. Laissons-le avec ce problème; il n'a aucune solution.*

Les contradictions et paradoxes du relativisme ne concernent pas seulement quelques philosophes et anthropologues, mais suscitent des questions très concrètes sur la scène internationale. Plusieurs érudits postmodernes considèrent, par exemple, le concept des droits de la personne comme rien de plus qu'un construit occidental, le produit d'une époque et d'une histoire[267]. Pour les organismes militant pour les droits de la femme dans le monde, les conséquences d'une telle attitude sont considérables. Ils sont confrontés, dans le monde musulman, à une situation particulièrement épineuse. Bien des sociétés influencées par l'islam repoussent les demandes/exigences de ces organismes à l'égard des droits des femmes en affirmant qu'ils ont leurs critères propres pour gérer les rapports entre les sexes et n'ont pas de comptes à rendre à une moralité occidentale. Le régime Afrikaner en Afrique du sud a défendu l'Apartheid, dans les années 70 et 80, à l'aide d'arguments semblables. Il faisait valoir que les pratiques de l'Apartheid étaient légitimes dans le contexte culturel sud-africain. À son avis il n'y avait pas lieu d'imposer des concepts étrangers dans ce contexte. Une attitude tout à fait postmoderne…

En Occident, le concept des droits de l'homme s'appuie sur une longue tradition qui s'incarne dans la Magna Carta britannique, la déclaration des droits de l'Homme de la Révolution française ou des principes de la Déclaration américaine d'indépendance. Dans les États où domine l'influence islamique, le droit s'appuie plutôt sur le Coran et sur la norme que constituent les affirmations et le comportement du Prophète. La politique s'enracine donc directement dans la cosmologie. C'est en s'appuyant sur ces sources que les États musulmans soutiennent que leurs coutumes sont bien fondées, légitimes. De ce fait, ils sont cohérents et manifestent leur désir de protéger ces valeurs suprêmes. Tenter de séparer la religion et le droit dans les États musulmans, afin de mettre de côté les textes religieux, leur est impossible. L'islam reconnaît un droit musulman et le contenu juridique proprement dit fait partie intégrante d'un système de règles religieuses et morales[268].

Exception faite de la situation dans l'Hexagone[269], comme l'a noté Gellner, l'islam n'est généralement pas la cible de marginalisation en Occident, comportement habituel dans le discours postmoderne sur les institutions *religieuses* traditionnelles. Elle n'est certainement pas la cible de restrictions et de marginalisation comme peuvent l'être les religions non musulmanes en pays islamique[270]. Au pire, ces dernières sont l'objet de persécutions actives, au mieux l'objet de restrictions administratives diverses. Le prosélytisme est généralement interdit. Considérant ces conflits de valeurs lors de la rencontre de cultures postmodernes avec d'autres, comment éviter d'affirmer (implicitement ou explicitement, c'est sans importance) aux autres que nous, les Occidentaux, avons la Vérité et que les autres doivent se soumettre à notre conception des choses, en particulier que la perspective occidentale (postmoderne) des rapports hommes – femmes est meilleure, supérieure! Confrontés à ce type de paradoxe, sous l'influence postmoderne, voici une solution envisagée par certains organismes, touchant la situation de la femme en Iran sous les ayatollahs, Kristin J. Miller[271] note (1996):

> Les femmes en Iran souffrent tous les jours d'abus de droits de la personne de la part de leur gouvernement. Tandis que la Communauté internationale a tenté d'obliger ce gouvernement à rendre des comptes à ce sujet, ces tentatives ont été sans effet. Le gouvernement iranien affirme qu'il n'est pas lié par la loi internationale, car sa culture et sa religion permettent de traiter les femmes selon ses propres standards. Cette note propose une solution qui admettrait à la fois l'universalisme et le relativisme afin de réduire les violations des droits de la personne chez les femmes en Iran. Cette solution, faisant appel aux croyances locales, combine les idéaux universaux avec des stratégies relativistes afin de rehausser la légitimité de l'universalisme en Iran.*

Quelle ironie! Jouer le jeu du relativisme, en exploitant les croyances locales, mais dans le but avoué de promouvoir des objectifs absolutistes. Sur le plan du *marketing* c'est une approche rusée... Il ne s'agit en somme que d'affirmer des valeurs absolues, mais avec une hypocrisie digne d'admiration. Ceci aboutit à un paradoxe, un piège dont peu, même parmi les grands, peuvent s'extraire. Sur ce plan, par exemple, Sartre se retrouve dans une impasse à la fois grotesque[272] et tragique (Beauvoir 1981: 551-552):

> S. de B. - Ou alors ce mot de Dostoïevski: « Si Dieu n'existe pas, tout est permis». Vous ne pensez pas cela, vous?
> J.-P. S. - En un sens, je vois bien ce qu'il veut dire, et c'est abstraitement vrai, mais en un autre je vois bien que tuer un homme est mauvais. Est mauvais directement, absolument, est mauvais pour un autre homme, n'est sans doute pas mauvais pour un aigle ou un lion, mais mauvais pour un homme. Je considère, si vous voulez, que la morale et l'activité morale de l'homme, *c'est comme un absolu dans le relatif*[273].

Mais devant des principes éthiques aussi nébuleux, incertains, la réalité impose ses propres lois, généralement économiques. Google est, au moment de la rédaction, un des moteurs de recherche les plus connus sur Internet. Il a la réputation d'éviter des pratiques commerciales douteuses comme les *pop-ups*, les *banners* et bien d'autres formes de publicité voyantes et irritantes. En septembre 2002 le gouvernement chinois, se souciant de l'accès de ses internautes à des documents critiquant ses politiques, a bloqué l'accès à Google. Les représentants de Google ont immédiatement contacté le gouvernement chinois et en quatre jours l'accès était rétabli, du moins en apparence. Le journaliste Josh McHugh note (2003: 133) que suite à cet événement, l'usager chinois qui fait une recherche Google sur «falun gong» ou «les droits de la personne en Chine» se voit dirigé vers une page de résultats de recherche normal, sauf que s'il clique sur un lien proposé, une page approuvée par le gouvernement lui est offert ou il voit tout simplement son accès au site de Google désactivé pour une heure ou deux (avec possiblement une note dans son dossier de la police de l'État?). Lorsque McHugh demanda à Sergey Brin, coprésident chez Google, si cette situation était un *hasard*, la seule réponse de Brin fut d'affirmer que Google n'avait rien changé sur ses serveurs. Enfin...

Devant la question des droits de la personne en Chine, la majorité des pays occidentaux adoptent une attitude *realpolitik* (tout à fait cohérente avec la religion postmoderne) où l'accès au marché chinois dicte leur politique. Les mesures contre les violations des droits de la personne en Chine se limitent généralement à de faibles protestations par voie diplomatique. Aucun des G8 ne songe sérieusement à des mesures comparables au boycott économique déclaré contre l'Afrique du Sud dans les années 80 en rapport avec le système d'Apartheid. La crainte de perdre, au profit de compétiteurs, des contrats lucratifs en Chine a tôt fait de faire taire tous les scrupules à l'égard du non-respect des droits de la personne sur les plans politique et religieux dans ce pays. Le mantra répété sans cesse est que le marché chinois est *trop* important... Dans **L'homme révolté**, Camus[274] explore certaines conséquences du relativisme qui sont au cœur de la religion postmoderne (1951: 17, 18):

> Mais cette réflexion, pour le moment, ne nous fournit qu'une seule notion, celle de l'absurde. À son tour, celle-ci ne nous apporte rien qu'une contradiction en ce qui concerne le meurtre. Le sentiment de l'absurde, quand on prétend d'abord en tirer une règle d'action, rend le meurtre au moins indifférent et, par conséquent, possible. Si l'on ne croit à rien, si rien n'a de sens et si nous ne pouvons affirmer aucune valeur, tout est possible et rien n'a d'importance. Point de pour ni de contre, l'assassin n'a ni tort ni raison. On peut tisonner les crématoires comme on peut aussi se dévouer à soigner les lépreux. Malice et vertu sont hasard ou caprice. (...) Dans ce dernier cas, faute de valeur supérieure[275] qui oriente l'action, on se dirigera dans le sens de l'efficacité immédiate. Rien n'étant vrai ni faux, bon ou mauvais, la règle sera de se montrer le plus efficace, c'est-à-dire le plus fort. Le monde alors ne sera plus partagé en justes et en injustes, mais en maîtres et en esclaves. Ainsi, de quelque côté qu'on se tourne, au cœur de la négation et du nihilisme, le meurtre a sa place privilégiée.

Il faut tout de même être reconnaissant de la cohérence imparfaite du postmoderne. Dans le contexte postmoderne, comment justifier les appels à la *tolérance*[276] (ce qui sous-entend vaguement l'amour/respect pour ceux dont les opinions ou comportements diffèrent de la majorité) si on rejette toute loi morale absolue? Si le bien et le mal sont strictement des questions relatives, des questions que seul l'individu peut trancher, comment imposer même la tolérance dans une société? Il y a là une question fondamentale. D'où peut venir au juste cette notion de la nécessité de la tolérance dans une société? En d'autres termes, au nom de quel principe absolu peut-on exiger des intolérants qu'ils abandonnent leur intolérance[277]? On nage alors dans la contradiction... la plus absolue! Kreeft note (1994: 74) que le relativisme recèle une contradiction embarrassante. Le relativiste affirme qu'aucune culture ne peut se prétendre supérieure, universelle. Et pourtant le relativisme met en opposition toutes les cultures de l'Antiquité (et de nombreuses autres, contemporaines) qui rejetaient le relativisme et l'Occident postmoderne qui l'accepte et il déclare l'Occident (et ses serfs idéologiques) supérieur.

Mais, chose curieuse, la difficulté de fonder l'éthique dans le contexte d'une cosmologie matérialiste a été présagée dès le XIXe siècle par Dostoïevski dans **Les possédés,** qui percevait déjà (avant Russell et Wittgenstein) l'incapacité de l'empirique à fonder l'éthique ainsi que le rôle idéologique que devait jouer plus tard la science (1872/1972: 260):

> Jamais la raison n'a été capable de définir le mal et le bien, ni même de séparer le mal du bien, fût-ce approximativement[278], au contraire, elle les a toujours honteusement et lamentablement confondus; quant à la science, elle n'a fourni que des solutions du plus fort. S'est particulièrement distinguée en cela la demi-science, le plus terrible des fléaux de l'humanité, pire que la peste, la famine et la guerre, et qui était restée inconnue jusqu'à notre siècle. La demi-science est un despote comme il n'y en a jamais encore eu jusqu'à nos jours. Un despote qui a ses prêtres et ses esclaves, un despote devant qui tout s'est prosterné avec un amour et une superstition jusqu'alors inconcevables, devant qui la science elle-même tremble et pour qui honteusement elle a toutes les complaisances.

C'est peu dire que le XXe siècle a totalement donné raison à Dostoïevski. Si on explore la pensée éthique dans le contexte postmoderne, il faut poser la question: «Si la nature est parfois cruelle, pourquoi ne le serions pas nous aussi?» En Occident, le dilemme suivant se pose: comment édifier un système de règles permettant de gérer le comportement humain (c'est-à-dire une moralité) dans le contexte d'une cosmologie matérialiste et surtout d'un matérialisme cohérent? Sur quel fondement?

Afin de mieux comprendre les enjeux d'un relativisme cohérent dans le champ des relations interpersonnelles examinons un exemple virtuel. Supposons que vous êtes un personnage étrange qui tire un plaisir particulier de la torture et de la mutilation d'individus âgés entre 40 et 50 ans (sans préférence de sexe ou d'orientation sexuelle). Supposons que vous justifiez le plaisir que vous tirez de ce genre de comportement en prétextant qu'il est programmé dans vos gènes, imposé par votre conditionnement social et que vous n'y pouvez strictement rien. Et vous affirmez: «En ce qui me concerne de telles activités me sont essentielles pour promouvoir mon équilibre physique et mon épanouissement psychologique. Si mes pulsions me dictent d'interagir avec une certaine violence physique, de frapper ou de mutiler un autre être humain[279], pourquoi ne pas le faire? Qui pourra s'opposer à moi? S'il n'existe aucun Dieu qui établit pour tous ce qu'est le bien et le mal, s'il n'y a pas de Loi morale absolue, qui peut oser me dire qu'il s'agit d'un comportement *répréhensible?* Qui peut oser me dicter ce qu'est le mal? Pourquoi les concepts du bien et du mal d'un autre devraient m'être imposés si les miens me conviennent? En effet, je ne reconnais aucun dieu, au-dessus des hommes, qui leur imposerait sa loi. Évidemment, l'État peut m'imposer ses valeurs par la force, mais les circonstances peuvent changer et qui sait? Plus tard, il est possible que je lui impose les miennes...»

Dans un article paru dans la revue Newsweek sur la source du Mal, Sharon Begley (rédactrice en chef pour les sciences au Wall Street Journal) émet quelques observations sur le développement psychologique des tueurs en série et des sociopathes (2001: 32-33):

> Goldberg, qui a étudié les tueurs et sociopathes, affirme que les graines du mal sont semées tôt dans la vie. Si un enfant est le sujet de cruauté ou de négligence extrême, surtout de la part d'un ami intime ou d'un parent bien-aimé, le résultat est souvent la honte et l'humiliation: «Je n'étais pas digne d'amour de la part de ceux que j'aime le plus.» Ces sentiments, s'ils ne sont pas contrecarrés par la compassion d'autres dans l'environnement de l'enfant, peuvent être la source d'un mépris de soi si profond que le seul moyen de survivre est de «devenir indifférent aux autres» dit Goldberg. «Il est possible que je ne sois pas digne d'affection, mais personne d'autre ne l'est non plus.» Quelqu'un qui se hait lui-même, projette cette haine sur ses victimes. Il «revêt alors sa victime de son ego détesté, qu'il torture et tue».*

Et si on tente de *raisonner* ou de *réformer* le sociopathe, celui-ci peut très bien répliquer: «Pour quelle raison devrais-je considérer que le système éthique que d'autres individus se sont fabriqués serait supérieur à celui que je me suis construit puisque leur système ne m'a jamais été profitable? Pourquoi les scrupules éthiques d'un autre devraient s'imposer à moi? Au nom de quoi? Est-ce que la force brute de la société (par le biais de l'État) constitue finalement la seule justification pour une limite à mes pulsions[280]?» D'autre part si, a priori, la science exclut les questions éthiques et morales et que les dieux sont morts ou endormis sur leurs bidets, alors que pouvons-nous faire d'autre qu'imiter la nature? Pour quelle raison devrais-je me soucier d'écouter ceux qui me disent d'agir en fonction d'un hypothétique *bien commun* (surtout si je suis en position de force pour les ignorer)? À ceci l'individu visé peut très bien répliquer: «Qu'on me fout la paix avec le *bien de la société* ou de ma contribution à la survie de l'espèce, car la *société* ou mon *espèce* ne m'ont jamais manifesté le moindre intérêt... Pourquoi devrais-je me soucier d'elles? Disons que j'ai ma définition personnelle de la *société*[281]. Pour ma part, j'ai évolué au-delà de cette moralité.» Il est possible que le défenseur postmoderne de la moralité puisse affirmer que *La Nature (ou l'Évolution) a fait de nous des êtres moraux/éthiques!* En tant qu'exemple d'affirmation théologique postmoderne celui-ci est d'un certain intérêt, mais gratuit sur le plan logique, car à moins d'évoquer un déterminisme biologique, génétique, absolu[282], le pouvoir de la *Nature* sur le comportement individuel est tout à fait factice. Autant évoquer l'influence des astres. Ça explique tout et rien...

Devant le chaos de ses propres pulsions, le relativisme est une doctrine réconfortante, mais difficilement pensable/admissible sur le plan social lorsqu'on est confronté à des données historiques, par exemple, le développement du Goulag par Lénine et Staline, les massacres au Cambodge sous Pol Pot ou la *solution finale* des nazis. Le relativiste existe-il vraiment ou est-ce plutôt un personnage fictif faisant partie du folklore universitaire? En principe, un tel individu mythique pourrait être dépouillé de tout, car sur quelle base pourrait-il se donner des droits universels (de propriété, au respect, au bonheur ou à la vie) à l'encontre des désirs ou exigences des autres? En réalité, dès qu'un relativiste se voit dépouillé ou lésé par une grosse corporation ou un gouvernement, son relativisme s'évanouit. On lui a vendu un produit défectueux, on lui a promis une pension qui ne lui sera pas versée; il réclamera haut et fort: Justice! Mais quel concept de justice? Pourquoi, tout à coup, son concept de justice n'est plus relatif, strictement personnel?

Il est ironique d'observer le postmoderne qui ne cesse de proclamer *intolérantes* les grandes religions tels le judaïsme, le christianisme et l'islam, puisqu'elles osent affirmer/imposer des repères absolus sur le plan du comportement. Mais à son tour, il y a lieu de se demander si le postmodernisme ne produit pas une perspective plus intolérante encore, car si on tient compte du relativisme radical de ce système, on en arrive à une situation où les concepts moraux de chaque individu sont incommensurables[283], ne permettant aucun espace commun, aucun terrain d'entente. C'est l'intolérance sur le plan interindividuel, sinon interethnique. C'est le retour d'une société tribale. À chacun (et à chaque communauté) sa *bulle* éthique, une bulle étanche. Dès lors, on ne peut faire appel (sans hypocrisie, consciente ou non) au *fair-play*, à la Torah ou même au *bon sens*. Tout rappel à l'absolu sera sujet à la réplique: «Tu n'a pas le droit de me juger! Ne m'impose pas tes règles ou ta moralité!». Ce qui reste est un jeu d'influence émotive, de manipulation et, au bout du compte, un jeu de pouvoir pur. Je t'impose ma moralité et ma volonté, car j'ai un plus gros bâton/ avocat mieux payé/canon/ogive nucléaire, etc... L'anthropologue Ernest Gellner signale un certain nombre de conséquences du relativisme (1992: 49-50):

> Le relativisme implique effectivement le nihilisme. Si les standards ou étalons sont, de manière inhérente et inévitable rien d'autre que des expressions de ce que nous appelons la culture, alors aucune culture ne peut être sujette à critique [ou à un standard], car *a priori* il ne peut exister de standard panculturel servant à juger une culture particulière. Aucun argument ne peut être plus simple ou plus concluant. Le fait demeure que si on admet cet argument cela n'implique pas nécessairement que les gens doivent, dans les faits, devenir, sur le plan psychologique, des nihilistes s'ils sont relativistes. Mon argument n'est pas réfuté par le fait que l'auteur garde une sympathie à l'égard du relativisme et ait son propre standard qu'il soutient avec ferveur. Nous ne pouvons légiférer contre l'incohérence et n'avons aucun désir de le faire. L'existence d'une contradiction dans un esprit individuel ne réfute pas mon argument. Mais il y en a certains parmi nous qui sont influencés et irrités par des inférences raisonnables et qui ont quelque difficulté à admettre la prémisse A et à rejeter la conclusion B si (ce qui est bien le cas ici) A implique effectivement B.*

Prosélytisme et liberté

> À côté de chaque religion se trouve une opinion politique qui, par affinité, lui est jointe. Laissez l'esprit humain suivre sa tendance, et il réglera d'une manière uniforme la société politique et la cité divine; il cherchera, si j'ose le dire, à harmoniser la terre avec le Ciel. (de Tocqueville 1835, vol. I, ch.IX, sect iv)

> La logique de la pensée suit lentement son cours, comme la rivière qui cherche la mer. (Anonyme)

Comme nous l'avons affirmé précédemment, chaque civilisation est fondée dans (au moins) un système de croyances, une religion. Celui-ci aura, par la suite, s'il est dominant pendant au moins deux générations, une influence profonde sur le développement subséquent des institutions, pratiques et attitudes des sociétés visées[284]. Dans cette section, nous proposons au lecteur une hypothèse touchant l'influence de la religion sur la culture. Nous examinerons la possibilité d'un lien entre la manière de concevoir l'accès au salut[285], c'est-à-dire **la conversion** à une religion particulière et le développement des libertés de presse, académiques et politiques dans une société concrète où domine cette religion et ce, depuis plusieurs générations.

Le processus de prosélytisme est tout aussi bien un processus de socialisation qu'un processus cognitif où l'on remplace certains présupposés et dogmes par d'autres. Il a comme but de faire de l'*incroyant*, un *croyant*. Sur le plan social, le candidat quitte une communauté de croyances (ou de pratiques) pour en adopter une nouvelle. Souvent, mais pas toujours, le converti doit subir un rituel pour marquer son adoption par une nouvelle communauté ainsi que son adhésion à une nouvelle cosmologie et le système éthique qui en découle. Par exemple, le prosélyte juif de l'Antiquité abandonnait les croyances polythéistes païennes et se soumettait aux lois de Moïse et au culte du Dieu unique. Dans le contexte moderne, le converti au communisme stalinien rejetait le capitalisme et le fascisme, se joignait au Parti et se vouait à la révolution ainsi qu'aux enseignements du prophète Marx et des saints Engels, Lénine, Staline. Il y a là une dimension centrale de tout système idéologico-religieux. Dès la naissance d'un système idéologico-religieux, la question se pose immédiatement et inévitablement: Comment faire des recrues, comment grossir les rangs, comment éviter les défections?

Et lorsque la conversion se fait dans le *mauvais* sens, c'est-à-dire vers un système idéologico-religieux que ne partage pas l'interlocuteur (processus que l'on désigne alors du terme *apostasie*), toute une série de mécanismes de contrôle s'enclenchent pour retenir le *malheureux*. À la base, c'est le vieux principe de la carotte et du bâton: «Prenez le bon chemin, il est encore temps, c'est profitable, sinon…» On insiste sur un fait accompli: «Vous êtes associés à des pratiques/croyances douteuses, dangereuses. Il faut agir maintenant.» Un intérêt pour les conceptions non orthodoxes [c'est-à-dire les croyances erronées, *hérétiques* au besoin] sera traité de *malsain*, un passeport pour la déchéance et l'enfer. Celui qui est tenté par la conversion est alors présenté comme une victime, sinon un imbécile, un naïf mal renseigné… Au besoin, on évoque, en l'exprimant plus ou moins clairement, une notion de «rejet hors de la tribu», l'excommunication – «Vous vous associez à des *hérétiques*… Vous perdrez vos privilèges».

Au premier chapitre nous avons examiné, au moyen d'une métaphore, un contraste entre les systèmes de croyances chrétiennes et hindoues, celle du soldat et du gaz toxique. Ces deux approches constituent évidemment des formes de prosélytisme, mais des formes de prosélytisme d'un genre différent. Toutes deux impliquent une perspective différente sur le processus de conversion. Dans le cas du christianisme de tradition protestante et, particulièrement chez les évangéliques[286], la conversion n'est légitime que si elle est libre, sans contrainte et liée à une décision personnelle, raisonnée. Le baptême[287] d'enfants avant l'âge de raison est donc exclu chez ceux-ci. La conversion d'un adulte peut donc impliquer des circonstances où joue l'émotivité, mais c'est là un aspect secondaire. Ce qui importe, c'est la liberté du choix.

En parallèle avec ce que nous avons noté ci-dessus quant aux attitudes à l'égard du prosélytisme, un autre présupposé lourd de conséquences sociales est l'attitude de la religion à l'égard de l'État ou du pouvoir politique. Du point de vue historique, le christianisme ne s'est pas identifié immédiatement à l'État ou à un territoire géographique comme ce fut le cas de l'islam. Autre trait caractéristique, son expansion initiale est propulsée non pas par des conquêtes militaires, mais par la persécution. L'Église chrétienne des trois premiers siècles fut un mouvement largement clandestin, persécuté, attirant pauvres, transfuges et esclaves[288]. L'Église des trois premiers siècles ne s'identifia pas à l'État, car cette relation était en général tendue, sinon hostile. Les affirmations de Christ[289] à l'effet que «son royaume n'est pas de ce monde» (Jn 18: 36) ou encore «Rendez donc à César ce qui est à César et à Dieu ce qui est à Dieu» ont certes contribué à cette défiance et assuré la légitimité d'un État séculier, non-chrétien. D'autre part, attitude qui se démarque de l'islam, plusieurs chrétiens des premiers siècles rejetaient le service militaire comme métier légitime. Par ailleurs, les écrivains des épîtres recommandent aux chrétiens d'être soumis aux autorités, à une époque où aucun de ces dirigeants n'est chrétien et dans certains cas ont pu les persécuter (Tite 3:1; 1Pe 2: 13). Une telle recommandation a eu pour conséquence d'assurer l'indépendance de l'État.

Lors de l'adoption du christianisme par l'empereur Constantin (en 312), la situation a basculé de manière radicale. La relation à l'État devint beaucoup plus rapprochée, symbiotique. Par la suite, selon les circonstances historiques, l'Église catholique a dominé ou s'est vue dominée par l'État[290]. Chez les orthodoxes, la relation à l'État était plus souvent caractérisée par une situation de symbiose/soumission[291] (impliquant une relation où l'empereur ou le souverain était conçu comme le *protecteur* de la religion). Examinant les politiques de conversion dans les provinces de l'Est dans l'empire Russe, Paul Werth note que les activités missionnaires orthodoxes ont suivi la conquête militaire russe du XVIIe siècle dans les provinces de l'Est. Une autre vague d'activités missionnaires appuyées par l'État eut lieu au XIXe siècle. Werth note (2000: 499):

> Mais puisque ces *conversions* dépendaient de la coercition et des avantages matériels, l'attachement de ces *convertis* au christianisme était manifestement faible et leur identité chrétienne était avant tout *formelle* et *légale*, appuyée par la force de l'État russe[292].*

On constate donc une conception territoriale de la religion. Au Moyen Âge, l'Église occidentale est parfois financée par l'État et le roi peut influencer le choix des évêques ou cardinaux. La conversion de Constantin a donc créé un précédent. Ainsi, lors de l'évangélisation de l'Europe, il est devenu habituel lors de la conversion d'un souverain au christianisme, que le peuple suive son chef sans trop discuter, dans sa nouvelle religion. Le choix individuel fut alors largement évacué, relégué au second plan. L'adoption du christianisme est donc devenue largement une question sociale, d'identité culturelle et non plus de décision personnelle comme ce fut le cas lors des premiers siècles du christianisme. Augustin (354-430), au moment de la controverse avec les Donatistes[293], a même prôné l'usage de la contrainte pour les voir réintégrer l'Église catholique. Ce précédent a ouvert la porte, bien des siècles plus tard, à l'Inquisition. Par la suite, la formule de la conversion par acculturation s'est développée et dès que l'individu nait dans une culture catholique (ou orthodoxe), il est marqué par le rituel du baptême et se voit automatiquement considéré catholique (ou orthodoxe).

En Amérique, l'Église catholique a poursuivi cette attitude d'imposition du catholicisme. Pour ne donner qu'un exemple, sur le territoire espagnol, devenu plus tard l'État du Nouveau-Mexique, le catholicisme a été imposé aux Amérindiens Pueblo. En 1680, ces derniers se révoltèrent et les Espagnols furent expulsés. Ils reprirent le territoire en 1702, mais se montrèrent désormais plus conciliants envers les croyances et pratiques amérindiennes. Pour éviter les sanctions contre les croyances ancestrales, les Pueblos combinèrent les rituels catholiques et leur propre cosmologie. Cette *solution* s'est imposée, avec quelques variantes locales, à l'ensemble de l'Amérique latine où le catholicisme est maintenant dominant, c'est-à-dire conversions forcées des peuples conquis et syncrétisme subséquent. En France, une situation comparable a prévalu jusqu'à la Révolution. Le massacre de la Saint-Barthélemy est un exemple manifeste de cette attitude territoriale de la religion. La montée au pouvoir des huguenots menaçait de faire basculer l'équation une nation = une religion. Ces derniers, pour leur part, n'eurent souvent d'autre recours que celui de se réfugier sur le territoire de princes favorables à leur cause. Dans l'Europe du Moyen Âge, les Juifs ont généralement été les premiers à faire les frais de cette attitude territoriale de la religion où les expulsions suivent la confiscation de biens et la persécution.

Chez les catholiques (ainsi que chez les luthériens et anglicans), l'habitude de baptiser les enfants avant l'âge de raison est devenue un élément indispensable au système. Lorsqu'il est question de méthodes de recrutement, l'efficacité de cette formule la rend plutôt irrésistible. Le recrutement se fait simplement par le biais de la reproduction des membres de la communauté ainsi que par l'acculturation subséquente. Les crises existentielles ainsi que les fuites de membres potentiels sont ainsi évitées. Le libre choix a peu d'importance dans ce contexte, sinon pour les cas d'exception, les conversions d'adultes provenant d'une autre culture, non catholique. Bien que l'on défende ce modèle en affirmant que «l'individu a toujours le choix de rester ou de quitter», il demeure que l'individu est déjà identifié, dès son jeune âge, comme chrétien catholique, anglican ou luthérien. Au point de vue pratique le choix de l'individu est donc évacué.

Sur le plan historique, de façon très sommaire, on peut tracer le parcours temporel, de l'exigence de la conversion d'adultes (et l'opposition au baptême d'enfants[294]) chez divers groupes chrétiens dissidents qui, dans les premiers temps, ont souvent payé leurs prises de position de leur sang ou par l'exil. Parmi ceux-ci, on retrouve les vaudois, les anabaptistes, les mennonites, les puritains, les quakers, les piétistes Allemands, les frères moraves ainsi que (plus récemment) les baptistes, certains méthodistes et autres groupes s'identifiant au mouvement évangélique. Il est essentiel de comprendre que la liberté de choix et de conscience a été gagnée d'abord sur le plan religieux avant d'influencer la sphère politique.

Dans les pays ayant subi une influence profonde de la perspective évangélique, il est entendu que le processus de la conversion, devenir chrétien, implique nécessairement un choix libre de la part de l'individu. Touchant cette influence, on peut noter que le principe du sacerdoce de tous les croyants[295] a brisé les castes et exercé une influence anti-hiérarchique. Le gouvernement des Églises réformées, régies par des anciens[296] laïques, a contribué à établir des attitudes et habitudes démocratiques en Occident. Par ailleurs, au XIXe siècle, cette influence antihiérarchique aboutit à l'abolition de l'esclavage[297]. La contribution sociale de la vision du monde judéo-chrétienne à la civilisation occidentale, particulièrement sous l'influence de la Réforme, est substantielle (Gariépy 1999):

> (...) le sacerdoce du croyant est la principale proposition de la Réforme qui a conduit à la rupture avec l'Église de Rome. Avec le sacerdoce du croyant, il n'existe pas d'intermédiaires obligés entre l'homme et Dieu, ni de personnes, de lieux et d'institutions sacrées. Ainsi, personne ne peut se poser en *gardien du temple*, en détenteur du pouvoir ou du savoir unilatéralement, autoritairement, infailliblement. Ce point essentiel du protestantisme conduit au refus de tout absolutisme, de tout totalitarisme, de tout système de soumission qui s'imposerait à la conscience. Le protestantisme reconnaît le pluralisme et la pluralité des approches personnelles et, à l'opposé des systèmes basés sur la soumission et le pouvoir, il recherche la mise en place d'organisations collégiales, sans autorité hiérarchique en matière reli-

gieuse. Enfin, contrairement au dogmatisme romain figé, rejeté lors de la Réforme, le protestantisme se veut un mouvement qui appelle sans cesse croyants et organisations à réviser leurs positions en évitant de reproduire simplement par habitude des modes de fonctionnement[298].

Mais revenons à l'attitude religieuse à l'égard de l'État et du pouvoir politique. Dans le cas de l'islam, de l'Église catholique au Moyen Âge[299] et de plusieurs idéologies modernes dont le communisme et le fascisme, l'État est perçu comme un instrument essentiel du système idéologico-religieux. Religion et État sont identifiés, unis. De cette pulsion (religieuse) est né l'État totalitaire moderne. Les moyens de contrôle peuvent varier évidemment. Dans certains cas, on se contente d'une influence indirecte, dans d'autres, un contrôle direct et absolu. L'identification totale entre l'État et la Religion peut présager des crises sociales d'importance. La France, qui a connu Richelieu et l'Allemagne, une religion nationale, le luthéranisme, ont connu plus tard la Terreur et le nazisme. Le ciel et l'enfer sont descendus/montés sur terre... Évidemment, il n'y a pas là de relation simple de cause à effet. D'autres facteurs jouent aussi, mais à ce stade, on peut penser que l'attitude de la religion sur ce point puisse influencer de manière profonde les modèles de comportement politiques d'une société. Notons que lorsque la religion s'identifie à l'État, cela introduit assez souvent un aspect territorial, c'est-à-dire que sur le territoire *appartenant* à un État/religion, les croyants ont un statut privilégié et les groupes définis comme *incroyants* sont alors sujets à toutes sortes de contraintes sociales et de tracasseries si ce n'est des tentatives de conversion forcée. Cheikh Youssouf explique la conception géographique et culturelle de la religion islamique (2005):

> Pour l'islam, le monde se divise en deux: *Dar el islam* et *Dar el Harb*. Le premier terme désigne tous les territoires où l'islam a le pouvoir politique, même s'il est minoritaire et si tous les autochtones ne sont pas musulmans. Le *Dar el Harb* «territoire de la guerre» c'est le reste du monde que l'islam a le devoir de conquérir par une guerre perpétuelle, le *Djihad*. Il n'y a aucune différence entre les pays qui composent le *Dar el Harb*, les personnes et les biens de ces territoires sont *Mubah* «permis» à la merci des musulmans.
>
> Examinons maintenant les rapports des musulmans avec les peuples du *Dar el Harb*. Les peuplades idolâtres n'ont pas le choix: la conversion ou l'extermination, mais des hommes seulement - les femmes devenant des esclaves. Pour les peuples du Livre, c'est-à-dire les juifs et les chrétiens, l'alternative est certes meilleure, la conversion n'est pas nécessaire; ce qui est exigé c'est la soumission au pouvoir

politique, soumission qui se manifeste surtout par le paiement de l'impôt, la *djizia*, sorte de capitation qui a servi au cours des siècles, avec les pillages, à constituer le «trésor des musulmans». Elle se manifeste aussi par d'autres signes extérieurs d'humiliation qui traduisent un statut d'infériorité quasi obsessionnel pour les musulmans. En échange de cette soumission, les *dhimmis* ont droit à la protection des différents pouvoirs islamiques (sultan, caïd, etc.), ce qui leur permet de vivre en pays d'islam. Il s'agit d'un contrat qui n'est rompu que par la révolte des dhimmis contre leurs maîtres et, à plus forte raison, si des dhimmis veulent conquérir, de quelque manière que ce soit, une Terre qui appartient ou a appartenu à l'islam..

Discutant de la conversion à l'islam sous le régime ottoman au XIXe siècle, Selim Deringil souligne le rôle plus ou moins important de la contrainte (2000: 547):

> Le converti change de monde. Ceci peut se faire de manière volontaire ou involontaire. Cela va de la conversion proverbiale *à la pointe de l'épée* jusqu'à l'acte tout à fait sincère et raisonné sur le plan intellectuel. Et les variations de conviction et de motivation sont presque infinies. Elles vont de l'acte délibéré de l'aristocrate polonais qui se réfugia dans l'empire ottoman et en 1830 se mit au service des ottomans, jusqu'à ces chrétiens à Damas qui se convertirent pour sauver leur vie au cours des émeutes de 1860. Mais il existe des zones grises. Les petites insultes de la vie de tous les jours: être désigné du terme *mürd* plutôt que *merhum* à sa mort, se voir interdire le port de certaines couleurs ou vêtements, ne pas pouvoir chevaucher certains animaux. Ces petites irritations, endurées à tous les jours, ont sans doute été la motivation d'un grand nombre de conversions à l'islam.*

La contrainte ne prend pas toujours la forme d'une menace de mort, mais affiche parfois un visage plus doux, plus raisonnable, négociateur, celui du bureaucrate religieux étatique. Son rôle est de récompenser les *bons* et de sanctionner les *récalcitrants*. Les contraintes sociales et économiques constituent donc une forme de persuasion, moins violente, mais possiblement plus efficace à long terme que la menace physique. Il faut noter que les pressions de la vie quotidienne peuvent atténuer les rigueurs du zèle prosélytique. Par exemple, il semble que par le passé certains califes aient découragé les tentatives de conversion trop zélées des *dhimmis*, car la *djizia*, l'impôt auquel ils étaient sujets (mais dont le musulman ordinaire était exempt), constituait parfois une source de revenus trop intéressante.

Le rapport entre religion et politique a été une préoccupation centrale chez de Tocqueville. Jeune juriste, il quitte la France en 1831 pour entreprendre un voyage en Amérique afin d'y étudier le système pénitencier. À l'époque, l'Europe (et la France plus particulièrement) est la scène, depuis 50 ans, de révolutions, de guerres et de turbulences incessantes. De retour en Europe, il fit rapport à ce sujet pour ensuite produire une étude plus approfondie sur le contexte politique américain intitulé **De la démocratie en Amérique**. Le premier volume de cet essai sera publié en 1835. Le professeur d'éthique et politicologue à l'ENAP[300], Yves Boisvert note à ce sujet (1999):

> Pour Tocqueville, c'est la présence de la religion[301] au cœur des mœurs du peuple américain qui a véritablement permis à la démocratie de se développer sainement. La prégnance de l'esprit religieux sur l'ensemble des mœurs permet, selon lui, d'amener les individus à user intelligemment de leur liberté sans jamais en abuser. Il semble d'ailleurs croire que le peuple américain, ce peuple de foi, deviendra un phare pour les jeunes démocraties européennes. (…) Tocqueville croit que la démocratie a de l'avenir si les sociétés qui l'adoptent savent s'organiser. C'est dans cet esprit qu'il part pour l'Amérique voir si cette dernière n'aurait pas de leçons pratiques à donner à l'Europe. Sur place, il se rend rapidement compte que le génie démocratique du peuple américain est d'avoir su organiser la société à partir du principe de la séparation et de l'interdépendance des espaces publics. Ainsi, la société américaine semble être une cohabitation harmonieuse entre la société religieuse, la société civile et la société politique. Pour Tocqueville, il y a un lien direct entre la qualité de la morale d'un peuple, la qualité du dynamisme sociétal et la qualité de la démocratie. C'est ce lien qui permet de favoriser le développement d'un réel vouloir-vivre-ensemble et d'un désir d'agir ensemble.

Il est assez étonnant de constater que de Tocqueville, pourtant catholique, a bien compris certains aspects du danger d'une relation trop intime entre religion et État. Celui-ci affirme (1840: 4ᵉ partie, ch. v):

> Je ne crains pas non plus d'avancer que, chez presque toutes les nations chrétiennes de nos jours, les catholiques aussi bien que les protestantes, la religion est menacée de tomber dans les mains du gouvernement. Ce n'est pas que les souverains se montrent fort jaloux de fixer eux-mêmes le dogme; mais ils s'emparent de plus en plus des volontés de celui qui l'explique: ils ôtent au clergé ses propriétés, lui assignent un salaire, détournent et utilisent à leur seul profit l'influence que le prêtre possède; ils en font un de leurs fonctionnaires et souvent un de leurs serviteurs, et ils pénètrent avec lui jusqu'au plus profond de l'âme de chaque homme.

Évidemment, cette trop grande intimité entre la religion et le pouvoir séculier peut tout aussi bien être le résultat d'une volonté politique de contrôler la religion que l'inverse, c'est-à-dire une perspective religieuse qui voit l'État comme un instrument de salut ou le moyen de faire apparaître sur terre une utopie sociale. Le résultat final est, à toutes fins utiles, le même. L'État devient alors un instrument de la religion (ou l'inverse). Une critique contre l'État est, dès lors, une critique de l'ordre sacré. Les réformés ont brièvement tenté l'expérience à Genève sous Calvin[302], mais on ne l'a pas répétée... Dans le monde islamique, cette attitude, qui voit l'État comme un outil essentiel de la religion, a été, jusqu'à récemment, presque universelle. Un État séculier dans une nation dont l'héritage culturel est islamique est difficilement concevable et, dans la pratique, le sujet de tensions constantes[303].

Si on se penche sur le cas de l'hindouisme, dans lequel l'appartenance à une caste constitue une marque permanente sur l'identité individuelle, bien des questions se posent également. Est-ce que l'accession d'un intouchable (*asprsya*) à la caste des brahmanes est possible dans la vie présente? Peut-il se *convertir* aux castes supérieures de quelque manière? Est-ce que le seul chemin qui lui soit ouvert est celui des renaissances successives (*samsara*)? Peut-il espérer, dans cette vie, un quelconque *salut* ou seulement dans une réincarnation future?

Toutes les grandes religions mondiales admettent évidemment la conversion librement consentie d'un adulte, mais ceci dit, toutes les religions n'exigent pas ce type de conversion. Au sein du monde islamique, la conversion librement consentie constitue un mode de conversion possible, mais exceptionnel. Dans le contexte moderne, si on obtient sans contrainte des convertis à l'islam rien ne s'y oppose, mais les données historiques indiquent que le libre choix des convertis à l'islam n'est ni essentiel, ni important. Au premier siècle de son existence, la plus grande partie de l'expansion de l'islam s'est faite non pas par le biais d'activités missionnaires, mais sur le plan géopolitique, au moyen de conquêtes militaires, le *Djihad*[304]. Ceci dit, il faut nuancer, le *Djihad* n'entraîne pas nécessairement des conversions de masse.

Plusieurs musulmans contemporains affirment que la doctrine de l'islam interdit la conversion forcée. Entre autres, il est entendu que dans le contexte d'un État islamique *les gens du Livre*, (juifs et chrétiens) peuvent conserver et pratiquer leur religion à condition que ce soit de manière marginale, sans grand apparat.

Bien souvent les groupes religieux non islamiques doivent s'adapter à une existence semi-clandestine. A priori, l'islam et le musulman doivent toujours dominer. C'est la récompense du juste, celui qui obéit à la Loi divine. Par exemple, il est permis à un musulman d'épouser une juive ou une chrétienne. Dans une telle situation, les enfants resteront musulmans. Par contre, une musulmane ne peut épouser un juif ou un chrétien, car cela impliquerait que la femme serait soumise à son mari et ce serait une abomination de voir une musulmane soumise à un *dhimmi*. Le *dhimmi* a le droit de pratiquer sa religion, mais il est entendu qu'il a un statut inférieur au converti.

L'obéissance à la loi de Dieu, la *Shari'a* est ce qui compte en dernière instance, car c'est le devoir ultime du musulman. Le moyen par lequel on obtient la conversion à l'islam importe peu. Si le *dhimmi* est le protégé, cela implique sur le plan logique que d'autres ne le sont pas… Dans le Coran, à la Sourate 9, on discute de la conversion des païens/idolâtres. Il est stipulé qu'ils ont droit à une semonce suivie d'une période de quatre mois pendant lesquels ils peuvent réfléchir afin d'accepter l'islam. S'ils refusent la conversion, voici ce que l'on ordonne (Sourate 9: 5):

> Une fois passés les mois sacrés, tuez les incroyants[305] où que vous les trouviez. Prenez-les, assiégez-les, dressez-leur des embuscades. S'ils se repentent, font la prière, acquittent l'aumône, laissez-leur le champ libre, car Dieu pardonne, il a pitié.

Si on constate que dans l'islam le moyen par lequel on fait des convertis importe peu[306], il faut noter aussi que l'islam réclame des punitions sévères, sinon la mort pour ceux qui le quittent ou pour le musulman qui ose le critiquer en public. À ce sujet, Deringil observe (2005: 550):

> La question de l'apostasie (*irtidad*) de l'islam est particulièrement épineuse. Il est communément admis chez les musulmans que la *Shari'a* prescrit l'exécution de l'apostat (*mürtedi*). L'avis de Ebu's Su'ud Efendi, le S,eyhülislam le plus respecté du xvıᵉ siècle, est sans équivoque dans sa *fatwa* sur ce point: «Question: Que prescrit la *Shari'a* pour le dhimmi qui retourne à son infidélité après avoir accepté l'islam? Réponse: Il est rappelé à l'islam. S'il refuse, il est tué.» Une étude importante sur Ebu's Su'ud dresse un portrait assez dur: «La pénalité pour l'apostat de sexe mâle est la mort. Avant l'exécution… les juristes accordent un délai de trois jours. Si au cours de cette période, l'apostat se repent et accepte l'islam, il est pardonné. Un apostat, dans les faits, vit dans une zone grise sur le plan juridique. S'il émigre et que le juge

établit qu'il a atteint le royaume de la guerre, sur le plan légal, il est mort.» Ce jugement est aussi le fondement de ce que certains auteurs appellent le *néo-martyre*, Ces derniers sont des hommes ou des femmes qui, pour diverses raisons, se sont convertis, mais qui par la suite se sont repentis et ont déclaré publiquement qu'ils étaient chrétiens. «La loi turque est explicite et leur condamnation à mort, s'ils persistent, était certaine.»*

Il se peut que cette attitude intransigeante à l'égard des non musulmans qui résistent à la conversion ait sa source dans la Sourate 9: 11-12 où il est affirmé, concernant les infidèles:

> Ils vendent à vil prix les versets de Dieu et ils écartent de son sentier. Oui, mauvais leurs actes. Ils ne respectent envers les croyants ni alliance, ni engagement. Ils sont des transgresseurs. S'ils se repentent, font la prière et acquittent l'aumône, ils deviennent vos frères de religion. Oui, nous expliquons nos versets à un peuple qui sait. Mais s'ils violent un pacte qu'ils ont juré et attaquent votre religion, combattez ces maîtres d'incroyance qui violent les serments, peut-être cesseront-ils.

En Occident généralement, les musulmans tendent à manifester des jugements plus modérés, mais la situation dans les nations où l'islam domine est tout autre. Qu'en est-il de celui qui quitte l'islam en Arabie Saoudite[307] ou au Soudan? Qu'en est-il même d'individus de culture islamique vivant à l'Ouest qui osent critiquer l'islam en public? Qu'en est-il des *fatwas* et menaces de mort contre Salman Rushdie et d'autres moins connus ayant osé critiquer le Prophète et sa loi? Est-ce caricaturer que d'affirmer que tout indique une religion qu'on peut certes adopter librement, mais qu'on ne peut quitter avec autant de liberté? En Occident, pour parer les critiques à ce sujet, les musulmans évoquent habituellement la Sourate 2: 256 qui affirme «Point de contrainte en religion: droiture est désormais bien distincte d'insanité. Dénier l'idole, croire en Dieu, c'est saisir la ganse solide, que rien ne peut rompre. Dieu est Entendant, Connaissant.» Mais quelle est la réalité?

L'organisme médiatique **Freedom House** publie, à intervalles réguliers, un rapport[308] sur la liberté de presse dans le monde (Karlekar 2003). Tous les pays du monde y sont analysés. Si on regroupe, à l'intérieur de ce rapport, les notices sur les pays où l'islam est dominant, on observe une constante: plus l'influence de l'islam est forte, plus la liberté de presse est limitée, sujet à contrainte. Que le régime politique soit explicitement islamique, c'est-à-dire intégriste, ne semble pas tellement significatif. Ce qui importe c'est l'influence dominante de l'islam (sur les plans historique et culturel) dans un pays. L'exercice du métier de journaliste dans un pays islamique est parfois dangereux et, dans les meilleures circonstances, sujet à tracasseries, contraintes et autocensure. En Iraq par exemple, sous le régime de Saddam Hussein, une remise en question (une *insulte*) d'une décision du président ou d'un ministre, de la part d'un journaliste, pouvait mériter la peine de mort. Lorsqu'on examine le rapport de Freedom House sur la liberté de presse dans le monde, on note que la presse, dans les pays sous influence islamique, doit respecter deux interdits plus ou moins implicites:

1. Ne jamais critiquer l'islam
2. Ne jamais critiquer l'État[309] (et ses dirigeants) où réside l'institution de presse.

Dans les sociétés à tradition islamique, puisque l'État est, a priori, identifié à l'islam, une critique de l'État, est de ce fait, une critique implicite de l'islam… donc inadmissible. Al Jazeera, la CNN du monde musulman, située au Qatar, est réputée la plus libérée et la plus avant-gardiste des chaînes de télé du monde islamique. Mais peut-elle enfreindre ces deux interdits? Dans le rapport sur la liberté de presse publié par Freedom House, examinez la notice sur le Qatar… Plusieurs nations islamiques comportent un ministère ou organisme gouvernemental de la censure dont le but explicite est de surveiller les médias pour tout discours hors normes, que ce soit sur le plan politique ou religieux[310]. Ceci dit, le monde islamique n'est pas monolithique et dans certains pays de culture islamique où d'autres influences occidentales sont plus prononcées (sinon l'influence de l'islam sur l'État est devenue moindre) la liberté d'expression sera possiblement plus grande. Pour le musulman cohérent, l'État d'un pays, où la majorité est islamique, qui ne met pas en vigueur la *Shari'a* sera considéré illégitime, suspect, car la loi révélée d'Allah est la seule loi. On constate aussi en examinant le rapport de Freedom House que plusieurs pays où le catholicisme est dominant sont regroupés dans la catégorie «Not Free», c'est-à-dire où la liberté de presse est sujet à contraintes et censure. Par contre, on note que les pays de tradition catholique qui ont vu, au cours du XXe siècle, l'influence catholique marginalisée ou remplacée sur le plan institutionnel par l'influence moderne, ont une cote de liberté de presse plus élevée. Ces données confirment jusqu'ici notre hypothèse de départ. Si on considère la scène politique, on peut prévoir des conséquences semblables.

Mais qu'en est-il alors de l'Occident postmoderne? Puisque, tout comme le catholicisme, le bouddhisme et l'islam, la religion postmoderne accorde peu d'importance au fait que la conversion à cette religion soit le résultat d'un choix volontaire ou le résultat d'une propagande omniprésente, son attitude à l'égard de la liberté de conscience ainsi qu'à l'égard de la démocratie en est affectée. Tout comme le bouddhisme, la religion postmoderne s'impose par la transmission implicite de présupposés. Examinant la pensée de Derrida, C. Halpern met en lumière (inconsciemment il est possible) un contraste très utile entre modes de conversion (et de diffusion idéologique) chez le moderne et le postmoderne (2005: 52):

> Il existe plusieurs manières de se rebeller. Par la rupture bien sûr, on est alors un révolutionnaire. Pas de compromis possible, pas de doute, pas d'entre-deux: *Du passé, faisons table rase*. Mais il est une autre manière, non moins déstabilisante: la subversion. Le travail de sape se fait de l'intérieur, presque l'air de rien. On reprend les codes, les conventions, l'héritage et par des déplacements, au début imperceptibles, on fait jouer les règles contre elles-mêmes. Le résultat est inédit, non conforme, mais ne prend sens que par l'écart et donc par la ressemblance avec ce avec quoi il détonne.

La religion postmoderne évite donc la confrontation, le moment de décision. Elle ne comporte aucun rituel de conversion explicite. Par le biais des médias de masse, elle s'impose, au moyen d'un mécanisme graduel de modification/infiltration des présupposés de la société. Le processus de conversion postmoderne est implicite, inconscient et vise d'abord les institutions sociales plutôt que les individus. Par ailleurs, la religion postmoderne voit aussi l'État comme un outil indispensable pour établir son ordre sacré. De ce fait, l'État doit être dominé par les élites postmodernes. Dans ce contexte, la séparation de l'Église et de l'État, est, au fond, un concept applicable aux *autres*... Malgré ses prétentions égalitaires, ce trait rend la religion postmoderne foncièrement antidémocratique. Et lorsque les espoirs politiques des postmodernes sont frustrés, nous subissons une escalade de la rhétorique. On note, par exemple, l'attitude de certains démocrates américains qui considéraient que le résultat de l'élection présidentielle de 2004 était *criminel*... simplement parce que le résultat de cette élection ne reflétait pas les aspirations des élites postmodernes. Cela révèle une véritable crise de la démocratie, car ce système exige, chez le citoyen, l'attitude que tous ne peuvent réaliser, à chaque élection, leurs souhaits sur le plan politique. Si le présupposé que la paix sociale ne peut dépendre du fait que tous soient d'un même avis n'est pas admis par une part très large de la société, la démocratie risque de se désagréger.

D'autre part, un phénomène qui contribue au penchant anti-démocratique postmoderne peut être observé dans l'insistance des médias, particulièrement au Québec, à *parler au nom du peuple* et à rendre compte de ses positions, alors que les consultations méthodiques et sondages contredisent régulièrement, sinon dans la majorité des cas, leurs prétentions. J. - F. Lyotard affirme sans ambiguïté à ce sujet (1979: 53) «Il n'y a donc pas à s'étonner que les représentants de la nouvelle légitimation par le *peuple* soient aussi des destructeurs actifs des savoirs traditionnels des peuples[311], perçus désormais comme des minorités ou des séparatismes potentiels dont le destin ne peut être qu'obscurantiste.» On constate donc l'attitude qui considère que le peuple doit être convaincu, emmené dans le *bon chemin*, un individu à la fois. On s'y emploie en l'informant que *tout le monde* pense ou admet déjà certaines choses. En fait, on pourrait presque affirmer que les élites dominantes en Occident exigent une conversion individuelle sinon l'adhésion formelle à une *certaine* perception des choses.[312]

Le concept de salut, dans le système idéologico-religieux postmoderne, tourné vers l'épanouissement de l'individu, s'oppose à un principe de base de la démocratie, l'intérêt pour la collectivité. Le déclin des idéologies politiques qui ont dominé le XXe siècle est certes lié à cette préoccupation[313]. Dans un article sur Vaclav Havel, autrefois président tchèque ainsi que prisonnier politique, le journaliste Paul Berman fit les déclarations provocantes qui suivent (1997: 36):

> C'est très bien de parler de droits de la personne, de lois, de constitutions, d'organismes non gouvernementaux. (...) Le monde regorge de nations qui adoptent les constitutions les plus éclairées, proclament les droits de l'homme d'ici jusqu'à l'horizon, mais échouent lamentablement sur le plan pratique. Pourquoi? C'est que la démocratie exige un type de citoyen particulier. Elle exige des citoyens qui se sentent responsables pour autre chose que leur petit nid douillet. Elle exige que des citoyens voulant participer aux affaires de la société et insistant même pour y participer. Ce sont donc des citoyens déterminés, qui ont des convictions très profondes à l'égard de la démocratie, au niveau où l'on retrouve les convictions religieuses. Là où les croyances et l'identité se retrouvent.*

David Harvey, dans **The Condition of Postmodernity**, note une faiblesse du discours postmoderne. Dans la négation de l'universel, il y a la tentation d'une pensée régionale, narcissique en dernière instance. Harvey souligne, au sujet des conséquences politiques du postmodernisme (1989: 351):

> Au pire, il nous ramène à une politique étroite et sectaire dans laquelle le respect de l'autre est mutilé par les feux de la compétition entre les fragments. Et il ne faut pas oublier que ceci a été le moyen qui a permis à Heidegger de s'accommoder du nazisme et qui continue d'influencer le discours fasciste (à témoin, on peut citer le discours d'un dirigeant fasciste contemporain comme Le Pen).*

En Occident postmoderne, l'individu (ou la communauté locale) se voit établi comme source de toute moralité et, puisque Dieu ne saurait plus en être le garant, l'État (par le biais de ses élites juridiques) se voit chargé de la lourde responsabilité de départager les moralités individuelles et régionales[314]. Par exemple devant la calamité, le postmoderne n'a pas le réflexe, comme l'individu influencé par l'héritage chrétien du Moyen Âge, de prendre le rôle du pénitent, d'entreprendre une remise en question et de se repentir avec le sac et la cendre. Dans les mêmes circonstances, le postmoderne prend plutôt le rôle de la victime dont on a bafoué les *droits*. Il n'a jamais à se remettre en question[315], une victime n'a jamais de comptes à rendre. Puisque dans le cadre conceptuel postmoderne la divinité n'intervient pas de manière significative, l'individu doit faire ses réclamations à l'État. C'est l'État qui doit conduire l'individu au salut, c'est-à-dire à l'épanouissement. Il est inévitable que le départage des moralités, dont l'État en Occident se voit chargé, soit tranché en fonction des principes postmodernes. Cela constitue donc un intégrisme nouveau genre. Considérant l'interaction entre loi et moralité qu'implique le débat sur l'avortement, John Garvey souligne le rôle nouveau des instances juridiques et de la loi dans le contexte postmoderne (1981: 360):

> La loi a introduit une bonne part de confusion dans ce débat, mais cela n'a rien de surprenant en régime démocratique, où la loi devient le terrain de discussion commun. Le problème est que, par le biais d'une mutation idolâtre, la loi est devenue non seulement le terrain commun (puisque nous n'acceptons aucune autre autorité commune), mais la source de tout jugement, le seul standard. C'est comme si la fonction de la loi est non pas de refléter la justice, mais de la créer. Les discussions au sujet de l'avortement aboutissent fréquemment à la question: «Est-ce qu'on doit permettre ou interdire l'avortement?»

Cette question implique que ce qui est interdit par la loi est mal et ce qui est permis est bien. La loi et la justice se confondent alors de manière complète et avec une correspondance telle que la question devient donc quel comportement doit être imposé par l'État? Dès lors, la loi et la moralité s'embrassent, la sagesse équivaut à la législation et César est maître absolu.*

Mais dans le contexte postmoderne, une telle conclusion n'est-elle pas inévitable? Puisqu'en Occident la moralité n'a comme seuls supports et justifications la culture ou les communautés locales, il faut s'attendre, sous le règne d'élites postmodernes à ce que les besoins et intérêts des structures étatiques deviennent les seuls et uniques repères pour établir l'éthique. De là, une dégradation plus ou moins graduelle des droits de la personne sur le plan international, car, en toute logique, le concept des droits de la personne ne peut être, aux yeux du postmoderne, rien d'autre que le produit de la civilisation occidentale. Il est ironique de constater que les élites postmodernes, dont le nombre est gonflé par les réfugiés des mouvements de la gauche des années 60 et 70, aboutissent, par la logique de leur système de pensée, comme l'a noté Harvey ci-dessus, sur le plan politique, à l'extrême droite.

Jusqu'à maintenant, en Occident on a postulé que les droits de l'Homme constituent une série de droits moraux et juridiques que l'on estime dus à chaque être humain. Leur fondement est un principe universel, celui de l'égalité des hommes. Dans le contexte postmoderne, une telle affirmation tombe dans le vide. Imposer au reste de la planète une conception occidentale des droits de l'homme (ou de la femme) constitue une forme inadmissible d'impérialisme éthique et idéologique. On admet la possibilité que le concept des droits de la personne puisse être légitime en Occident, mais rien n'exige qu'il le soit dans d'autres contextes culturels. Dans le contexte postmoderne, le rejet des universaux implique aussi le rejet de toute idée de projet de libération sur le plan politique, car le projet d'autonomie-démocratie est lié aux universaux d'égalité et de dignité de tous les humains.

La politique et la cosmologie sont toujours liées de manière intime. La cosmologie nous fournit des indices sur ce qu'est un homme *véritable* et la politique ne fait que tenter d'élaborer et d'appliquer des moyens pour y parvenir. Malgré les nombreux avantages du concept des droits de la personne, l'ambivalence postmoderne à cet égard est tout à fait compréhensible, compte tenu des présupposés cosmologiques de ce système. Le postmoderne se voit donc contraint, par la logique de son système, de remettre en question des concepts qui ont pourtant fait leurs preuves sur les plans social et politique, concepts à la base d'une bonne partie de notre vie politique. Fukuyama remarque à ce sujet (2004: 377):

> Ainsi, malgré la piètre réputation dont des concepts comme les droits naturels jouissent auprès des philosophes académiques, une bonne partie de notre monde politique repose sur l'existence d'une *essence* humaine stable dont nous sommes dotés par la nature[316], ou plutôt le fait que nous croyons en l'existence d'une telle essence.

Dans le système de pensée communiste, dès le moment où on a admis le principe que l'appartenance de classe définit la conscience[317], le bourgeois devient un personnage qu'il faut opposer, marginaliser et éliminer lorsque possible. La conversion est impossible. Hors de la classe ouvrière, point de salut[318]. De ce constat, on note dans le cas du communisme classique (ex.: URSS, Chine, Viêt-Nam, etc.), tout comme dans le cas de l'islam, une identification très forte entre le système idéologico-religieux et l'État[319]. Cette identification exclut alors toute critique de l'État ou de ses décisions, ainsi que toute critique du système idéologico-religieux que l'État incarne. Dans les pays sous la domination communiste, les libertés de presse, intellectuelle et politique sont généralement très limitées. La pensée doit suivre les ornières prescrites par l'idéologie dominante, sinon des sanctions seront appliquées aux récalcitrants et aux impénitents. En Occident, dans le cas des divers régimes socialistes, on a limité les conséquences de l'appartenance de classe. On a largué ce présupposé que l'appartenance de classe définit la conscience. De ce fait, la liberté de conscience religieuse et politique est alors admise à des dégrés variables. Une société bâtie sur un socialisme librement consenti (et que l'on peut quitter aussi librement) devient alors concevable. Mais l'interdiction de la critique de ces États religieux ne devrait pas trop étonner si on tient compte de la remarque d'Ellul notée ci-dessus dans ce texte en rapport avec le phénomène de la propagande qui établit un nouveau sacré, c'est-à-dire un discours à l'abri de toute critique ou remise en question sérieuse (Ellul 1954/1990: 335).

Chez les nazis, le salut est génétique. Même chez les races dites *supérieures*, il y a des tares, des individus à la génétique défectueuse, qu'il faut soit isoler ou éliminer. Il faut préciser que le nazisme n'est pas apparu *ex nihilo*, sans genèse intellectuelle ou culturelle. Les concepts de races supérieures et inférieures étaient bien admis en Allemagne avant l'arrivée du nazisme. Au début du xxe siècle, l'élite allemande avait fait une très large place au darwinisme ainsi qu'au mouvement eugénique. Les adhérents à ce mouvement affirmaient, en s'appuyant sur les principes darwiniens de la lutte pour la survie et de la survie des plus adaptés, qu'il fallait mettre de côté les individus dont les déficiences pouvaient dégrader la race. Un eugéniste renommé, Alfred Hegar, professeur de gynécologie à l'université de Freiburg, affirma dans un article (1911: 80-81) que de même que l'on considère utile et admissible d'éliminer les criminels, puisque les garder en prison constitue une charge pour la société et qu'ils représentent un danger pour celle-ci, pourquoi ne pas éliminer les handicapés mentaux ou physiques pour les mêmes raisons? Il affirmait que ces handicapés constituent bel et bien une charge pour la société et, sur le plan génétique, leur reproduction constitue un danger pour la race, qui serait menacée de déchéance. Richard Weikart note que la pensée de Hitler s'est nourrie et a participé à un courant de pensée occidental riche et dominant (2004: 225):

> Il est peu probable que l'on découvre les sources exactes de la vision du monde de Hitler. Par contre, si on examine sa vision du monde mature, pour la comparer aux perspectives avancées par les élites scientifiques, médicales et les professeurs ainsi que divers penseurs sociaux, il devient apparent que le racisme social darwinien, l'éthique évolutionniste ainsi que l'eugénisme n'étaient pas l'apanage unique de penseurs *pseudoscientifiques* à la marge. Même si Hitler a pu absorber ses idées de l'influence de grossiers vulgarisateurs, ces derniers, pour leur part, avaient repris ces idées d'érudits bien en vue. Non pas qu'elles aient été incontestées, elles étaient tout de même partagées par l'élite dominante et des penseurs prisés de la communauté universitaire allemande. Plusieurs biologistes et anthropologues des universités les plus importantes avaient déjà embrasé les concepts d'inégalité raciale, de lutte des races, d'eugénisme et d'euthanasie, des conceptions tout à fait similaires à celles de Hitler. Ce point permet de comprendre l'enthousiasme avec lequel l'Allemand ordinaire et même les élites médicales et scientifiques, participèrent et donnèrent leur appui aux atrocités nazies.*

Puisque la religion postmoderne n'implique pas un rituel de conversion explicite et, comme c'est le cas de l'islam, que le choix libre du converti importe peu sur le plan du prosélytisme, il ne faut guère s'étonner devant l'intolérance, qui sera notée par

J. Bouveresse ci-dessous, à la critique démontrée par les élites postmodernes. Par ailleurs, l'anthropologue néerlandais Bob Scholte examine certaines questions suscitées par le relativisme postmoderne, questions visant les conséquences du postmoderne sur le plan politique et de la pensée critique en sciences sociales (1980: 80-81):

> ... comment choisir entre paradigmes[320] alternatifs? Peut-on simplement le faire sur un coup de dés? (...) Comment s'échapper à la fois du Scylla du relativisme historique et culturel ainsi que du Charybde idéologique par le biais d'un historicisme utopique (ou d'une réification syntagmatique)? (...) Nous devons développer une position paradigmatique qui sera non seulement contextuelle et comparative, mais aussi discontinue, critique et évaluative. En d'autres mots, nous devons confronter le fait que l'assimilation réfléchie d'une tradition est autre chose que la poursuite insoucieuse d'une tradition. (...) Mais comment faire?*
>
> (Scholte 1983: 264) ... Il me semble qu'il existe des options plausibles susceptibles de transcender les circonstances spécifiques des sciences sociales d'une époque donnée et fondées sur des valeurs transculturelles auxquelles l'anthropologie devrait s'appuyer en tout temps. À vrai dire, le cynisme politique et moral qui est la conséquence d'un relativisme cohérent et conséquent semble aussi irresponsable sur le plan intellectuel qu'impotent sur le plan politique. L'avertissement d'Horkheimer doit être entendu, car il décrit, avec une grande précision, le compromis institutionnel admis par bon nombre d'intellectuels. Le cynisme bien informé n'est qu'un autre mode de conformisme. Ces gens embrassent volontairement ou se forcent à accepter la règle du plus fort comme une loi éternelle.*

Une pensée critique véritable, dans le contexte postmoderne, meurt faute d'oxygène. Sur quoi s'appuiera-t-elle? Elle ne peut servir à rien d'autre qu'à garder à distance les manifestations de pensées non postmodernes. De ce point de vue, il ne reste donc que l'étude des *tribus* postmodernes[321], le conformisme aux idées à la mode ainsi que les pleurnichements et les cris de ceux qui ne trouvent pas leur compte dans un tel contexte. La pensée critique est alors impossible, car comme le signale le théorème de Gödel, elle exige, sur le plan logique, un point de repère hors du système. Et ce point de repère universel est justement ce que rejette le postmoderne. Alors comment fonder le concept de justice en Occident? La question a des conséquences énormes sur la validité des activités d'organismes telles l'ONU et Amnistie internationale, par exemple. De quel droit peut-on justifier l'imposition, à d'autres sociétés, d'un concept de justice occidental ou un *droit à la dissidence*? Pourquoi s'offusquer si d'autres nations ne partagent pas notre concept de justice et d'égalité des droits? Comment se fait-il que les Occidentaux soient scandalisés de la pratique de l'esclavage, de la clitoridectomie ou du rite de sati[322] par lequel une épouse hindoue se suicide (plus ou moins volontairement) pour accompagner son conjoint décédé dans la mort? Quels sont les présupposés cosmologiques qui motivent ces réactions? Quel est le métarécit qui les justifie? Si on exclut ces questions, autant en finir, prendre son Ritalin® et que tous récitent (avec le sourire) le catéchisme postmoderne…

Malgré les appels à la *tolérance*, lorsqu'en Occident postmoderne des factions sociales aux intérêts opposés font valoir publiquement des avis divergents, le rapprochement est impossible, car il n'y a plus de terrain d'entente. Il n'en existe plus dans le contexte postmoderne. Finalement, c'est le groupe dont les perspectives cadrent le mieux avec la religion postmoderne (et les intérêts ponctuels de ses élites) qui peut espérer avoir accès aux cercles d'influence (médiatique et juridique d'abord, politique ensuite) pour obtenir gain de cause, et ce, sans discussion véritable[323]. Les autres n'ont qu'à apprendre l'art de la *tolérance*. Et la Vérité? Bon, enfin… Tout compte fait, seuls ceux qui n'ont pas accès aux lieux de pouvoir se voient dans l'obligation d'être *tolérants*. Dans le contexte postmoderne, lorsqu'on a accès aux cercles d'influence, la *tolérance* est une question qui concerne les *autres*. En dernière analyse le concept d'*in/tolérance* est vide. Son utilité semble surtout de marquer le discours *moral*, d'établir les limites de ce qui peut être *dit/entendu* et permettre la transmission (et l'imposition implicite) des présupposés de la cosmologie postmoderne.

Et quel est le sort réservé aux nouveaux hérétiques, ceux qui osent remettre en question l'orthodoxie postmoderne? La question, le bûcher, l'exil? Non, les tourments réservés à l'hérétique postmoderne ce sont plutôt la marginalisation, la perte de crédibilité, d'influence et, si nécessaire, d'emplois. Plus l'influence potentielle de l'hérétique est grande, plus grands seront les moyens de pression dont il sera la cible.

Il serait vain d'espérer vider ici une question aussi complexe que l'influence plus large (politique et culturelle) des attitudes religieuses à l'égard du prosélytisme et de l'État dans le cadre de cet essai. On se contentera d'offrir ce qui précède à l'indulgence du lecteur comme hypothèse préliminaire, potentielle. Il va sans dire que le principe avancé ici, voulant que les systèmes idéologico-religieux ont des conséquences réelles sur la liberté individuelle ainsi que sur la vie sociale, sera jugé irrecevable par ceux qui adhèrent de manière dévote au présupposé relativiste postmoderne qui postule que l'on puisse interchanger croyances et pratiques sans conséquences aucunes[324].

Sur le plan intellectuel...

> 1. *Tout système formel consistant, et susceptible de formaliser en son sein l'arithmétique des entiers, est incomplet.*
> 2. *Aucun système formel consistant, et capable de définir l'arithmétique des entiers, ne peut prouver sa propre consistance.*
> (Kurt Gödel)

> *Il existe des données qui appuient clairement l'idée que les opérations de certains corps animals dépendent de la prévision d'une fin et de la raison pour l'atteindre. Ce problème n'est pas résolu en ignorant ces données puisque d'autres opérations ont été expliquées en rapport avec des lois physiques et chimiques. L'existence d'un tel problème n'est même pas reconnue, on le nie plutôt. Plusieurs scientifiques ont patiemment conçu des expériences dans le but de fonder leur croyance que le comportement animal n'est motivé par aucun but. Ils ont peut-être passé leurs moments libres à rédiger des articles afin de prouver que la catégorie de «but» est une catégorie sans signification pour expliquer le comportement humain, en tant qu'animal, ce qui inclut leurs propres activités. Les scientifiques qui poursuivent l'objectif de prouver qu'ils sont sans finalité, sans but, constituent un sujet d'étude intéressant.**
> *(Alfred North Whitehead 1929/1958 : 16)*

On a examiné brièvement ci-dessus l'affaire Alan Sokal, physicien à la New York University. Dégoûté des travaux verbeux et factices de chercheurs associés au courant de pensée postmoderne en milieu universitaire, il a monté une arnaque subtile pour leurrer une revue universitaire bien en vue. Ainsi, il a rédigé un article savant sur la mécanique quantique (Sokal 1996), truffé de jargon scientifique, affirmant des thèses bidon. L'objectif était de vérifier s'il était possible de publier un tel article dans une revue d'études postmodernes prestigieuse tout en flattant les éditeurs en faisant usage d'expressions courantes de ce genre de littérature. Pari gagné! Mais ce fut le scandale lorsqu'il révéla la supercherie. À propos de l'*Affaire Sokal*, Peter Berkowitz, professeur d'études gouvernementales, signale (1996: 15):

> Ce qui pose problème à l'égard des études *culturelles* ou *critiques* de la science, telles que l'on rencontre en milieu universitaire, recoupe un problème manifeste à l'égard du postmodernisme en général. En postulant que la distinction entre le vrai et le faux n'est qu'une fiction humaine répressive, le postmoderne affiche un mépris pour la vérité et dénigre les vertus d'intégrité intellectuelle. Ceux qui n'ont jamais monté une expérience en laboratoire ou étudié une équation pour la comprendre peuvent ainsi acquérir une supériorité condescendante fondée dans l'affirmation que la science n'est qu'une invention littéraire affublée d'un prestige social démesuré.*

Même une lecture superficielle du discours universitaire postmoderne mettra immédiatement en évidence l'affirmation que le sens et le savoir sont des produits de la culture humaine et que ce sens a sa source dans les préjugés et les passions de ses auteurs. Ce sens peut donc obscurcir la réalité et sert généralement les intérêts des classes dominantes. La science peut difficilement espérer échapper à ce décapant universel, mais ce n'est qu'un aspect du discours postmoderne. Si on examine ce dernier plus à fond, il faut souligner un présupposé plus important encore, c'est-à-dire l'affirmation que tout principe de moralité et même la raison ne sont rien d'autre que des construits sociaux. À ce titre, Berkowitz ajoute (1996: 15):

> À plusieurs reprises dans le passé, les critiques postmodernes ont exploité ce présupposé éminemment discutable pour disposer, d'un seul coup, de tous les accomplissements littéraires, scientifiques et philosophiques de l'Occident[325]. Par ailleurs, de ce présupposé qui veut que la moralité et la raison soient des construits humains, ils ont considéré que cela constitue un support moral et un appui apparent aux principes démocratiques et égalitaires. Mais dans les faits, ce principe appuie de manière beaucoup plus cohérente la perspective antidémocratique et antiégalitaire que si rien n'est vrai, tout est permis. Dès lors le concept de la justice n'est rien d'autre que le privilège du dominant.*

Dans le contexte cosmologique postmoderne, le travail de déconstruction du discours poursuit inlassablement sa route. Si on déconstruit le concept de la réalité, du monde empirique, un monde indépendant de l'observateur, tel qu'il a été défini par la science occidentale depuis le xvie siècle[326], on remet en question un présupposé au cœur de la science elle-même. Au sujet du concept d'un monde réel, le romancier Philip K. Dick fait les remarques suivantes (1978/1985):

> Mais je considère la définition du réel comme un sujet sérieux, vital même. Et ce sujet en contient un autre, la définition de l'humain authentique. C'est que le bombardement par des réalités artificielles produit rapidement des humains artificiels, aussi bidon que toutes les données dont ils sont bombardés à tout moment. À vrai dire, à ce stade, mes deux sujets ne sont qu'un. Ils se confondent, se fusionnent. Des réalités bidon créeront des humains bidon. Or, des humains bidon génèrent des réalités bidon et iront les vendre à d'autres humains, les transformant en des simulacres d'eux-mêmes. Ainsi, on arrive à une situation où des humains bidon inventent des réalités bidon et les colportent à d'autres humains bidon. Ce ne sont alors que des versions, à grande échelle, de Disneyland. Vous pouvez y avoir le manège des Pirates ou le simulacre du mémorial Lincoln, ou le manège fou de Mr. Toad; vous pouvez tous les avoir, mais aucun n'est vrai.*

Si le réel se voit réduit à un construit occidental arbitraire, où cela conduit-il? Quel est l'effet sur le projet scientifique? À ce titre, Gellner constate (1992: 93):

> Il est tout à fait probable que la percée qui a permis d'atteindre le miracle scientifique n'ait été possible que parce que certains hommes ont été préoccupés de manière passionnée et sincère par la vérité. Est-ce qu'une telle passion pourra survivre à l'habitude de s'attribuer divers genres de vérités selon le jour de la semaine?*

Si, par ailleurs, la raison et la logique ne sont que des construits culturels arbitraires, un tel présupposé s'attaque au concept de l'université, siège d'un savoir *universel*, qui est, quelle ironie, généralement le refuge préféré du postmoderne. Le débat sur les conséquences de l'*Affaire Sokal* qu'on a examiné déborde largement la question des intentions ou des compétences des éditeurs de la revue **Social Text** pour déboucher sur une évaluation de la légitimité du discours postmoderne en tant que tel. Dans l'Hexagone, le scandale véritable pour plusieurs fut d'avoir osé remettre en question la perspective postmoderne dans son ensemble (ainsi que certains de ses représentants les plus illustres). Ce qui a entraîné un examen de conscience plutôt brutal qui a obligé de justifier les fondements et la valeur du discours postmoderne. Les réactions à cette remise en question ont été fortes. Le philosophe Jacques Bouveresse (Collège de France) fit un commentaire lié à l'*Affaire Sokal* qui soulève une question de grande importance, c'est-à-dire l'attitude du postmoderne à l'égard de la remise en question de son propre discours (1998):

> L'assimilation de toute critique à une sorte d'atteinte à la liberté de pensée et d'expression est aussi, me semble-t-il, une façon de faire relativement récente. Des philosophes qui comptent aujourd'hui parmi les plus grands de toute l'histoire de la philosophie ont eu souvent, dans le passé, à supporter des attaques au moins aussi sévères que celles qui ont été menées par Sokal et Bricmont contre les auteurs qu'ils citent. Et ils n'ont généralement pas jugé indigne d'eux d'y répondre, y compris lorsqu'elles reposaient sur des formes d'incompréhension assez typiques. Aucun d'entre eux ne semble, en tout cas, avoir considéré qu'une réponse suffisante pourrait consister à accuser simplement le critique de porter atteinte à la liberté de création et de chercher à exercer une forme de répression intellectuelle ou, comme on dit, de *police de la pensée*. D'où la question: comment et pourquoi en sommes-nous arrivés là, c'est-à-dire à un stade où le droit de critique, et cela veut dire le droit de critiquer tout le monde, y compris les personnages les plus célèbres, les plus influents ou les plus médiatiques, a cessé d'être considéré comme une chose qui devrait aller de soi et où la critique se trouve identifiée à peu près automatiquement à une volonté de répression.

Est-ce là, le visage réel, authentique de la *tolérance*? Un peu plus et les imams postmodernes se chargeront d'émettre des *fatwas* à l'égard des critiques *infidèles*... Jean-François Gauvin note sur cette affaire (2000: 4):

> Sokal démontra avec la publication de son texte un fait de la plus haute importance: la légitimité d'un écrit postmoderne est mesurée à l'aune des auteurs cités et non pas à la rigueur intrinsèque de son contenu. Cette façon de procéder nous ramène ni plus ni moins à la scholastique du Moyen Âge, elle-même remplacée et répudiée par le discours scientifique du XVIIe siècle.

Chercher une référence

> Le désir est le stade larvaire d'une opinion
> (auteur inconnu)

> Dans le livre de la nature sont écrits (…) les triomphes de la survie, la tragédie de la mort et la disparition d'une espèce, la tragicomédie de la dégradation et de l'héritage génétique, la leçon macabre du parasitisme et la satire politique des organismes coloniaux. La zoologie constitue effectivement une philosophie et une littérature pour ceux qui savent lire ses symboles.*
> HG Wells (1893: sp)

Aujourd'hui, les élites postmodernes assument une grande part de la responsabilité de trancher des questions aussi épineuses que la définition de la vie humaine. Quand commence-t-elle? Quand finit-elle? Qui mérite de vivre, qui ne le mérite pas? Que ces élites le fassent sans invoquer une divinité quelconque ne change rien au fait que désormais elles jouent à cet égard des rôles idéologico-religieux en Occident. Ce sont aussi, elles qui siègent, en grand nombre, aux comités de bioéthique[327] dans les hôpitaux, décident du maintien de l'avortement et songent aux procédures que l'on pourrait adopter afin de mettre fin, *de manière acceptable*, aux secours apportés aux individus hébergés dans des unités de soins chroniques.

Leurs diplômes sont abondants, leur expérience professionnelle impressionnante, mais à vrai dire sans intérêt. Ce qui est déterminant, en dernière instance, est leur idéologie, mais celle-ci est masquée, parfois même à leurs yeux. Ce sont eux aussi qui, massivement, fixent les politiques sur l'euthanasie, le suicide assisté/initié par médecin, la légalisation touchant les recherches sur les cellules souches, l'exploitation commerciale des *sous-produits* d'avortements, etc. Compte tenu du développement effréné des biotechnologies, les opportunités d'intervention abondent...

Bien des questions se posent alors: Puisque la moralité implique toujours une référence à la cosmologie, de quelle manière établira-t-on la moralité dans le contexte postmoderne? De quelle manière la cosmologie postmoderne éclairera les interventions de nos élites? Au point de vue moral ou éthique, si la nature constitue notre référence/point de repère pourquoi, lorsqu'on considère la définition de la vie, s'arrêter à l'avortement? Pourquoi ne pas admettre l'infanticide, l'euthanasie, la pédophilie ou un programme eugénique? Pourquoi ne pas stériliser les individus moins productifs de la société? Rien dans la nature n'interdit de telles initiatives. Tout ce que nous enseigne la cosmologie postmoderne (qui se réfère à la nature) c'est que les puissants règnent, que les forts triomphent des faibles, que les adaptés survivent et que ceux qui ne s'adaptent pas disparaissent (ou servent de nourriture aux plus adaptés). C'est là ce qu'enseigne la nature. Et si l'affirmation qu'il y a *quelque chose* au-delà de la nature (Dieu?) est considérée *religieuse*, a priori exclue de toute discussion publique, où peut-on trouver une autorité/étalon qui puisse remettre en question ce que certains peuvent appeler le *progrès* ou *l'avancement de la science*? Comment déterminer si un *avancement de la science* peut constituer un *avancement* moral ou social? Quel sera le point de repère cosmologique plus général qui déterminera la légitimité d'un *progrès scientifique*? En l'absence d'une réponse cohérente, il ne reste que l'irrationnel, l'arbitraire et les intérêts de classe de nos élites.

Réfléchissant à la question de l'origine de la moralité chez les humains dans **Descendance de l'Homme**, Charles Darwin écrivit: (1871/1981: 105-106):

> Si, par exemple, pour prendre un cas extrême, les hommes se reproduisaient dans des conditions identiques à celles des abeilles, il n'est pas douteux que nos femelles non mariées, de même que les abeilles ouvrières considéreraient comme un devoir sacré de tuer leurs frères, et que les mères chercheraient à détruire leurs filles fécondes, sans que personne ne songeât à intervenir. Néanmoins il me semble que, dans le cas que nous supposons l'abeille, ou tout autre animal sociable, acquerrait quelque sentiment du bien et du mal, c'est-à-dire une conscience. (...) Dans ce cas, un conseiller interne indiquerait à l'animal qu'il aurait mieux fait de suivre une impulsion plutôt qu'une autre. Il comprendrait qu'il aurait dû suivre une direction plutôt qu'une autre; que l'une était bonne et l'autre mauvaise.

Darwin, n'en déplaise à ses partisans, fait preuve ici de pensée magique. D'êtres dirigés par rien d'autre que l'instinct, nous passons, sans explication plausible, à des êtres possédant un *conseiller interne*, au-dessus des pulsions momentanées, un point de repère externe, les concepts du bien et du mal. Il s'agit sans doute d'une conclusion[328] tout à fait admissible pour la pensée victorienne, mais d'où viennent ces concepts et de quelle cosmologie sont-ils tirés? Qui sera le fondateur de cette religion animale à laquelle se réfère Darwin? Les contes de fées peuvent impunément évoquer de telles solutions (le *deus ex machina*), mais sur le plan de l'argument, ce n'est pas acceptable.

La cosmologie postmoderne, niant le Législateur divin[329] de la cosmologie judéo-chrétienne, nous retourne à la nature comme référence pour établir l'éthique. Dans les rapports hommes – femmes, cette perspective a été adoptée par un auteur qui ne craint pas de proclamer tout haut ce que d'autres n'osent penser tout bas, Donatien Alphonse François, marquis de Sade... (1795/1972: 112):

> S'il devient donc incontestable que nous avons reçu de la nature le droit d'exprimer nos vœux indifféremment à toutes les femmes, il le devient de même que nous avons celui de l'obliger de se soumettre à nos vœux, non pas exclusivement, je me contrarierais, mais momentanément[330]. Il est incontestable que nous avons le droit d'établir des lois qui la contraignent de céder aux feux de celui qui la désire; la violence même étant un des effets de ce droit, nous pouvons l'employer légalement. Eh! la nature n'a-t-elle pas prouvé que nous avions ce droit, en nous départissant la force nécessaire à les soumettre à nos désirs?

Puisqu'une manière aussi cohérente de poser la question de la moralité laisse à désirer pour des raisons de marketing, il ne faut pas nourrir l'attente, à l'égard de nos élites, qu'elles reconnaissent leur parenté philosophique avec de Sade, bien qu'elles partagent les grandes lignes de sa cosmologie, son rejet des absolus moraux, du Législateur divin et font appel à la Nature comme repère. Une référence explicite à la Nature, comme point de repère moral, entraîne parfois une tempête émotive et une crise pour les penseurs postmodernes sur le plan marketing. Si les gènes ont programmé les hommes pour être plus fort, la logique de cette cosmologie implique qu'il leur est tout à fait justifié de dominer le sexe féminin comme le réclame de Sade. L'égalité légale des sexes serait donc une erreur à corriger. En sociobiologie, certains chercheurs ont exploré ces conséquences, mais quelle fureur!

En 2000, les biologistes Randy Thornhill et Craig Palmer publient l'essai **Le viol**: [les fondements biologiques de la coercition sexuelle]. Dans cet ouvrage Thornhill et Palmer affirment que le viol n'est pas seulement une marque de la domination du mâle sur la femelle, mais aussi une stratégie pour transmettre ses gènes lorsque les négociations sexuelles plus conventionnelles n'aboutissent pas. En somme, le viol ne constitue, non pas un acte pathologique, ni une agression, mais plutôt une adaptation évolutive permettant de maximiser la transmission des gènes du mâle aux générations suivantes. Les auteurs précisent (Thornhill dans Ellison 2000):

> Nous croyons avec ferveur que, tout comme les taches du guépard et le cou allongé de la girafe sont le résultat de millions d'années de sélection darwinienne, il en est de même du viol. Le viol humain résulte de la machinerie évoluée des hommes pour avoir un grand nombre de partenaires dans un environnement où ce sont les femmes qui choisissent. Si les hommes ne recherchaient l'accouplement que dans des relations où ils s'engageraient, ou si les femmes ne faisaient pas de différence entre les partenaires potentiels, le viol n'existerait pas.*

Thornhill et Palmer prennent soin de ne pas laisser entendre excuser ou appuyer le viol, mais cela n'empêche pas les huées, les critiques et les protestations de la part de beaucoup de chercheurs en sciences sociales, ainsi que de féministes[331]. On les accuse d'ignorer des données, que leurs idées ne peuvent être testées et bien d'autres choses encore. La cohérence est parfois un chemin pénible à parcourir. Ce qu'il importe de retenir à ce stade c'est que l'évolutionnisme n'aboutit pas nécessairement à une telle perspective, mais *il la permet ou ne l'exclut pas explicitement*[332] de tels développements. En guise de *consolation*, Thornhill et Palmer notent dans leur livre (2002/2002: 275-276):

> (…) il est indubitable que le viol occupe une place centrale dans la *sexualité* évoluée des hommes. (…) Les femmes qui se sont plus reproduites que les autres, devenant ainsi nos ancêtres, étaient des individus fortement affligés par le viol.

À l'époque postmoderne, il existe peu de points de repère sur le plan moral. Une solution, parfois évoquée, est de prendre une approche anthropologique qui consiste à se référer aux comportements observés dans d'autres sociétés. Si, par exemple, l'homosexualité est observée et admissible dans d'autres sociétés, on considère alors *entendu* que ce constat rend légitimes ces comportements en Occident. Mais cela camoufle une faiblesse sérieuse de cette approche. Si on justifie parfois l'homosexualité dans certaines études savantes en sciences sociales par le fait qu'elle est pratiquée dans diverses sociétés, il faut suivre la logique de l'argument et admettre que l'infanticide[333], l'euthanasie, la violence à l'égard des femmes et même le génocide seraient légitimes, puisque admis et pratiqués dans d'autres sociétés humaines. À moins de reconnaître le nihilisme qui fonde ce discours éthique, de tels principes mènent à un cul-de-sac. Dans la cosmologie matérialiste, la réalité se réduit véritablement à l'empirique et si la nature est la réalité finale, il est donc vain et incohérent de parler de comportements *contre-nature*, car la nature est... Elle inclut tout et ne peut être contre elle-même. Dans ce contexte, il ne peut plus être question de *bien* ou de *mal*, car la nature englobe ce qui existe. Il ne peut y avoir d'autre référent.

Il faut bien comprendre que le postmoderne n'est pas, a priori, immoral, mais qu'il a *sa moralité*. Par contre, en l'absence d'un référent fixe, il s'agit d'une moralité fluide, en évolution constante. C. S. Lewis, décrivait avec précision et préscience, il y a plus de soixante ans, le dilemme du postmoderne ainsi que celui d'une cosmologie entraînant un ordre moral malléable, au gré des pulsions momentanées de ses élites (1943/1986: 147-149):

> Ce sont donc les maîtres du conditionnement qui vont devoir choisir, pour leurs raisons à eux, quel Tao[334] artificiel ils vont implanter dans l'espèce humaine. Ce sont eux qui vont donner les motifs d'agir, ce sont des créateurs de motifs. Mais qu'est-ce qui les motivera eux-mêmes?
>
> Pendant un certain temps, ce seront peut-être les traces qui leur restent du vieux Tao *naturel*. Ainsi se considéreront-ils peut-être au début comme les serviteurs ou des gardiens de l'humanité, et auront-ils l'idée qu'ils *doivent* faire son *bien*. Mais cela ne peut durer que tant qu'ils ne savent pas très bien ce qu'ils pensent. Le concept de devoir est en effet pour eux le résultat de certains processus dont ils sont maintenant les maîtres. Leur victoire consiste précisément à être passés d'un état où ils étaient dominés par eux à un état où ils s'en servent comme d'instruments. Et il leur faut maintenant décider si oui ou non ils vont nous conditionner de manière à ce que nous ayons toujours la vieille idée du devoir et les vieilles réactions à son sujet. Comment le devoir peut-il les aider à prendre cette décision? Il est directement en cause: comment se jugerait-il lui-même? Quant au *bien*, il n'est guère mieux loti. Ils savent très bien comment faire naître en nous une douzaine de conceptions différentes du bien. La question est pour eux de savoir laquelle ils doivent choisir, si tant est qu'il en faille une. Nulle idée du bien ne peut donc les guider dans leur décision: il serait absurde de choisir une des réalités que l'on compare pour en faire le critère même du choix.

Comme le signale Lewis, on peut penser que le repère postmoderne n'est pas véritablement la nature, bien qu'il soit évoqué comme justification, mais, en dernière instance, plutôt les pulsions, les désirs et les intérêts de classe des élites postmodernes elles-mêmes. Dans ce contexte, tout peut être valorisé ou sujet à censure. Il ne faut donc pas s'attendre de leur part à de la cohérence au-delà du court terme. Dans les régimes démocratiques, il existe encore chez ces élites une sensibilité résiduelle à l'opinion publique qui atténue quelque peu leurs pulsions, mais il est démontré qu'à long terme, elle se manipule assez aisément si on y met un peu d'efforts et de patience. L'arbitraire est donc de mise sur le plan moral/éthique. Puisqu'il n'existe plus de point de repère moral transcendant, il suffit d'être en position de pouvoir (et savoir exploiter le marketing idéologique sous ses formes diverses) afin de guider l'opinion populaire vers une attitude plus *ouverte*, plus *progressiste* et d'imposer sa perspective, ses valeurs. La morale sera dès lors imposée par un modelage idéologique médiatique graduel, des modifications de la structure législative, sinon (éventuellement) par la force juridique pure au besoin. Rien n'exclut qu'un jour la biotechnologie puisse aussi se rendre utile dans cette entreprise.

La cosmologique matérialiste, que partagent généralement les religions modernes et postmodernes, est utile évidemment pour éliminer certaines contraintes *puritaines* à l'égard de la sexualité. Mais l'envers de la médaille c'est que cette référence ouvre la porte au nihilisme sur le plan éthique et moral. Pour éviter de rendre des comptes à ce sujet, le moderne et le postmoderne font appel à diverses solutions/stratégies dont:

    1- Les comportements méprisables (Holocauste) justifiés par cette cosmologie sont étiquetés comme des *abus* de l'idéologie moderne[335].
    2- Faire appel à un sosie de la loi absolue (le *bien commun*).
    3- Affirmer que la moralité/l'éthique est un résultat de la sélection naturelle (et de la vie en société).
    4- En dernier recours: faire appel au NOMA (ce qui implique de reconnaître une légitimité limitée à la religion dans ses formes traditionnelles).

Notons que ces stratégies ont pour objectif principal d'assurer, non pas la cohérence du système de pensée, mais l'image de marque du produit; un but avant tout *marketing*, un peu à la manière qu'un peu d'étoupe peut servir à colmater temporairement une brèche dans la coque d'un navire. Si on aborde le point 3, qui affirme que la moralité est *naturelle*, c'est-à-dire un produit de la sélection naturelle, cette allégation néglige de tenir compte que tout ce qui affecte la survie est facteur de sélection et non pas seulement ce qui semble contribuer à un hypothétique *bien commun*... Dans le cadre de la théorie du gène égoïste, par exemple, il serait tout à fait cohérent de considérer le comportement du tueur en série comme une forme de sélection naturelle, procédant à l'élimination des gènes perçus comme en compétition avec les siens. Ainsi, le comportement du tueur en série peut très bien se comprendre et se justifier dans le contexte moderne. Sur le plan logique du moins, ça ne pose aucun problème de cohérence.

La proposition au point 4, référant au concept du NOMA proposé par S. J. Gould, peut sembler une solution irresponsable, voire désespérée si on reste dans la logique moderne, mais devient tout à fait cohérente et légitime dans le contexte postmoderne. Cela dit, la religion peut avoir droit de cité, tant qu'elle sait *bien se comporter* et garder *sa place*. Et pour respecter ces règles, elle a toute liberté tant qu'elle ne remet pas en question aucun des présupposés de base de la cosmologie postmoderne.

En Occident, deux principes opposés ont défini le pouvoir royal au cours des siècles passés. Pendant longtemps le gouvernement monarchique était établi par le droit divin des rois. Ce principe n'admettait aucune limite au pouvoir royal. Dans les pays catholiques, les pouvoirs royaux et religieux ont longtemps été liés et tendaient vers l'absolutisme. Dans les pays sous l'influence de la Réforme, le principe du privilège de droit divin est graduellement tombé en défaveur et le principe de **Lex Rex** est devenu dominant. Ce principe affirme que puisque la loi a été mise en place par Dieu, elle est au-dessus de tous, même les autorités humaines suprêmes. Son autorité est supérieure et, de ce fait, aucun pouvoir temporel ne peut être considéré absolu. Ainsi, on considère comme principe fondamental que personne n'est au-dessus de la loi, même le roi. Dans ce contexte, les masses pouvaient donc avoir recours à l'autorité de la loi si le roi abusait de ses pouvoirs.

Le contexte postmoderne est tout autre. Les appels à une loi transcendante y sont évidemment futiles... car en dernier ressort désormais seule la force de l'État et les positions de privilège incontestables de nos élites justifient la *loi*. Par contre, dans la pratique, la persuasion sous toutes ses formes est le moyen de choix pour sauver les apparences et assurer l'adhésion/assujettissement des masses[336]. De ce fait, un retour au principe du privilège de droit divin, le pouvoir incontestable des rois, est à nouveau possible, bien qu'exprimé au moyen de diverses techniques de *marketing tolérance*. Se peut-il que, sous une forme inattendue, les prévisions d'Aldous Huxley se soient réalisées (1958/1990: 40-41)?

Dans les dictatures plus efficaces de demain, il y aura sans doute beaucoup moins de force déployée. Les sujets des tyrans à venir seront enrégimentés sans douleur par un corps d'ingénieurs sociaux hautement qualifiés. Un défenseur enthousiaste de cette nouvelle science écrit: «Le défi que relève de nos jours le sociologue est le même que les techniciens il y a un demi-siècle. Si la première moitié du vingtième siècle a été l'ère des ingénieurs techniques, la seconde pourrait bien être celle des ingénieurs sociaux» - et je suppose que le vingt et unième sera celui des Administrateurs Mondiaux, du système scientifique des castés et du **Meilleur des Mondes.** À la question *qui custodiet custodes?* - qui gardera nos gardiens, qui organisera les organisateurs techniques?, on répond sereinement qu'ils n'ont pas besoin de surveillance. Il semble régner parmi certains docteurs en sociologie la touchante conviction que leurs pairs ne seront jamais corrompus par l'exercice du pouvoir.

Dans le contexte postmoderne, l'invocation d'un Étalon/Référent moral transcendant constitue un acte réprouvé. Il s'en suit que les conflits interethniques, par exemple, auront tendance à dégénérer, car quelle valeur transcendante évoquera-t-on pour faire le pont entre deux groupes si le désir d'agression/vengeance ne peut être subordonné à d'autres désirs plus pacifiques? Pourquoi chercher à se réconcilier? Il ne reste que le jeu du pouvoir et, éventuellement, la loi du Talion: œil pour œil et dent pour dent. C'est d'ailleurs ce qui distingue les grands débats moraux des XIXe et XXe siècles. Tout comme l'est actuellement la position *prochoix* dans le débat sur l'avortement, au XIXe siècle la position proesclavagiste était *politiquement correcte*. On n'avait alors aucune raison d'avoir honte d'être proprio d'esclaves; des personnages bien en vue en possédaient. Thomas Jefferson[337], humaniste et politicien respecté, est un exemple parmi tant d'autres. Mais ce qui distingue le débat sur l'esclavagisme des XVIIIe et XIXe siècles et le débat sur l'avortement aux XXe et XXIe siècles est le fait que l'Occident d'antan admettait, au moins implicitement, l'existence d'un standard transcendant pour juger du comportement individuel ainsi que celui des nations. Bien sûr que l'on ne s'entendait pas toujours à ce sujet, mais il était tout de même possible de débattre quelle position se conformait le mieux à ce standard, car elle était admise de la majorité. Dans nos sociétés postmodernes ce n'est plus le cas, car on rejette même l'existence d'un tel standard pour le réduire à un construit culturel arbitraire. Les discussions de questions morales sur la place publique finissent assez régulièrement avec l'apostrophe «*Don't ram **your** morality/theology/religion down my throat*[338]!». Fin de la discussion. Impasse. Puisqu'il ne peut plus y avoir de débat véritable, la question se règle alors par le biais du *lobbying*[339] musclé de contacts politiques, médiatiques et juridiques. C'est le lieu du pouvoir véritable dans le contexte postmoderne.

Bien que les élites postmodernes occidentales rejettent l'Absolu moral, cela ne les contraint d'aucune manière à l'abandon de l'utilisation du langage moral traditionnel. Tout comme Hitler, bête politique par excellence, savait exploiter le langage religieux lorsque cela pouvait lui être profitable sur le plan idéologique ou politique[340], nos élites savent exploiter le langage moral lorsqu'il sert leurs intérêts. Le *marketing*, avant tout…

Lorsqu'on adopte une cosmologie aux conséquences éthiques embarrassantes/irritantes, la cohérence devient un objectif de plus en plus lointain. Bien qu'elles n'admettent aucune morale absolue, lorsque les intérêts personnels ou corporatifs de nos élites postmodernes sont menacés ou lésés, elles joueront alors les *scandalisées*, de vraies *vierges* offensées et s'afficheront (tant que dure la crise) tout à coup *croyants* dans une moralité transcendante. Il faut admettre que dans les médias, rien ne remonte les cotes d'écoute (ou les ventes de *tabloïdes*) comme un *bon* scandale. Il reste inévitable que dans le contexte de la religion postmoderne le langage moral sera exploité encore longtemps, même s'il est sans fondement. Certainement que d'un point de vue *marketing*, il est très rentable de continuer son usage. Auschwitz et le Goulag, qui nous ont exposé les conséquences de la religion moderne, ne sont certes pas bons vendeurs. C. S. Lewis indique que cette situation se compare à celui qui veut s'asseoir entre deux chaises en persistant à croire qu'il ne tombera jamais par terre (1943/1986: 164):

> Comme le roi Lear, nous avons voulu gagner sur les deux tableaux: abdiquer nos prérogatives d'hommes et les conserver en même temps. C'est impossible. Ou bien nous sommes des esprits, des êtres rationnels à jamais tenus d'obéir aux valeurs absolues du Tao, ou bien nous sommes de simples parties de la nature, une sorte de pâte bonne à être pétrie et moulée en de nouvelles formes pour le plaisir de maîtres qui ne peuvent, par hypothèse, avoir aucun autre motif que leurs impulsions *naturelles*. Seul le Tao peut donner à l'action humaine

une loi commune qui s'impose aussi bien à ceux qui commandent qu'à ceux qui obéissent. Il faut croire fermement à l'objectivité des valeurs pour avoir la notion même d'une autorité qui ne soit pas une tyrannie ou d'une obéissance qui ne soit pas un esclavage.

Ce commentaire de Lewis est d'une importance que l'on pourrait difficilement surestimer sur le plan politique. Il est possible qu'on arrive, un jour, à une situation prévue par Orwell dans son roman **1984** (1949/1984: 174):

> D'autre part, ses actes ne sont pas déterminés par des lois[341], ou du moins par des lois claires. Les pensées et actions qui, lorsqu'elles sont surprises, entraînent une mort certaine, ne sont pas formellement défendues et les éternelles épurations, les arrestations, tortures, emprisonnements et vaporisations ne sont pas infligés comme punitions pour des crimes réellement commis. Ce sont simplement des moyens d'anéantir des gens qui pourraient peut-être, à un moment quelconque, dévier.

Dévier, mais de quoi? Lorsque les élites religieuses postmodernes tentent de reprendre à leur compte le discours moralisateur prémoderne et de motiver les *vilains* et les marginaux en leur disant de penser au *bien commun*, ces derniers peuvent facilement répliquer: «Si je considère que la *société* ne s'est jamais souciée de moi, pourquoi devrais-je me soucier d'elle? Ce *bien commun* est une fiction commode, mais il n'est qu'un des masques que portent les intérêts de classe des élites postmodernes.» C'est aussi la réflexion (très postmoderne) de Spender, personnage clé dans le roman de science-fiction **Chroniques martiennes** de l'auteur Ray Bradbury (1950/1977: 97):

> Tous ces demeurés, ces baudruches! En arrivant ici, je me suis senti libéré non seulement de leur soi-disant culture, mais de leur morale, de leurs coutumes. J'échappais à leur échelle de valeurs. J'avais brisé le cadre. Il ne me restait plus qu'à vous tuer et vivre mon expérience personnelle.

Et si les plèbes postmodernes envoient promener de la sorte leurs élites postmodernes *moralisatrices*, il ne faut pas trop s'en étonner. Ils pourraient répliquer, comme l'affirmait Mao (1976: 291): *L'existence sociale des hommes détermine leur pensée*. William B. Provine, évolutionniste athée et professeur de biologie à l'Université Cornell, fait le constat suivant[342] sur l'influence culturelle et éthique de la cosmologie matérialiste (1990: 23):

Je vais résumer ma vision de ce que déclare très clairement la biologie évolutionniste moderne et c'est essentiellement la position de Darwin. Il n'existe pas de dieux, pas de buts ultimes ni de forces qui tendent vers un but ultime. Il n'y a pas de vie après la mort. Lorsque je meurs, je suis sûr que je serai complètement mort. C'en est fini de moi. Il n'y a pas de fondation ultime pour l'éthique, pas de sens ultime de la vie, et le libre arbitre[343] chez l'humain est une fiction.*

Si on considère le dernier point abordé ici par Provine, c'est-à-dire le libre-arbitre, il n'y a pas là qu'un débat académique. En général, on se croit libre de penser, de choisir et d'agir selon sa volonté propre, mais si le libre-arbitre est une illusion et que nous ne sommes que les véhicules des gènes[344], alors tous les choix d'individus sur lesquels sont fondés le droit criminel et le système démocratique sont aussi illusoires. Le vote, dans les régimes démocratiques, s'expliquerait alors par des facteurs génétiques tout aussi bien que le comportement criminel. Les responsabilités civiques et criminelles ne sont donc que des fictions. Il s'en suit qu'il est impossible d'avoir un vote réellement libre, car tout est déterminé soit sur le plan génétique, biochimique ou phéromonal... La démocratie devient ainsi un jeu ridicule, une vaine mascarade. Et, dans ce contexte, le système carcéral, qui espère *réhabiliter* des criminels, constituerait un gaspillage ridicule de fonds publics alors qu'en *réalité* une intervention génétique ou pharmacologique serait plus appropriée.

Quelle pudeur postmoderne dérisoire nous empêche d'admettre que si l'humain n'est qu'un pantin au comportement dont le programme est fixé ailleurs, toute responsabilité lui est donc ôtée. On peut, dès lors, justifier discrimination, castes, esclavage et génocides. Le scénario du film **GATTACA**, dans lequel le bagage génétique fixe pour toujours le destin de l'individu, pourrait s'avérer prophétique. Dans les dernières lignes de son essai **Le hasard et la nécessité**, Jacques Monod, biochimiste français renommé, émet des observations toutes aussi froides que celles de Provine (Monod 1971: 194-195):

> L'ancienne alliance est rompue; l'homme sait enfin qu'il est seul dans l'immensité indifférente de l'Univers d'où il a émergé par hasard. Non plus que son destin, son devoir n'est écrit nulle part. À lui de choisir entre le Royaume[345] et les ténèbres.

Selon la vision du monde moderne, tout point de repère sur le plan moral n'est qu'illusion relevant de conventions sociales arbitraires ou de réactions émotives sans fondement, rien de plus. Qui, de toute manière, osera dicter à l'homme moderne ou postmoderne comment distinguer entre lumière et ténèbres ou entre le Bien et le Mal? Quelle arrogance, quelle intolérance!

La scène suivante peut se dérouler dans n'importe quel pays occidental. Dans une salle d'audiences juridiques, on fait entrer deux criminels condamnés pour meurtre. L'un s'avance la tête basse et honteux, n'osant regarder que le plancher. L'autre entre la tête haute, souriant. Il ne baisse les yeux devant personne. Il ne connaît pas la honte, puisque la honte est un concept lié aux catégories rétrogrades du bien et du mal. De **quoi** aurait-il *honte?* Un abîme cosmologique et éthique sépare ces deux individus. Lequel est l'enfant de la vision du monde postmoderne? Il faut bien comprendre que des individus ayant adopté la vision du monde du criminel souriant[346] occupent maintenant des postes clés au gouvernement, dans les labos de biotechnologie, dans les comités de bioéthique se penchant sur la question de l'euthanasie, dans les médias, enseignant dans les écoles de médecine… Que se passera-t-il lorsqu'ils décideront de dépasser les conventions arbitraires imposées par la société jusqu'à maintenant? Qui sera là pour les arrêter[347]? Quel sera leur *garde-fou?* Comme aimait le répéter le philosophe Francis Schaeffer, «*Ideas have consequences*[348]», les idées ont des conséquences…

S. J. Gould, qui a combattu l'école de pensée de la sociobiologie ainsi que le courant de pensée plus récent qui porte le nom de psychologie évolutionniste, connaît bien les enjeux du déterminisme, les conséquences refoulées/larvaires de la religion moderne. Dans son essai **La mal-mesure de l'homme**, il évoque la question: Pourquoi le déterminisme biologique est-il si pernicieux, si persistant? Gould répond (1997c: 22-23):

> Lorsque la tendance à commettre ces erreurs générales se combine à la xénophobie (une réalité sociopolitique en fonction de laquelle les *autres* sont souvent, et malheureusement, jugés inférieurs), on voit bien comment le déterminisme biologique peut devenir une arme sociale: les *autres* peuvent, en effet, être rabaissés, car leur statut socio-économique inférieur peut être *expliqué* comme la conséquence scientifique inéluctable de leur niveau mental inférieur et non comme celle de conditions sociales défavorables.
>
> (…) Les raisons de son retour périodique sont sociopolitiques, et guère difficiles à apercevoir: les périodes au cours desquelles réapparaît le déterminisme biologique recouvrent celles des replis politiques (particulièrement lorsqu'on appelle à une réduction des dépenses de

l'État en faveur des programmes sociaux), ou celles durant lesquelles les élites dominantes sont saisies par la peur, face aux sérieux troubles sociaux engendrés par les groupes désavantagés, lesquels peuvent même menacer de conquérir le pouvoir. Lorsque se manifeste la possibilité du changement social, la théorie biodéterministe de l'intelligence offre un argument précieux à ces élites en leur permettant d'affirmer que l'ordre établi, dans lequel certains figurent au sommet, et d'autres, en bas, correspond exactement à la répartition en classes des êtres humains en fonction de leurs capacités intellectuelles innées et inchangeables.

Gould a peut-être raison quant au rôle joués par les facteurs sociopolitiques sur le retour du déterminisme biologique[349], mais à notre avis le facteur le plus important influençant ce retour est avant tout le désir de cohérence idéologico-religieux chez l'humain. Il s'agit du désir, quasi instinctif, d'interpréter le comportement humain d'une manière qui soit cohérente avec ses présupposés cosmologiques. Il faut se demander d'ailleurs quelle position pourrait prendre Gould s'il s'avérait que le déterminisme biologique n'était pas une question d'interprétation des données scientifiques, mais un fait irréfutable? Est-ce que Gould blâmerait alors la nature pour les œuvres des hommes telles que les systèmes de castes, l'esclavage, les génocides, la pédophilie et le racisme? Ce serait plutôt vain. Dans un monde déterminé, tous les phénomènes seraient explicables en termes de relations de cause à effet. Rien ne justifie de faire une exception de l'humain. Une interprétation cohérente des présupposés cosmologiques matérialistes nous renvoie inévitablement à une vision déterministe de l'homme. Que cela prenne la forme d'un déterminisme génétique, racial, moléculaire ou hormonal n'a au fond que peu d'importance.

En considérant l'aspect *marketing* de la chose il est, par contre, fort utile (voire indispensable) de nier le déterminisme et d'en faire un *abus* de l'interprétation des présupposés cosmologiques. Un tabou religieux à ne pas enfreindre. Et dès lors, pour fuir les conséquences horrifiques de ce déterminisme, on *expliquera* que l'homme échappe, par le biais de la culture et de sa capacité de langage, au déterminisme qui règne sur le reste du monde animal; il est ironique de constater qu'en quelque sorte, on fait de l'homme un *être spirituel*. Pour le dénigrer, on affirme parfois que le déterminisme est généralement une idéologie conservatrice, servant à justifier un ordre établi (celui de la religion ou de l'ordre social), mais c'est une affirmation trop facile négligeant le fait que le déterminisme peut aussi prendre une forme révolutionnaire et servir à renverser un ordre social. Hitler s'en est servi pour faire la guerre aux Juifs et aux peuples dits *inférieurs* sur le plan racial. Et pour leur part, Lénine et Staline se sont appuyés sur le déterminisme social (de classe) pour renverser les capitalistes, faire la guerre aux *koulaks*[350] et autres groupes jugés *contre-révolutionnaires*.

Dans le contexte postmoderne, il faut saisir le fait que tout progrès de la science ouvre une boîte de Pandore éthique. Si, par exemple, le progrès scientifique rend possible le clonage d'êtres humains ou la modification permanente du pool génétique humain, pourquoi s'y opposer? Si la chose est possible sur le plan technique et profitable sur le plan commercial[351] ou militaire, pourquoi s'encombrer de scrupules *dépassés*, pourquoi ne pas agir? Et puisque le projet d'inventaire du génome humain est complété, qu'en fera-t-on? Pourquoi ces hésitations? Quelle perte de temps[352]! Dans le cadre d'un essai sur les élites artistiques mondaines, la critique d'art newyorkaise Suzi Gablik émet des observations sur les sociétés traditionnelles (attachées d'une manière ou d'une autre à la vision du monde judéo-chrétienne) ayant une portée bien au-delà de la scène artistique actuelle qui la préoccupe. Ses observations éclairent bien certains aspects de la société postmoderne (1995/84: 77):

> Les sociétés traditionnelles comportent plusieurs désavantages, dont de nombreuses contraintes quant à la liberté. Mais tandis que nous trouvons de plus en plus difficile de résoudre nos propres dilemmes, nous finissons par voir la logique des systèmes traditionnels avec des yeux nouveaux. Nous voyons maintenant qu'il est vain, même fatal, de n'admettre aucun standard de valeurs, aucune règle de comportement qui soit absolue. Le niveau de liberté extrême offert par nos régimes pluralistes met une pression sur chaque individu pour qu'il choisisse, pour lui-même, parmi des options illimitées. Mais dans un contexte où il n'y a plus de consensus, il devient de plus en plus difficile de savoir comment et quoi choisir ainsi que de défendre ou de valider son choix. La liberté de toute contrainte conduit à un état d'indétermination si total que, finalement, il ne reste aucune raison pour faire quelque choix que ce soit. Le pluralisme est la règle qui annule toute règle. Cela signifie que nous ne savons plus où est la vérité. (La seule vérité que tolère le pluralisme est l'affirmation qu'il est absolument vrai qu'il ne peut exister de vérité absolue).*

Comme d'autres l'ont souligné déjà, ce pluralisme mène, en toute logique, à un conformisme absolu. Évidemment, si on songe affirmer un Absolu, comment et de quelle manière le faire? Par le passé, les Églises chrétiennes n'ont parfois pas hésité à affirmer qu'elles *possédaient* la Vérité. Nombreux sont les adeptes de la religion postmoderne qui voient dans toute affirmation d'absolu de ce genre, une porte ouverte vers toutes les formes d'intolérance et d'oppression. L'exemple classique est l'Inquisition, à la fin du Moyen Âge. Mais généralement, on néglige de tenir compte du fait qu'autrefois ceux qui se sont opposés aux régimes politiques ou religieux les plus oppressifs l'ont généralement fait au nom d'un absolu et que, bien souvent, ceux qui rejetaient un tel absolu s'assujettissaient sans hésiter aux pouvoirs en place. On ne peut affirmer que l'évocation de tout absolu ouvre une porte à toutes les formes d'intolérance et d'oppression puisque cette affirmation constitue une arme permettant l'assujettissement des masses. Cependant, on néglige un point crucial, c'est-à-dire que dans le cas de la vision du monde judéo-chrétienne du moins, la Vérité est d'abord une personne et non un énoncé philosophique abstrait comme chez les Grecs. Christ a dit: «Je suis le chemin, la vérité[353], et la vie. Nul ne vient au Père que par moi» (Jean 14: 6). Donc s'il y a relation de possession, elle est tout autre que celle que ces Églises chrétiennes du passé ont pu imaginer. Dès lors, il est impossible de *posséder* la Vérité, mais, à des degrés divers, on peut Lui appartenir... Évidemment pour la génération qui nous entoure, il s'agit là d'une concession factice, car peu importe la manière de présenter la chose, ce qui pose problème au fond c'est le concept de Vérité lui-même. La Vérité (le concept d'un absolu, universel dans sa portée) est intolérable à l'esprit postmoderne, peu importe son emballage ou ses justifications. Tout comme Louis XVI après la prise de la Bastille, il est de trop... L'ironie du sort c'est que même le postmoderne, qui critique les abus du christianisme et évoque l'Inquisition, doit faire appel (implicitement) à l'absolu pour valider sa critique, quitte à se contenter d'un jugement lié à un réflexe émotif insignifiant, du genre: *J'aime, je n'aime pas, tes comportements/attitudes, ils me plaisent ou ne me plaisent pas...*

Nietzsche, on le sait, fut un des premiers à déclarer «Dieu est mort!», mais si on songe sérieusement aux conséquences d'une telle déclaration, on comprend alors que l'homme postmoderne l'est aussi (ou du moins anéanti, par rapport au concept traditionnel). Peu nombreux sont ceux qui peuvent vivre dans le monde réel et admettre toutes les conséquences logiques d'une telle vision du monde. Nietzsche, plus que bien d'autres, dans son essai **Le gai savoir** a décrit la fin de *l'esprit libre,* poursuivant jusqu'au bout ses convictions (1882/1950: 290), et qui est prêt à expérimenter la:

> (...) liberté du vouloir qui permette à un esprit de rejeter à son gré toute foi, tout besoin de certitude; on peut l'imaginer entraîné à se tenir sur les cordes les plus ténues, sur les plus minces possibilités et à danser jusqu'au bord des abîmes. Ce serait l'*esprit libre* par excellence.

Mais l'exercice n'est pas sans risques. Nietzsche lui-même a terminé ses jours insensé, aux soins de sa soeur[354]. L'abîme du sens, si l'Absolu est rejeté, a certes obsédé Nietzsche et bien d'autres matérialistes des XVIIIe et XIXe siècles. Dans le moment de silence existentiel, l'ombre de Zarathoustra exprime éloquemment la recherche de points de repère palpables qui habite l'âme humaine, malgré le rejet de l'Absolu, et le néant ultime où il aboutit (Nietzsche 1883/1971: 331-332):

> Cette quête de mon chez-moi, ô Zarathoustra, tu le sais bien, cette quête fut mon épreuve et ma dévoratrice.
> Où est — mon chez-moi? Voilà ce que je demande et je cherche et ce que j'ai cherché et point ne trouvai. Ô éternel Partout, ô éternelle Nulle part, ô éternel — En vain.

Hitler, admirateur des concepts nietzschéens[355] de *surhomme* et de *volonté de puissance*, a mis fin à ses jours dans son bunker à Berlin, entouré des ruines du IIIe Reich. Il y a là un écho des paroles acerbes du prophète, pas du tout *politiquement correct*, des temps anciens.

> Malheur à ceux qui tirent l'iniquité avec les cordes du vice, et le péché comme avec les traits d'un char, et qui disent: Qu'il hâte, qu'il accélère son œuvre, Afin que nous la voyions! Que le décret du Saint d'Israël arrive et s'exécute, Afin que nous le connaissions! Malheur à ceux qui appellent le mal bien, et le bien mal, qui changent les ténèbres en lumière, et la lumière en ténèbres, qui changent l'amertume en douceur, et la douceur en amertume! Malheur à ceux qui sont sages à leurs yeux, et qui se croient intelligents! Malheur à ceux qui ont de la bravoure pour boire du vin, et de la vaillance pour mêler des liqueurs fortes; qui justifient le coupable pour un présent, et enlèvent aux innocents leurs droits! C'est pourquoi, comme une langue de feu dévore le chaume, et comme la flamme consume l'herbe sèche, Ainsi leur racine sera comme de la pourriture, et leur fleur se dissipera comme de la poussière; car ils ont dédaigné la loi de l'Éternel des armées, et ils ont méprisé la parole du Saint d'Israël. (Is. 5: 18-24)

Ghettos postmodernes

> S. - de B. - Comment définiriez-vous en gros votre Bien et votre Mal, ce que vous appelez le Bien, ce que vous appelez le Mal?
> J.-P. S. - Essentiellement le Bien c'est ce qui sert la liberté humaine, ce qui lui permet de poser des objets qu'elle a réalisés, et le Mal c'est ce qui dessert la liberté humaine, c'est ce qui présente l'homme comme n'étant pas libre, qui crée par exemple le déterminisme des sociologues d'une certaine époque.
> S. de B. - Donc, votre morale est basée sur l'homme et n'a plus beaucoup de rapport avec Dieu.
> J.-P. S. - Aucun, maintenant. Mais il est certain que les notions de Bien et de Mal absolus sont nées du catéchisme qu'on m'a enseigné.
> (J-P Sartre in de Beauvoir 1981: 552)

Au chapitre III, nous avons considéré une citation de Mary Douglas examinant le concept du *polluant*. Le polluant est un être qui enfreint une limite qu'il n'aurait pas dû franchir. Il a quitté *sa place*. Il est celui dont la parole, ou simplement l'existence, remet en question des présupposés cosmologiques centraux. Parfois sa transgression est consciente, mais bien souvent elle ne l'est pas. Étant donné le danger que représente le *polluant*, la société cherche divers mécanismes pour l'isoler ou le rendre inoffensif.

Dans **Histoire de la folie à l'âge classique**, Michel Foucault examine le phénomène de la folie en Occident. Foucault affirme qu'il y a plus d'une manière de voir la folie et que notre perception est largement déterminée par les préjugés et conceptions admis dans la culture dominante. Et en dernière analyse ces préjugés et conceptions sociales sont enracinés à leur tour dans la cosmologie la plus répandue.

Tandis que le Moyen Âge avait donné la parole aux fous et leur faisait une place dans la vie sociale, le Siècle des Lumières les a rejetés et exclus. Non seulement on fait taire le fou, puisque son discours n'est pas conforme à la raison, mais on exclut aussi sa présence physique, une présence qui constitue également une forme de discours. Au XVIIe siècle, l'insensé est enfermé avec les pauvres, les fainéants, les vagabonds, les prostituées. Le fou est classé parmi les individus qui doivent êtres *corrigés* sinon rééduqués. Plus tard, le fou subit un isolement plus poussé encore; on l'interne à l'asile, avec d'autres de son *genre*, désormais sous la responsabilité *parentale* du médecin. Dans les faits, le pouvoir des psys est devenu un pouvoir *policier* effectif. Ce changement est radical, mais c'est le même pouvoir que celui de tout *prêtre* dans une civilisation: l'excommunication, l'exclusion de la communauté. La psychologie devient donc un instrument idéologique, pratiquement religieux[356]. On libère les fous de leurs chaînes, mais qu'on remplace éventuellement par des psychotropes. La folie est maintenant une *maladie mentale* et le fou, un être subordonné. Si la Raison est un chemin vers le salut, la folie est à exclure, tolérable seulement en quarantaine. On ne veut plus voir ses grimaces moqueuses, sa parole ne peut plus être entendue.

Dans le contexte postmoderne, qui est le *polluant*, celui qui dérange et transgresse les tabous établissant les limites du *pensable* ou du *disable*? Quel est le discours dont la présence remet en question les préjugés et conceptions dominantes, les présupposés cosmologiques centraux? Étant donné que les religions modernes et postmodernes sont en grande partie une réaction au système judéo-chrétien, dominant autrefois, le discours chrétien est souvent objet d'exécration, celui qu'il faut exclure, ignorer, oublier. Le chrétien *flexible* qui se contente de *la place* accordée à la religion (dans la vie privée) est sans intérêt pour le système idéologico-religieux postmoderne; il ne constitue aucun danger et ne gêne en rien. C'est le discours chrétien cohérent qui pose problème, car le cœur de cette irritation c'est que le christianisme affirme l'existence d'une Vérité devant laquelle tous doivent se soumettre. Scandale! Ça, on ne peut tolérer...

Puisque la religion postmoderne est *tolérante*, elle a, bien sûr, une *place* pour les religions traditionnelles, dont le christianisme. Mais dès que ces dernières quittent leur *place* et remettent en question une *vérité* postmoderne[357], elles sont rappelées à l'ordre immédiatement. Et si ces rappels ne suffisent pas, rien n'interdit l'application de moyens plus convaincants, c'est-à-dire des formes de persécution. A priori, la religion postmoderne est *tolérante* et cela exclut bien sûr la persécution physique[358]. Dans la mesure du possible, le postmoderne essaiera d'ignorer le récalcitrant, mais lorsque les enjeux sont suffisamment importants rien n'exclue des attaques dans les médias, la destruction de la crédibilité de l'adversaire idéologique, son exclusion sur le plan institutionnel et la perte d'emploi[359]. Le but est toujours de réduire à néant l'influence réelle de la religion[360] tout en maintenant l'existence physique de la religion traditionnelle ainsi que l'illusion de la tolérance.

Le postmoderne typique ne connaît habituellement (par le biais des médias) que le christianisme inféodé, flexible, marginalisé. Il fait partie de ces personnes *tolérantes* ne s'étant jamais permis d'émettre un quelconque jugement sur une religion et ne s'estimant pas en droit de le faire. Cette attitude est évidemment liée au présupposé relativiste que tous ont *leur vérité*. La rencontre avec un christianisme cohérent, osant remettre en question ce présupposé central de la religion postmoderne[361], produit un choc surprenant chez le postmoderne. Dès lors il se retrouve dans une situation embarrassante. Il affirmera, plus ou moins implicitement, «Je dois changer mon point de vue, moi aussi j'ai donc le droit de vous juger intolérant, immoral, prosélyte?». On constate donc que la *tolérance* est en fait un privilège accordé à ceux qui coopèrent et s'assujettissent. À vrai dire, elle est une forme de *liberté restreinte*, une *liberté sous surveillance*, à prendre où à laisser.

Nous avons noté déjà que le postmoderne, devant une affirmation telle que «le comportement X est un péché, une violation de la Loi divine», se retrouve dans une situation embarrassante. L'embarras tient au fait que le postmoderne rejette une telle affirmation (et son présupposé implicite d'une loi absolue, au-dessus de tous), mais pour la critiquer il doit quitter son propre terrain où «Chacun a sa vérité», pour se retrouver sur un autre, où il existe des vérités absolues... Il ne le réalise pas, mais sa critique implique un double jeu, celui de tricher, à savoir s'appuyer sur des présupposés cosmologiques qu'il n'admet pas, a priori.

Quelle est au juste cette *place* que le postmoderne assigne maintenant à la religion et, plus particulièrement, au christianisme, cette place que la religion ne doit pas, pour le *bien* de tous, quitter? Dans le contexte postmoderne, la religion chrétienne, est donc admissible en tant que religion privée, c'est-à-dire qui reconnaît la position dominante de la religion postmoderne sur la place publique[362]. Pour parler franchement, ce discours religieux inféodé a dès lors le rôle de *Teddy Bear*, un toutou en peluche que l'on serre sur soi la nuit lorsque nos cauchemars et les spectres des ténèbres nous terrorisent. Une béquille psychologique, sinon un tranquillisant à rabais permettant à l'individu de gérer son stress et de garder *sa* place dans le cosmos postmoderne. Par conséquent, la religion a aussi *sa place* lors d'événements tristes tel un décès ou encore à des moments de transition comme un mariage ou la naissance d'un enfant[363]. Malgré la baisse de la pratique religieuse, une église garde toujours l'attrait d'un site/décor approprié pour la parade de mode nuptiale et la réalisation de fantasmes féminins postmodernes.

La religion a *sa place* également sur le plan esthétique[364], en offrant une symbolique culturelle riche qui valorise l'humain et protège sa valeur intrinsèque. À cet égard, elle peut servir de béquille à une cosmologie matérialiste boiteuse dans laquelle la valeur de l'homme est réduite à néant. Le discours chrétien est donc repoussé dans la vie privée. S'il quitte ce ghetto ou ose remettre en question une vérité (présupposé) postmoderne, il perd son droit d'exister (dans la *tolérance*). Il est désigné comme cible, digne de toutes les attaques. Ce discours sera alors étiqueté par des termes garantissant qu'il ne sera pas entendu: *fou, intolérant, réactionnaire, extrémiste, non progressiste*. Il en sera de même pour celui dont on dit faire la promotion d'un discours *haineux*, etc. Celui qui livre un tel discours ne doit pas être écouté. Faute d'éliminer ou d'isoler ces interlocuteurs physiquement[365], on élimine alors leur droit de parole, leur crédibilité et cela revient au même… Ceci explique le peu d'intérêt accordé généralement au discours de leaders chrétiens, mais dès qu'ils abordent un sujet au cœur du système de salut postmoderne, la sexualité, l'attitude des élites postmodernes est tout autre. Bas les pattes! Allez jouer ailleurs…

Si on tient compte du fait que la culture postmoderne occidentale est à la fois une réaction contre le modernisme aussi bien que le christianisme, on ne s'étonnera plus qu'elle entretienne une relation ambivalente sinon hostile à l'égard de l'héritage judéo-chrétien. Cela contraste avec les attitudes généralement plus favorables du discours postmoderne à l'égard de l'islam[366]. Ceci démontre que le postmoderne est avant tout une réaction au christianisme ou possiblement la suite logique d'une réaction au christianisme que la formule moderne n'a pas achevée. Cette attitude se manifeste de différentes manières. On peut penser, entre autres, aux attitudes médiatiques concernant la persécution des groupes chrétiens dans le monde[367] (comme c'est régulièrement le cas en Chine communiste et dans plusieurs régimes islamiques, dont le Soudan et l'Indonésie). Ces persécutions incluent l'esclavage, la torture, les arrestations, l'emprisonnement et la mort. Ignorer ces réalités est une constante du comportement médiatique. C'est *sans importance*, elles n'*existent pas*… Ni vues, ni connues. Impliquée à mettre cette question à l'avant-plan, l'activiste américaine Nina Shea écrit «Personne n'oserait me traiter de biaisée si j'avais décidé de dédier ma vie à la défense de bouddhistes tibétains. Chez les organismes impliqués à la défense des droits humains, il est bien plus commun de parler des chrétiens en termes de persécuteurs et non en tant que persécutés.» L'ubiquité des stéréotypes appliqués aux chrétiens a comme conséquence d'annihiler le phénomène de la persécution des chrétiens dans le monde. Circulez...

Quant aux attitudes du moderne plus récent et du postmoderne à l'égard de l'individu, on remarque qu'elles sont profondément influencées par les concepts de liberté de conscience qui sont d'abord des concepts religieux, l'héritage des dissidents du Moyen Âge, de la Réforme et des évangéliques qui suivirent. Le philosophe de la science Karl Popper souligne quelques aspects de la contribution judéo-chrétienne en Occident (1945, v.2: 271) «Bien entendu, une interprétation chrétienne de l'histoire est aussi justifiée qu'une autre. Nous devons certainement souligner qu'une bonne partie des buts et traits de la culture occidentale (l'humanitarisme, la liberté et l'égalité) est due à l'influence chrétienne[368].*»
René Girard relève le fait que le souci des victimes et des boucs émissaires est un trait occidental caractéristique qui s'enracine dans l'héritage judéo-chrétien. Il observe (1999: 218):

> Dans ce qu'on appelle aujourd'hui les *droits de l'homme* l'essentiel est une compréhension du fait que tout individu ou tout groupe d'individus peut devenir le *bouc émissaire* de sa propre communauté. Mettre l'accent sur les droits de l'homme, c'est s'efforcer de prévenir et de contrôler les emballements mimétiques incontrôlables.
>
> (1999: 219) L'évolution que je résume chaotiquement se confond avec l'effort de nos sociétés pour éliminer les structures permanentes de bouc émissaire sur lesquelles elles sont fondées, à mesure qu'on prend conscience de leur existence. Cette transformation apparaît comme un impératif moral. Des sociétés qui ne voyaient pas la nécessité de se transformer se sont peu à peu modifiées toujours dans le même sens, en réponse au désir de réparer les injustices passées et de susciter des rapports plus *humains* entre les hommes. Chaque fois qu'une nouvelle étape est franchie, l'opposition est d'abord très intense chez les privilégiés lésés dans leurs intérêts. Une fois que la situation est modifiée, jamais les résultats ne sont sérieusement remis en cause. Aux XVIIIe et XIXe siècles on s'est rendu compte que cette évolution était en train de créer un ensemble de nations d'autant plus unique dans l'histoire humaine que leur transformation sociale et morale s'accompagnait de progrès techniques et économiques sans précédent eux aussi.

Lorsqu'on considère les mouvements mondiaux d'immigration, on se demande où vont les réfugiés? Très souvent vers l'Occident. Évidemment les facteurs économiques et le niveau de vie sont des attraits, mais les droits et libertés de la personne constituent également des attraits importants. D'après les données de l'historien marxiste Henri Desroches, exposées dans une étude sur la *préhistoire* des mouvements socialistes au XIX⁰ siècle, la distinction entre mouvements politiques et religieux n'est pas facile à faire. En se référant à des époques antérieures, ces deux courants sociaux se rencontrent. La citation suivante révèle l'apport des mouvements dissidents chrétiens dans la lutte pour la justice sociale en Occident (Desroches 1974: 168):

> Dans le champ de l'utopisme vécu, il est assurément commode de distinguer ce qui relève d'une religion non conformiste et ce qui relève d'un socialisme non religieux. Pourtant, par les échantillons retenus précédemment, on a pu voir déjà la relativité d'une telle classification. Dans la conception d'un Münzer, ce qui est encore dissidence religieuse est déjà anticipation socialiste; et Engels peut noter - à propos de ce même Münzer - que sa théologie du *Saint-Esprit frisai*t l'athéisme moderne, au même titre que sa théologie du Royaume de Dieu *frisait* la conception à venir d'une société sans classes. Au contraire, dans les conceptions d'un Weitling, ce qui est déjà préface au socialisme européen est encore une sorte de postface à une tradition de dissidences chrétiennes. On retrouverait une ambiguïté analogue dans l'univers mental d'un Cabet, cet autre communiste *religieux* du XIX⁰ siècle.

Est-ce possible de croire, par exemple, au caractère sacré de la vie humaine sans invoquer un garant divin? Peut-être, mais c'est le discours religieux qui a d'abord proposé le concept de *sacralité* et, par dérive, celui d'humanité. En Occident, des concepts tels que l'essence humaine, le droit, la justice, la morale, l'équité, ne sont, au fond, que des concepts religieux recyclés. Mais le postmoderne ne s'intéresse pas à ce genre de détail. Parfois son attitude va jusqu'à la haine ouverte à l'égard du christianisme, mais elle prend plus souvent la forme d'une volonté constante de marginalisation de tout résidu de la vision du monde judéo-chrétienne perçue comme étant en conflit avec un présupposé postmoderne.

Les préjugés antioccidental et antichrétien du système idéologico-religieux moderne, qui a dominé le XX⁰ siècle, se manifestent, de diverses manières, dans les sciences sociales. Dans le contexte postmoderne, il ne faut pas s'étonner si le Moyen Âge occidental, dominé par le christianisme, a été considéré jusqu'à récemment par les historiens comme une période de grande noirceur (*the Dark Ages* comme l'ont désigné les Anglais). L'historien Jacques Le Goff mentionne à ce sujet (1999: 80):

Les hommes de ce qu'on appelle la Renaissance avaient le sentiment que le Moyen Âge était une obscure période intermédiaire entre l'Antiquité et leur présent, où le culte des lettres, de l'art, réapparaissait. Moyen Âge: c'était, dans leur esprit, une expression péjorative. Cette *dévaluation* du Moyen Âge s'est renforcée au XVIIIe siècle, les gens des Lumières ayant ajouté à leurs griefs, contre cette période le fait qu'y régnait l'obscurantisme religieux et intellectuel. Le plus virulent est Voltaire: «L'Europe entière croupit dans cet avilissement jusqu'au XVIe siècle.» Ou encore: «C'est le dernier degré d'une barbarie brutale et absurde de maintenir, par des délateurs et des bourreaux, la religion d'un dieu que des bourreaux firent périr.» Et Voltaire de conclure: «La comparaison de ces siècles avec le nôtre (quelques perversités et quelques malheurs que nous puissions y trouver) doit nous faire sentir notre bonheur.»

Ce sont uniquemment les études récentes d'historiens qui ont lentement réhabilité le Moyen Âge. Affirmer qu'il est *réhabilité* est à vrai dire excessif, mais on se permet tout de même d'apprécier certaines contributions de cette époque. Quant à l'apport du Moyen Âge à l'égard des rapports hommes-femmes, de l'avis général, cette période fut le règne incontesté d'une oppression patriarcale. Bien que conscient des manquements de cette époque, Le Goff est d'un autre avis et souligne que sur le plan esthétique le christianisme a contribué à promouvoir et à mettre la femme en évidence. Si on examine le mariage, par exemple, l'intervention de l'Église catholique a été positive en affirmant l'importance de l'accord de la femme. Mais quelle était sa situation avant l'apparition du christianisme? Le Goff remarque (2000: 36):

> Dans le judaïsme, la femme est à peu près totalement subordonnée au mari[369]. Ce cas est un peu plus complexe, et d'une certaine façon préfigure le christianisme romain puisque, d'une part, la femme romaine est une mineure, ce qui signifie qu'elle ne peut pas accomplir un certain nombre d'actes juridiques sans le consentement de son mari, et que d'autre part, les Romains développent une conception égalitaire de cette union, qui se traduit par la célèbre formule *Ubi Gaius tu Gaia*, là où je suis Gaius, tu es Gaia.

Discutant de l'apport du christianisme au Moyen Âge pour l'avancement de la situation de la femme en Occident, Le Goff conclut (2000: 38):

> De façon générale, je pense qu'il faut pondérer aussi bien une vision noire qu'une vision dorée de la condition de la femme au Moyen Âge. La tendance est aujourd'hui à rabaisser la place de la

femme, et dans le christianisme et dans l'histoire de l'Occident. Pour ma part, je suis surtout frappé par les progrès qu'elle a faits dans la société chrétienne du Moyen Âge – ce qui ne doit évidemment pas nous conduire à penser qu'elle se trouvait à égalité avec l'homme[370]; mais on partait de très loin... Et on verra pire par la suite: je crois profondément qu'il n'y a pas eu pire pour la condition féminine en Europe que le XIXe siècle[371].

À ce titre, on pourrait penser aux écrits et compositions musicales de l'abbesse bénédictine Hildegarde de Bingen au début du XIIe siècle. Le processus de marginalisation et de stigmatisation des apports du christianisme influence plusieurs champs d'études en sciences sociales dont la psychologie, comme le fait remarquer Os Guinness (1992: 119):

> L'idéologie moderne insiste qu'il faille s'appuyer sur la psychologie plutôt que sur la religion pour résoudre les crises d'identité et de foi. Dans le monde moderne, tandis que la religion est perçue comme un facteur dysfonctionnel, la psychologie est considérée faisant partie de la solution. Par ailleurs, la religion est dénigrée et perçue comme traditionnelle, tandis que la psychologie est prisée, moderne et scientifique. Et pour couronner le tout, la religion est repoussée, refoulée au monde privé, tandis que la psychologie [portant le sceau de la science] passe aisément du monde privé au monde public. Par exemple, la psychologie du monde du travail n'a pas de contrepartie dans ce qui pourrait porter le titre de *religion industrielle.**

On doit reconnaître ici que la pratique de la psychologie est généralement liée à des présupposés tirés de la cosmologie moderne. C'est donc cette cosmologie qui fournit les grandes lignes du cadre conceptuel dans lequel se déroule la pratique psychologique. A priori, les autres cosmologies sont exclues[372].

En Occident, les religions traditionnelles (chrétiennes) n'ont droit de cité qu'à la condition d'accepter leur marginalité et la dominance du discours moderne ou postmoderne (selon le cas) dans la vie collective. Cela est vrai aussi sur les plans intellectuel, artistique et scientifique[373]. Par exemple, de l'avis d'un grand nombre d'érudits, il va de soi que l'Occident doit la naissance de la science et de la démocratie aux Grecs. La civilisation chrétienne occidentale n'a strictement rien à y voir... Suffit de chercher ailleurs. Or, si ce ne sont pas les Grecs qui nous ont légué la science, ce sont peut-être les disciples de Mohamed ou les citoyens de la Chine qui nous ont tout enseigné[374]. Dans le cadre d'un entretien sur l'édit de Nantes, l'historien Jean Delumeau souligne que des changements d'attitudes sur le plan religieux en France au XVIe siècle ont eu une influence importante sur la politique. Ce décret impliquait, entre autres, oser remettre en question la conception territoriale de la religion et l'équation d'un État, d'une religion (Hutin 1998):

> L'édit de Nantes n'aura-t-il été qu'une parenthèse dans l'Histoire de la France?
> [JD] Non, car il a préparé la «Déclaration des droits de l'homme». En reconnaissant aux protestants la liberté de conscience, le droit de pratiquer leur culte et en interdisant les conversions forcées, l'édit de Nantes achemine les esprits vers la Déclaration de 1789 où il est écrit que «nul ne peut être inquiété pour ses opinions religieuses.»
> A-t-il ouvert le chemin de la laïcité?
> [JD] Oui, car c'était la première fois que le pouvoir politique se situait en arbitre au-dessus des différentes confessions religieuses. Ce fut une avancée significative qui, de loin, prépara la laïcité d'aujourd'hui, c'est-à-dire le respect des croyances d'autrui, à condition que celui-ci ne cherche pas à les imposer par la force ou par la ruse. La laïcité permet à l'État de se situer en arbitre au-dessus des croyants et des non-croyants pour veiller à la paix publique. Henri IV ramenait la paix en imposant une législation nouvelle aux catholiques et aux protestants qui prirent ainsi l'habitude de vivre ensemble.

Dans le contexte postmoderne, le préjugé anti-chrétien ne meure pas, mais se métamorphose sous de nouvelles formes qui influencent la culture populaire. Par exemple, lorsque les érudits postmodernes signalent le phénomène du *retour du religieux*, on détecte généralement une note de déception, d'irritation, qu'ils partagent avec les élites modernes. Selon les meilleures prévisions, le XXIe siècle devait voir la religion[375] éliminée, chose du passé... un artéfact culturel d'une époque mythique, préscientifique. Dans le contexte syncrétique postmoderne, le christianisme a le statut de paria. A priori, ce phénomène est aberrant. À ce sujet, le juriste et éthicien québécois Guy Durand souligne les paradoxes de l'attitude postmoderne (2004: 32):

> Dans certains milieux, parler positivement du christianisme est perçu comme de la crétinerie ou de l'endoctrinement, mais invoquer les doctrines orientales ou du Nouvel Âge fait cultivé et élégant. Dire que Jésus est fils de Dieu est accueilli avec un sourire condescendant, mais si quelqu'un affirme que Dieu est un champignon sacré, on est capable de dire que cet enseignement fait partie de la riche tapisserie de la tradition humaine!

Le monde moderne et postmoderne reconnaît tout de même l'existence du phénomène religieux, et du christianisme en particulier, mais lorsque l'opportunité se présente dans la vie collective, on tente de le marginaliser, de le repousser dans *son* ghetto. En Europe, ces conflits sont moins visibles, car ce processus de marginalisation a largement fait son travail. Il s'agit, en somme, d'un fait accompli, il ne reste plus qu'à maintenir le statu quo (parfois à l'aide de lois anti-sectes).

Un exemple parmi tant d'autres de l'attitude postmoderne à l'égard du christianisme est le refus, par plusieurs pays européens, de considérer/admettre même l'apport culturel du christianisme sur le plan historique lors de la rédaction de la constitution proposée pour la communauté européenne en 2004. Reconnaître cet apport semblerait violer un tabou. Aux États-Unis, la situation est tout autre et les chrétiens sont encore suffisamment nombreux (et actifs) pour avoir un poids électoral au point où les politiciens se sentent obligés de les courtiser (plutôt que de les ignorer). Les politiciens de droite savent donc les exploiter, mais les chrétiens prennent graduellement conscience que leur influence réelle est négligeable lorsqu'ils mesurent leur progrès sur des questions telles que l'avortement où rien n'a bougé dans les faits depuis 1973[376]. Aux États-Unis, les chrétiens restent actifs dans la vie sociale et politique. Ils n'acceptent pas la *place* qu'on veut leur imposer et une influence accrue de leur part y est certes pensable à long terme (sans que cela aboutisse pour autant à un enfer intégriste où tous les autres se voient privés de liberté).

Les élites postmodernes s'opposent parfois aux activités missionnaires de diverses églises chrétiennes dans le tiers-monde, alléguant qu'il s'agit de l'exportation et de *l'imposition* illégitimes d'une religion occidentale, une forme de colonialisme nouvelle/ancienne. Affirmation ironique aujourd'hui, car, sauf exception, l'Occident et ses élites ne sont plus chrétiens tandis que le tiers-monde est généralement beaucoup plus réceptif au christianisme. En Europe, l'adhésion à la vision du monde judéo-chrétienne (et la pratique religieuse qui lui est associée) est à son point le plus bas depuis plus d'un millénaire. Il sera sans doute *scandaleux* de noter que pour certains groupes chrétiens, la France, par exemple, soit considérée «terre de mission»...

Bien que ce phénomène soit invisible pour nos élites, l'attrait actuel du christianisme dans plusieurs régions du tiers-monde[377] peut s'éclairer en partie par une réflexion sur son influence initiale en Europe. Dans son essai sur la contribution irlandaise en Occident (1995), le professeur Thomas Cahill examine l'opposition entre la vision du monde celtique (préchrétien) et la vision du monde chrétienne, et jette un éclairage sur l'attrait du christianisme dans le monde antique. Dans le monde préchrétien de l'Europe antique, les religions polythéistes dominaient. Les dieux exigeaient des cultes divers et le sacrifice humain était alors une coutume assez répandue. Ceci est attesté par les écrits de contemporains tel Jules César ainsi que par diverses découvertes archéologiques comme l'homme de Tollund[378]. À ce titre, César note dans **La guerre des Gaules** [*Bellum Gallicum* 6.16]:

> Tout le peuple gaulois est très religieux; aussi voit-on ceux qui sont atteints de maladies graves, ceux qui risquent leur vie dans les combats ou autrement, immoler ou faire vœu d'immoler des victimes humaines, et se servir pour ces sacrifices du ministère des druides; ils pensent, en effet, qu'on ne saurait apaiser les dieux immortels qu'en rachetant la vie d'un homme par la vie d'un autre homme, et il y a des sacrifices de ce genre qui sont d'institution publique. Certaines peuplades ont des mannequins de proportions colossales, faits d'osier tressé, qu'on remplit d'hommes vivants: on y met le feu, et les hommes sont la proie des flammes. Le supplice de ceux qui ont été arrêtés en flagrant délit de vol ou de brigandage ou à la suite de quelque crime passe pour plaire davantage aux dieux; mais lorsqu'on n'a pas assez de victimes de ce genre, on va jusqu'à sacrifier des innocents.

Les divinités celtes devaient donc être satisfaites, nourries, et ce, parfois de chair humaine. Si on demandait des faveurs importantes aux dieux, il fallait offrir quelque chose d'important en échange. Il fallait négocier. Cahill explore le contraste entre les religions celtiques et chrétiennes par le biais de deux artéfacts archéologiques fabriqués par des artisans celtes; le chaudron de Gundestrup[379] et le calice d'Ardagh[380]. Le chaudron de Gundestrup a été découvert dans un marécage au Danemark. Il est fait d'argent et comporte plusieurs panneaux gravés représentant la cosmologie celtique. L'un de ceux-ci présente une divinité géante faisant sa *cuisine* en lançant un humain gémissant dans un chaudron. Selon les archéologues, le chaudron de Gundestrup a été brisé en morceaux et lancé dans un marécage, en offrande aux dieux. Le calice d'Ardagh représente également l'art celte et a également été conçu à des fins rituelles, mais le sens du rituel est tout autre. En ce qui concerne le calice d'Ardagh, Cahill remarque (1995: 143):

Tout comme le Chaudron, il a été produit à des fins rituelles, mais son message est plus réjouissant, car le Dieu à qui il est dédié n'exige plus qu'on le nourrisse, devenant ainsi un avec lui. La transaction est inversée. C'est le Dieu lui-même qui s'offre à nous comme une nourriture céleste. Dans cette nouvelle *convention*, nous buvons le sang de Dieu et devenons tous un, en partageant une coupe, un destin.*

Durand examine l'attitude antichrétienne occidentale et évoque un compromis possible, permettant du moins de reconnaître l'apport culturel et social du christianisme sans pourtant en arriver à une forme d'intégrisme religieux totalitaire ou, à l'autre extrême, à une forme de lobotomie ou d'amnésie culturelle et historique (Durand 2004: 35):

> Lors d'une table ronde sur *La religion face aux obscurantismes* animée par Frank Olivier Giesbert sur TV5 en décembre 2003, le philosophe André Comte-Sponville, athée selon ses propres dires, affirmait que notre civilisation faisait face à deux dangers: celui du cléricalisme antireligieux du XIXe siècle et celui de la tendance actuelle au technicisme et au nihilisme. Moi qui n'ai aucune foi, déclarait-il, j'essaie d'être un athée *fidèle*. Ce que j'appelle «la fidélité», ce n'est pas une croyance à une quelconque transcendance, mais un sentiment d'appartenance, de filiation avec les siècles passés qui ont fait de notre civilisation ce qu'elle est. La vraie question qui se pose à nous, poursuit-il, c'est «que reste-t-il de l'Occident chrétien quand il a cessé d'être chrétien?» et là, de deux choses l'une. Si vous répondez, il ne reste rien, vous ne pouvez plus opposer quoi que ce soit ni au fanatisme de l'extérieur ni au nihilisme de l'intérieur; et, croyez-moi ce dernier danger est bien plus important que le premier. Si vous répondez, il en reste quelque chose; ce ne peut être une foi commune puisque celle-ci n'existe plus; ce ne peut être qu'une fidélité commune, c'est-à-dire un attachement partagé à ces valeurs fort anciennes que nous avons reçues et que donc nous avons la charge de transmettre. La seule façon d'être fidèle est de les transmettre[381]. Et le philosophe allemand Peter Sloterdijk d'ajouter lors de la même discussion: «se libérer de l'obsession antireligieuse est un signe de santé mentale, même si le laïcisme acharné est compréhensible compte tenu du fait que le christianisme a été longtemps instrumentalisé.» Aujourd'hui, ajoute pour sa part Alain Finkielkraut, le débat n'est plus entre cléricalisme et laïcité, mais entre deux formes de laïcité.

5 / Les anthropophages

Le lendemain, je me réveille avec une envie de tuer... irrésistible!
Il fallait que je tue quelqu'un.
Tout de suite!
Mais qui?
Qui tuer?... Qui tuer?
Attention! Je ne me posais pas la question: «Qui tu es?» dans le sens: «Qui es-tu, toi qui cherches qui tuer?» ou «Dis-moi qui tu es et je te dirai qui tuer.» Non!... Qui j'étais, je le savais!?
J'étais un tueur... et un tueur
sans cible!
(Enfin... sans cible, pas dans le sens du mot sensible!) Je n'avais personne à ma portée.
(Devos 1989: 34)

Je vais vous poser la question
Veuillez y répondre si vous
le pouvez
Y a-t-il des enfants de quelqu'un qui
peut me dire
Ce qu'est l'âme humaine?
(Bruce Cockburn: Soul of A Man[382]
1991)

À l'aube de l'époque moderne, l'un des tableaux de Gauguin fut intitulé «D'où venons-nous ? Que sommes-nous ? Où allons-nous ?»[383] De tout temps ces questions se posent: Qu'est-ce que l'humain? Quelle est sa place dans le cosmos? Comment est-il arrivé jusqu'ici ? Ces questions se posent à l'individu au cours de son existence, mais constituent aussi la toile de fond de toute production culturelle. Si on admet que l'édification de cosmologies ainsi que de systèmes idéologico-religieux est un trait caractéristique de l'homo sapiens, il ne faut pas s'étonner si les présupposés qui visent ce dernier figurent parmi les données les plus fondamentales que l'on puisse aborder. L'Occident au XXIe siècle est en bouillonnement idéologico-religieux et la définition de l'homme est au cœur des enjeux cosmologiques. À ce sujet, Edward Rothstein, journaliste au New York Times, fait part des observations suivantes (2004):

> L'humain est maintenant le champ de bataille le plus important. Le problème politique avec la production industrielle d'embryons humains, bien que ces recherches ne soient qu'à leurs débuts, n'est pas ce qui irrite les adversaires de l'avortement. Cela implique un déplacement de sens qui porte atteinte à une barrière qui peut devenir poreuse, un affaiblissement de la qualité sacrée de l'humain. Et dès que cela se produit, la pente glissante devient de plus en plus glissante. Dès lors, quelles seront les nouvelles limites ? Est-ce que des vies humaines seront bientôt récoltées pour servir les intérêts d'autres humains ?*

Au Siècle des Lumières, les philosophes et leurs héritiers ont, dans une large mesure, abandonné la vision du monde judéo-chrétienne pour édifier un système de pensée rationnel, doté d'une cosmologie matérialiste et auréolé du prestige épistémologique de la science. Il faut comprendre que l'abandon de la vision du monde judéo-chrétienne ne s'est pas fait en bloc, mais de façon graduelle, présupposé par présupposé. On a d'abord refoulé la divinité au rôle de Cause Première, pour ensuite remettre en question son existence ainsi que l'autorité ecclésiastique, la cosmologie proposée par le livre de la Genèse, l'autorité de la Bible, les principes moraux sexuels liés à la vision du monde judéo-chrétienne, etc. Tout obstacle à la liberté individuelle a été attaqué et réduit à néant. Mais en arrière-plan, une vaste opération de récupération de concepts, dérivés de la vision du monde judéo-chrétienne, s'est faite, généralement de manière inconsciente et parfois de manière malhabile, comme le souligne Camus en rapport avec la Révolution française (1951: 162):

Le mouvement d'insurrection qui naît en 1789 ne peut pourtant s'arrêter là. Dieu n'est pas tout à fait mort pour les Jacobins, pas plus que pour les hommes du romantisme. Ils conservent encore l'Être suprême. La Raison, d'une certaine manière, est encore médiative. Elle suppose un ordre préexistant. Mais Dieu est du moins désincarné et réduit à l'existence théorique d'un principe moral[384].

Le développement des courants de pensée modernes, s'est appuyé généralement sur un certain nombre de concepts légués par la culture judéo-chrétienne, concepts jugés *utiles*. Il s'agit de concepts admis depuis des siècles en Occident et considérés comme *allant de soi*, *évidents*. Un des éléments les plus importants, récupéré par les humanistes et leurs héritiers, a été le concept de l'homme: un être créé à l'image de Dieu et sommet de la Création. Chez les philosophes on a évidemment mis aux oubliettes les liens explicites à la cosmologie judéo-chrétienne, mais le statut privilégié de l'homme, comme summum et intendant de la création, a été récupéré et exploité à fond. Par exemple, Denis Diderot affirmait (1755: 213) «L'homme est le terme unique d'où il faut partir, & auquel il faut tout ramener». Dans le contexte moderne, ce concept donc a subi un *remake*, l'homme est devenu simplement le sommet du processus évolutif. Beau titre tout de même, mais d'une gloire éphémère. Les modernes se sont ainsi appliqués à éliminer toute trace de langage théologique associé à ce statut, mais ont maintenu la position privilégiée de l'homme dans la nature (en tant que *sommet de l'évolution*) et en ont fait la clé de voûte de leur vision du monde. Dans ce nouveau contexte idéologico-religieux, l'Homme est désormais le but à atteindre, le point culminant de l'évolution. C'est dans ce contexte que l'on a eu droit à des slogans ronflants du genre: «L'Homme est l'évolution qui a pris conscience d'elle-même!» Pour la grande majorité, cette récupération et ce glissement de sens a été invisible, puisqu'auparavant on avait déjà l'habitude d'un statut particulier pour l'homme. Francis Fukuyama note à ce sujet (2004: 274-275):

> Les raisons de la persistance de cette idée d'égalité dans la dignité humaine sont complexes. Il s'agit, pour une part, de la force de l'habitude et de ce que Max Weber appelait un jour le «fantôme des croyances religieuses défuntes», qui continue à nous hanter. Il s'agit aussi, pour une autre part, des vicissitudes de l'histoire: le dernier mouvement politique important à nier l'idée d'universalité de la dignité humaine a été le nazisme, et les conséquences effroyables de

la politique eugénique et raciste de ce régime ont suffi à vacciner ceux qui en ont fait l'expérience et les générations suivantes.

Sans doute, mais ce *vaccin*, sera-t-il efficace longtemps encore tandis que s'estompent les souvenirs de la Solution finale et s'assoupit, pour une dernière fois, la génération des témoins? Il faut insister sur ce point assez paradoxal, c'est-à-dire que ce concept judéo-chrétien de la dignité de l'homme a été préservé au cœur du système idéologico-religieux moderne. Si on considère que l'homme est le point culminant de l'évolution, ce statut est tout de même précaire. Notons qu'en psychiatrie le fait de maintenir ou non le statut unique, distinct de l'homme comporte des conséquences dramatiques sur le plan social et individuel. Survivant des camps de concentration nazis, le psychiatre Frankl expose la logique anthropophage habitant une bonne part de la pensée postmoderne. Il déclare (1988: 137):

> Un psychotique incurable peut perdre son utilité dans la société tout en conservant sa dignité humaine. Voilà mon credo psychiatrique et, sans lui, je remettrais en question ma valeur en tant que psychiatre. Mais le psychotique incurable n'est-il qu'un cerveau d'automate endommagé et irréparable? S'il n'était rien que cela, l'euthanasie serait justifiée.

Si l'on remet en question le statut unique de l'homme (ainsi que la valeur absolue de chaque vie humaine), consciemment ou non, nous éliminons les obstacles au retour de pratiques analogues à celles des nazis[385]. Une telle affirmation peut évidemment sembler inutilement alarmiste, voire irrecevable, mais il ne faut pas ignorer que les premiers éliminés lors de l'opération d'euthanasie T4[386] au stade initial de la *Solution finale* furent justement les mêmes qui sont visés par le discours actuel de la *compassion* postmoderne, soit les handicapés physiques et mentaux, tous ceux que l'on estimait dépendants, faibles, marginaux, improductifs ou sans pouvoir. La majorité de ces morts ne furent pas tirés des rangs de *races inférieures*, mais étaient des Allemands ordinaires. Les documents administratifs nazis indiquent que ce régime accorda la «grâce de la mort» à 70 000 individus, mais d'autres estiment que 200 000 adultes et enfants allemands mal formés, débiles ou incurables furent éliminés.

Mitchell (1999) atteste que pendant le règne nazi, le gouvernement produisit plusieurs films de propagande afin d'avancer la cause de l'euthanasie et de la faire accepter plus facilement par la population. Parmi ces films, on dénombre *Was du erbst* (Ce que l'on hérite) et *Erb Krank* (Le mal héréditaire). Des films tels que *Opfer der Vergangenheit* (Victimes du passé) ainsi que *Das Erbe* (L'héritage) ont été présentés en Allemagne, sous les ordres de Hitler, dans 5 300 salles. En 1939, *Dasein ohne Leben* (Existence sans vie) a été produit par les responsables du programme d'euthanasie T4 afin de rassurer les individus impliqués dans ce programme que celui-ci constituait une procédure humaine et éthique. Mitchell poursuit en indiquant (1999):

> Finalement, le film [proeuthanasie] réalisé selon les standards les plus élevés en cinématographie fut *Ich klage an* ! (J'accuse). Réalisé en 1941, ce film reprend un récit familier. Hanna Heyt, l'héroïne du film, est atteinte de la sclérose en plaques. Elle affirme clairement qu'elle ne veut pas passer ses derniers jours dans un état végétatif. Thomas, son mari, en accord avec son médecin, lui administre une dose mortelle. Ceci est suivi d'une scène houleuse en cour. Thomas accuse la loi de ne pas avoir pu secourir sa femme dans ses souffrances. La défense conclut que la loi doit être modifiée afin de permettre le meurtre par compassion lorsque des motifs humanitaires le justifient. Le film prend fin en demandant au spectateur de rendre le verdict.*

Au sein de l'Occident postmoderne, plusieurs facteurs contribuent au développement d'attitudes et de pratiques tout à fait comparables dans leur justification à celles des nazis. Sans doute un examen plus approfondi des parallèles, dans la rhétorique et les présupposés, entre la propagande proeuthanasie produite par les nazis et les documentaires proeuthanasie de l'époque postmoderne serait fort instructif. Michell (1999) examine plusieurs dimensions de la question et il y a lieu de penser que la présentation consécutive d'un film nazi, suivi d'un documentaire proeuthanasie récent serait également instructif. Mais ici, le temps nous manque pour pousser plus loin ces interrogations.

L'embarras du soi

> Pendant plusieurs années, il avait cru de façon théorique que tout mobile ou intention venant à l'esprit n'est qu'un sous-produit pur et simple de ce que fait le corps. Mais toute cette dernière année - depuis qu'il avait été initié - il avait commencé à percevoir en tant que fait tangible ce qu'il avait longtemps tenu pour théorique. De plus en plus, ses actes s'étaient trouvés sans mobile. Il faisait ci ou ça, il disait ci ou ça, sans savoir pourquoi. Son esprit était un pur spectateur. Il ne parvenait pas à comprendre pourquoi ce spectateur devait exister. Son existence l'irritait, même lorsqu'il affirmait que cette irritation était un phénomène purement chimique. Ce qui existait encore en lui, se rapprochant le plus d'une passion humaine était une sorte de rage froide contre tous ceux qui croyaient en l'esprit. Il ne tolérait pas une telle illusion. Il n'y avait pas, il ne devait pas y avoir des choses comme les hommes.
> (C. S. Lewis 1944-46/1997: 591)

> Qu'est-ce que le moi ?
> Un homme qui se met à la fenêtre pour voir les passants, si je passe par là, puis-je dire qu'il s'est mis là pour me voir ? Non; car il ne pense pas à moi en particulier; mais celui qui aime quelqu'un à cause de sa beauté, l'aime-t-il ? Non: car la petite vérole, qui tuera la beauté sans tuer la personne, fera qu'il ne l'aimera plus. Et si on m'aime pour mon jugement, pour ma mémoire, m'aime-t-on moi ? Non, car je puis perdre ces qualités sans me perdre moi-même Où est donc ce moi, s'il n'est ni dans le corps, ni dans l'âme ? et comment aimer le corps ou l'âme, sinon pour ces qualités, qui ne sont point ce qui fait le moi, puisqu'elles sont périssables ? car aimerait-on la substance de l'âme d'une personne, abstraitement, et quelques qualités qui y fussent ?
> (Pascal, 1670/1960: 157-158)

Le postmoderne porte en son sein une contradiction étrange. D'un côté, il célèbre au plus haut point les aspirations, les droits et l'épanouissement de l'individu et, de l'autre, il propage des prémisses et présupposés qui minent irrémédiablement le concept de l'individu tel qu'il a été conçu en Occident jusqu'à ce jour. Dans les pages qui suivent, nous examinerons quelques conséquences de présupposés au cœur de la pensée postmoderne concernant le concept de l'humain et de l'individu.

On observe chez certaines élites occidentales une tendance de plus en plus évidente à remettre en question le statut privilégié et unique de l'homo sapiens dans l'ordre naturel. Ces remises en question proviennent de disciplines ainsi que d'acteurs sociaux qui n'ont, a priori, rien en commun. Ce statut particulier de l'homme, qui a longtemps occupé une place centrale en Occident, provoque aujourd'hui un malaise subliminal chez nos élites postmodernes. Pourquoi l'homo sapiens serait-il une espèce à part, quelque chose d'exceptionnel ? Pourquoi serait-il unique ? Quelle arrogance, quelle prétention ! Une source de cette irritation postmoderne est la réalisation, plus ou moins consciente, qu'en Occident le statut privilégié de l'homme est l'écho lointain, un résidu culturel du dogme judéo-chrétien qui affirme que l'homme a été fait à l'image de Dieu et que, pour cette raison, il a une valeur propre, une valeur qui le met à part de tous les autres organismes vivants de la Création. Cette conception de l'homme est exposée évidemment dans la Genèse, mais aussi dans le livre des Psaumes :

> Qu'est-ce que l'homme, pour que tu te souviennes de lui ? Et le fils de l'homme, pour que tu prennes garde à lui ? Tu l'as fait de peu inférieur à Dieu. Et tu l'as couronné de gloire et de magnificence. Tu lui as donné la domination sur les œuvres de tes mains. Tu as tout mis sous ses pieds, les brebis comme les boeufs, et les animaux des champs, les oiseaux du ciel et les poissons de la mer. Tout ce qui parcourt les sentiers des mers. Éternel, notre Seigneur ! Que ton nom est magnifique sur toute la terre ! (Ps. 8: 4-10)

Comme Pascal aimait le faire aussi, on voit soulignées ici à la fois le néant et la grandeur de l'homme, mais plus importante encore, la source de sa grandeur. Il occupe donc une position intermédiaire, entre, d'un côté, Dieu et les anges, et de l'autre, les animaux et le monde inanimé. Fait de chair et d'esprit, il participe aux deux dimensions. Les sociétés de l'Antiquité concevaient donc l'homme comme un animal rationnel, un être où se trouvent réunis des principes opposés. Dans son essai **The Difference of Man**, le philosophe américain Mortimer Adler (1967: 286) énumère quatre présupposés cosmologiques chrétiens qui ont fondé la perspective occidentale traditionnelle sur l'homme et qui différencient, de manière radicale, l'homme des autres vivants.

1. Le dogme de la personnalité. L'homme seul est fait à l'image de Dieu. Il se distingue des animaux par le fait de posséder une âme.
2. Le dogme de la création spéciale de l'homme. On ne peut expliquer l'homme uniquement en termes de causes naturelles.
3. Le dogme de l'immortalité individuelle. On postule que l'âme humaine est capable de subsister sans le corps et qu'après la mort

elle sera réunie à un corps renouvelé à la résurrection.
4. Le dogme du libre arbitre et de la responsabilité morale. Ceci implique que l'homme est responsable devant la Loi divine et libre de ses choix, capable de distinguer entre le bien et le mal.

Évidemment, depuis le Siècle des Lumières, l'Occident a remis en question et rejeté, un à un, ces présupposés. Cela ne s'est pas fait dans une nuit, mais au moyen d'un long processus d'érosion culturelle auquel ont contribué plusieurs générations d'acteurs et courants de pensée. Par ailleurs, ici et là, dans nos structures sociales, des résidus oubliés de ces présupposés subsistent toujours. Il y a lieu de penser que les catastrophes sociales du XXe siècle ont démontré leur utilité.

En sciences sociales, on s'amuse parfois à faire l'inventaire des traits qui distinguent l'homme des autres animaux. Entre autres, on peut considérer que la capacité d'apprécier le Beau, voire le besoin de s'entourer du Beau comme une caractéristique qui distingue l'homme des animaux. On note aussi sa capacité supérieure du langage, de musique, la conscience de son existence propre (*self-awareness*), la conscience de l'avenir, de sa mort (pas nécessairement prochaine), sa faculté de développer et de percevoir son identité[387], sa capacité de développer une philosophie de la vie et d'édifier sur cette base une culture/civilisation. Il produit aussi une diversité étonnante de cultures où des facteurs tels que le système idéologico-religieux, la langue, l'environnement et l'histoire jouent tous des rôles dans leur développement. Un autre trait particulier à l'humain est son sens moral, c'est-à-dire le fait que, dans leur interaction, les humains évaluent sans cesse le comportement des autres pour déterminer si ce comportement est conforme ou non à la norme ayant cours[388]. À ce sujet l'anthropologue Elvin Hatch note (1983: 9):

> C'est le contenu des principes moraux et non leur existence qui varie chez l'humain. Il semble que toutes les sociétés ont une forme de système moral, car partout les gens évaluent les actions de leurs parents, voisins et connaissances en posant la question: «Ce comportement, est-il vertueux, estimable, digne de louanges et honorable, ou plutôt indigne, honteux, et ignoble?» Ces évaluations se manifestent sous la forme de sanctions, de louanges ouvertes ou de réprimandes et, dans certains cas extrêmes, de la violence et de l'exécution. L'ubiquité de l'évaluation morale du comportement est apparemment une caractéristique qui distingue l'humanité des autres organismes. Il serait difficile d'imaginer, par exemple, des écureuils ou lézards faisant

part des jugements moraux d'un genre qui semble universel chez l'humain. On peut penser que les non-humains se contentent d'évaluer si un autre être est menaçant, utile[389], et ainsi de suite.*

Bien que l'inquisiteur du Moyen Âge le plus intransigeant ainsi que le postmoderne le plus progressiste diffèrent quant à la cosmologie à laquelle ils réfèrent pour justifier leurs comportements et attitudes, rien ne les distingue quant à la tendance à la moralisation ou au jugement éthique. Réfléchissant à l'influence des présupposés cosmologiques modernes dans le contexte soviétique, plus particulièrement sur les droits de l'individu, l'historien russe Vadim Borissov fait un tour d'horizon éclairant les conflits qui eurent lieu sur le champ de bataille de l'homme au xxe siècle[390] (1974: 201-203):

> Privée de son fondement essentiel, la notion de personne n'est plus qu'une convention [sociale], et comme toute convention, elle est inévitablement arbitraire. En droit, la personne concrète se voit réduite à l'état de métaphore, d'abstraction sans contenu, pour n'être plus qu'un sujet juridique auquel se réfère tout un ensemble de règles fixant ses libertés et ses devoirs. C'est justement parce qu'elle revêt un caractère conventionnel que la personne endure tant de tourments et de misères dans un monde de plus en plus livré à la sauvagerie. Si la personne est conventionnelle, alors ses droits le sont aussi. Tout comme l'est à son tour la dignité de la personne bafouée de façon intolérable par la réalité environnante. (…) Si la personne humaine est conventionnelle et non pas absolue, le respect que nous sommes appelés à lui témoigner n'est rien d'autre qu'un vœu pieux que nous avons toute liberté de rejeter ou d'exaucer. Et lorsqu'il se trouve une force qui fait du mépris de la personne le principe même de son existence, l'«humanisme rationaliste» n'a, dans le fond, logiquement rien à lui opposer.
>
> C'est parce qu'elle a rompu le lien qui rattachait la personne à l'origine absolue de ses droits, désormais considérés comme naturels, qu'une telle conception porte en elle, dès le départ, une contradiction dont ont vite pris conscience tous ceux qui furent tout logiquement les héritiers: Darwin, Marx, Nietzsche, Freud (et beaucoup d'autres) l'ont résolue chacun à sa façon, en faisant table rase de la foi que, jusque-là, l'homme avait dans sa propre dignité. Ils ont renversé la personne du piédestal transparent où l'avaient hissé les humanistes, arrachant et ridiculisant son auréole de sainteté et d'inviolabilité, et lui ont indiqué la place qu'elle était désormais censée devoir occuper: celle d'une pierre pavant le chemin qui mène au «sur-homme», celle d'une gouttelette destinée, avec des millions d'autres, à fertiliser l'histoire pour assurer le bonheur des générations futures, ou encore celle

d'un lambeau de chair cherchant stupidement et péniblement à fusionner avec ses semblables[391]... (...) Aujourd'hui, le totalitarisme piétine de sa masse éléphantesque tous les droits de la personne, et se contente d'appliquer dans la vie la théorie de l'humanisme dont il est l'aboutissement pratique.

Transposé dans le contexte cosmologique moderne, l'ancien concept de la personne douée de droits et digne de respect ne peut plus s'enraciner. Au xxe siècle, il a servi d'instrument de propagande pour des systèmes idéologico-religieux où l'homme individuel n'était, au fond, qu'un épiphénomène sans importance. On voit bien que les présupposés cosmologiques touchant l'homme ne sont pas la chasse gardée de philosophes ou de théologiens, mais influencent toute la réalité humaine. Borissov expose, de manière particulièrement pénétrante, le dilemme des idéologies matérialistes qui ont dominé le xxe siècle et qui tentaient, malgré l'incohérence du geste, de maintenir la légitimité des droits de l'individu dans un contexte cosmologique matérialiste qui mine la valeur de l'individu (1975: 203-204):

> Cet humanisme que je qualifierai d'utopique a conservé l'inertie d'un sentiment moral artificiellement apparenté à l'athéisme de l'esprit (et non de l'âme!) et continue de croire aux droits imprescriptibles de l'homme en tant que tel; mais, en même temps, il refuse d'avouer sa parenté historique avec un humanisme devenu, lui, réalité totalitaire[392], et il va même jusqu'à le combattre pour la défense des mêmes droits. Ironie de l'histoire: deux moments (l'un initial, l'autre final) d'un seul et même processus s'affrontent dans cette lutte. Le combat est inégal et la situation de l'humanisme utopique particulièrement pénible[393]. Comme nous l'avons déjà dit, celui-ci n'a logiquement rien à opposer à son cadet[394], à la fois plus conséquent et plus cruel. Sa courageuse protestation ne repose cependant sur rien de rationnel[395] et s'inspire de l'exemple moral donné au monde par la religion, mais cela, «humanisme rationaliste» ne peut le reconnaître sans risquer de trahir sa nature. (...) Un humanisme qui ignore son origine repose sur des bases fragiles et précaires. Comme le faisait remarquer Dostoïevski: lorsqu'il a perdu la mémoire[396], «le sentiment d'humanité n'est plus qu'une habitude, un produit de la civilisation. Il peut parfaitement disparaître complètement».

La cosmologie matérialiste affirme que tout ce qui existe doit être explicable en termes de lois naturelles. Puisque le présupposé matérialiste est considéré absolu, rien ne peut s'immiscer du *dehors*. Rien ne peut donc échapper à cette détermination matérielle, même pas l'homme. Lorsque confrontée à la réalité humaine, cette attitude aboutit à un paradoxe, comment expliquer l'humain et son comportement? S'il est exclu de parler de *l'âme* humaine, peut-on légitimement évoquer *l'esprit* humain? Quelle est la source de la raison chez l'homme? Dans ce contexte, où le présupposé matérialiste est non négociable, il est tout à fait logique et cohérent de considérer l'ego, la personnalité et l'esprit comme des illusions, le fruit d'interactions biochimiques ou d'un autre phénomène matériel comparable. La perspective matérialiste la plus cohérente niera donc le concept de la personnalité et de la conscience ou, au mieux, en fera des échos de phénomènes neuronaux. Cette position s'apparente curieusement à celle du bouddhisme où, à l'étape finale du cheminement de l'âme, la personnalité, l'ego sont anéantis. De ce fait, le matérialiste cohérent, *illuminé*, est déjà parvenu au nirvana. Il ne lui manque que le suicide ou l'euthanasie pour éliminer la dernière illusion, celle de son existence corporelle...

La psychologie du XXe siècle, qui a partie liée avec la cosmologie (matérialiste) moderne, a participé au dépouillement de l'ancien concept de l'humain, mais d'un autre côté, elle s'est éventuellement révoltée contre le matérialisme cohérent qui ferait de l'homme (comme l'affirmaient les béhavioristes) un robot complètement déterminé et aplatirait de manière épouvantable la réalité humaine. De ce fait, la psychologie a été la scène de luttes pour une forme du concept de soi ou d'*ego*. Si on tient compte des présupposés matérialistes, il ne peut exister d'entités non matérielles. Il n'est donc pas question d'admettre que l'homme soit doté d'une âme ou de quelque autre entité *spirituelle*. L'homme est un animal. Nietzsche semble avoir bien compris ce paradoxe lorsqu'il remarque dans **Crépuscule des Idoles** (1899/1970: 21) «Il est des cas où nous faisons comme les chevaux, nous autres psychologues, et sommes pris d'inquiétude: Nous voyons notre ombre danser devant nous.» Mais malgré ses prémisses matérialistes, il a été difficile à la psychologie de résister à l'attrait d'un concept de soi. Le psychologue Gordon Allport signale (1955: 37) que Freud a joué un rôle important (bien que non intentionnel) dans la préservation du concept d'ego. Allport ajoute que faire appel au concept d'ego, dans le cadre matérialiste, reste arbitraire, il est évoqué un peu à la manière d'un *deus ex machina*, permettant de sauver à la fois la dignité humaine ainsi que la complexité des données du comportement humain (Allport 1955: 37-38):

Dans la situation actuelle, les psychologues qui lient la personnalité à un ensemble de coordonnées externes semblent insatisfaits du résultat. Dès lors, ils réinventent le concept d'ego, car ils ne retrouvent pas de cohérence dans les données fournies par l'analyse positive[397]. Mais malheureusement le positivisme[398] et le concept de l'ego ne font pas bon ménage.*

Malgré le *Wasteland* conceptuel que nous offre la cosmologie matérialiste, le postulat matérialiste reste en vigueur, en principe, pour la très grande majorité des élites occidentales. Auteur de l'essai **The Post-Human Condition** et artiste multimédia, Robert Pepperell remarque, sans embarras ni subtilité superflue, (1997: 6):

> La sagesse dominante, exprimée et soutenue de diverses manières, est le matérialisme. Elle implique qu'il n'y a qu'une seule chose qui existe, c'est-à-dire la matière, qui est l'objet d'étude de la chimie, de la physique et de la physiologie. De ce fait, l'esprit se voit réduit à un phénomène physique. Pour résumer, l'esprit n'est rien d'autre que le cerveau.*

Si l'on adopte une attitude cohérente à l'égard de la cosmologie moderne, la conscience, l'ego, même la raison, ne sont alors que des illusions, le produit aléatoire de configurations neuronales plus ou moins complexes. Admettre le postulat d'une entité distincte du corps, une âme, tel que pouvaient le concevoir les cosmologies préchrétiennes ou chrétiennes, revient à proposer une remise en question des fondements de la cosmologie matérialiste. Un tel postulat sera donc jugé irrecevable. La cosmologie matérialiste est irrévocablement unidimensionnelle. Steven Pinker est l'auteur de plusieurs livres sur le cerveau et le langage. Il est aussi professeur de sciences cognitives à MIT. Lors d'un échange public avec Richard Dawkins, il relate (dans Radford 1999):

> Hier, j'étais interviewé à la radio avec un théologien qui affirmait qu'il était crucial que nous retenions le concept d'un ego unifié, une partie du cerveau où tout converge. Le système éthique de milliard de personnes en dépend, disait-il. À cela j'ai répliqué qu'il existe des données considérables que l'ego unifié est une fiction, que l'esprit n'est qu'une agglomération d'éléments qui fonctionnent de manière asynchrone et qu'il y a un président dans l'Oval Office[399] dont le cerveau voit à toutes les activités de la nation n'est qu'une illusion.*

Bien que tous n'auraient peut-être pas le courage d'exprimer la chose d'une manière aussi brutale, sans doute une telle affirmation aurait l'appui de la majorité de nos élites modernes et postmodernes. Le physicien Sir Roger Penrose ne croit pas que les choses soient aussi simples. Il constate (1994: 414–415) trois mystères que la science n'a toujours pas élucidés touchant l'interaction entre l'intellect et le monde qui nous entoure. Le premier mystère est que les mathématiques puissent décrire le monde physique, le deuxième est que la physique puisse supporter l'intellect et le troisième, que l'intellect puisse comprendre ce qui est mathématique.

Richard Dawkins, pour sa part, estime que les êtres vivants ne sont, au fond, que de gigantesques robots, lourds et gauches, contrôlés par leurs gênes. À son avis, le déterminisme[400], en dernière instance, est donc génétique. Dans ce contexte, l'existence de l'intellect et de ses capacités propose une question sans réponse. Le développement de la culture et, en particulier, de la moralité constitue ce que certains appellent *la rébellion des robots*. La sélection naturelle et nos gènes ne s'intéressent qu'à la survie. Le paradoxe, du point de vue matérialiste, est qu'il arrive souvent que l'éthique établisse des buts au-delà de la valeur de la survie biologique. L'altruisme constitue donc une *rébellion* incohérente contre les diktats de la nature tout aussi bien que les processus cognitifs les plus complexes tels que le raisonnement moral ou l'induction scientifique. Si nous sommes des créatures purement naturelles, faites que de matière et d'énergie, ce que nous concevons comme le moi n'est rien de plus que l'activité de notre cerveau qui crée une perception illusoire d'unité, de la cohérence de l'être dans le temps. Et ces choses ne sont rien d'autre que le fruit du hasard, ces capacités ayant favorisé la survie des gènes qui comportaient leur code/programme. Alors, les questions suivantes se posent: Pourquoi tenir à tout prix à l'illusion de la moralité, de la raison et de l'individualité? Pourquoi lutter contre la valeur ultime de la survie? C'est la seule que reconnaît le monde naturel.

La cosmologie matérialiste dominante est, il faut l'avouer, dysfonctionnelle. Elle peut difficilement s'acquitter de la charge que la société exige d'elle. Le concept de l'homme, en particulier, se trouve forcé dans un moule qui ne lui va pas, ce qui suscite à la fois ambiguïtés, paradoxes et contradictions. De la désintégration du concept de l'homme, hérité du Siècle des Lumières, découle des conséquences dramatiques en sciences sociales où justement l'objet de recherche est l'homme lui-même. Ces sciences, qui se sont érigées sur ce concept, débouchent sur un cul-de-sac comme le constate le sociologue québécois Fernand Dumont (1981: 12):

Nous voilà prisonniers de graves impasses. Si nous tentons de recourir au savoir accumulé sur l'homme, nous nous apercevons vite que l'anthropologie parle de nous, mais à partir d'un endroit qui ne semble pas nous concerner. Si nous cherchons dans la politique ce qui pourrait nous réconcilier en un visage commun de l'homme, en une Cité, nous nous perdons dans les contradictions des aspirations collectives, dans les idéologies disparates que l'anthropologie nous encouragera plus encore à dénoncer. Ne nous restera-t-il donc que la passion aveugle et l'anthropologie en l'absence de l'homme ?

L'anthropologue français Marc Augé signale aussi l'effondrement de ce concept du Siècle des Lumières (1994: 116-117):

> Commençons par une remarque d'ordre général. Il a été de bon ton ces années dernières de célébrer la mort de l'Homme après la mort de Dieu. Pour ce qui est de la mort de Dieu, et quels que soient les sentiments personnels de chacun d'entre nous à cet égard, le spectacle de l'actualité sous tous ses aspects me paraît devoir inciter à quelque circonspection. Mais qu'entendait-on par la mort de l'Homme ? Essentiellement le fait que de mesure de toute chose (le *cogito* de Descartes prolongeant l'aphorisme de Protagoras) il était devenu objet de science, la réalité humaine se laissant diviser et recomposer en fonction des intérêts propres à chaque discipline. Que l'objet des sciences humaines en fût aussi le sujet ne changeait rien à la chose, puisque l'épistémologie, la psychologie, l'ensemble des disciplines cognitives font de la connaissance elle-même un objet de connaissance. Ce pessimisme existentiel procède du constat que l'homme n'est pas Dieu (ou qu'en tant que Dieu il est mort), du constat complémentaire que tout objet d'étude est construit (…)

L'impasse notée par ces auteurs remet donc en question le fond du projet anthropologique lui-même… Si l'homme est mort, si ce concept de l'homme n'est qu'un artefact occidental, que reste-t-il de l'anthropologie ? Le projet des sciences sociales se voit donc totalement vidé de tout universel. Il ne reste qu'une accumulation perpétuelle de données ethnologiques, sans jamais pouvoir concevoir une perspective qui puisse donner une vision d'ensemble. Qu'est-ce que l'étude de la richesse de l'humain, si on n'a pas de point de repère valable sur le plan cosmologique, si on a perdu ce qu'est l'humain ? Autant faire la cueillette de timbres-poste ou de bouchons de bouteilles de bière[401]… Il ne peut plus être question de «vérité», mais de *pertinence*. Tout se noie dans la subjectivité. Que reste-t-il alors ? La *solution* apportée par Dumont est pitoyable (1981: 22):

Car la vérité [des sciences sociales] dont il s'agit est, en définitive, *vérité* pour moi, pour nous. Nulle autre expérience peut-être que l'enseignement ne le montre mieux. Dans sa tâche d'initier à des connaissances, l'éducateur se heurte sans cesse à cet obstacle premier, à cette question insidieuse de l'élève: ce savoir que vous prétendez m'inculquer est sans doute [!] objectivement vrai, mais me concerne-t-il, a-t-il un sens pour moi, vaut-il que je lui voue ma passion et ma vie? Aussi le pédagogue doit-il à la fois enseigner la connaissance du vrai et réveiller le sentiment de la pertinence du savoir. Néanmoins, et c'est là le paradoxe du métier: une vérité qui ne serait que pertinence, qui comblerait d'emblée mon besoin de donner plus ample signification à ma connaissance n'habillerait, à la limite, sous un vêtement rationnel, que mes passions.

Comment distinguer alors entre un savoir qui n'est que le déguisement de passions et la propagande pure? L'anthropologie devient alors un outil malléable, prête à servir les intérêts du jour. Si l'anthropologie sociale est morte, il ne faut tout de même pas être assez bête pour en souffler mot aux organismes subventionnaires... Les départements d'anthropologie seraient, dès lors, annexés aux départements de biologie.

Il faut comprendre que le processus de remise en question du concept de l'homme en Occident comporte de multiples facettes. Les attaques contre le concept d'Homme, comme espèce à part, viennent de différentes directions, et ce, de manière simultanée. Au milieu du xxe siècle, une des attaques contre le concept de l'humain a eu lieu sur le plan juridique et a touché l'humain à son point de départ, son entrée dans le monde. Il s'agit évidemment du débat sur la légalisation de l'avortement. Dans la majorité des pays occidentaux, c'est une bataille gagnée par les élites modernes. L'avortement est désormais un *droit*, admis depuis les années 60, c'est-à-dire en tant que pratique médicale décriminalisée et, dans la majorité des cas, supportée et subventionnée par l'État.

À l'autre extrémité du scénario humain, il y a ceux qui plaident maintenant pour l'euthanasie afin que l'on puisse *laisser mourir avec dignité* ceux qui souffrent. Il faut signaler que le débat sur l'euthanasie nage dans les malentendus, entre l'euthanasie passive, où l'on s'abstient seulement d'imposer des mesures médicales extraordinaires chez un individu qui doit de toute manière mourir, et l'euthanasie active, où l'on retire des soins ordinaires à une personne souffrante, mais qui peut vivre longtemps encore sans soins extraordinaires. Le terme euthanasie, dans l'usage commun, inclut également le comportement du médecin qui injecte une dose mortelle d'un produit à un patient dont il remet en question la *qualité de vie*, et ce, sans la demande expresse ni de l'individu concerné, ni de sa famille. Il faut tenir compte du contexte occidental où le vieillissement de la population exerce de très grandes pressions sur les systèmes de santé et où les avantages financiers de l'euthanasie active auprès des vieillards et handicapés délaissés par la société se font de plus en plus sentir par les administrateurs et le personnel soignant de ces systèmes[402]. Examinant nos attitudes à l'égard de la mort, Meilaender souligne un paradoxe chez le moderne (2002: 26):

> Il y a plus de trente ans, Paul Ramsey écrivait le troisième chapitre de **Patient as Person**. Ce chapitre porte le titre «Sur (seulement) le soin[403] aux mourants» et demeure un essai classique en bioéthique. Examinant la question d'un point de vue explicitement chrétien Ramsey notait comment notre désir de maîtriser la mort peut se manifester de deux manières opposées. D'un côté, nous tentons de repousser la mort aussi loin que possible ou encore nous pouvons provoquer la mort lorsque le jeu ne semble plus valoir la chandelle. Ces attitudes, apparemment opposées, qui existent dans notre culture ont leur source dans le même désir de maîtriser la mort. Nous pouvons la repousser aussi longtemps que possible et lorsque cela nous semble le seul moyen de manifester notre maîtrise, nous la provoquons. Aucune de ces attitudes ne reconnaît la place intermédiaire [c'est-à-dire dépendante] qu'occupe l'humain dans la création.*

Meilaender note que si nous rejetons le rôle d'êtres qui coopèrent avec un pouvoir plus grand, nous assumons alors le rôle de ceux qui donnent la vie et dès lors nous portons la responsabilité quasi divine de juger de la qualité de la vie que nous donnons. Dans le cadre de ce rôle nouveau, l'on nous demandera tôt ou tard si telle ou telle vie est ou non *significative*. À nous de répondre. Dans le contexte idéologico-religieux actuel en Occident, qui survalorise la liberté individuelle (à l'encontre de ses responsabilités) et la gratification immédiate, ces notions prennent une importance telle que la vie d'autrui, si elle n'est pas perçue comme productive, contribuant de quelque manière, même potentielle, au *bien commun*, devient alors secondaire. Ainsi, ce qu'est l'humain (considéré dans le temps) rapetisse tant à son stade initial qu'à sa fin. Il est devenu une bête traquée.

Après soi ?

> C'est le début de ce qui est véritablement une nouvelle espèce: les Têtes Élues qui ne meurent jamais. Ils vont appeler cela le pas nouveau dans l'évolution. Et désormais, toutes les créatures que vous et moi nommons humains seront simplement admises à devenir la nouvelle espèce ou bien ses esclaves... voire sa nourriture.
> (C. S. Lewis, 1997: 454)

> L'homme est une invention dont l'archéologie de notre pensée montre aisément la date récente. Et peut-être la fin prochaine.
> (Michel Foucault 1966: 398)

Un des assauts contre le statut particulier de l'homme provient de ce qu'on appelle le **mouvement posthumain**. On retrouve chez les posthumains aussi bien des experts en intelligence artificielle (IA) que des artistes et des visionnaires de la technologie. Il faut distinguer le postmoderne et le posthumain. Le postmoderne[404] a remis en question un grand nombre de reliques culturelles de l'humanisme du Siècle des Lumières, reliques, qui dans bien des cas, étaient empruntées à la vision du monde judéo-chrétienne. Entre autres, il rejette le statut particulier de la culture occidentale, l'homme comme sommet de la Création/Nature, l'objectivité de l'Histoire[405], l'objectivité de diverses institutions sociales et morales de l'Occident dont la science, la démocratie, etc. Mais puisque l'individu est au cœur de ce système de pensée, habituellement le postmoderne observe un tabou conceptuel[406] et évite de remettre en question le statut privilégié et unique de l'espèce homo sapiens. Le mouvement posthumain, pour sa part, a franchi ce seuil de manière non équivoque. Dès 1943 ce type de développement a été pressenti par C. S. Lewis[407] lorsqu'il écrivait dans **L'abolition de l'Homme** (1943/1986: 168):

> [...] la maîtrise de l'homme sur lui-même[408] n'est plus que le règne des conditionneurs sur le matériau humain conditionné, ce monde *post-humain* que presque tous les hommes aujourd'hui, qu'ils le sachent ou non, se donnent tant de peine pour faire naître.

Le postmoderne affirme parfois que divers mouvements artistiques, idéologiques ou sociaux sont dépassés. Chez le posthumain, c'est le concept occidental de l'humain qui est perçu comme dépassé. Chez ces auteurs, la corporalité humaine est un accident de l'évolution et non pas une donnée qu'il faille accepter ou encore un aspect d'un don divin. Ullman insiste (2002: 63) que «Dès que l'on a admis que la définition de la vie humaine est artificielle – un produit de conception d'ingénierie – il devient facile d'affirmer alors que pour comprendre l'homme il soit préférable non pas d'étudier d'autres hommes, mais un autre produit artificiel, la machine.» Le concept de la *vie* artificielle est généralement le point focal du discours posthumain. Par ailleurs, les mouvements postmoderne et posthumain remettent aussi en question le discours scientifique qui affirme l'existence d'un monde réel auquel les théories scientifiques doivent se plier[409]. Pour des auteurs posthumains tels que Pepperell, le monde *réel* postulé par la science n'est qu'un autre construit social occidental, sans plus. Alors rien ne s'oppose à admettre la *réalité* du monde virtuel des ordinateurs. Un des présupposés les plus importants du système idéologico-religieux posthumain reste le matérialisme[410], la quintessence de la sagesse du xxᵉ siècle. Cela signifie que la matière est *déterminante en dernière instance* si on paraphrase quelque peu la vieille expression marxiste. L'esprit humain, pour sa part, se voit ainsi réduit à un épiphénomène chimique, un effet secondaire d'interactions neuronales. À ce point de vue, la distinction esprit/cerveau n'est qu'une illusion. Tout est information, même la personnalité.

Poursuivant cette logique, le biologiste Matt Ridley est d'avis que, dans le contexte darwinien, il est nécessaire de relativiser la notion de conscience et d'identité humaine. Dès lors une telle relativisation conduit à un antihumanisme (dans Morton 2000):

> Je crois qu'une des croyances faisant l'orgueil des humains est que leur propre vie est très importante. On affirme, par exemple, que «Je suis un individu et l'individu, c'est ce qui compte». Mais lorsque vous commencez à penser à vous-même uniquement comme le véhicule d'une longue lignée de gènes qui tentent de se faire concurrence et de survivre jusqu'à la prochaine génération, cela réduit, en quelque sorte, votre importance. Une manière de voir la chose est de considérer que, pour les gènes, l'humain est un emballage jetable. Je pense que bien des gens trouvent une telle perspective menaçante et humiliante, ce qui explique peut-être un aspect de l'antipathie à l'égard des idées néo-darwiniennes. Mais, pour ma part, j'ai toujours trouvé plutôt exaltant de penser à mon sujet en termes d'un agrégat temporaire de gènes dans une longue lignée de gènes qui remontent à la soupe primordiale.*

Fantasmer que l'on constitue un ingrédient de la soupe primordiale doit être exaltant, mais est-ce à l'oignon ou de la bouillabaisse ? Sujet digne de méditation, certes... Cette vision des choses est liée, sur le plan *génétique* évidemment, à la vieille garde matérialiste, mais des rapprochements avec les systèmes de pensée orientaux (comme le bouddhisme[411]) sont certainement pensables dans ce contexte puisqu'à son stade ultime, le posthumain, tout comme le bouddhisme, mène à l'anéantissement de toute personnalité. Si on considère l'attitude du posthumain, annoncée et nourrie par la science-fiction à l'égard de l'humain, il n'est pas exclu que, dans un avenir plus ou moins rapproché, la barrière homme – machine soit dissoute. Le courant de pensée posthumain affirme que, sur le plan technique du moins, un progrès infini est possible. On constate souvent le postulat que la corporalité humaine est un phénomène méprisable, à dépasser dès que la technologie le permettra. Certains posthumains sont les promoteurs zélés de l'idée que tous les humains devraient être améliorés et dotés de *puces* informatiques, ce qui constituerait une nouvelle étape de l'évolution de l'espèce humaine. On retrouve quelques échos de cette idéologie dans l'Hexagone. Joël de Rosnay, par exemple, a publié **L'homme symbiotique** (1995), où il prévoit l'apparition d'une *vie hybride*, plus véritablement humaine, mais à la fois biologique, mécanique et électronique, tout cela dans le contexte de l'émergence d'un nouvel organisme planétaire. Cet organisme planétaire porterait le nom *cybionte*[412].

Dans le développement de sa cosmologie, malgré son attachement au matérialisme traditionnel, un auteur posthumain tel que Pepperell est d'avis qu'il ne faut pas exclure le concept de puissances occultes en tant qu'élément acceptable du cosmos qu'il nous propose (1997: 186). Le matérialisme pur et dur n'est plus de rigueur. Dans le contexte postmoderne, les présupposés matérialistes ne peuvent plus servir de limite absolue ou de *vérité*. Chez les tenants de la position posthumaine, tout comme chez les gnostiques et néoplatoniciens de l'Antiquité, le corps humain est objet de mépris et sujet à être dépassé dès que la chose est possible afin d'atteindre un niveau plus *spirituel*. En se référant à la cosmologie évolutionniste, les auteurs posthumains[413] affirment que l'homme n'est rien de plus qu'une étape sur la route de l'évolution et non sa destination. Si on admet que l'homme, dans le cours du processus évolutif, est le résultat d'un très grand nombre de manipulations génétiques, de mutations se déroulant au hasard des circonstances, rien ne s'oppose alors à la poursuite de ce processus (par des intervenants humains). Qu'est-ce qui pourrait justifier de considérer l'espèce homo sapiens comme intouchable, taboue ? Pepperell note à ce sujet (1997 : 101) :

> Il faut bien saisir la distinction entre cette conception de l'existence humaine et la vieille tradition humaniste. Si nous commençons à percevoir comment les fonctions humaines les plus sacrées, d'être et de penser, opèrent d'une manière qui ne peut être séparée des autres fonctions de l'univers, alors nous prenons nos distances par rapport au concept de l'humain comme entité unique, isolée et nous nous approchons d'une conception où l'humain est totalement intégré à son environnement, avec toutes ses manifestations – la nature, la technologie et d'autres êtres.*

Nous voyons donc clairement ici un processus de remplacement de présupposés cosmologiques à l'égard de l'homme. Ce processus est très important et, à nouveau, il faut souligner son caractère idéologico-religieux.

The ghost in the machine

> *L'expérience n'est pas encore à son terme, mais son principe est logique. S'il n'y a pas de nature humaine, la plasticité de l'homme est, en effet, infinie. Le réalisme politique, à ce degré, n'est qu'un romantisme sans frein, un romantisme de l'efficacité.*
> *(Camus 1951 : 297)*

Le thème du statut particulier de l'homme est exploré dans divers contextes de la culture populaire. Au cinéma, par exemple, il est sous-jacent à plusieurs films de science-fiction, dont le légendaire **Blade Runner** du directeur Ridley Scott. Est-ce qu'une machine peut devenir *humaine* ? L'humain, en tant qu'organisme biologique, est-ce un construit artificiel, arbitraire ? Rien de tout cela ne peut se trancher sans référence (explicite ou non) à une cosmologie. Tout le débat sur le clonage des êtres humains est intimement lié à cette question : qu'est-ce que l'Homme ? Comment le délimiter ? D'autre part, comme nous le verrons plus loin, des études très sérieuses en intelligence artificielle posent la question :

«Est-ce que les ordinateurs pensent[414]?» Le concept de l'Homme, hérité de la vision du monde judéo-chrétienne et récupéré par la religion moderne (au moyen de la tradition humaniste), fond comme neige au soleil sous les feux de la déconstruction.

La littérature science-fiction comporte des thèmes récurrents, aux implications cosmologiques incontestables, dont les questions: «Les machines ou ordinateurs peuvent-ils posséder une âme ? Peuvent-ils être créatifs ? Peuvent-ils faire de l'humour ? Peuvent-ils avoir des émotions, devenir humains ?» On peut penser à l'ordinateur HAL dans le film **2001: Odyssée de l'espace** (Kubrick, 1968), **Intelligence artificielle** (Speilberg, 2001) la trilogie du roman de la **Fondation** d'Isaac Asimov ou encore, sur une note plus populaire[415], le film **Cœur-Circuit** (John Badham, 1986). Marvin Minsky, expert en intelligence artificielle, considère que l'esprit humain n'est rien d'autre qu'un *ordinateur fait de viande*. L'homme n'est qu'une machine (biologique) et rien d'autre, conception tout à fait cohérente avec la cosmologie postmoderne. Discutant de la pensée de Philip K. Dick, auteur de **Robot Blues**[416], roman qui inspira **Blade Runner**[417], Katherine Hayles[418], professeur d'anglais à UCLA, examine ce concept cosmologique central de l'homme (1999: 163-164):

> Formulé d'une manière qui fait penser à Maturana et Varela, il [Dick] suggère que l'humain est ce qui peut créer ses buts propres. Il poursuit en explorant d'autres traits qui, à son avis, distinguent l'androïde de l'humain: être unique, se comporter de manière imprévisible, expérimenter des émotions et se sentir énergique et vivant. Cette liste se lit tel un recueil des qualités dont doit être doté le sujet humaniste libéral. Et pourtant, chaque élément figurant sur la liste est remis en question par les humains et les androïdes de la fiction de Dick. Bien souvent, les personnages humains ont le sentiment d'être morts et voient le monde qui les entoure comme mort. Plusieurs sont incapables d'amour ou d'empathie à l'égard d'autres humains. Chez les androïdes, la confusion est également frappante. Les androïdes et simulacres de la fiction de Dick incluent des personnages qui ont la capacité d'empathie, qui sont rebelles, déterminés à fixer leurs propres buts et dotés de traits aussi distincts que ceux des humains dont ils partagent le monde. Que signifie cette confusion ?*

La question est pertinente: Que peut signifier au juste cette confusion ? Dans **Blade Runner**, on introduit les *réplicants*, des clones destinés en général aux travaux forcés et aux emplois dangereux, à qui l'on a implanté une mémoire fictive, fabriquée de toutes pièces. Le film laisse planer un doute que le héros (Deckard) soit aussi un *réplicant*. Ce doute est évidemment troublant pour le héros, mais aussi pour le spectateur qui se pose désormais la question qu'est-ce que l'humain si on lui ôte son cheminement, son histoire, ses souvenirs ? Le sentiment de l'humain d'être un *individu*, un être unique, est-ce donc une illusion ? Qui est-il alors ? Un autre construit artificiel, arbitraire ? Dans le contexte cosmologique postmoderne, le concept de l'homme s'évanouit comme un glaçon par une journée de canicule. Tous les points de repère traditionnels sont dépassés, illusoires, d'aucun secours. Dans le contexte postmoderne, où tout est le résultat de construits culturels arbitraires, cette confusion ne doit pas étonner. Elle est dans l'ordre des choses.

Dans **Blade Runner**, Dick examine le rapport androïde - humain en notant qu'*a priori* l'humain est doté d'une capacité d'empathie[419] que l'androïde n'a pas. Empathie (ou altruisme), ou en d'autres termes, la capacité de voir les choses en ayant le souci des autres, à laquelle on ajoute la capacité d'aimer. La scène finale du film[420] bouleverse la donne. Après une longue poursuite entre Deckard, le chasseur d'androïdes et Roy Batty, l'androïde Nexus - 6, Deckard se retrouve en mauvaise posture, agrippé au parapet d'un édifice, sur le point de tomber dans le vide. Il est totalement à la merci de sa cible Roy, l'androïde blond. Et, au moment de lâcher prise, l'androïde sauve Deckard en le saisissant par la main et le remonte sur le toit, avant de partager la beauté de son existence et de mourir lui-même. Ce qui est capital dans cette scène, c'est qu'à ce moment précis, d'après la définition de Dick, Roy l'androïde est devenu humain, voir même le *sauveur* de l'humain. La situation initiale est alors renversée, la machine est devenue humaine, un être conscient démontrant de l'empathie tandis que Deckard, la machine à tuer, noyant sa conscience dans l'alcool, indifférent, semble bien avoir perdu ce statut.

Il faut prendre conscience des conséquences éthiques et politiques d'une définition aussi arbitraire, car la définition avancée par Hayles et Dick ici, est basée vaguement sur les traditions occidentales, mais plus encore sur l'émotivité et les sentiments. Il faut réfléchir longuement aux conséquences de l'adoption d'une telle définition de l'humain. Si, par exemple, on utilisait une telle approche, nul doute que la majorité des Juifs harassés et affamés d'Auschwitz ne rencontreraient pas les exigences d'une telle définition de l'être humain (impliquant la capacité d'empathie). Il en serait de même du citadin exténué, pris dans la circulation d'une grande ville le vendredi soir après une longue semaine de travail. «Être ou ne pas être telle est la question!» Dans le contexte postmoderne, la situation du concept de l'humain est précaire, tout comme le personnage de Deckard, agrippé au bord du parapet, son sort est incertain.

Un auteur comme Freeman Dyson[421], imminent physicien du XXe siècle, affirme qu'il sera nécessaire un jour que l'homme abandonne son existence corporelle habituelle afin de supporter les exigences des voyages dans l'espace pour accomplir sa destinée, c'est-à-dire explorer les étoiles. L'âme humaine sera alors réincarnée sur support informatique... *Quel emballage pour vous madame? Nous offrons la classe économique sur disquettes 3.5, le CD avec boîtier design ou l'option de luxe sur disque dur platine (avec copie de secours optionnelle)?* L'ingénieur Winfred Phillips est d'avis (2000: chap 2) que ces projections sont liées au présupposé que l'esprit ou la conscience humaine est tout à fait comparable à un logiciel, c'est-à-dire à de l'information et, de ce fait, peut être téléchargé[422]. En analysant le discours posthumain, Mary Midgley souligne la promotion de concepts dont la motivation est liée à des besoins primitifs, soit la soif de pouvoir et la crainte de la mort. Mais au-delà de ces notions, elle constate que l'idéologie posthumaine comporte plusieurs points en commun avec les grandes traditions philosophiques et religieuses de l'Antiquité (Midgley 1992: 220-221):

1. De manière très évidente, ils ont des préoccupations avec d'autres mondes, d'autres dimensions, nous renvoyant loin de la Terre et de nos plaisirs terrestres familiers.
2. Ce faisant, ils postulent une sorte d'âme, séparée du corps. Leur vision des choses semble plus près de Platon et Descartes que du christianisme ou du bouddhisme, car leur conception de l'âme est essentiellement intellectuelle. Mais c'est peu de chose en comparaison du fait étonnant d'en postuler.
3. Ils semblent penser qu'il est approprié pour cette âme de se débarrasser de son corps actuel si méprisable. Et dans ce mépris de la chair et de toute chose terrestre, ils vont bien au-delà des perspectives religieuses déjà citées, car ces dernières ont toutes des notions secondaires pour équilibrer le mépris du monde présent avec la reconnais-

sance des aspirations de la chair et de notre continuité avec le reste de la nature.*

Midgley note avec ironie que l'adoption de ces préjugés anticorporels au sein du mouvement posthumain mène à un paradoxe étrange. Si le but de l'abandon de nos corps organiques est d'en reprendre d'autres (métalliques ou à base de silice ?) ailleurs dans l'univers, pourquoi la matière serait-elle moins vile là qu'elle ne l'est sur Terre ? Peut-être faut-il arriver au stade de l'intelligence totalement désincarnée comme l'évoque la nouvelle **L'Ultime question/The Last Question**[423] d'Isaac Asimov (1978). Mais chez certains postmodernes, cette attitude anticorporelle est la source de quelques hésitations. Cette relativisation remet justement en question un aspect important d'une idole dominante sur l'autel postmoderne, la corporalité de l'individu. Interviewant le chercheur en robotique, Rodney Brooks, Ellen Ullman[424], programmeuse et consultante technologique, note (2002: 69):

> (…) je n'avais pas le sentiment de ne constituer qu'un ramassis de stratagèmes. Je ne voulais pas penser de moi-même uniquement sous l'angle de *molécules, positions, vélocités, de propriétés physiques – et rien d'autre*. [Brooks] dirait que cela était dû à ma réticence à abandonner ma perception d'être *spéciale*. Il me rappellerait que cela avait été difficile aussi pour les humains d'admettre qu'ils descendaient des singes. Mais j'étais consciente qu'autre chose en moi protestait contre cette idée de la personne en tant que coquille vide. C'était le même sentiment que j'avais eu lors du symposium sur les robots spirituels organisé par Douglas Hofstadter, un malaise qui revenait sans cesse en affirmant, non, non, non, ce n'est pas ça, vous oubliez quelque chose.*

Bien que le mouvement posthumain s'accapare de l'aura du discours *scientifique*, il érige, dans les faits, une nouvelle mythologie/idéologie où le discours scientifique assure un *packaging* efficace du message. Cela ne tient pas compte du fait que la science empirique elle-même ne peut fournir des présupposés permettant de situer ou définir l'être humain. Katherine Hayles réagit à l'objection d'Ullman et examine ici la portée idéologique fondamentale du mouvement posthumain par rapport à l'observateur externe (1999: 286):

> Que signifient ces développements pour le posthumain ? Lorsque le concept de soi est envisagé comme établi par la présence [corporelle], identifié grâce à des garanties d'origine et des trajectoires

téléologiques, associé à des fondations solides et une cohérence logique, le posthumain sera vraisemblablement perçu comme antihumain, car il considère l'esprit conscient comme un sous-système minuscule, exécutant son programme destiné à se constituer et se rassurer, tout en ignorant la dynamique réelle de systèmes complexes. Mais le posthumain ne signifie pas réellement la fin de l'humanité. Il signale plutôt la fin d'une *certaine conception de l'humain*, une conception qui peut avoir été applicable, au mieux, à cette portion de l'humanité dotée de la richesse, du pouvoir et du loisir lui permettant de se concevoir comme un être autonome, exerçant sa volonté par choix et initiative individuelle.*

On a tous compris, le vieux concept humain est *bourgeois*, lié à la culture des riches, des oppresseurs... C'est tout ce que nous devons savoir. *Circulez, y'a rien à voir...* On observe donc dans cette dernière phrase de Hayles un langage qui, par le biais d'associations négatives, tente de coller une étiquette péjorative à la définition traditionnelle (judéo-chrétienne) de l'humain pour ainsi faire taire ce discours, la marginaliser et assurer son rejet. Marvin Minsky, un autre adepte de l'IA, signale que la logique de ce courant de pensée aboutit à un nouveau système moral ainsi qu'à une réévaluation du concept des droits de la personne (1994: 113):

> Les systèmes traditionnels de pensée éthique portent beaucoup attention à l'individu, comme s'il était la seule chose ayant de la valeur. Évidemment, il faut considérer aussi les droits et rôles d'êtres[425] à plus grande échelle, des super-êtres tels la culture ou les grands systèmes en croissance qu'on appelle les sciences, qui nous aident à comprendre d'autres choses. Combien de tels êtres voulons-nous ? Quels genres d'êtres avons-nous le plus besoin ? Nous devons nous méfier d'êtres qui nous prennent au piège de formes résistant à toute croissance ultérieure. Certaines options futures n'ont jamais été considérées. Imaginez un scénario où l'on pourrait scruter votre esprit et le mien, pour ensuite les compiler en un nouvel esprit fusionné qui partage nos deux expériences.*

Que nous propose alors l'*évangile selon Marvin*[426] ? Quel sera le sort de l'humain dans cette nouvelle utopie ? Aboutirons-nous à une société de castes où des robots, étant donné leur intellect supérieur, seront au pouvoir et les humains leurs esclaves ? Rien n'empêche... Par ailleurs, si les vœux de Kurzweil et d'autres promoteurs de l'idéologie IA se réalisent, bientôt les robots (programmés de manière appropriée) auront le droit de vote ainsi que le droit de formuler des utopies et recruter des adeptes à leur religion[427]. Du même coup, il serait tout aussi concevable que ce droit puisse être retiré aux humains qui ne démontrent pas la capacité de l'exercer de manière *convenable*. Pourquoi pas ? Quel présupposé cosmologique postmoderne empêcherait un tel dérapage ? Certains auteurs posthumains ne craignent pas d'exposer publiquement le caractère idéologico-religieux de leur discours. Par exemple, Hayles est d'avis que (1999 : 239) :

> Pour souligner la portée de cette révision de l'humain dans le posthumain, dans la section suivante je veux esquisser grossièrement quelques recherches qui contribuent à ce projet. Ce résumé sera nécessairement incomplet. Malgré tout, il sera utile pour souligner l'étendue du projet posthumain. Cette transmutation de l'homme a une portée si vaste que cela constitue une vision du monde, une vision du monde toujours en construction, fortement contestée et souvent spéculative, mais qui établit suffisamment de liens entre divers sites pour nous donner quelques indices d'un univers computationnel.*

L'épreuve ultime

> De l'avis de Rodney Brooks, directeur du labo d'intelligence artificielle à MIT, l'évolution, en faisant de nous des êtres évolués, a mis fin au caractère unique de l'humain en relation avec les autres êtres vivants. La robotique, dans sa quête de créer une machine dotée de conscience, nous oblige à voir la fin du caractère unique de l'humain en relation avec le monde inanimé.*
> (Ullman 2002 : 61)

La culture populaire du XXe siècle a livré une multitude de romans et de films de science-fiction qui examinent, de diverses manières, le rapport homme/machine et homme/ordinateur. Habituellement, cela aboutit, sous une forme ou une autre, à une remise en question du statut unique de l'homme. Des voix du courant de pensée de l'IA ainsi que de la science-fiction affirment que l'ordinateur peut être (ou pourra être) *humain* aussi... De telles remises en question ne tombent pas du ciel, mais font suite à d'abondantes discussions dans le domaine de l'IA qui ont éclaté autour de ce qui constitue la définition de l'humain et son rapport à la machine/ordinateur. Notons que le rapport entre l'homme et le monde inanimé est une question profonde qui intéresse depuis toujours (bien que sous d'autres formes) la religion aussi bien que la philosophie, les mythes et la cosmologie.

Concernant le rapport homme/machine/ordinateur, plusieurs réflexions de la culture populaire ont leur source dans des discussions du domaine de l'intelligence artificielle ayant comme point de repère le Test de Turing (TdT). Le test de Turing est en fait un jeu, un jeu où un ordinateur tente d'imiter le comportement verbal d'un humain. Ce test a plusieurs objectifs, dont l'un est d'évaluer s'il est possible qu'un ordinateur puisse *penser*. Cette épreuve a été proposée pour la première fois par le mathématicien Alan Turing[428] en 1950 dans son article **Computing machinery and intelligence**. Le test consiste à confronter un juge humain à au moins deux adversaires dont l'un sera humain et l'autre un ordinateur qui cherche à imiter le comportement verbal humain[429]. Le juge doit tenter de débusquer lequel de ses adversaires est l'ordinateur. Le juge procède à l'aveuglette, en posant des questions au moyen d'échanges de textes, puisque des échanges verbaux (auditifs) augmenteraient trop le niveau de difficulté du test. Il peut interroger ses adversaires pendant cinq minutes et doit fixer son choix par la suite. Si l'ordinateur réussit à tromper le juge en se faisant passer pour l'humain, on considère alors qu'il a passé le test. Turing affirme donc que rien ne s'oppose à considérer que cette machine *pense*, pourvu qu'elle puisse imiter convenablement ce que nous appelons le comportement verbal humain.

Il faut noter que l'article de Turing était d'abord spéculatif puisqu'à l'époque de sa publication aucun ordinateur ne pouvait se mesurer à la réalité d'un tel test. Par contre, depuis 1991 la compétition **Loebner** (Saygin 2000: 511) offre à chaque année la possibilité à des programmeurs de présenter des logiciels/ordinateurs au TdT. Le premier logiciel à vaincre le test sans restrictions[430] méritera une médaille d'or ainsi que 100 000$ US. Chaque année, bien qu'un prix soit accordé au logiciel jugé être le plus près de la conversation humaine[431], le prix attribué au système qui passerait le test de Turing n'a jamais été attribué[432].

L'approche de Turing est curieuse, car d'une affirmation aussi révolutionnaire on s'attendrait à ce qu'elle soit appuyée d'énoncés aux définitions bien précises, mais dès le premier paragraphe de son article, Turing écarte cette possibilité (1950: 433):

Je propose que l'on considère la question : *les machines peuvent-elles penser ?* Cette discussion devrait commencer avec la définition des termes *machines* et *penser*. Ces définitions devraient être avancées, dans la mesure du possible, afin de refléter l'usage normal de ces termes, mais cette attitude me semble dangereuse. Si la signification des mots machine et penser est établie en fonction de l'usage commun, il est difficile d'éviter la conclusion que le sens et la réponse à la question : *les machines peuvent-elles penser ?* devront être établis par un sondage statistique tel le sondage Gallup. Ce serait absurde. Plutôt que de tenter une telle définition, je remplace donc la question par une autre qui lui est liée et qui s'exprime au moyen de termes sans ambiguïté. La forme nouvelle du problème peut être illustrée par un jeu, que nous appellerons le *jeu d'imitation*.*

Une telle attitude est étrange. Pourquoi éviter des définitions précises ? Est-ce que le fait de poser son questionnement sous forme de jeu évite effectivement l'exigence de fournir des définitions précises ou est-ce simplement une astuce pour détourner notre attention sur ce point ? Bien qu'on puisse admettre l'objection de Turing face à l'utilisation d'une définition populaire du terme *penser*, rien ne l'empêche de nous proposer une définition plus précise. L'épreuve proposée par Turing soulève justement plusieurs questions. Comment pouvons-nous savoir si un ordinateur *pense* ? Est-il possible de le *savoir* ? Que nous prouve au juste le TdT ? Est-ce que ce test peut prouver qu'un ordinateur *pense*, sans avoir défini auparavant ce qu'est *penser* ? Dans la suite de l'article, Turing se sert d'expériences imaginaires pour nous faire admettre (ou faire acte de *foi*) que les machines pensent. Cela dit, rien ne nous oblige à admettre sa procédure, car il est comme un participant dans une compétition de tir refusant qu'on lui fixe une cible, mais exigeant qu'on admette sa *réussite* même s'il tire n'importe où. Sans avoir précisé au préalable ce qu'est *penser*, toutes les démarches impliquées par le TdT sont stériles.

Sur le plan pratique, il est sans doute concevable qu'un juge humain puisse être trompé par un ordinateur dans son imitation du comportement verbal humain, mais que nous prouverait au juste le fait qu'un ordinateur puisse gagner l'épreuve ? Lorsqu'on déconstruit le discours de Turing, on constate qu'il présuppose que, s'il est possible qu'un logiciel/ordinateur trompe un juge humain dans un jeu où l'objectif est d'imiter le comportement verbal humain, cela constitue une preuve de la capacité de l'ordinateur de *penser*. Mais une telle conclusion, est-elle nécessaire ? Est-ce que le TdT est sans failles sur le plan logique ? Lorsqu'on affirme que l'eau bout à 100°C cela peut être prouvé par des observations empiriques. Peut-on procéder de la même manière à l'égard de l'affirmation de Turing ? On pourrait tout aussi bien trancher la question en affirmant que l'ordinateur qui réussit le TdT prouve, non pas que l'ordinateur *pense*, mais que le programmeur (que Turing ne mentionne jamais[433]) est intelligent et pense. Si on examine de manière critique le TdT, on constate que Turing ne définit pas clairement le lien entre l'objectif du test et le raisonnement qui en découle. Se peut-il qu'il n'y ait aucun rapport évident entre l'instrument de mesure (le TdT) et l'objet mesuré (la pensée humaine) ? Si tel est le cas, le TdT serait comparable à celui qui tente de mesurer les couleurs d'un coucher de soleil à l'aide d'une règle en bois.

Il va de soi qu'en admettant l'hypothèse de Turing (avec ou sans test) - les ordinateurs pensent - cela apporte un nouvel appui à l'affirmation posthumaine que l'homo sapiens n'est pas unique. Mais au-dela du défi technique que représente le TdT pour le programmeur, le but est d'abord de *convaincre*, plutôt que de prouver... Halpern note (1987: 83) que «Le test, en somme, n'est pas une expérience [scientifique], mais un piège. Son but n'est pas de nous permettre de découvrir la vérité (que Turing connaît déjà), mais simplement de vaincre les préjugés de l'interrogateur et de le forcer à admettre la vérité qui fut révélée à Turing.*»

On constate une orientation curieuse dans l'article de Turing (1950), c'est-à-dire d'anthropomorphiser l'ordinateur et d'en faire un agent capable de pensées et d'initiatives. Ceci est lié au fait que Turing *néglige* de mentionner l'apport du programmeur (et de l'ingénieur) dans le processus de création d'un ordinateur (capable d'accomplir des tâches utiles). Constat plutôt paradoxal, car Turing lui-même a fait de la programmation et participé à la conception de l'un des premiers ordinateurs électroniques, l'ACE (Automatic Computing Engine). Turing sait très bien que sans l'intervention de l'ingénieur et du programmeur, l'ordinateur restera soit un tas de matières premières sans intérêt sinon un bibelot encombrant.

Mais l'attitude de Turing se comprend aisément. Si on admet que l'ordinateur doit ses capacités à son programmeur, la logique nous forcera à reconnaître alors que les organismes vivants (dont nous sommes) doivent aussi leur existence, leur code génétique et leurs capacités à un Programmeur/Concepteur[434]. Turing, en tant que représentant orthodoxe de la religion moderne, ne peut évidemment tolérer un tel concept, ce qui le force à passer sous silence les rôles, pourtant essentiels, du programmeur et de l'ingénieur dans le développement d'ordinateurs qui sont la synthèse bien coordonnée de *hardware* et de *software*. Si Turing et d'autres adeptes de l'intelligence artificielle par la suite tenaient compte du rôle essentiel du programmeur/ingénieur, cela les forcerait à abandonner toute affirmation que l'ordinateur pense, car les facultés de l'ordinateur, même doué de capacité d'apprentissage, sont directement liées à l'intelligence, l'habileté et l'engagement temporel de son programmeur[435]. L'abstraction que fait Turing ici (en négligeant l'apport du programmeur et autres agents humains) tourne au ridicule lorsqu'on examine la réalité du concours Loebner. Ce dernier est tout simplement inconcevable sans l'apport concret d'ingénieurs responsables de la conception des ordinateurs ainsi que celui des programmeurs qui investissent des milliers d'heures dans l'espoir (probablement vain) de remporter un prix. D'une part, le rôle de l'ordinateur s'avère minuscule, lorsqu'on considère sérieusement toutes les contributions d'autres agents intelligents. D'autre part, bien que dans son article Turing mentionne à quelques reprises les logiciels d'ordinateurs, dans le contexte du TdT, il passe sous silence la signification de cet élément. Si l'ordinateur est un agencement d'éléments matériels, le logiciel, lui, est immatériel. Il n'est pas lié à un agencement quelconque de la matière, mais il est constitué d'informations susceptibles d'être transmises sous diverses formes. On peut penser que la cosmologie matérialiste de Turing l'incite à passer sous silence cet aspect de la chose, surtout qu'il rappelle implicitement la nature dichotomique de l'homme corps/âme postulée par presque toutes les civilisations prémodernes.

Lors d'épreuves telle la rencontre de l'ordinateur conçu par IBM, Big Blue, et le champion mondial d'échecs Gary Kasparov[436] on peut supposer, par exemple, que l'équipe de support pour Big Blue ait engagé un gestionnaire de réseau compétent (intelligent) pour en assurer le fonctionnement pour la durée de la rencontre plutôt qu'un chimpanzé plus intéressé par sa prochaine banane ou un ado plus intéressé par le dernier jeu vidéo qu'il s'est procuré[437]. L'intervention d'agents intelligents n'est donc pas négligeable comme Turing semble le laisser entendre. Touchant la signification de telles rencontres, le philosophe John Searle avance une perspective plutôt caustique (dans Weber 1996):

> D'un point de vue strictement mathématique, les échecs sont un jeu banal, car on a accès à une information exhaustive. Pour chaque position, il existe un mouvement de pion optimal. Il y a toujours une solution. Mais le football [américain] ou la guerre sont autre chose. Les échecs sont un jeu idéal, car même si nos esprits ne voient pas la solution, nous pouvons construire des machines capables de le faire mieux que nous. Mais cela n'est pas plus significatif que le fait que nous pouvons concevoir des calculatrices de poche ayant la capacité d'additionner et de soustraire mieux que nous le pouvons.*

Il faut noter que sur le plan pratique toute une série de facteurs contextuels peut influencer les résultats du TdT. Si, par exemple, l'interrogateur a une liste de critères (guidant ses questions) et que ces critères sont connus du programmeur, les chances du logiciel de gagner augmenteront. Par contre, si l'interrogateur a une longue liste de critères *inconnus* du programmeur, les chances du logiciel de gagner diminueront de manière proportionnelle. Évidemment, si l'interrogateur a une inspiration soudaine pour poser une question difficile, il y a de bonnes chances que le logiciel soit incapable de répondre convenablement[438]. On peut affirmer que, de manière générale, plus le programmeur en sait au sujet des interrogateurs[439], meilleures seront les chances que son logiciel réussisse le test. Si on ne prend pas pour acquis les règles éthiques auxquelles les compétiteurs adhèrent, il faut aussi considérer la possibilité que le programmeur a pu soudoyer l'interrogateur comme un facteur empirique pouvant influencer le résultat du test. Et si on ajoute au portrait du logiciel, une certaine capacité d'apprentissage, cela ne fera pas de tort... Mais il faut souligner qu'une telle capacité d'apprentissage ne saurait se concrétiser sans un effort de programmation plus poussé encore de la part des programmeurs[440]. En d'autres termes, le logiciel/ordinateur démontrant une capacité d'apprentissage est une forme d'intelligence incarnée plus poussée que ne l'est le logiciel/ordinateur *ordinaire*. Il représente donc, de manière concrète, l'intelligence du programmeur dans ses capacités fondamentales tout aussi bien que dans ses capacités plus avancées. Mark Halpern affirme à ce sujet (1987: 91):

> Les logiciels de l'IA deviendront sans doute utiles, voire indispensables dans certains champs d'activité, mais ils ne seront pas acclamés comme l'espèrent leurs auteurs attentionnés. Cette reconnaissance leur échappera à jamais, car tandis que ces programmes joueront mieux aux échecs que Capablanca, prouveront des théorèmes qui échappaient à

Gauss et mettront des chimistes au chômage, il deviendra de plus en plus évident qu'ils ne font pas ces choses d'une manière jugée *intéressante*, c'est-à-dire d'une manière qui augmente notre compréhension, sur le plan humain, des problèmes dont il est question. L'ordinateur ne peut pas vraiment jouer aux échecs, prouver des théorèmes ou faire de la chimie, mais ne fait qu'exécuter des algorithmes à une vitesse qui semble miraculeuse aux humains. Les résultats seront sans doute utiles, mais le moyen par lequel ils sont produits sera vite oublié, comme un exemple supplémentaire de la capacité humaine de produire des machines spécialisées afin de trancher des problèmes qu'il a déjà, en principe, résolus et ceci afin de jouir de plus de temps pour se distraire au jeu mental qu'on appelle *penser*.*

Concernant les contraintes contextuelles, plus les interrogateurs en savent au sujet de la programmation (et aussi au sujet des programmeurs présentant des logiciels) et des stratégies employées, plus cela présentera des difficultés aux logiciels en compétition. Il est ainsi évident que la quantité et la qualité des informations disponibles à la fois à l'interrogateur et au programmeur seront critiques dans l'établissement du verdict donné au test. A priori, le logiciel (dont l'ordinateur n'est que le support physique[441]) est directement et totalement à la merci de la qualité de sa programmation ainsi que d'une connaissance approfondie de l'objectif du test de la part du programmeur, c'est-à-dire l'imitation des capacités de conversation d'un humain. Sans doute que dans ce contexte les contributions d'un linguiste chevronné ainsi que d'un littéraire et même d'un animateur radio de *talk-show*[442] seraient utiles.

Mais au-delà de ces considérations pratiques, il y a lieu de penser que le TdT peut être mieux compris comme le véhicule pour des présupposés cosmologiques. Ce processus est parfois débusqué lors de discussions sur le TdT. Par exemple, Saygin évoque une des objections au TdT ainsi que la réplique de Turing (Saygin 2000: 470):

> Il se peut que l'objection la plus importante soit l'argument de la conscience. Certaines personnes croient que les machines doivent être conscientes (conscientes de leurs performances, avoir de la joie de leurs succès et s'irriter de leurs échecs, etc.) avant qu'on puisse admettre qu'elles ont un esprit/intelligence[443]. Une formulation extrême de cette position est le solipsisme. Le seul moyen pour établir si une machine pense ou non est d'être cette machine. Ainsi, le seul moyen de savoir si un autre être humain pense (ou est conscient, heureux, etc.) est d'être cet être humain. Cette question porte parfois

le nom du problème des autres esprits et apparaît ici et là dans les discussions du TdT. *Plutôt que de s'engager dans une discussion sans fin, il me semble convenable d'adopter la convention que tous pensent*[444] (Turing, 1950 : 446). La réplique de Turing à l'argument de la conscience est simple, mais efficace. L'alternative au jeu d'imitation nous pousse vers le solipsisme et nous ne voulons pas adopter une telle attitude à l'égard d'autres humains. Lorsqu'il est question de la pensée chez les machines, il est approprié que nous abandonnions l'argument de la conscience plutôt que de se réfugier dans le solipsisme.*

Est-ce que *l'argument de la conscience* constitue effectivement une forme de narcissisme intellectuel extrême tel le solipsisme[445] ? Si Turing nous avait déjà fourni une preuve que les ordinateurs pensent, sa réplique serait tout à fait admissible, mais ce n'est pas le cas. Turing esquive plutôt le problème et tente de marginaliser l'argument de la conscience en faisant entendre qu'il s'agit d'une perspective déficiente sur le plan moral. Il est bien étrange d'évoquer des considérations morales dans ce contexte... Si on déconstruit un peu ici, Turing allègue qu'il vaut *mieux* être perçu comme quelqu'un de *généreux*, démontrant un peu d'*ouverture d'esprit* et accorder l'intelligence et la pensée aux machines, et ce, dans un contexte où l'on soutient qu'il serait *chauvin* et *honteux* de ne pas admettre la pensée chez les machines ; Turing ne prouve rien, mais il nous manipule sur le plan psychologique et demande, en somme, un acte de foi, car à nouveau, aucune preuve empirique de l'affirmation n'est offerte (que les machines *pensent* ou aient une *conscience*). Dans les faits, son argument présuppose qu'on a déjà admis qu'elles sont humaines (sinon *comme* les humains). Il faut noter que l'argumentaire de Turing ne saurait se développer réellement que dans un cadre conceptuel où le statut unique de l'humain est déjà fortement ébranlé. Dès lors, de telles questions sont permises/pensables. Pour des esprits tels que Turing, la tâche ne consiste donc plus qu'à réviser, redéfinir ce qu'est *penser*, ce qu'est l'*humain*...

Celui qui présuppose que la pensée humaine se caractérise que par la compréhension du contenu des échanges pose une question additionnelle au TdT. Le philosophe John Searle a formulé une objection au TdT, sujet de bien des débats depuis. Searle proposa (1980) l'argument de la *chambre chinoise*. Il s'agit d'une expérience imaginaire. On imagine Searle renfermé dans une pièce comportant une fente par laquelle on peut introduire et sortir des messages en chinois. Searle ne comprend pas la langue chinoise, mais il a accès à un livre de référence qui fournit les répliques à tous les messages imaginables. Searle se sert donc de ce livre pour rédiger ses *réponses*. De l'extérieur, il semble bien que l'habitant de la chambre comprenne bien le chinois, mais c'est une illusion. Searle affirme qu'il en est de même pour le logiciel/ordinateur qui réussit le TdT. L'ordinateur peut évidemment donner l'impression à un observateur externe d'entretenir une conversation, mais, dans les faits, il ne comprend rien à son contenu et, tout comme Searle, il n'a aucune conscience du sujet de ces échanges[446]. L'essai de Hayles, mentionné ci-dessus, nous livre un aveu très important concernant le TdT (1999: xiv):

> Considérez le test de Turing comme un tour de magie. Comme tous les tours de magie bien réussis, le test dépend de l'acceptation initiale de présupposés qui détermineront comment vous interpréterez ce que vous voyez par la suite.*

Le point souligné par Hayles est rarement examiné avec l'attention qu'il mérite, mais il est d'une importance que l'on peut difficilement surestimer. Cette affirmation soulève évidemment la question: Quels sont au juste les présupposés que tente de nous transmettre le TdT ? En dernière lieu, se peut-il que le but du TdT serait de nous faire donner créance[447] à certains présupposés cosmologiques ? Le mathématicien Robin Gandy, autrefois élève de Turing, a eu des échanges avec Turing concernant son article de 1950 et il relate (Gandy 1996: 125):

> Turing croyait, ou du moins ne voyait pas de raison de ne pas croire, qu'à long terme on ne verrait aucune différence entre les capacités de l'intellect humain dans le domaine des mathématiques et celles d'une machine. Son article de 1950 n'était surtout pas conçu comme une contribution pénétrante à la philosophie, mais plutôt comme de la propagande[448]. Turing pensait que le temps était venu pour les philosophes, les mathématiciens et les scientifiques de prendre au sérieux le fait que les ordinateurs ne sont pas que des machines à calculer, mais étaient capables de comportement qu'il faut considérer intelligent et il a tenté de persuader les gens que les choses sont ainsi. Il a rédigé cet article, à l'encontre de ses articles mathématiques, rapidement et avec plaisir. Je peux me rappeler qu'il me lisait, à haute voix, quelques passages, toujours avec un sourire et parfois en rigolant.*

Est-ce possible de déterminer la perspective idéologico-religieuse qui supporte les présupposés employés par Turing dans son article ? Une section de l'article analyse quelques arguments pouvant être invoqués à l'encontre de ses thèses. Entre autres, il évoque ce qu'il appelle l'*argument théologique*[449] (1950: 443), ce qui réfère évidemment aux conceptions cosmologiques partagées par la majorité des religions monothéistes. Cet argument affirme que l'homme se distingue du règne animal par le fait de posséder une âme immortelle. Faisant preuve d'ironie, Turing remarque que si les machines ou les animaux n'ont pas d'âme cela doit dénoter une déficience ou une incapacité chez Dieu[450]. À l'égard de la perspective judéo-chrétienne, Turing prend position sans ambiguïté (1950: 443) «Je suis incapable d'accepter quelque aspect d'un tel argument*.» Si on admet la cosmologie moderne, comme le fait Turing ici, qui fait de l'homme le produit d'une longue évolution, rien ne justifie l'accord d'un statut particulier. Rien ne nous assure d'ailleurs que le but de l'évolution n'est pas de faire des insectes l'organisme dominant sur Terre plutôt que les humains. L'argument de Turing est, en somme, un produit tout à fait conforme aux présupposés les plus orthodoxes de la cosmologie matérialiste moderne[451]. Et si le TdT propose, au fond, un mythe d'origines, il faut noter que tout comme l'**Origine des espèces** de Charles Darwin a remis en question l'ancienne distinction cosmologique homme/animal, le TdT s'attaque, pour sa part, à une autre dichotomie cosmologique capitale soit celle qui distingue l'homme du monde inanimé. Un autre aspect de la question est que l'anthropologie des religions nous démontre que bien souvent les mythes d'origines sont parfois exprimés au moyen de techniques théâtrales, pour ainsi devenir des rituels. Dans le cas du prix Loebner, c'est précisément ce qui se produit. Ce prix devient, en quelque sorte, une célébration rituelle de notre *unité* avec/assimilation par le reste de la nature.

Un autre argument avancé contre le TdT est le théorème de Gödel. Turing l'appelle l'*objection mathématique* (1950: 444-445). Le théorème de Gödel soutient que même dans les parties élémentaires de l'arithmétique, il existe des propositions qui ne peuvent être réfutées ou prouvées dans ce système. Pour plusieurs critiques de la position de Turing, le théorème de Gödel signifie que l'ordinateur, que l'on peut assimiler à une calculatrice très puissante et, puisqu'il n'a pas d'esprit, ne peut sortir de son système, faire de l'introspection ou acquérir la conscience de soi. Turing admet que les machines peuvent être limitées, mais cela lui semble de peu d'importance puisque l'intellect humain est souvent limité aussi et se trompe souvent. Turing considère que si une machine particulière ne peut répondre à une question précise, il y a lieu de penser qu'une autre machine, plus évoluée, le saura... Mais tous ne sont pas d'avis que la question se tranche aussi aisément. Professeur de philosophie à l'université d'Oxford, J. R. Lucas, observe (1961):

> Il me semble que le théorème de Gödel réfute la perspective mécaniste, c'est-à-dire que l'esprit peut être réduit à la machine. Et il semble en être ainsi pour bien d'autres personnes. Presque tous les logiciens mathématiciens à qui j'ai posé la question m'ont confessé des intuitions semblables, mais ont hésité[452] à s'engager jusqu'à ce qu'ils puissent voir tout l'argument établi avec la liste de toutes les objections ainsi que leurs réponses.*

D'autres auteurs nous assurent qu'il y a là un malentendu et qu'il est en quelque sorte *illégitime* de faire une application du théorème de Gödel hors du champ des mathématiques[453]. Est-ce possible que l'interdit d'*exportation* du théorème de Gödel soit lié à des instincts territoriaux chez les mathématiciens ? Laissons à d'autres le soin de trancher la question, mais dans l'attente d'un verdict, notons que bien souvent la pensée humaine fait des progrès en exploitant des analogies, c'est-à-dire en appliquant un principe hors de son domaine de conception ou d'exploitation original.

Au XXIe siècle, les idées proposées par Turing, sa perspective à l'égard du rapport homme/machine, font leur chemin. Le mouvement posthumain ainsi que celui de l'intelligence artificielle poursuivent le questionnement initié par Turing. On soutient parfois que «S'il était possible de créer des machines plus intelligentes que nous, pourquoi ne prendraient-elles pas notre place au sommet du processus évolutif ?» Nous arrivons à un point où certains reconnaissent concevoir que l'homme, en tant qu'organisme distinct, puisse se dissoudre dans l'acide conceptuel posthumain jusqu'à se trouver en présence, d'un côté, de l'homme ordinaire et, de l'autre, la machine, et entre les deux, une série infinie de variantes qu'on appellerait (sans distinction) cyborgues, machines additionnées d'éléments biologiques tirés d'humains vivants, de clones sinon de cadavres humains[454]. Dans le contexte posthumain, rien n'est à exclure, si cela semble comporter un quelconque bénéfice. L'humain n'est plus qu'une pâte que l'on peut modeler à volonté.

Les auteurs posthumains, dont les conceptions sont fondées dans la logique de la cosmologie darwinnienne, abordent l'humain comme un construit culturel arbitraire, sans existence propre et dont rien ne peut garantir l'avenir (dans sa formulation traditionelle). De l'avis de ces auteurs, il ne peut donc exister de seuil où on passe de l'humain vers le non-humain. Voici un exemple de ce type d'argumentaire (Hayles 1999: 84):

> Parmi toutes les trouvailles de la première génération de la recherche en cybernétique aucune n'a été aussi provocante et révolutionnaire que l'idée que les limites de l'humain sont construites plutôt que de l'ordre naturel[455] ou empirique. Tout en analysant les systèmes de contrôle, de communication, la cybernétique a transformé de manière radicale la perception des limites de l'humain. Gregory Bateson a souligné ce problème en étonnant ses étudiants gradués avec la question, formulée comme un *koan*: «Est-ce que la canne de l'aveugle fait partie de l'homme?».*

Puisqu'il *faut* admettre que la canne est utile à l'aveugle et qu'on ne peut prouver que la canne ne fait pas partie de l'aveugle cela semble prouver que Bateson ait raison. Mais nous ne sommes pas dans le domaine de l'empirique et il est impossible de *prouver* que la canne fait partie de l'aveugle, car on peut tout aussi bien adopter le présupposé contraire que tout ajout d'un artefact (même utile) ne fait pas partie de l'homme. Il est possible de faire le choix de considérer la canne simplement comme un outil, utile sans doute, mais distinct. L'utilité ne change rien à l'identité. Il s'agit de présupposés dans chacun des cas. Rien à voir avec une preuve empirique. Par contre, si on admet l'argument de Bateson et qu'on exploite ce genre de logique, on pourrait aboutir à une situation où un paraplégique doté de membres artificiels, d'un régulateur cardiaque et d'implants cornéens pourrait se voir retirer ses droits civiques puisqu'il n'est plus tout à fait *humain*.

Ce qu'il faut retenir ici c'est que le mouvement posthumain est avant tout un système idéologico-religieux, un système de croyances que l'on peut accepter ou rejeter à ce titre. Il est évidemment exclu que ses promoteurs admettent un tel étiquetage, mais au-delà des néologismes *cool*[456], ce point est manifeste lorsqu'on examine attentivement des déclarations telles que la suivante. Pepperell explique la notion de *medium cognitif*, ce qui traduit l'idée que l'intelligence, la pensée (et la créativité) peuvent être rattachées à n'importe quel objet (Pepperell 1997: 21):

Comme je vais l'expliquer, j'emploie ce terme [*médium cognitif*] comme un référent, désignant la combinaison des médias sensoriels et conscients. J'essayerai aussi de rappeler au lecteur que le médium cognitif est, en fait, continu avec les médias organiques et écologiques. Si cela semble quelque peu maladroit pour le moment, cela deviendra plus clair avec le temps. Il faut se rappeler que nous tentons de surmonter deux mille années de croyances accumulées.*

Mais pourquoi *deux mille* ans ? Pourquoi *croyances*... ? À quoi cela peut-il référer ? Est-ce un hasard que le christianisme ait justement 2 000 ans d'histoire ? Sans doute... Puisqu'il s'agit de changer/remplacer les croyances fondamentales, au-delà du plaisir de s'exprimer avec un langage pseudoscientifique ronflant, le but est inévitablement idéologico-religieux[457]. Le mouvement posthumain fait écho ici aux assertions de Filostrato, personnage du roman science-fiction **Cette hideuse puissance** de C. S. Lewis (1946/1997 : 433-434) :

En nous, la vie organique a produit l'esprit. Elle a fait son travail, nous ne lui en demandons pas plus. Nous ne voulons plus d'un monde incrusté de vie organique, comme ce que vous appelez la moisissure bleue – qui germe, bourgeonne, se reproduit et pourrit. Il faut s'en débarrasser ; petit à petit, bien sûr. Nous apprendrons lentement comment. Apprenons à faire vivre nos cerveaux avec de moins en moins de corps : apprenons à construire nos corps directement à partir de produits chimiques pour ne plus les bourrer de bêtes mortes et de mauvaises herbes. Apprenons à nous reproduire sans copuler.

L'antique conception de l'homme, qui affirme qu'il est un animal rationnel, est évacuée, éliminée. Un glissement sur le plan cosmologique (concernant la question : Qu'est-ce que l'homme ?) peut donc avoir des conséquences très concrètes sur la manière d'aborder le rapport homme/machine. Tout se joue finalement sur le plan des présupposés cosmologiques implicites. Pour le posthumain, il est concevable que la conscience d'un être humain puisse être téléchargée dans un ordinateur ou un cyborgue et continuer à *vivre* après la mort de son corps physique. À une époque où les multinationales se lancent avec frénésie dans les biotechnologies et où domine le motif du profit[458], leurs instruments de terreur[459] (ou de création, à leur point de vue) seront la génétique, la bionique et l'informatique. Comme l'attestent Wittgenstein et Hume, la science ne peut que nous indiquer ce qui est possible sur le plan technique, mais pour savoir ce qui est *souhaitable*, il faut chercher ailleurs. De leur avis, la science n'a rien à dire à ce sujet. Lorsqu'elle s'affaire, libre de toute intervention *morale*, n'ayant de limite que ce que permet la technologie et qui peut trouver du financement, aucun obstacle ne s'oppose à la reprise des expériences de vivisection de Josephe Mengele sur des humains si cela peut sembler utile pour une raison ou une autre (et qu'un *marketing* savant permet de biffer tout lien avec la réaction émotive provoquée chez le public par le mot *nazisme*).

Il faut songer que si la redéfinition de l'espèce humaine, en termes de races *supérieures* et *inférieures*, effectuée par les nazis, a eu des conséquences sociales qui ont marqué à jamais l'histoire de l'Occident, il ne faut pas se leurrer sur le danger possible à notre époque, où les moyens technologiques sont décuplés, d'une redéfinition plus radicale à laquelle les nazis n'ont jamais pu rêver. Certes le danger ne peut prendre la même forme sur le plan social[460], mais ce serait de l'inconscience d'ignorer son existence. Dans un contexte où le concept de l'homme est en désagrégation, comment peut-il encore être question de promouvoir les *droits de l'homme*[461] ? Si l'homme n'est rien, pourquoi le défendre, pourquoi en faire un plat ? Et si on le défend, peut-être est-ce dû au fait que l'on croit encore qu'il est quelque chose de plus qu'un assemblage biologique arbitraire ? Dans l'essai **The Empty Univers**, C. S. Lewis observe les changements d'attitudes à l'égard de l'homme en Occident et trace l'influence de la philosophie néo-positiviste, behavioriste et devine la portée de l'attitude posthumaine (1986b: 81-82):

> Le processus qui a permis à l'homme de connaître l'univers est, d'une part, extrêmement compliqué, mais d'une autre il est d'une simplicité étonnante. Nous observons une progression unilatérale. À l'origine, [dans le passé mythique] l'univers semble bourré de volonté, d'intelligence, de vie et de qualités positives. Chaque arbre est une nymphe et chaque planète, un dieu. L'homme lui-même ressemble aux dieux. Mais l'avancement de la connaissance vide graduellement ce monde riche et génial, tout d'abord de ses divinités, ensuite de ses couleurs, odeurs, sons et saveurs. À la fin, disparaissent même les faits empiriques. Tout est transféré du côté de la subjectivité et attribué à nos sensations, pensées, images ou émotions. Le Sujet est repu, gonflé aux dépens de l'Objet. Mais les choses n'en restent pas là. La même méthode qui a vidé l'univers poursuit son cours et nous dévore. Les maîtres de la méthode nous annoncent rapidement que nous nous sommes trompés (et de la même manière) en attribuant des âmes ou des consciences aux humains tout comme en attribuant une dryade à chaque arbre. L'animisme, apparemment, commence chez soi. Nous,

qui avons la propension de personnifier toute chose, ne sommes, tout compte fait, que des personnifications de nous-mêmes.*

Dans le contexte posthumain, la question véritable n'est plus : Est-ce que l'ordinateur peut/pourra penser ? Mais plutôt est-ce que l'homme pense ou n'est-il qu'un robot déterminé par ses gènes, ses phéromones ou par sa relation avec sa génitrice ? De l'avis de Stanley L. Jaki, l'homme se distingue en particulier comme agent, celui qui intervient et, de diverses manières, dirige (1969/1989 : 308) :

> L'homme n'est homme que tant et aussi longtemps qu'il garde à l'esprit qu'une pierre n'est pas une fleur, qu'un bâton n'est pas un oiseau et qu'un abaque, peu importe sa complexité, ne pense pas. L'homme n'est homme que tant qu'il refuse le sort d'un débris flottant à la dérive dans un océan de choses et d'évènements, pour prendre plutôt le gouvernail qui s'offre à lui. Plus important encore, l'homme doit évaluer avec soin l'utilisation appropriée de ce gouvernail. En somme, ce gouvernail ce sont les capacités de calcul de l'homme, mais cela implique, en dernier ressort, tout son être, toutes ses particularités uniques d'homme. Car, par sa nature, l'homme est un pilote, un *kybernetes*, un cybernéticien. Et pour vivre à la hauteur de sa destinée, il ne doit pas ignorer ou oublier les devoirs et responsabilités qu'implique cet état.*

Gérer le cheptel humain...

> Toute chair n'est pas la même chair ; mais autre est la chair des hommes, autre celle des quadrupèdes, autre celle des oiseaux, autre celle des poissons. Il y a aussi des corps célestes et des corps terrestres ; mais autre est l'éclat des corps célestes, autre celui des corps terrestres. Autre est l'éclat du soleil, autre l'éclat de la lune, et autre l'éclat des étoiles ; même une étoile diffère en éclat d'une autre étoile. Ainsi en est-il de la résurrection des morts. Le corps est semé corruptible ; il ressuscite incorruptible ; il est semé méprisable, il ressuscite glorieux ; il est semé infirme, il ressuscite plein de force ; il est semé corps animal, il ressuscite corps spirituel. S'il y a un corps animal, il y a aussi un corps spirituel. C'est pourquoi il est écrit : le premier homme, Adam, devint une âme vivante. Le dernier Adam est devenu un esprit vivifiant. Mais ce qui est spirituel n'est pas le premier, c'est ce qui est animal ; ce qui est spirituel vient ensuite. Le premier homme, tiré de la terre, est terrestre ; le second homme est du ciel. Tel est le terrestre, tels sont aussi les terrestres ; et tel est le céleste, tels sont aussi les célestes. Et de même que nous avons porté l'image du terrestre, nous porterons aussi l'image du céleste. (1Co 15: 39-49)

Comment établir la valeur d'un individu ? Quelle valeur relative a-t-il vis-à-vis un animal ou un ordinateur ? Comment justifier cette valeur ? S'il est fait à l'image du Dieu judéo-chrétien alors sa valeur est fixe, invariable, infinie[462], mais dans le contexte actuel, où domine une cosmologie matérialiste ou postmoderne, qu'en est-il ? Comment justifier un statut particulier pour l'homme ? À défaut, on doit admettre qu'il n'est qu'un animal comme un autre. Le psychiatre allemand Viktor Frankl émet les observations suivantes (1988: 150) :

> Malheureusement, l'utilité d'une personne est habituellement définie en regard de sa contribution à la société. La société moderne est davantage axée sur l'accomplissement et, en conséquence, chérit les individus prospères et heureux, et en particulier les jeunes. En fait, elle ne tient pas compte de la valeur des autres, ne faisant pas la différence entre la valeur d'une personne en fonction de sa dignité et sa valeur en fonction de son utilité. Si on ne reconnaît pas cette différence et qu'on ne considère la valeur d'une personne qu'en fonction de son utilité, pourquoi ne plaide-t-on pas en faveur de l'euthanasie telle que la conçoit Hitler, c'est-à-dire tuer par pitié tous ceux qui ont perdu leur utilité sociale, soit à cause de leur âge, ou d'une maladie incurable, ou de facultés mentales affaiblies ou de toute autre infirmité ? Cette confusion entre la dignité de l'être humain et son utilité prend sa

source dans le nihilisme contemporain propagé dans bien des universités et par un grand nombre de psychanalystes.

Peu de temps après la Seconde Guerre mondiale, les atrocités des camps de concentration nazis devenaient connues du grand public. Cette époque gardait aussi le souvenir de vifs débats sociaux sur la vivisection des animaux. Il s'agissait d'un débat comparable à celui qui touche actuellement les OGM[463]. La vivisection était exploitée dans le cadre d'expériences impliquant la dissection d'animaux vivants à des fins de recherche médicale ou scientifique. C'est dans ce contexte que le littéraire C. S. Lewis fit les remarques suivantes, qui gardent encore toute leur pertinence (1947/2002: 227):

> Dès que le vieux concept chrétien d'une distinction totale entre l'homme et l'animal est abandonné, on ne peut trouver aucun raisonnement appuyant les expériences sur des animaux qui ne soit également susceptible d'être invoqué en faveur d'expériences sur des hommes *inférieurs*. Si nous justifions la dissection des animaux en laboratoire simplement parce qu'ils ne peuvent nous en empêcher et que nous nous justifions par la lutte pour l'existence, il est alors tout à fait logique de procéder à de telles expériences sur les attardés mentaux, les criminels, nos ennemis ou les capitalistes pour les mêmes raisons. Certes, les expériences sur des êtres humains ont déjà commencé. Nous avons tous entendu ce qu'ont fait les scientifiques nazis. Et nous nous doutons que nos propres scientifiques peuvent commencer à agir ainsi, en secret, à tout moment.*

Lorsqu'une cosmologie n'exige pas l'accord d'une dignité universelle pour tous les hommes, cela entraîne des conséquences très concrètes. Sous le régime nazi, les médecins de camps de concentration furent les auteurs d'expériences scientifiques de types divers sur leurs prisonniers. Puisque la cosmologie à laquelle se référait le nazisme classait les hommes en races supérieures et inférieures, alors dans un contexte de la lutte pour la survie, rien ne s'opposait à l'exploitation d'êtres humains à des fins d'expériences scientifiques. Humains que l'on considérait appartenir aux races dites *inférieures*. Sur le plan scientifique, ces expériences respectaient des protocoles exigeants, impliquaient la vérification d'hypothèses et la cueillette minutieuse d'observations empiriques. Les prisonniers des camps furent soumis à diverses expériences[464] dont la décompression atmosphérique simulant une altitude de 20 000 mètres, des injections de malaria et de typhus, la tolérance aux gaz de combat et aux conditions de froid extrême, des infections provoquées pour vérifier l'efficacité des sulfamides, des transplantations d'os et de tissus musculaires, la stérilisation, des injections de poisons et des expériences avec les brûlements associés aux bombes incendiaires. Joseph Mengele, surnommé l'Ange de la mort, fut médecin-chef à Auschwitz. Les jumeaux furent les cobayes favoris de Mengele qui étudia les transfusions sanguines et les transplantations d'organes sur ses sujets. Dans le cadre de ses recherches, il pratiqua la vivisection sur des enfants et leur préleva parfois les organes génitaux.

Il y a un malaise en Occident. Un malaise subliminal, se manifestant ici et là, dans la remise en question et la désintégration de conceptions cosmologiques judéo-chrétiennes (récupérées malgré tout par quelques idéologies des XIXe et XXe siècles) chez les modernes et de manière plus poussée chez les postmodernes. La question est posée: Pourquoi l'homo sapiens devrait-il jouir d'un statut exclusif? S'il est véritablement un produit de l'évolution, ce statut est, a priori, une aberration. L'homme n'est-il qu'une entité organique, un site permettant diverses réactions biochimiques, sans plus? Les anciens présupposaient que l'homme était le résultat de la fusion d'un corps et d'une âme, qu'il était un animal rationnel. Mais cette vision dichotomique ne peut plus être admise depuis le développement d'une cosmologie matérialiste, mature et cohérente.

En Occident, le matérialisme peut, lorsque cela lui semble profitable, vivre confortablement à l'ombre de l'héritage culturel judéo-chrétien, mais il ne peut fournir aucune raison motivant l'accord de droits particuliers à l'homme. On nous assurera évidemment que l'homme a un sens inné de la moralité et que ce sens a été produit par l'évolution. L'idéologie moderne/postmoderne affirme aussi que la moralité peut exister de manière spontanée, sans support, que l'homme est moral, *par nature*, mais en examinant l'histoire géopolitique du XXe siècle pour établir la cohérence de telles affirmations, ces dernières sembleront d'une naïveté pathétique…

Il faut dire que l'expérience de considérer l'homme dans le contexte d'une cosmologie matérialiste a déjà été tentée. Les nazis, ayant adopté les présupposés matérialistes, ont organisé à partir de 1941[465] un programme d'*amélioration* du bagage génétique de la race aryenne. De cette redéfinition de l'homme, classé en races *supérieures* et *inférieures*[466], résulta la *Solution finale* dont l'objectif était l'élimination des tares biologiques au sein des populations vivant sur les territoires administrés par le IIIe Reich, et ce, afin de produire, par un processus de sélection, une race de surhommes. Il s'agit de la même logique que celle de l'éleveur qui sélectionne les vaches donnant le plus de lait ou encore les chevaux les plus rapides. Comme tous le savent, la *Solution finale* aboutit à l'extermination de six millions de Juifs au cours de la Seconde Guerre mondiale[467]. Pour mettre en pratique un tel programme, il faut anesthésier la conscience des individus impliqués. Il y a lieu de se demander si des paroles comme celles de Nietzsche ne se trouvèrent pas dans la bouche des gestionnaires du système des camps de concentration nazis afin d'étouffer la voix de leur conscience aussi bien que celle de leurs subordonnés (Nietzsche 1882/1950: sect. 325):

> Élément de la grandeur.- Comment atteindre à un grand but si l'on ne sent pas d'abord en soi et la force et la volonté de causer de grandes douleurs ? Savoir souffrir est la moindre des choses: de faibles femmes, voire des esclaves, arrivent souvent à être maîtres en cet art. Mais ne pas périr de misère intérieure, ne pas mourir d'incertitude alors qu'on cause une grande souffrance et qu'on entend monter son cri, voilà qui est grand, qui ressortit à la grandeur.

La recherche de la cohérence suit son cours et s'exprime sous la cosmologie postmoderne. Dans ce contexte, on prétendra que tous les animaux ont été créés égaux. Ernst Hæckel, un des promoteurs darwiniens les plus éminents du XIXe siècle, a rendu explicite la logique cosmologique qui redéfinit la place de l'homme dans le cosmos (1899/1903: 405-406):

> Le christianisme ignore ce louable amour des animaux, cette pitié envers les mammifères, nos proches et nos amis (les chiens, les chevaux, le bétail), qui font partie des lois morales de beaucoup d'autres religions et, avant tout, de celle qui est la plus répandue, du bouddhisme. Ceux qui ont habité longtemps le sud de l'Europe catholique, ont été souvent témoins de ces horribles tortures infligées aux animaux et qui éveillent en nous, leurs amis, la plus profonde pitié et le plus vif courroux[468]. [...] Le darwinisme nous enseigne que nous descendons directement des Primates et, si nous remontons plus loin, d'une série de mammifères, qui sont *nos frères*. [...] Aucun naturaliste moniste, compatissant, ne se rendra jamais coupable envers les animaux, de ces mauvais traitements que leur inflige étourdiment le chrétien croyant qui, dans son délire anthropique des grandeurs, se considère comme l'*enfant du Dieu de l'amour*.

Reprenant cette logique au xxᵉ siècle, l'éthologue Jane Goodall affirme qu'il faut considérer les chimpanzés comme faisant partie de notre *parenté* (dans Wise 2000: X). Si nous nous opposons à la peine de mort pour les humains, il va *de soi* que nous devons aussi opposer des interventions semblables chez les animaux. Dès lors, le comportement des activistes les plus extrêmes de la défense des droits des animaux devient compréhensible. Ces activités vont des tentatives d'assassiner le président d'une société de recherches médicales, à provoquer des incendies dans des boutiques de fourrures, à asperger de peinture des femmes portant des manteaux de fourrure et l'agression d'employés de zoos. Un des mouvements plus connus est le Front de Libération des Animaux (FLA), actif en Grande-Bretagne et aux États-Unis. Depuis 1982, il a été placé sur la liste des mouvements terroristes du FBI en rapport avec plusieurs agressions dont des incendies et attentats à la bombe[469].

Un rapport du SCRS (1992[470]) indique que, depuis 1980 aux États-Unis seulement, des groupes de défense des droits des animaux ont exécuté plus de 29 raids contre des établissements de recherche, avec comme résultat plus de 2 000 animaux volés, des dégâts matériels de plus de 7 millions de dollars et anéantissant des années de recherches scientifiques. Des groupes d'activistes à la défense des animaux se sont engagés dans des manifestations similaires en Grande-Bretagne, en Europe occidentale, au Canada et en Australie. Dans ces pays, plusieurs de ces groupes ont revendiqué des attentats à la bombe contre des voitures, des instituts, des magasins et des résidences personnelles de chercheurs. De l'avis de ces activistes, ces comportements sont motivés sur le plan *politique* tout comme le seraient des attentats dans une guerre de libération d'un peuple opprimé. Un *djihad* animalier en somme…

Ces activistes affirment être motivés par la qualité de vie des animaux. Mais est-ce que l'un d'entre eux oserait s'interposer entre un couguar qui abat un chevreuil ou un grizzly attrapant un saumon ? Si on examine les agissements de ces organisations, rien ne laisse croire que les activités de prédation de ce genre (c'est-à-dire par d'autres animaux) intéressent ces activistes, car de tels phénomènes n'ont aucune incidence sur le statut de l'homme. Au-delà de la rhétorique, il faut constater que c'est plutôt le statut de prédateur, dominant, de l'homme qu'ils cherchent à remettre en question. Le préambule de la **Déclaration univer-**

selle des droits de l'animal[471] expose clairement les assises cosmologiques des activistes des droits des animaux.

> Considérant que la Vie est une, tous les êtres vivants ayant une origine commune et s'étant différenciés au cours de l'évolution des espèces, Considérant que tout être vivant possède des droits naturels et que tout animal doté d'un système nerveux possède des droits particuliers, Considérant que le mépris, voire la simple méconnaissance de ces droits naturels provoquent de graves atteintes à la Nature et conduisent l'homme à commettre des crimes envers les animaux, Considérant que la coexistence des espèces dans le monde implique la reconnaissance par l'espèce humaine du droit à l'existence des autres espèces animales, Considérant que le respect des animaux par l'homme est inséparable du respect des hommes entre eux.

Il faut bien comprendre que la légitimité de toutes les affirmations faites ici dépend de l'admissibilité de la première phrase qui postule la cosmologie darwinienne. Si on la rejette, tout le reste s'écroule. L'antispéciste notoire, Peter Singer, professeur de bioéthique à l'université de Princeton, adhère à la cosmologie matérialiste de manière cohérente et considère le critère de la productivité, évoqué par Frankl ci-dessus (soit économique ou intellectuelle), comme un élément central de sa définition de l'humain. Le courant de pensée antispéciste nie et rejette le statut privilégié de l'homme dans la nature tel qu'il fut proposé par la cosmologie judéo-chrétienne. Ce statut a eu tellement d'influence en Occident qu'il a profondément influencé la culture morale et juridique et il a même été récupéré par le Siècle des Lumières. De nombreux évolutionnistes ont, par le passé, émis des déclarations gratuites à cet effet, mais Singer est un des premiers à pousser à fond toute la logique de cette perspective dans les rapports hommes – animaux. Selon Singer, si on se préoccupe du principe de l'égalité, il n'y a aucune raison, après avoir rejeté le concept des races inférieures, de s'arrêter, de manière *arbitraire*, à la limite de l'espèce humaine. Pour Singer, oser affirmer que l'espèce humaine a une valeur supérieure aux autres animaux constitue une forme de racisme. Singer note par exemple (1993/1997:120) :

> C'est pourquoi nous devons rejeter la doctrine qui place la vie des membres de notre espèce au-dessus de celle des membres d'autres espèces. Certains de ceux-ci sont des personnes, certains membres de notre espèce n'en sont pas. (…) Il semble donc, par exemple, que tuer un chimpanzé est pire que tuer un être humain qui, du fait d'un handicap mental congénital, n'est pas et ne sera jamais une personne.

Sur le plan éthique Singer propose donc une perspective dite *conséquentialiste* ou utilitariste, c'est-à-dire qui évacue la moralité pour ne s'intéresser qu'aux résultats pratiques d'une prise de position. Ce qui est défini comme *utile* est alors *moral*. Singer avance les présupposés suivants: chez les humains, c'est la capacité (et la conscience) de souffrir qui permet à un être d'avoir des intérêts et d'être considéré comme une personne. De ce fait, il est alors absurde de postuler qu'une pierre ou un arbre puisse avoir un intérêt. Si l'on admet ce principe cosmologique, la perspective de Singer poursuit son développement, elle exige une distinction entre l'existence biologique d'un individu appartenant à l'espèce homo sapiens et la conscience humaine véritable. Le philosophe F. - X. Putallaz[472] soulève un aspect important de l'argument de Singer (2003):

> Si j'emploie à dessein les termes *âme* et *corps*, c'est pour faire voir immédiatement la tradition à laquelle Singer se rattache sans l'avouer: son analyse présuppose une conception philosophique dualiste de la personne humaine, où le fait d'être biologiquement et génétiquement membre de l'espèce humaine entretient un rapport extrinsèque avec le fait d'être conscient de soi et rationnel. C'est parce que les propriétés biologiques sont déconnectées des propriétés psychiques (et spirituelles), que Singer peut mettre dans sa balance de boutiquier un chimpanzé et un enfant handicapé, en prétendant que la différence entre les intérêts de ces deux individus pèse en faveur du primate.

De l'avis de Singer, ce n'est qu'en présence de la conscience que l'on peut attester qu'un être, appartenant pourtant à l'espèce homo sapiens sur le plan biologique, soit considéré comme une personne véritable. Dès lors, cette appartenance biologique à l'espèce homo sapiens ne suffit plus. De nombreuses répercussions éthiques et légales découlent de principes semblables. La plus controversée est la justification de l'infanticide. L'argument de Singer est simple: si la considération *équitable* des intérêts impose qu'on dépasse les frontières de l'espèce pour tenir compte de la capacité de souffrir d'un individu animal, et donc de son degré de conscience, il faut alors évaluer froidement ces capacités relatives à la fois chez le fœtus humain et chez un individu animal adulte d'une autre espèce. Voilà comment il faut comprendre l'humain lorsqu'on admet les préceptes de la cosmologie matérialiste (Singer 1997: 150):

Si l'on compare honnêtement le veau, le cochon et le poulet avec le fœtus, selon des critères *moralement* significatifs tels que la rationalité, la conscience de soi, la conscience, l'autonomie, le plaisir et la souffrance, etc., alors le veau, le cochon et le poulet viennent bien avant le fœtus quelque soit l'état d'avancement de la grossesse. Car même un poisson manifeste davantage de signes de conscience qu'un fœtus de moins de trois mois.

Lorsque Singer établit la conscience comme critère de *l'humanité*, ce présupposé cosmologique est lourd de conséquences. Singer note que la conscience augmente la capacité de souffrir. Il observe que l'on justifie parfois les expériences sur les animaux par le fait qu'ils n'ont pas une conscience aussi développée que celle de l'humain, ce qui implique donc une capacité de souffrir moindre. Mais Singer nous informe que la logique de ce critère implique que, chez un humain où la conscience n'est pas développée, rien n'interdit, dès lors, de traiter un tel individu comme un animal, c'est-à-dire comme le sujet potentiel d'expériences (Singer 1997: 67):

> Cela ne veut évidemment pas dire qu'il serait juste de réaliser des expériences sur les animaux, mais cela signifie seulement qu'il y a des raisons (n'ayant rien à voir avec le spécisme) pour préférer utiliser des animaux plutôt que des adultes humains normaux s'il faut vraiment faire l'expérience. Notons que le même argument donne des raisons de préférer qu'on utilise, pour les expériences, des enfants humains, par exemple des orphelins ou des personnes gravement handicapées mentales, car les enfants ou les handicapés mentaux n'auraient aucune idée de ce qui va leur arriver. De ce point de vue, les animaux non humains, les enfants et les personnes gravement handicapées mentales entrent dans la même catégorie; et si nous usons de cet argument pour justifier que cette expérience soit réalisée sur des animaux non humains, il faudra se demander si nous sommes prêts à permettre des expériences sur des enfants humains et sur des adultes souffrant d'un grave handicap mental. Pourquoi établir une différence entre les animaux et ces humains, si ce n'est à cause d'une préférence moralement indéfendable favorisant les membres de notre propre espèce?

Étant donné les lourdes conséquences de la cosmologie postmoderne, il est d'autant plus important de développer une perspective critique qui la débusque et la déconstruit sinon, lorsque cela déraillera, il faudra se contenter de vaines objections émotives à l'égard des prises de position telles celles de Singer, sans en comprendre les causes/sources.

Au XXe siècle, le concept traditionnel de l'humain a subi des attaques provenant de quartiers divers. Dans ce contexte, on est désormais libre d'admettre une attitude à l'égard de l'humain, qui autrefois eut été considérée barbare. Si l'homme est considéré désormais comme un animal parmi tant d'autres[473] - le produit de l'évolution - quel obstacle peut encore freiner le développement d'un consensus chez les élites qui considèrent l'humain comme une population d'organismes biologiques sans statut particulier, qu'il faut gérer comme toute autre population d'organismes ? Et si, avec le temps, cette population prend trop d'expansion, pourquoi ne pas établir des règles de gestion comme on le fait pour les chevreuils des forêts canadiennes ou les lapins d'Australie pour lesquels on prolonge la saison de chasse afin d'éliminer les individus en surplus lorsque la croissance de la population menace l'environnement ou les intérêts des agriculteurs ? Faut-il interdire de telles questions ? Qu'est-ce qui pourrait justifier un tel interdit ? Sur quel présupposé cosmologique pourrait-on fonder un tel interdit ? Dans le contexte postmoderne, rien ne saurait faire obstacle à une telle logique.

Le monde entier est propulsé dans une ère nouvelle où le pouvoir des technologies biologiques et génétiques s'accroît de manière exponentielle. Il faut donc se demander quels hommes sauront exploiter ces moyens d'action et quelles seront les limites de leur pouvoir ? Comment justifier ces limites ? À quelle cosmologie se réfèrera-t-on pour justifier les choix difficiles qui devront se prendre tôt ou tard ? Comme le signale Francis Fukuyama, les dangers qui nous guettent ne seront pas les mêmes que ceux avec lesquels ont dû traiter les générations précédentes (2004: 53):

> Le terme *contrôle social* évoque, évidemment, pour plusieurs des fantasmes de régimes de droite où l'on fait usage de drogues psychotropes[474] pour maintenir leurs citoyens dans un état d'assujettissement. Il semblerait que cette crainte particulière soit sans objet pour un avenir rapproché. Mais il faut noter que le contrôle social peut être exercé par des acteurs sociaux autres que l'État, c'est-à-dire par des parents, enseignants, systèmes éducatifs et autres intervenants dont il est en leur *l'intérêt* de voir les gens se comporter d'une manière et non d'une autre. Les démocraties, comme l'a souligné Alexis de Tocqueville, sont sujettes à «la tyrannie de la majorité» et, dans ce contexte, les opinions populaires peuvent marginaliser la diversité et les différences légitimes. À notre époque, cette tendance porte le nom de la *politiquement correcte* et il y a lieu de s'inquiéter de ce que les biotechnologies

modernes ne seront pas bientôt exploitées pour atteindre des objectifs fixés par la *politiquement correcte*.

Dans le contexte cosmologique matérialiste occidental, bien avant d'atteindre le cul-de-sac logique du déterminisme biologique on retourne généralement dans le placard cosmologique afin de récupérer, à l'insu du grand public[475], quelques vieux concepts judéo-chrétiens réconfortants triés en fonction d'un opportunisme *marketing* et de la mode éthique du moment. Le paysage que l'on peut observer au bord de l'abîme du déterminisme n'est pas très rassurant... C'est le vide absolu. Bien que peu s'en rendent compte, c'est l'héritage résiduel de la vision du monde judéo-chrétienne (et les valeurs qui en découlent) qui sert de garde-fou[476]. Évidemment, plusieurs n'admettront pas l'idée que l'Occident puisse déraper à grande échelle, mais il suffit de réfléchir un moment : Comment se fait-il que l'Allemagne par exemple, un pays aussi avancé sur le plan culturel et scientifique, ayant produit des génies artistiques tels Dürer, Bach, Brahms et Hændel, ait aussi produit des individus tels Hitler, Himmler et Goebbels et que ceux-ci aient été mis au pouvoir de cette nation ? De manière générale, on peut espérer que les populations occidentales seront à l'abri aussi longtemps que leurs élites ne tenteront de mettre en pratique tout ce qu'implique la cosmologie postmoderne. Tant qu'il s'agit de discours et d'essais savants qui ne sont lus que par d'autres érudits, ça peut aller (jusqu'à un certain point). Mais il faut prendre conscience que bien souvent les universités et les intellectuels sont les incubateurs et accoucheurs d'idées qui trouvent plus tard des disciples ayant le culot de les appliquer à grande échelle dans les institutions dominantes de la société. Hitler n'était donc pas un *fou*, un individu déraillé, mais fut plutôt le produit d'une civilisation dysfonctionnelle, édifiée sur une cosmologie déficiente. Ainsi Hitler fut un homme cohérent. Pichot déclare d'ailleurs à son sujet (2000 : 276)

> Hitler n'a pas inventé grand-chose. La plupart du temps, il s'est contenté de reprendre les idées qui étaient dans l'air et de les mener jusqu'à leur terme. L'euthanasie et les profondes méditations sur «les vies qui ne valent pas la peine d'être vécues» étaient des lieux communs à l'époque. Et pas seulement en Allemagne, même si les nazis en firent un grand usage et se livrèrent à une propagande en ce sens. Un peu partout, en Europe et aux États-Unis, fleurirent les associations militant pour des légalisations de l'euthanasie. Une sorte de symétrie le voulait : l'eugénisme (la bonne naissance) et l'euthanasie (la bonne

mort) étaient les conditions d'une bonne vie (bien avant les réformes sociales et économiques).

Complémentarités dysfonctionnelles

> *Une femme a besoin d'un homme comme un poisson a besoin d'un vélo*[477]

Un autre contexte où le concept de l'humain est attaqué à l'époque postmoderne est celui de l'identité sexuelle. Depuis la révolution industrielle, l'Occident a été témoin d'une révolution des rapports entre les sexes; droit de vote des femmes, accès accru à l'éducation et au marché du travail pour les femmes, conditions améliorées de divorce. Au point de vue technologique aussi le pouvoir de contrôle des capacités de reproduction bouleverse les rapports entre les sexes. Les promoteurs de l'idéologie homosexuelle et les féministes radicaux tentent de biffer, si possible, la distinction homme - femme. En Occident, les concepts traditionnels de la sexualité sont déconstruits et, à l'aide de technologies de fertilité, il est pensable de rendre caduque la complémentarité, même sur le plan de la reproduction. Si la nature pose des barrières à notre *épanouissement*, suffit de les enjamber... Un couple de lesbiennes peut dès lors *avoir un enfant* au moyen d'insémination (artificielle ou non). Un couple homosexuel peut, au besoin, obtenir les services d'un utérus *à location*... Quelles seront les conséquences de telles attitudes sur l'enfant qui grandit dans un contexte semblable et qui réalise, un jour, qu'il est un *produit* fait pour remplir un besoin, plutôt qu'un *don*? Meilaender explore justement ce qu'implique le concept traditionnel de l'enfant (2002: 25):

> Dans la passion de l'amour sexuel, un homme et une femme sortent d'eux-mêmes pour se donner l'un à l'autre. Nous parlons ainsi d'extase sexuelle – un terme qui signifie justement sortir de soi-même, sortir de sa volonté et de ses buts. Peu importe à quel point un couple peut désirer un enfant de l'acte de leur amour, dans l'acte même ils doivent mettre de côté de tels projets et désirs. Ils ne *font* plus un enfant, ils se donnent à l'amour. Et, s'il y a conception, l'enfant n'est pas, à vrai dire, le produit de leur volonté. L'enfant est un don et un mystère, surgissant de leur étreinte, une bénédiction que l'amour leur remet. Cette perception influence notre compréhension de la

signification des enfants. Un produit est destiné à satisfaire nos besoins et projets. Nous contrôlons nos produits. D'ailleurs à l'égard de nos produits nous avons des exigences quant à leur qualité. Un don qui surgit de notre étreinte est celui que nous ne pouvons qu'accepter en tant qu'égal. Nous ne sommes pas des créateurs divins, mais seulement des humains qui engendrent. L'enfant n'est pas le produit de notre volonté ou de notre bon plaisir quasi divin, mais simplement l'un de nous. Celui ou celle qui prendra sa place dans la communauté des générations humaines.*

Au XXIe siècle, la sexualité, comme la quête du Graal au Haut Moyen Âge, apparaît comme une manifestation supplémentaire de la quête postmoderne de l'autonomie totale. Francis Schaeffer remarque à ce sujet (1989: ch. 4):

> Certaines formes d'homosexualité aujourd'hui sont de même nature, parce qu'elles représentent aussi une attitude philosophique. L'homophile authentique a, sans doute, besoin de compréhension[478], mais l'homosexualité moderne est très souvent une expression du courant actuel de pensée qui nie l'antithèse. La distinction entre l'homme et la femme est effacée; mâle et femelle ne sont plus complémentaires. Ce type d'homosexualité appartient au mouvement situé en dessous de la *ligne du désespoir*[479]. Ceci ne constitue donc pas un problème isolé, mais il est une partie intégrante de la mentalité de la génération qui nous entoure.

Fini la complémentarité et l'interdépendance... Pour reprendre l'expression de Dostoïevski sur le plan de la sexualité, *tout est possible*... Abolissons toute contrainte (ainsi que ce qu'on appelait autrefois la *nature humaine*)! En Amérique, un nouveau mouvement de libération sexuelle commence à se faire entendre. Il se donne le nom de *polyamoriste*. Ce mouvement affirme que la monogamie n'est pas naturelle et que rien ne devrait interdire l'engagement dans plusieurs relations émotives/sexuelles simultanées. À New York, plusieurs organismes polyamoristes ont vu le jour et le groupe Polyamorous NYC tient chaque année une journée Poly Pride à Central Park. Un documentaire de propagande *Three of Hearts: A Postmodern Family*[480] établit la normalité de ce genre de relation en mettant à l'avant une relation polyamoriste de 13 ans qui a produit deux enfants. En 2005, dans les Pays-Bas, le triple *mariage* entre deux femmes et un homme a fait les manchettes[481]. Dans les faits, sur le plan légal, il s'agit d'un contrat de cohabitation (ou *samenlevingscontract*) qui ne comporte pas encore tous les avantages d'un mariage normal. Mais comme sur le plan historique la situation du mariage gai a avancé par petites étapes, ce sera dans la logique des choses que ce contrat de cohabitation soit un arrangement de temporisation, en attendant que la société reconnaisse pleinement le *mariage* à partenaires multiples. Ce sera dès lors, non pas une *anomalie*, mais un précédent, en attendant que la culture populaire fasse tomber les préjugés et que les esprits *s'élargissent*.

Dans la religion postmoderne, avoir le sexe masculin ou féminin ne doit plus constituer une limite et ne doit plus être significatif. Rien ne doit faire obstacle aux aspirations, pulsions ou désirs de l'individu, même pas son identité sexuelle. L'humain est ainsi aboli dans sa sexualité. Souhaitons la bienvenue à l'hermaphrodite. Si nous regardons dans le miroir, il n'y a plus de reflet. La complémentarité est à abolir, car elle signifie, dans la perspective postmoderne, contrainte, assujettissement, dépendance. Par ailleurs, si on admet la complémentarité, cela implique que pour se constituer pleinement on doit accepter l'interdépendance, voire valoriser l'Autre. Mais pour l'esprit postmoderne, cela est inadmissible[482] puisque l'autonomie de l'individu est un principe fondamental. On constate un contraste frappant entre l'attitude postmoderne et l'attitude classique qui faisait du mariage un lieu sacré, la fusion des concepts de fertilité, d'interdépendance et de symétrie assurant la continuité de la communauté. Mariage d'individus, mais aussi de lignages, de valeurs et de sens.

De l'avis de nos élites, il faut donc reconstruire l'homme jusque dans sa sexualité, le redéfinir. Le concept d'humain est alors à la fois plein et vide. Et, au-delà de l'abolition de la complémentarité, la quête de l'autonomie totale est la seule contrainte. La logique de la cosmologie s'exprime donc dans la redéfinition des rapports entre les sexes. Le débat sur le mariage gai s'inscrit évidemment dans ce contexte. Sur le plan psychologique, Francis Fukuyama étonne en notant que dans l'Occident postmoderne l'usage de psychotropes, comme moyen de contrôle social, contribue aussi à dissoudre cette complémentarité emmerdante (Fukuyama 2004: 101):

> Il existe une symétrie déconcertante entre le Prozac et le Ritalin. Le premier est prescrit pour les femmes déprimées manquant d'estime de soi: il leur donne davantage de sentiment du mâle alpha qui accompagne les hauts niveaux de sérotonine. Le Ritalin, de son côté, est largement administré aux jeunes garçons qui ne veulent pas rester tranquilles en classe, parce que la nature ne les a jamais programmés

à cette fin. D'un côté comme de l'autre, les deux sexes sont ainsi orientés vers une personnalité androgyne moyenne, satisfaite d'elle-même et socialement conciliante — c'est-à-dire le courant *politiquement correct* de la société américaine moyenne.

Le XXe siècle a vu la réhabilitation de l'avortement, de l'homosexualité et bien d'autres choses encore. Que nous réserve le XXIe siècle postmoderne? Est-ce pensable que la logique de la cosmologie postmoderne sache s'arrêter là? Quels sont les phénomènes sociaux actuels qui sont réprouvés, mais destinés à devenir communément admis dans un avenir proche? Quels sont les obstacles qui empêchent, par exemple, la réhabilitation de la polygamie, la pédophilie, la nécrophilie ou la bestialité? Au fond, cela revient à poser une question sous-jacente: Quelles sont les limites du *marketing* religieux postmoderne ainsi que celles des intérêts de classe des élites postmodernes?

L'homme biotech

> *Aujourd'hui, la science traite l'homme comme moins que l'homme et la nature comme moins que la nature. La raison pour cet état de choses est que la science moderne a une conception déficiente des origines. Il n'a pas de présupposé lui permettant de traiter la nature comme la nature, pas plus qu'elle en a pour traiter l'homme comme homme.** (Schaeffer 1982/1994: vol. V, 50)

> *Simultanément, le vieux roman de la dégénérescence a été revivifié, non pas sous sa forme ancienne, trop éventée et trop usée, mais sous une forme moderne. Les généticiens ont annoncé à coup de trompe dans les médias que l'humanité était menacée par 3 000, 4 000 voire 5 000 maladies génétiques. Toutefois, comme le nouvel eugénisme n'est plus populationnel, mais individuel, cette menace n'est pas accompagnée d'un discours sur la dégénérescence, mais d'un discours sur la manière dont les futurs parents peuvent éviter, grâce au dépistage prénatal, d'avoir un enfant atteint de l'une ou l'autre de ces maladies (en attendant la possibilité de soigner celles-ci, dans un futur indéfini).*
> (Pichot 2000: 292)

La révolution des nouvelles biotechnologies, qui a pris son élan dans les dernières décennies du XXe siècle, ouvre un potentiel de remise en question de ce qu'est l'humain sur le plan pratique comme aucune autre génération n'a jamais vu. Diverses technologies sont exploitées pour modifier la structure génétique d'organismes vivants aussi bien unicellulaires que plantes ou animaux. Parmi celles-ci, on retrouve l'Injection pronucléaire d'ADN[483], le ciblage de gènes dans les cellules souches et le clonage (transfert nucléaire[484]). Lors de la création de plantes transgéniques, le transfert de gènes se fait au moyen d'un organisme intermédiaire, souvent une bactérie ou encore un virus (qui n'est pas considéré vivant). Depuis les années 70, ces technologies ont eu une croissance phénoménale et sont exploitées aussi bien dans le domaine médical[485], agricole, alimentaire et environnemental. Des substances telles que l'insuline, l'érythropoïétine (EPO) et l'hormone de croissance sont produites par les biotechnologies. On exploite ces nouvelles technologies génétiques non seulement pour produire des protéines, mais aussi des vaccins contre l'hépatite B et le vaccin ROR (rougeole - oreillon - rubéole). En 1997, la Roslin Institute, en Écosse, a annoncé des essais encourageants avec la protéine alpha-1-antitrypsin (AAT), produite dans le lait de la brebis transgénique Tracy. Sur le marché, le produit final se présente sous forme de vaporisateur nasal permettant de lutter contre la fibrose kystique.

Même s'ils sont le produit du labeur scientifique le plus sérieux, les biotechnologies sont tout de même sujettes aux caprices du marché. Une firme de Taiwan a développé le *Night Pearl*[486] un poisson-zèbre auquel on a inséré le gène d'un corail fluorescent. Désormais, ce poisson-zèbre transgénique luit dans la noirceur. D'autres spécimens du *Night Pearl* brillent de motifs rouges et verts tirés de gènes provenant de méduses et d'autres types de coraux. Dans d'autres secteurs, plusieurs firmes multinationales financent des projets ambitieux dans l'espoir de profits qu'on pourrait réaliser en établissant des brevets sur les organismes (plantes ou animaux) qui résultent de ces procédés. C'est un sujet d'âpres débats. Peut-on breveter un organisme sur lequel on a modifié un gène ou deux au même titre qu'une machine que l'on a inventée ? L'organisme, à son état naturel, comporte déjà un très grand nombre de mécanismes qui ne sont pas le sujet d'aucun brevet. Ce qui est ajouté est dérisoire en comparaison des structures et mécanismes biologiques existants (dans la mesure où ils sont connus). Il faut noter que des brevets sont effectivement accordés pour des animaux de laboratoire, mais l'intérêt commercial vise actuellement surtout le domaine agricole (et les plantes en particulier).

Le processus d'accord de brevets sur des organismes vivants modifiés pose certaines questions fondamentales. Depuis la nuit des temps, les organismes vivants (animaux et plantes surtout) font partie de l'héritage humain. Tous peuvent les vendre et acheter, mais c'est un droit d'exploitation limité. Dans les faits, ils appartiennent à tous. Dans le domaine bioagricole par contre, on réclame des droits plus étendus, pour exiger que ces organismes aux gènes manipulés soient considérées des *inventions*, c'est-à-dire comme s'ils les avaient créés *ex nihilo*[487]. Supposons que j'achète une nouvelle automobile de couleur bleue et je l'apporte chez moi. Je la mets dans mon garage et j'élimine toute la peinture originale et lui donne une couche de peinture rouge. Pour bien réussir, je dois travailler très fort et exploiter toute mon expertise en peinture d'auto. Supposons également, pour illustrer, que j'ai une baguette magique (que je n'ai pas fabriquée) me permettant de produire, sans effort, autant d'autos rouges que je le désire. Le lendemain, j'apporte une de mes autos au bureau des brevets pour faire une demande de brevet pour cette auto. Est-ce une attente légitime de ma part d'exiger que mon travail et mon expertise en peinture soient reconnus (et récompensés) par un brevet ? Ou faut-il faire une évaluation comparative serrée entre mon apport et ce que représentent, en termes d'expertise, les mécanismes existants de l'automobile que j'ai achetée ? Jusqu'ici, tous pouvaient être reconnus comme *propriétaires* d'un organisme, mais il était impensable d'en avoir un droit d'*auteur*. C'est un droit d'un tout autre ordre. À cet effet, il existe une blague circulant sur Internet.

> Un groupe de scientifiques désignent un délégué qui doit rencontrer Dieu pour lui signaler que la science a progressé suffisamment et qu'il est devenu désuet.
> Le délégué est reçu dans le bureau de Dieu et lui dit: «Dieu, nous n'avons plus besoin de toi. Nous sommes arrivés au point où nous sommes capables de cloner des êtres humains et faire des choses miraculeuses nous pouvons alors nous dispenser de toi.»
> Dieu écouta patiemment ce discours et répondit «Bon, pour résoudre ce conflit que dirais-tu d'une petite compétition ? L'objectif; créer un être humain. Si vous gagnez, je me retire.» À ce défi le scientifique répondit «Certainement ! »
> Mais Dieu ajouta une condition: «Nous allons procéder de la même manière que lorsque j'ai créé Adam.» Le scientifique répondit, «Ouais, pourquoi pas» et se pencha au sol pour ramasser une poignée de poussière.

Dieu le regarda et s'exclama: «Non, ça ne va pas! Va chercher ta propre poussière...»

Désirer voir compenser le travail des chercheurs est une chose, mais est-ce que l'accord de brevets est le moyen approprié de le faire? Notons que les questions soulevées par les biotechnologies sont multiples. Dans cette section notre attention portera presque exclusivement sur une gamme plus étroite de processus biotech, soit le développement d'organismes transgéniques. Tous les organismes sont donc susceptibles de devenir soit la source ou la cible de modifications génétiques. Par exemple, en mai 2001, la firme canadienne Nexia Biotechnologies annonçait la commercialisation de son fil BioSteelT basé sur les soies d'araignées et produit dans le lait de chèvre. Ce produit résulte de l'introduction d'un gène de l'araignée chez des chèvres naines femelles désormais transgéniques[488]. Les molécules de soie d'araignée sont sécrétées dans le lait de la chèvre qui est ensuite récolté et traité pour récupérer les molécules recherchées. Les fils qu'on espère produire pourraient servir à la production de gilets pare-balles haut de gamme. Dans le domaine végétal, en 1996-1997, on a vu aux États-Unis la commercialisation des premières plantes transgéniques[489] dont le soja Roundup Ready® (tolérant un herbicide) et le coton Bollgard® (résistant aux insectes).

En 2003, le Dr Huizhen Sheng a dirigé une équipe de scientifiques au Shanghai Second Medical University exploitant des techniques transgéniques pour la production de cellules souches. Leur procédé impliqua la fusion de cellules humaines à des ovules de lapins[490]. On a permis le développement de ces embryons pour quelques jours avant de les détruire afin de récolter les cellules souches désirées. Les cellules souches peuvent être retrouvées dans certains tissus d'adultes, dans le sang du cordon ombilical, chez les fœtus avortés ainsi que dans les embryons humains développés en éprouvette. Puisque l'exploitation d'embryons humains est sujette à controverse[491], le Dr Sheng affirme qu'une telle technique permet l'exploitation de cellules souches sans employer/détruire de tels embryons.

On rencontre donc une situation tout à fait nouvelle. Auparavant, notre pouvoir se limitait à des interventions sur des organismes individuels[492], mais maintenant on acquiert un pouvoir pouvant affecter les générations à venir. Toutes les espèces courent le risque de voir leur matériel génétique modifié sinon endommagé. Les biotechnologies soulèvent nombre de questions inédites. Comment trancher ? D'un côté se trouvent ceux qui affirment qu'en aucun cas il ne faut freiner les progrès de la science, et, de l'autre, ceux qui affirment qu'il ne faut, en aucun cas, porter la main sur la Nature. Lorsqu'on examine la littérature de la biotechnologie chez les premiers concernés, les chercheurs, on constate tout de même une certaine hésitation devant tant de pouvoir. Les craintes de l'opinion publique influencent évidemment cette réaction, mais à la suite d'Auschwitz, on semble avoir tiré une leçon sur l'accord d'un pouvoir illimité aux scientifiques. On affirme désormais qu'aucun avancement scientifique ou technologique ne peut se faire dans l'absence du regard éthique. On déclare également que l'existence d'une nouvelle technologie n'implique pas nécessairement qu'elle doit être exploitée et que, dans une société saine et civilisée, la science ne peut être conduite dans un vide éthique. Mais de telles affirmations posent une question additionnelle: Est-ce qu'il y a accord sur ce que constitue une *société saine et civilisée* ? Dans l'Occident postmoderne et pluraliste, il faut bien reconnaître que la réponse doit être négative. Dès lors, à moins de malhonnêteté, l'éthique et tous les grands principes qui fondent une société *civilisée* ne peuvent être considérés comme donnés, indiscutables. Il faut jouer cartes sur table et préciser quelle est la cosmologie qui fonde cette éthique qu'on nous propose; elle doit être justifiée et non pas véhiculée comme une vérité faisant déjà l'objet d'un consensus implicite. Mais dans le contexte postmoderne, une telle transparence est exceptionnelle… Dans la littérature de l'industrie biotech, les discussions éthiques ont plus souvent comme but de rassurer le public sur le fait que les experts ont déjà réfléchi à la question et qu'ils ont établi le consensus que tous doivent admettre ce qui, par ricochet, assure le flot des bourses de recherche ou l'accès aux marchés.

Devant le pouvoir des techniques transgéniques[493], la question: *Qu'est-ce qu'un humain ?* se pose de manière percutante. Des développements dans l'industrie de la biotechnologie soulèvent de fortes pressions économiques pour dissoudre le caractère spécifique de l'espèce homo sapiens sur le plan biologique. Penser qu'il existe des possibilités sérieuses pour faire de l'argent en exploitant le génome de diverses espèces ainsi que d'organes ou tissus humains est devenu un lieu commun. Dans la majorité des pays occidentaux, il existe quelques tabous à l'égard du clonage humain. Puisqu'une des exploitations possibles de ce type de technologie serait de développer des super génies ou super guerriers clonés sur des prix Nobel ou d'athlètes olympiques, ces tabous sont possiblement liés au choc émotif provoqué par la prise de conscience déclenchée par les programmes d'amélioration génétique de la race aryenne mis en place par les nazis[494] dans la première moitié du XXe siècle. D'autre part, il se peut que l'idée du clonage crée un malaise existentiel, car cela remet en question, de manière plus ou moins consciente, l'idée que chaque personne soit une entité unique, n'appartient à personne, et dont le *design* biologique n'a été contrôlé par qui que ce soit. Le clonage remet indirectement en question sa valeur unique en tant qu'individu. Si on peut fabriquer autant de *photocopies* d'un individu qu'on veut, alors que vaut l'individu ? À l'encontre de la personne dite *normale*, le clone serait plutôt un produit. Une autre technologie, celle des cellules souches, soulève beaucoup d'espoir pour le traitement de diverses maladies ainsi que le développement de tissus d'organes à des fins de transplantation. Mais pour obtenir des cellules souches humaines, il faut habituellement détruire un embryon humain[495], une pratique parfaitement admissible dans le contexte cosmologique postmoderne, mais inacceptable dans d'autres.

Sur le plan technique, il est déjà possible de créer des organismes hybrides, auxquels on introduit des gènes humains dans le but de développer des tissus ou organes qui pourraient être introduits ultérieurement chez des humains. On pense élever des porcs dont on injecterait des gènes humains leur permettant de développer des organes humains (le foie, par exemple) qui pourraient être transplantés ensuite chez des humains ayant besoin d'un nouvel organe. À ce sujet, le virologue français Claude Chastel note (1998):

> Depuis le début des années 1990, le problème de la xénotransplantation, c'est-à-dire de la greffe, chez l'homme, d'organes, de tissus ou de cellules provenant d'animaux, agite fébrilement le monde de la transplantation, et cela, pour différentes raisons. Les donneurs humains tendent à se raréfier alors que les listes d'attente de receveurs potentiels ne cessent de s'allonger: quelque 43 000 patients, par an, aux États-Unis. Ce n'est pas un phénomène nouveau, mais il tend à s'aggraver, en partie parce que le public a perdu sa générosité naturelle, ayant été échaudé par des abus criminels (certains trafics d'organes) ou des affaires ayant eu un grand retentissement médiatique: sang contaminé, hormone hypophysaire d'extraction et transmission

de l'encéphalopathie spongiforme bovine (ESB) à l'homme. Un regain récent d'intérêt est venu, de plus, des progrès de l'immunologie du rejet suraigu des xénogreffes et des perspectives offertes pour le contourner grâce à l'utilisation de porcs transgéniques, en quelque sorte *humanisés* et, de ce fait, mieux tolérés.

Mais ces techniques de xénotransplantation ne sont pas sans leurs détracteurs, car ce type de pratique présente plusieurs facteurs de risque selon Chastel (1998):

> Le porc, même *humanisé*, par transgenèse (ce qui ne lui retire pas ses virus endogènes ou latents), est donc à peine plus sûr que les babouins ou les chimpanzés, sur le plan virologique. Beaucoup de virologistes, notamment Robin Weiss à Londres, David Onions à Glasgow et Jonathan Allan à San Antonio, Texas, estiment à juste titre, que les risques de xénozoonoses sont trop importants (un risque en tout cas certainement supérieur à zéro), pour que l'on puisse se lancer dans des essais cliniques à grande échelle chez l'homme. Malheureusement, on voit que la réalité est toute autre: des xénogreffes de porc ou de babouins ont déjà été réalisées dans certains pays du monde, et des chirurgiens s'apprêtent à continuer, sans état d'âme, cette expérimentation humaine sanitairement dangereuse, sinon éthiquement répréhensible.

Mais comme on le voit ailleurs, il y a un marché pour de telles pratiques. Chastel (1998) estime ce marché potentiel à 6 milliards de dollars US pour les dix ans à venir! Il va sans dire que la logique du marché comporte des pressions afin que *l'offre* puisse satisfaire la *demande*. Par ailleurs, l'homme n'est évidemment pas le seul organisme visé par les procédés transgéniques. Avec l'avancement des projets d'inventaire du génome de plusieurs espèces, de plus en plus d'organismes seront susceptibles d'être pillés de leurs traits génétiques ou encore devenir la cible de modifications.

Poussées par l'avancement fulgurant de la technique, les industries biotechnologiques soulèvent, de manière inéluctable, le problème de la définition de l'homme. Faut-il greffer des gènes ou des organes humains à des porcs pour alimenter le commerce des organes de transplantation ? Mais avant de poser ces questions techniques, il faut d'abord déterminer dans quel contexte éthique/religieux la réponse sera formulée. À quelle cosmologie/vision du monde se réfère-t-on pour répondre à de telles questions ? Soulignant la difficulté de trancher le débat sur les biotechnologies qui oppose technophiles et technophobes, l'anthropologue Mikhaël Elbaz note avec raison l'émotivité des parties (2002: 27) «S'il est difficile de trancher entre technophiles et technophobes, constatons l'ardeur littéralement religieuse dans laquelle se poursuit un débat dont la majorité des citoyens sont exclus.» Puisque ce débat ne peut être tranché de façon satisfaisante sans faire dominer une perspective cosmologique sur le reste, une telle émotivité doit être considérée comme tout à fait dans l'ordre des choses vu les enjeux à la fois médicaux, alimentaires, économiques et religieux. Il est essentiel de débusquer d'abord les cosmologies en cause et examiner leur crédibilité, ainsi que leurs effets à long terme.

Les biotechnologies comportent divers niveaux de risque. Certains dangers sont simplement le lot de toute nouvelle technologie, c'est-à-dire ayant le potentiel d'être exploitée par un utilisateur mal intentionné. Avec la technologie nucléaire, il est possible, par exemple, à la fois d'approvisionner une ville en électricité à ou encore de la rayer de la carte. C'est évidemment le cas de toute autre innovation technologique. Même à un niveau de complexité beaucoup plus limité, un couteau de cuisine bien affilé peut aussi bien servir à la préparation d'un bon repas ou être l'instrument d'un meurtre crapuleux. Aucune technologie n'échappe à ce genre de risque qui est, somme toute, lié, non pas à la technologie comme telle, mais à la condition humaine. Mais certaines formes de biotechnologies impliquent un niveau de risque additionnel, un niveau de risque intrinsèque, qui n'est pas particulièrement lié aux mauvaises intentions de ses utilisateurs, mais à l'existence même de la technologie. Cela est lié à l'influence à long terme de cette technologie sur la biosphère, à savoir l'environnement que partage l'ensemble des organismes vivants sur la planète Terre. Évidemment dans la confusion entourant les biotechnologies, il existe aussi des dangers imaginaires[496] tels que celui de voir ses gènes modifiés du fait d'avoir mangé un aliment comportant un ingrédient fait d'un organisme transgénique.

Au cours du XXe siècle, le progrès de la science a fait face au défi de contrôler la puissance nucléaire sans conduire à la destruction du monde. Et malgré quelques bévues, on peut affirmer que dans l'ensemble, les pires craintes ont pu être évitées. Mais il y a lieu de penser que le défi suscité par le développement des biotechnologies est d'un autre ordre et fera peut-être paraître minuscule le défi nucléaire. Évidemment, les bombes atomiques ont le pouvoir de détruire des villes entières et d'affecter la génération des survivants touchés par la radioactivité pour le reste de leur vie, mais c'est relativement circonscrit. Les outils qu'offre la révolution biotechnologique, par contre, sont généralement moins coûteux et plus mobiles que le nucléaire et ont le pouvoir d'affecter toutes les générations qui suivront ainsi que de vastes écosystèmes dont nous faisons partie et dont nous dépendons. Ce n'est pas là une petite question.

Ces technologies posent donc une question périlleuse: Savons-nous ce que seront les conséquences du développement et de l'exploitation des biotechnologies ? Par exemple, *Escherichia coli* est une bactérie bien connue des microbiologistes. Elle fut un des premiers organismes vivants dont on a pu étudier le code génétique. C'est une des raisons pour lesquelles elle a été le sujet de choix pour un grand nombre de manipulations transgéniques. Par exemple, en 1978, un gène humain codant pour l'insuline est introduit dans cette bactérie, afin de produire de l'insuline humaine[497]. Beaucoup de manipulations transgéniques ont comme cible *E. coli*. Mais il y a un détail important, *E. coli* est présent dans le système digestif humain. Que se passerait-il si un *E. coli* transgénique était relâché dans l'environnement ou versé, de manière accidentelle, dans les égouts d'un hôpital ? Une fois en liberté est-ce même pensable de retourner à la case départ ? Il est facile pour les premiers concernés par ces technologies de nous affirmer qu'il n'y a pas de danger, mais est-ce aussi facile de répondre à la question: Comment peut-on **savoir** qu'il n'y a pas de danger ? Quels sont les points de repère permettant de telles affirmations ? Pour nous rassurer on affirme parfois que:

> L'amélioration génétique des végétaux a été pratiquée depuis très longtemps. Chez les Sumériens de l'Antiquité la plus éloignée, des fermiers de la vallée de l'Euphrate ont sélectionné les meilleurs plants en conservant minutieusement leurs semences pour la saison suivante. Cela a donné lieu au blé que l'on connaît actuellement. Au XIXe siècle, les techniques de croisement se sont développées dans le domaine agricole. La plupart des végétaux que nous consommons aujourd'hui sont des hybrides résultant de nombreuses années de croisements et de la sélection des meilleurs descendants. Le maïs, par exemple, est une espèce domestique issue d'un croisement dont le rendement est cent fois plus élevé que son ancêtre le téosinte. Les techniques transgéniques actuelles ne font donc que poursuivre ce même effort d'amélioration du bagage génétique d'organismes vivants.

Implicitement, s'opposer de quelque manière aux technologies transgéniques équivaut donc à s'opposer au *progrès*. Mais un tel argument est malhonnête. Ce qu'il faut souligner, c'est le fait que dans le passé tous ces moyens de sélection s'exerçaient dans le cadre des traits proposés par le *pool génétique* naturel, c'est-à-dire l'ensemble des traits génétiques disponibles chez une espèce particulière. Il est alors essentiel de comprendre que les technologies transgéniques sortent complètement de ce cadre[498]. Ce ne sont pas tous les chercheurs impliqués qui admettront l'existence de ce seuil, mais il faut songer qu'en 1974 ils se sont eux-mêmes imposés, après le développement du premier organisme transgénique, sans l'intervention d'agences gouvernementales, un moratoire d'un an[499] sur toute recherche afin de réfléchir aux standards que l'on devait adopter pour l'exploitation de telles technologies et pour protéger le public d'un danger potentiel. Manifestement, les chercheurs impliqués avaient conscience de traverser un seuil important sinon on aurait tout simplement poursuivi le travail scientifique avec les mêmes règles qui avaient si bien servi dans le passé. Dans le contexte postmoderne, qui nie l'existence d'une loi absolue, peu de barrières s'opposent au développement tous azimuts des technologies. Mais, parmi ces barrières, on retrouve:

- contraintes techniques (est-ce faisable ?)
- contraintes économiques (serait-ce profitable ?)
- contraintes sociales (devant l'opinion publique est-ce acceptable ?)
- contraintes juridiques (est-ce permis dans le pays où est situé le laboratoire ?)

Il faut être conscient que dans le contexte postmoderne, ces obstacles ne sont que provisoires et *a priori* surmontables. Cela est vrai surtout de l'opinion publique tout comme des contraintes légales qu'il faut considérer comme *malléables* à long terme[500]. Globalement, la logique dominante se résume au mantra: *Si c'est rentable, cela se fera*. Aujourd'hui, lorsque le cadre juridique ne permet pas l'exploitation de certaines techniques, il suffit de déménager le laboratoire dans un autre pays aux lois plus flexibles et aux dirigeants plus *compréhensifs*, sinon sensibles à certains types de versements bancaires.

Une attitude qui semble indispensable à cette époque est l'humilité. Depuis 30 ans, la génétique a fait des progrès fulgurants. La production, en termes d'articles scientifiques et de projets de recherche, a augmenté de manière exponentielle. Parmi les projets faisant la fierté des chercheurs, il y a le décryptage du génome humain en 2000[501]. Les génomes d'autres espèces sont dans la mire, mais cela dit nous ignorons encore ce que signifie la majorité des informations déjà recueillies. Nous ignorons aussi un grand nombre d'interactions possibles de nos interventions. Sans doute l'humilité n'est pas très vendeuse lorsque vient le moment de faire des demandes de bourses de recherche ou encore de faire la mise en marché de produits, mais il y a lieu de penser que cette vertu nous est plus que jamais nécessaire. Ce sera peut-être à peine caricatural d'affirmer que notre situation est comparable à celle de deux ados qui trouvent un bateau de compétition turbo-chargé attaché à un quai, sans surveillance. Ils sautent dedans, larguent les amarres et poussent le gaz au fond. Ils n'ont aucune idée où ils vont, mais chose certaine, ils vont y aller à fond de train.

Certes les instituts de recherche, les compagnies ainsi que les associations industrielles biotech se préoccupent de questions éthiques. Ils créent des comités bioéthiques produisant des rapports volumineux, mais dans bien des circonstances, ces derniers ont comme fonction première, le *marketing*, car ils sont payés pour mousser le dernier produit que l'industrie a décidé devait constituer une réponse à un *besoin* du marché. La question fondamentale est donc: «Pouvons-nous faire de ce truc un produit qui se vendra?» (ce qui implique d'abord qu'il soit accepté comme un produit légitime par le consommateur). À l'interne, ces comités jouent sans doute un rôle utile en comptabilisant les procédures exploitées dans le développement de leurs produits. À l'externe, la littérature de ces comités de bioéthique (visant un public général) surabonde de langage rassurant. On exploite à satiété des termes tels que: *souci, dialogue, dignité, informer, sécurité, consensus, prudence, préoccupations, droits de la personne, respect, sensibilité, comprendre, responsabilité* et *préservation*.

Un rapport de l'UNESCO (2005: 3) précise: «la bioéthique s'entend comme l'étude systématique, pluraliste et interdisciplinaire et la résolution de questions d'éthique que soulèvent la médecine, les sciences sociales et les sciences de la vie appliquées aux êtres humains et à leur relation avec la biosphère, y compris les questions liées à la disponibilité et à l'accessibilité des progrès des sciences et des technologies et de leurs applications.» Bien entendu, on ne rend pas explicite ici quelle cosmologie sert d'appui pour trancher les questions que pose l'activité humaine dans le champ des biotechnologies. Plus loin, dans la même page de ce rapport, on explique que la bioéthique s'appuie sur différents domaines des sciences sociales, telles l'anthropologie, la psychologie, les sciences politiques et la sociologie. Ce sont évidemment des champs de recherche largement dominés par la cosmologie moderne (avec quelques incursions du postmoderne). Cela permet donc de comprendre dans quel contexte cosmologique les réflexions bioéthiques sont élaborées.

Dans l'Antiquité, l'éthique fut habituellement formulée au moyen de tables de lois ou encore sous la forme d'un serment (comme le serment d'Hippocrate) auxquels les personnes concernées devaient adhérer. Ces sociétés fondaient donc leur discours éthique sur la reconnaissance de lois absolues, pour lesquelles on pouvait admettre quelques variations d'interprétation d'une culture à une autre. Dans le contexte cosmologique postmoderne, il est exclu que l'homme ait des comptes à rendre à autre que lui-même. La loi, administrée par l'État postmoderne, constitue un vestige de ce passé lointain. Ce n'est donc pas un hasard si l'expression la plus courante de l'éthique postmoderne est la Charte des droits de la personne. Pour le postmoderne, il n'est pas inconcevable de réduire la question de la responsabilité à une question de mise en marché. Puisqu'il n'y a pas de loi absolue, il n'a de comptes à rendre que devant l'organisme subventionnaire ou le consommateur de produits (s'il a quelque pouvoir relatif). De cette perspective, la bioéthique s'entend alors comme une tentative d'intégration des rapports entre l'homme et la biosphère qui l'entoure en fonction des présupposés fournis par la cosmologie dominante. Cela n'exclut évidemment pas la cohabitation (généralement amicale) d'éléments ou de présupposés modernes et postmodernes lorsque de tels arrangements font l'affaire des parties concernées. Mais la recette pour éviter une référence explicite à une cosmologie est d'une efficacité redoutable, il suffit de s'appuyer sur des champs de connaissance en sciences sociales apparemment neutres, mais dominés par la cosmologie moderne ou postmoderne.

Une des objections avancées parfois par les critiques des technologies transgéniques est que ces technologies violent l'ordre naturel en franchissant la limite de l'espèce. Les défenseurs de ces mêmes techniques répliquent qu'en biologie il n'existe pas de définition de l'espèce qui fasse l'unanimité. De ce fait, la barrière de l'espèce est un construit arbitraire. Qu'en est-il ? Est-ce qu'effectivement l'espèce est le produit accidentel du processus de l'évolution ou est-ce, au contraire, un trait lié à l'ordre de la Création, donc exigeant notre respect ? Que ce soit sujet de références explicites ou non, la cosmologie intervient toujours pour définir les rapports entre l'humain et les autres vivants ainsi que les limites de ces rapports. Ce choix de cosmologie change considérablement notre perception des choses ainsi que notre comportement à l'égard du monde vivant qui nous entoure. Comment définir notre rapport à l'environnement biologique, en particulier aux pools génétiques des diverses espèces ? Les considérons-nous comme une ressource à exploiter sans restriction ou est-ce que le pool génétique des espèces est quelque chose digne de respect dont nous aurons des comptes à rendre à leur Créateur[502] ?

L'homme postmoderne, dans son rapport à l'écosystème terrestre et à sa conception de lui-même, est confronté à des questions d'une importance que l'on peut difficilement surestimer. Et dans ce processus de décision, le passage d'une cosmologie[503] à une autre a une très grande portée. Dans le contexte cosmologique évolutionniste, par exemple, le concept de l'espèce est tout à fait plastique. Il ne s'agit, en somme, que d'un accident de parcours. Dans l'**Origine**, Darwin affirma par exemple (1859/1896 ch. II, s. Espèces douteuses):

> On comprendra, d'après ces remarques, que, selon moi, on a, dans un but de commodité, appliqué arbitrairement le terme *espèces* à certains individus qui se ressemblent de très près, et que ce terme ne diffère pas essentiellement du terme *variété*, donné à des formes moins distinctes et plus variables. Il faut ajouter, d'ailleurs, que le terme *variété*, comparativement à de simples différences individuelles, est aussi appliqué arbitrairement dans un but de commodité.

À vrai dire, si on reste à l'intérieur du cadre posé par la cosmologie évolutionniste, l'existence d'espèces distinctes est en quelque sorte un phénomène inattendu, une aberration, car l'espèce érige une barrière à la transmission de traits génétiques potentiellement utiles (générés par les mutations). Si trop d'obstacles s'opposent à leur transmission, ces traits risquent d'être perdus. Et sans cette transmission de traits génétiques utiles, l'évolution ne peut avoir lieu. Tout s'arrête alors et on en arrive à une situation de stabilité totale des espèces, une situation qui eut fait plaisir à bon nombre de biologistes prédarwiniens, affirmant, en effet, que toutes les espèces étaient fixes depuis la Création du monde. Le rejet de la fixité des espèces[504] a d'ailleurs été au cœur du projet darwinien dès le début[505]. Si le darwinisme était fondé dans le sens le plus sûr, la barrière de l'espèce ne devrait pas exister. Si on admet la cosmologie darwinienne, la barrière de l'espèce apparaît donc arbitraire, un accident de parcours. C'est un point sur lequel Darwin revient à plusieurs reprises dans l'**Origine** (1859/1896: ch. II, s. Espèces douteuses):

> Il y a bien des années, alors que je comparais et que je voyais d'autres naturalistes comparer les uns avec les autres et avec ceux du continent américain les oiseaux provenant des îles si voisines de l'archipel des Galápagos, j'ai été profondément frappé de la distinction vague et arbitraire qui existe entre les espèces et les variétés. M. Wollaston, dans son admirable ouvrage, considère comme des variétés beaucoup d'insectes habitant les îlots du petit groupe de Madère; or, beaucoup d'entomologistes classeraient la plupart d'entre eux comme des espèces distinctes. Il y a, même en Irlande, quelques animaux que l'on regarde ordinairement aujourd'hui comme des variétés, mais que certains zoologistes ont mis au rang des espèces.

Il ne faut donc pas s'étonner si le néo-darwinisme ne démontre aucun intérêt dans l'existence d'espèces et propose un monde dominé par un continuum biologique ponctué de petites variations. Il est vrai que depuis, une minorité d'évolutionnistes affirment que l'espèce est aussi le produit de l'évolution, donc important, mais cela semble dû, non pas à une perspective théorique cohérente, mais plutôt à une concession à la réalité du monde biologique qui établit ses propres règles. Partant des présupposés cosmologiques darwiniens, il n'y a aucune raison majeure pour se faire du souci pour effectuer des transferts de gènes au-delà de la barrière de l'espèce. Sur le plan moral, on n'a, de toute manière, pas de comptes à rendre, sinon à ceux qui paient les comptes ou achètent les produits. Le paléontologue, Stephen Jay Gould, a été confronté au problème de l'espèce, car en géologie, l'existence d'espèces nettement distinctes, apparaissant de manière soudaine et demeurant stables par la suite pour de très longues périodes, est bien attestée. Il remarqua (1991):

> D'après le modèle, *le problème de l'espèce en paléontologie* – je le mets en italiques, car à ce moment l'expression résonnait partout dans notre littérature comme un édit de catéchisme – centré sur la difficulté d'établir où l'espèce ancestrale A prenait fin et l'espèce descendant B commençait dans une transition aux nuances dégradées

(ce problème, ainsi formulé, n'a pas de réponse objective, uniquement une réponse arbitraire). Et pourtant, en formulant ainsi la question dans les ouvrages fondamentaux, tous les paléontologues savaient que le monde réel des fossiles imposait rarement un tel dilemme. La vérité paléontologique la plus ancienne proclamait que la très grande majorité des espèces apparaissaient entièrement constituées dans les strates géologiques et ne changeaient pas de manière substantielle dans le long cours de leur existence subséquente[506] (la durée moyenne pour les invertébrés marins peut atteindre de 5 à 10 millions d'années). En d'autres mots, une apparition brusque suivie d'une stabilité subséquente.*

Une autre facteur qui tend à atténuer le concept de l'espèce plastique est le fait qu'une telle conception de l'espèce a été exploitée par les nazis et les eugénistes pour affirmer que certaines variétés/races chez l'humain étaient devenues (ou devenaient) de nouvelles races. Partant de préoccupations propres à son champ d'études, la paléontologie, Gould, dans le développement de sa pensée, s'est opposé à la position évolutionniste traditionnelle qui fait de l'espèce uniquement un construit arbitraire (1991b):

> Les espèces sont des unités réelles, prenant leur place à la suite d'une bifurcation dans les premiers moments d'une existence longue et stable. Une tendance apparaît par le biais de différents niveaux de succès chez certaines espèces. (Si certains chevaux, aux corps plus imposants, apparaissent plus fréquemment ou vivent plus longtemps, alors une tendance vers une taille corporelle plus grande caractérisera le groupe des équidés). L'apparition d'espèces est donc la cause réelle de changements et non pas une conséquence arbitraire de divisions artificielles d'un continuum.*

Il faut admettre que ce n'est que la logique des données paléontologiques qui impose ces commentaires et non la logique du darwinisme comme tel. D'ailleurs depuis quelques années, l'école de pensée de Gould (connu sous le vocable *équilibre ponctué* ou *évolution saltatoire*) semble en perte de vitesse. Bien que conforme aux faits de la paléontologie, sur le plan biologique, cette école de pensée exige, tout compte fait, des miracles pour l'apparition de chaque organisme d'un genre nouveau. Par ailleurs, si on postule que les espèces sont le produit de millions d'années d'évolution, cela ne peut-il pas justifier l'accord d'une certaine dignité ? Avant de répondre, il faut bien comprendre que dans le passé l'évolution a souvent éliminé, sans sourciller, des milliers d'espèces avec leurs pools génétiques. Si on est cohérent, il faut reconnaître que dans ce contexte, l'exploitation de l'expression *respect des espèces* est vaine.

Par contre, si on examine l'ancienne perspective proposée par la cosmologie de la Genèse, on constate immédiatement que les *espèces* (le terme hébreu est *mîyn*) sont créées par Dieu et que ce concept est associé à la reproduction[507]. De ce fait, les espèces sont donc dignes de respect. Il faut noter que Darwin réagissait à un concept d'espèce largement admis en Europe qui faisait des espèces, telles que connues et interprétées par les Européens de l'époque, des entités fixes depuis la nuit des temps. Ce concept de la fixité absolue des espèces n'est pas proposé par la Genèse et s'enracinait plutôt dans le concept grec des essences promu d'abord par Aristote et qui s'est propagé en Occident par les écrits de Thomas d'Aquin, les scolastiques, les penseurs de la Renaissance et bien d'autres. Pichot note (2000: 318) que Karl von Linné, qui fonda la classification scientifique du monde végétal et animal, a considéré un moment que seul le genre était fixe et que l'espèce pouvait admettre quelques variations. Dans les faits, le progrès de la science aurait rendu inévitable l'abandon du concept de la fixité absolue des espèces dont la compréhension en était, de toute manière, aux premiers balbutiements. Darwin n'a fait que hâter quelque peu ce processus. Le modèle des origines proposé par la Genèse implique, entre autres, un niveau de complexité initiale très élevé et un déclin[508] subséquent par le processus des mutations et autres processus entropiques affectant le pool génétique des diverses espèces ainsi que des interactions interespèces qui se manifestent par la dégradation de relations de symbiose, se transformant au cours du temps, en relations de parasitisme. Le concept hébreu de *mîyn* n'exclut d'ailleurs pas l'apparition de variétés inédites, car ceci représente simplement une redistribution du pool génétique original. Il peut donc y avoir perte d'information, mais non de gains réels. Dès lors, l'apparition de variétés nouvelles ne constitue pas de nouvelles *espèces*, mais seulement le repartage du pool génétique original.

Il y a lieu de penser que la définition morphologique des espèces, qui a toujours beaucoup d'importance en biologie, a été la source de bien des maux. L'approche morphologique à la question de la définition des espèces est en somme superficielle et se fonde sur le comportement observable d'organismes qui tendent à maintenir leurs caractéristiques dans le temps. Dans un contexte où nous connaissons de manière très intime les organismes dont il est question, comme chez les animaux domestiques, cette approche est probablement valable, mais dans le cas d'animaux sauvages, c'est autre chose. Les biologistes constatent, en effet, que plusieurs organismes, apparemment d'espèces différentes, sont interfertiles au-delà de la deuxième génération. Ce genre de constat a contribué à remettre en question la définition morphologique qui a longtemps été dominante dans ce domaine. Dans un tel cas, il n'est pas inutile de référer à l'exigence de la reproduction comme le fait la Genèse, mais il est intéressant de constater que la thèse proposée par le biologiste Ernst Mayr, dans son concept biologique de l'espèce (*Biological Species Concept*[509] ou BSC), exige aussi que les membres d'une espèce puissent être interfertiles jusqu'à la deuxième génération. Ce concept comporte évidemment quelques difficultés et ne s'applique pas très bien dans le monde des micro-organismes où la reproduction est asexuée et où des échanges génétiques sont possibles à des moments autres que celle de la reproduction. Ce n'est probablement pas un hasard si les biologistes s'évertuent à affirmer que bien que la BSC puisse être considérée comme la meilleure hypothèse avancée jusqu'ici et qu'il faille comprendre que le concept de l'espèce est malgré tout une invention purement humaine, conçue afin d'expliquer et définir le monde dans lequel nous vivons. C'est la logique qu'impose la cosmologie darwinienne.

Au Moyen Âge, les observations sanitaires des Juifs les ont préservés, dans une certaine mesure, des pires effets d'épidémies telles que la peste. Dans un manuel de microbiologie, on signale (Black 2005: 8):

> Un groupe qui a échappé à la dévastation de la peste a été la population juive. Les anciennes lois sanitaires hébraïques offraient quelque protection à ceux qui les pratiquaient. Les ghettos juifs étaient relativement propres et abritaient moins de rats pour répandre la maladie. Lorsque les Juifs tombaient malades, on les soignait avec attention à l'aide de remèdes à base d'herbes plutôt qu'au moyen de purgations ou de saignements excessifs faits au moyen d'instruments malpropres. De ce fait, moins de Juifs moururent de la maladie. Il est ironique que certains Gentils considérèrent le taux de survie plus élevé chez les Juifs comme une preuve que ces derniers étaient la cause de l'épidémie.*

Ce n'est peut-être pas si invraisemblable alors que des principes dérivés d'une cosmologie religieuse millénaire puissent démontrer leur utilité en rapport avec les dangers de la biotechnologie. Elbaz remarque (2002: 29):

Une vieille civilisation, le judaïsme, maintient en dépit du temps qui passe des interdits alimentaires qui ont cette particularité de recouper les principales catégories normatives de toute culture: poser en opposant, sélectionner pour différencier, distinguer pour tracer la frontière. Il est paradoxal que les demandes éthiques les plus répétées à ce jour concernant les OGM visent précisément ce que le système symbolique de la cacherout préconise: a) une réglementation très stricte; b) la traçabilité avec ses experts; c) une chaîne d'information pour les consommateurs ou/et les fidèles.

Dans le contexte postmoderne, il n'est pas inconcevable que sur le plan biologique et génétique le caractère unique et distinct de l'espèce homo sapiens soit aboli par une série d'étapes graduelles, imperceptibles. Raymond Kurzweil[510], un penseur post-humain, prophétise l'avènement de machines - ordinateurs capables de dépasser les capacités intellectuelles de l'homme. Il note avec perspicacité le problème cosmologique fondamental qui sous-tend plusieurs débats de l'Occident actuel (1999: 2):

> Avant que le siècle prochain [XXIe] ait pris fin, l'humain ne sera plus l'entité la plus intelligente ou la plus performante de la planète. À vrai dire, je dois reprendre cette affirmation. La vérité de cette dernière phrase dépend de la manière dont nous définissons l'humain. Et ici nous voyons une différence profonde entre ces deux siècles: le problème politique et philosophique le plus important du siècle prochain sera la définition de qui nous sommes.*

Le point souligné par Kurzweil est tout à fait juste (et son importance, difficilement surestimée). Si on examine la révolution des biotechnologies sous cet angle, il est essentiel de comprendre que cette question est inévitablement cosmologique, religieuse. La redéfinition de l'humain, dans son rapport au monde inanimé, est au cœur de l'idéologie de l'intelligence artificielle, mais aura des conséquences aussi profondes sur le développement des diverses biotechnologies. L'attitude adoptée à l'égard de l'homme dépendra donc du choix préalable d'une cosmologie. Cela est conforme au mantra répété autrefois par les intellectuels de gauche: *L'infrastructure est déterminante en dernière instance*. Si on modifie ou abandonne une cosmologie pour une autre, cela change inévitablement la donne touchant la définition de l'homme et son rapport à l'environnement. Et dès que cette étape est franchie, toutes les règles d'interaction sociales et environnementales seront assujetties à cette influence. L'historien américain Richard Weikart observe par exemple (2004: 75) qu'en Europe vers la fin du XIXᵉ siècle et au début du XXᵉ, presque toutes les églises chrétiennes et même une bonne part des anticléricaux appuyaient le concept de la valeur sacrée de la vie humaine (bien que ces derniers n'aient pas employé de termes théologiques pour aborder la question). Cette attitude s'est reflétée dans le droit européen qui interdisait formellement le suicide assisté, l'infanticide et l'avortement. Selon l'historien Udo Benzenhöfer, au cours du Moyen Âge et à l'époque moderne, aucun Européen n'a songé à défendre le suicide assisté avant la seconde partie du XIXᵉ siècle. À l'égard de l'Allemagne, entre la fin du XIXᵉ et le début du XXᵉ siècle, Weikart signale (2004: 75-76):

> Ce n'est qu'à la fin du XIXᵉ et au début du XXᵉ siècles qu'eût lieu un débat social fondamental. Ce débat sur la valeur sacrée de la vie toucha aussi bien l'infanticide, l'euthanasie, l'avortement que le suicide. Ce n'est pas un hasard si ces questions litigieuses ont été soulevées au même moment que le darwinisme gagnait en influence. Le darwinisme joua un rôle important dans ce débat, car il transforma les attitudes des gens à l'égard de l'importance et de la valeur de la vie humaine ainsi que la signification de la mort.(...)
>
> Quels furent au juste les aspects du darwinisme qui initièrent cette modification des attitudes à l'égard de la vie humaine ? Premièrement, le darwinisme modifia les conceptions de la place de l'humain dans le cosmos et dans le monde organique. T. H. Huxley en discutait en termes de *La place de l'homme dans la Nature* et bien des darwinistes allemands, dont Ernst Hæckel, considéraient cette question comme l'un des aspects les plus importants du darwinisme. Hæckel était d'avis, qu'à la lumière de la théorie de l'évolution, la perspective chrétienne traditionnelle de la valeur de la vie humaine devait être révisée. Dans son livre *die Lebenswunder / Les merveilles de la vie* (1904), il remarqua que «la valeur de la vie humaine, nous apparaît aujourd'hui, sur la fondation solide de la théorie de l'évolution, dans une perspective tout autre que celle d'il y a cinquante ans». Et de quelle manière est-ce qu'elle semblait avoir changé aux yeux de Hæckel ? Pour résumer brutalement sa perspective, il ne pensait pas que la vie humaine eût une grande valeur et ne pensait pas non plus que tous les humains avaient une valeur égale.*

La valeur accordée à un être produit par les forces du hasard et de la sélection naturelle et celle accordée à un autre, un être créé par un Créateur devant lequel, un jour, tous auront des comptes à rendre, n'est évidemment pas la même. Le passage d'une cosmologie monothéiste à une cosmologie matérialiste ou postmoderne change considérablement la perception de questions telles que la valeur de la vie individuelle. Il faut donc bien comprendre que le développement de toutes les conséquences d'une cosmologie et le développement d'un système éthique cohérent est un processus complexe, nécessitant la sagesse accumulée de plusieurs générations. C'est notre espoir ici que l'examen des présupposés cosmologiques dans ce processus puisse contribuer à éviter quelques écueils.

Au terme de cet aspect de notre discussion, le défi actuel des biotechnologies (au-delà des questions techniques) est de développer une perspective qui soit **cohérente** avec sa cosmologie. Le problème dans le contexte postmoderne est qu'en général on préfère taire le lien entre prises de position éthiques et cosmologie. Pour plusieurs, ce type de réflexion serait trop pénible, déjà qu'identifier et rendre explicite sa cosmologie serait une tâche trop désagréable pour la plupart. Ignorer le lien entre prises de position éthiques et cosmologie a l'avantage de maintenir dans l'obscurité le système idéologico-religieux postmoderne et permet aussi d'exploiter un langage éthique, tandis que la préoccupation réelle est souvent la mise en marché de produit ou encore le maintien de subventions de recherche.

Écologie de l'homo sapiens

> Prêtez l'oreille, et écoutez ma voix! Soyez attentifs, et écoutez ma parole! Celui qui laboure pour semer laboure-t-il toujours? Ouvre-t-il et brise-t-il toujours son terrain? N'est-ce pas après en avoir aplani la surface qu'il répand de la nielle et sème du cumin; Qu'il met le froment par rangées, l'orge à une place marquée, et l'épeautre sur les bords? Son Dieu lui a enseigné la marche à suivre, il lui a donné ses instructions. On ne foule pas la nielle avec le traîneau, et la roue du chariot ne passe pas sur le cumin; mais on bat la nielle avec le bâton, et le cumin avec la verge. On bat le blé, mais on ne le bat pas toujours; On y pousse la roue du chariot et les chevaux, mais on ne l'écrase pas. Cela aussi vient de l'Éternel des armées; admirable est son conseil, et grande est sa sagesse. (És 28: 23-29)

Si on examine les débats touchant nos rapports à l'environnement, l'identité de l'humain est au cœur des diverses prises de position. L'homme est-il un être à part ou est-ce un organisme parmi tant d'autres ? Ce statut, est-il le sujet d'une désignation arbitraire ? Quelle est sa relation avec la nature ? En Occident, deux positions opposées ont cours. D'un côté, on voit la position moderne, celle d'un capitalisme ou d'un communisme sauvage qui ne voient dans l'environnement qu'une ressource exploitable à volonté et pour laquelle l'homme n'a aucun compte à rendre. D'autre part, en réaction à la position moderne, la perspective postmoderne s'oppose à une telle attitude à l'égard de l'environnement mais, au contraire, fait (explicitement ou non) de l'environnement une valeur suprême, voire une divinité, qui dans les faits, remplace l'homme moderne détrôné comme objet d'adoration. Certains environnementalistes postmodernes rejettent sciemment le statut particulier de l'humain et adoptent le principe qu'il faut protéger l'environnement *de l'homme* et non *pour* l'homme. Ainsi, la nature a préséance absolue sur l'homme. Le rapport traditionnel homme/animal est inversé. Ici comme ailleurs, les réponses données varient en fonction de la cosmologie adoptée. Steven Wise, un avocat activiste impliqué dans la cause de la défense des droits des animaux, est d'avis que la situation légale actuelle (en rapport avec la distinction homme/animal) fait appel à une cosmologie *dépassée* (2000 : 4) :

> Pendant quatre mille ans, une muraille épaisse et impénétrable a séparé tous les humains des autres animaux non humains. D'un côté, même les intérêts les plus banals d'une espèce, la nôtre, ont été gardés jalousement. Nous nous sommes donnés, seuls parmi les millions d'espèces animales, le statut de *personnes légales*. De l'autre côté de la muraille se retrouvent les détritus juridiques de tout un royaume, non seulement les chimpanzés et bonobos, mais aussi les gorilles, orangs-outans, singes, chiens, éléphants et dauphins. Ils ont le statut légal de *choses*. Leurs intérêts les plus fondamentaux, leurs douleurs, leur vie, leurs libertés sont ignorés de manière délibérée, souvent piétinés de façon malicieuse et abusés de manière systématique. Les philosophes anciens affirmaient que tous les animaux non humains avaient été conçus et placés sur la terre pour le bon plaisir des humains. Les juristes de l'Antiquité déclarèrent que la loi avait été créée seulement pour les humains. Bien que la philosophie et la science aient depuis longtemps rejeté ces principes, la loi ne l'a pas fait.*

On constate donc que l'attitude à l'égard de la distinction homme/animal dépend entièrement de choix cosmologiques préalables. C'est à cela que réfère (implicitement) Wise lorsqu'il fait allusion aux *principes que la philosophie et la science ont rejetés*.

Si la philosophie ou la science ont pu rejeter quelques principes, il reste à établir quelle *philosophie* et quelle *science* sont visées par son affirmation, mais on peut être assuré du moins que Wise rejette *ces principes*. L'illusion de la neutralité est maintenue ici en évitant de mentionner le terme *religion*. Cela dit, aucune question touchant le rapport de l'homme à l'environnement ne peut être tranchée sans référence (implicite ou explicite) à une cosmologie, un mythe d'origine. Que ce soit chez les chasseurs-cueilleurs, médiévaux, modernes ou postmodernes, le degré de développement technologique ou culturel n'y change rien.

Dans son rapport à l'environnement, une question se pose à l'homme postmoderne. Doté d'une puissance technologique inconnue jusqu'à lors, il se considère responsable de l'environnement. Mais d'autre part, il se considère le produit de l'évolution, un processus sans dessein, ni finalité. Un processus qui a initié, à maintes reprises dans le passé, l'élimination sans pitié d'un grand nombre d'organismes. Au cours des époques géologiques sont disparus: trilobites, ammonites, orthocères, velociraptors, mammouths, ptérodactyles, rhinocéros laineux et allosaures[511]. Par ailleurs, de nombreuses espèces de mammifères, d'invertébrés et de plantes n'existent plus. Si tel est le cas, il faut se demander pourquoi l'homme doit se soucier de la disparition de quelques espèces tandis qu'il occupe (pour un bref moment) la place de l'espèce dominante? Ces éliminations d'espèces ne sont-elles pas simplement dans l'ordre des choses et conformes au grand processus de l'évolution? Si nous faisons partie de la grande chaîne évolutive, sans plus, en quoi peuvent différer nos activités de prédation par rapport à celles d'un dinosaure qui abat son dîner favori ou d'un événement géologique, telle une éruption volcanique qui ferait disparaître le dernier spécimen des mammouths?

Pourquoi l'espèce homo sapiens doit-elle accepter une responsabilité particulière, accrue, vis-à-vis d'autres organismes vivants, une responsabilité dont aucune espèce avant lui n'a été chargée? D'où lui vient un tel orgueil, de s'attribuer le rôle de gérant et responsable de la vie sur Terre? Pour qui se prend-il? Le postmoderne occidental saurait difficilement admettre qu'il y a là un aveu subliminal du statut d'intendance de l'homme décrété dans la Genèse. Comment se fait-il qu'un fétiche judéo-chrétien se retrouve sur l'autel postmoderne? Et si l'on refuse d'admettre ce lien, d'où tient-on un tel concept?

La dissolution du statut privilégié de l'homme a des conséquences dans le domaine de la recherche médicale où les animaux sont sujets à des expériences, pour la recherche médicale ou pharmaceutique. Certains activistes pour les droits des animaux prétendent que toute recherche médicale impliquant des expériences sur des animaux devrait cesser, même si on peut démontrer qu'elles permettent la découverte de remèdes ou de traitements pour des maladies humaines. Que l'homme soit alors sujet à des maladies, par ailleurs évitables si on avait poursuivi les recherches sur des animaux, est considéré d'importance secondaire. D'autre part, les défenseurs des droits des animaux s'attaquent aux chasseurs de phoques du Groenland sur la côte nord-est de l'Amérique en affirmant que ces derniers exploitent des méthodes *inhumaines*. Mais dans un contexte où le concept d'*humain* n'a plus de contenu propre, est-ce qu'une telle affirmation a encore un sens ? N'est-ce pas alors un discours vide, l'expression d'une émotivité gratuite ?

Il en est de même lorsque les défenseurs des animaux réclament un traitement plus *humain* des animaux de ferme ou de laboratoire. Dans le contexte de la cosmologie postmoderne, que savons-nous sur ce que constitue un traitement plus *humain* des animaux ? Quels sont les principes/doctrines qui doivent guider nos attitudes et comportements ? Comment *savoir* de toute manière ce que peuvent réclamer/désirer les animaux ? Doit-on admettre que les activistes pour les droits des animaux détiennent une *vérité*, un savoir secret sur le rapport humain/animal et qu'il faille convertir sinon forcer, par des voies législatives, les producteurs agricoles ou directeurs de laboratoire à adopter leurs présupposés idéologiques ? Comment se fait-il que les *vérités* des agriculteurs ou directeurs de laboratoire ne soient pas bonnes pour eux ? Par quel raisonnement tient-on que la *vérité* ou le *savoir sacré* des environnementalistes est transcendant, absolu et doit être imposé aux autres ? Cela doit être justifié. Il faut en débattre. Ou est-ce *bêtement* une question de jeux de pouvoir et d'accès relatif aux cercles d'influence médiatiques, politiques et juridiques ? Vraisemblablement, ce sont, là encore, des questions qu'il ne faut pas poser...

La vision du monde issue du darwinisme ne peut admettre une différence *qualitative* entre l'homme et les animaux. Selon cette perspective, la différence ne peut être que *quantitative*[512], c'est-à-dire que l'homme se distingue par le fait de posséder plus de neurones, des capacités de langage plus développées, une capacité d'invention plus poussée, un système éthique plus raffiné, etc. Il s'agit d'une conclusion tout à fait opposée à la tradition judéo-chrétienne[513] qui fait chaque humain à l'image de Dieu et, de ce fait, unique, irremplaçable, peu importe l'estime que l'on porte à son potentiel ou ses capacités.

Sur la question des capacités linguistiques de l'homme, la perspective postmoderne affirme qu'il ne subsiste qu'une différence *quantitative* entre l'homme et les singes anthropoïdes. L'homme ne fait qu'utiliser un vocabulaire et une grammaire plus complexes que ceux des singes. Pas de différence *qualitative*. Le mathématicien américain, William Dembski (2004b: 8), rejette cette position et affirme, au contraire, que le langage humain avec ses capacités d'adaptation infinie à des contextes différents et de création de concepts et métaphores inédits, n'a aucun analogue dans le monde animal. Le linguiste renommé, Noam Chomsky, pousse plus loin cette réflexion et ajoute (1972: 100):

> Lorsque nous étudions le langage humain, nous nous approchons de ce que certains appellent *l'essence humaine*, c'est-à-dire des qualités particulières de l'esprit qui, d'après les données actuelles, sont l'apanage de l'homme seul et sont inséparables de toutes les phases critiques de l'existence humaine, qu'elles soient personnelles ou sociales… Ayant maîtrisé une langue, il est alors possible de comprendre un nombre indéfini d'expressions qui sont pourtant inconnues dans l'expérience jusqu'à lors. Ces expressions n'ont aucune ressemblance simpliste sur le plan physique à celles qui constituent l'expérience linguistique personnelle. Nous avons par ailleurs la capacité de produire, avec une facilité plus ou moins grande, de telles expressions lors d'occasions appropriées, malgré leur nouveauté, et ce, de manière indépendante des configurations de simulations détectables. De plus, nous pouvons nous faire comprendre de tous ceux qui partagent cette capacité mystérieuse. L'usage normal de nos capacités linguistiques est, dans ce sens, une activité créative. Cet aspect créatif de l'usage normal est un facteur fondamental qui distingue le langage humain de tout autre système de communication animale[514].*

La perspective postmoderne aboutit à des contradictions intraitables. Les sciences sociales nous présentent le concept de l'homme, qui fait de l'agriculture, compose une cantate, explore les mystères de la génétique, se croit responsable de l'environnement, rédige une saga, conte une blague, écrit un essai philosophique, marche sur la Lune, attribue un nom à son chien et cherche le sens de sa vie. Ces capacités témoignent du statut unique de l'homme, mais elles font grincer les dents du postmoderne, car elles rappellent, sur le plan subliminal, celui qui a accordé ces dons. C'est en toute logique alors que le postmoderne ignore ces traits uniques et rejette le statut particulier de l'homme, car ce concept reste en contradiction avec le mythe d'origine évolutionniste affirmant que l'homme fait partie de la nature et que rien ne justifie de lui accorder un statut particulier. Le philosophe américain, Mortimer Adler, soutient que si la différence entre l'homme et l'animal n'est que quantitative, il n'y a alors aucune raison de traiter l'homme d'une manière différente de l'animal (Adler 1967: 8-9):

> Si une différence quantitative suffit pour justifier une différence sur le plan du traitement, pourquoi des hommes supérieurs ne seraient-ils pas justifiés de traiter des hommes inférieurs de n'importe quelle manière qu'ils croient valable puisque ces derniers sont inférieurs à un certain degré. (…) Qu'en est-il de la mise à mort d'animaux lors d'activités récréatives ou pour le but de la vivisection à des fins de recherche médicale ? Maintenant, si ces actions ne sont justifiées par rien d'autre qu'une différence quantitative, pourquoi ne pas admettre le même raisonnement pour justifier les actions des nazis ou d'autres racistes ?*

Si on adopte la cosmologie évolutionniste (en toute cohérence), il faut admettre alors qu'il n'y a pas lieu de se faire du souci si les *bébés phoques*, les dauphins ou les faucons pèlerins sont éliminés au cours des activités économiques ou récréatives de l'homme, car c'est le cours naturel des choses. Si certains prennent l'initiative d'intervenir pour freiner ces activités, ils le font alors en contradiction avec les principes du processus de l'évolution qui leur a donné vie. Est-ce que le lion se soucie de la survie de l'espèce de l'antilope qu'il dévore ? Est-ce que le moustique se soucie de transmettre la malaria à son hôte ou la poule qui picore jusqu'à la mort son compagnon plus faible ? Si les dinosaures du Jurassique ou les grands mammifères du Quaternaire sont disparus est-ce que les autres espèces ayant survécu doivent se culpabiliser ou se sentir responsables ? Sans doute pas. Et si on affirme, pour éviter cet écueil, que l'homme a ceci de particulier d'être conscient de ses actes (et de leurs conséquences) ce qui lui impose donc une plus grande responsabilité, on retourne, malgré toutes les protestations, à la case départ; au statut unique de l'homme. On se retrouve donc devant une récupération hypocrite de concepts judéo-chrétiens. Camus fait allusion à ce stratagème dans **l'Homme révolté** lorsqu'il affirme (1951: 106): «Nietzsche a bien vu que l'humanitarisme n'était qu'un christianisme privé de justification supérieure, qui conservait les causes finales en rejetant la cause première».

Peter Schwartz, directeur du Ayn Rand Institute, remarque (2000: 1) dans le discours environnementaliste typique, que le rapport entre l'homme et le reste de la nature (incluant les animaux domestiques, les animaux de ferme et les animaux sauvages) est *expliqué* en termes de conflits. Les droits des hommes sont exprimés en termes de compétition avec les droits des animaux, même ceux d'un écosystème. Certains intégristes de l'environnement affirment que la nature a son droit d'existence propre et que celle-ci a préséance sur tout intérêt humain. Par contre, si on part de la prémisse opposée, c'est-à-dire que la vie humaine est l'étalon par lequel on juge tout le reste, ces *conflits* disparaissent. La réalité de ces conflits dépend donc du choix préalable de présupposés cosmologiques. Si on admet que la vie humaine est le standard par lequel on juge toutes choses alors seuls l'homme et ses besoins peuvent être considérés comme une fin en soi[515]. Que l'homme ait préséance sur la nature ou l'inverse, il est essentiel de comprendre que peu importe le choix du présupposé, dans les deux cas, ce choix sera ancré/lié, sur le plan logique, dans une cosmologie, un système de croyances, une vision du monde, une religion. Chacun vend sa salade et tente de faire des convertis, même si ce processus reste invisible et se fait présupposé par présupposé. Rien n'empêche évidemment d'affirmer que l'homme a une responsabilité à l'égard de l'environnement et des autres vivants, mais une telle affirmation doit être justifiée de manière cohérente avec sa cosmologie sinon elle est vaine.

Si on admet le présupposé que la vie humaine est l'étalon par lequel on juge tout le reste, les choix se feront d'abord en considérant s'ils nous (les humains) offrent une meilleure santé, nous rendent plus intelligents et heureux. De ce fait, lorsqu'un artisan décide qu'il fera d'une pièce de bois un meuble ou encore une poutre, il ne considère pas les *intérêts* de l'arbre. Lorsqu'un fabricant de bière décide de produire une *ale* plutôt qu'une *lager* devrait-il tenir compte des intérêts des levures qu'il doit utiliser ? Mais poussons plus loin la question. Qui peut vraiment se considérer compétent pour représenter les *intérêts* des petits veaux, des *bébés* phoques ou des rats de laboratoire s'il n'a jamais été lui-même un petit veau, un bébé phoque ou un rat de laboratoire ? Si ce n'est pas le cas, quelles sont ses cartes de compétence ?

Évidemment, la position moderne qui affirmait que nous sommes le sommet de l'évolution et que, de ce *fait*, nous portons la responsabilité de la planète reste encore largement répandue. Au point de vue *marketing*, cela confère un certain prestige flatteur. En entrevue, Ernst Mayr [**EM**], biologiste de renommée mondiale et pontife moderne, nous livre sa pensée sur cette question (dans Campbell & Matthieu 1995: 419):

> [Question] Vous avez aussi écrit que nous, les humains, sommes chargés d'une extraordinaire responsabilité parce que notre espèce est unique.
> [**EM**] Oui, les humains sont fondamentalement responsables de tout ce qui arrive de mauvais à notre planète à l'heure actuelle, et *nous sommes les seuls* à voir tout cela et à pouvoir faire quelque chose. Si nous mettions un terme à l'explosion démographique, nous aurions déjà gagné la bataille aux deux tiers. L'exploitation systématique de la planète est un projet de vie qui n'a rien pour me plaire. Nous sommes devenus l'espèce dominante de notre planète et, de ce fait, nous avons la responsabilité de préserver son intégrité. Je pense que notre éthique devrait comprendre la protection et la conservation de la planète qui nous a donné la vie.

Quelle présomption! Comment sait-on que *nous sommes les seuls à voir*[516]. Qui nous a chargés de la responsabilité de la planète? Comment justifier l'affirmation d'un lien entre dominance biologique et responsabilité planétaire? De quel mythe d'origine tient-on ce présupposé? Les insectes ne sont-ils pas plus nombreux/dominants encore? Comment savoir s'ils n'ont pas leur propre programme environnemental, établi en fonction de leurs intérêts propres? L'allégation de Mayr ne constitue-t-elle pas une forme de néocolonialisme interespèce? Pourquoi ce discours moralisateur? Pourquoi charger de culpabilité celui dont l'éthique ne comprend pas (tel que l'entend Mayr) ces concepts de *la protection et la conservation de la planète*? Il y a tout lieu de croire que cette *responsabilité à l'égard de la planète* n'est rien d'autre qu'une nouvelle récupération inavouée du concept judéo-chrétien de l'intendance accordée par Dieu aux hommes[517]. Paul Dernavich fait des remarques cinglantes touchant les paradoxes de la cosmologie matérialiste auxquels Darwin a ouvert la porte (2001):

> Pourquoi considérer la compassion pour les malades comme une bonne chose tandis qu'une telle attitude ne peut qu'être désavantageuse dans un monde où la règle est manger ou se faire manger? Pourquoi de telles attitudes, qui ont évolué si tardivement, tandis

qu'on pourrait s'attendre à ce que l'évolution [dans la lutte pour la survie] ait fait plutôt de nous des machines à tuer perfectionnées, raffinées ? Il nous est impossible de développer des buts plus élevés, pas plus qu'une onde sinusoïdale peut développer une dépression. Et pourtant, plusieurs des adeptes de l'autorité de Darwin et de l'empirisme s'attachent, de manière hypocrite, au présupposé métaphysique que la race humaine est distincte, créée pour une destinée glorieuse. Ainsi, les déterministes argumentent de manière indéterminée et les scientifiques croient sans preuve scientifique. Et les contrevenants les plus fautifs ce sont les divers cerveaux ayant conçu le Manifeste humaniste [Humanist Manifesto[518]], qui rejettent [explicitement] la métaphysique tout en l'affirmant implicitement dans leurs grands décrets pour l'humanité.*

D'un point de vue évolutif, si un organisme ne sait s'adapter aux changements de son environnement, qui sommes-nous pour intervenir ? Et s'il ne sait le faire, ne faut-il pas conclure que son élimination est dans l'ordre des choses, sinon désirable selon la cosmologie que propose la théorie de l'évolution ? Si nous intervenons pour sauver des espèces qui ne parviennent pas à s'adapter n'est-ce pas un comportement arbitraire, incohérent ? N'est-ce pas un dérèglement de l'équilibre des choses où habituellement seule la sélection naturelle décide de la survie d'une espèce ? L'évolution n'a rien d'un processus calculé, rationnel ou prémédité. La disparition, par le passé, des dinosaures, mammouths ou trilobites ne répond à aucune règle de la raison, de la compassion, ni à aucun plan bienveillant.

Dans le contexte postmoderne, où le statut unique de l'espèce homo sapiens est remis en question de toutes parts, il devient tout à fait logique de penser accorder des droits de la *personne* aux singes. C'est ce qui a été proposé en 2003 par la Great Ape Project[519]. Ce projet, fondé en Nouvelle-Zélande par Peter Singer et Paola Cavalieri en 1993, voudrait faire appel aux Nations Unies afin que la Charte universelle des droits soit amendée de manière à y inclure les grands primates[520]. Pour certains, cela peut sembler fantaisiste, mais il faut comprendre que de telles démarches sont tout à fait cohérentes dans le contexte de la cosmologie darwinienne.

Le débat n'est pas banal. Mais s'il faut passer aux actes, envisager sérieusement la chose, de nouvelles questions se poseront. Si on accepte de considérer les singes comme des *personnes*, devront-ils être tenus légalement responsables de leurs actes ? Pourront-ils se promener à leur guise, libre de toute tutelle ?

Seront-ils tenus d'assister à l'école, de porter des vêtements, de payer leur billet de métro, de respecter le Code de la route s'ils conduisent un véhicule et de payer leurs impôts ? Un singe s'engageant par un contrat légal pourrait-il être poursuivi s'il ne tient pas ses promesses ? Pourrait-il se voir obligé de faire son service militaire ou être accusé de viol[521] ? À défaut, serait-il possible alors de poursuivre ceux qui leur ont accordé de tels droits ? Dans ce contexte de remise en question, une réflexion, tirée de la correspondance[522] de Darwin lui-même, fait résonner une note d'ironie sur le rapport humain/animal (Darwin 1888; vol. II, p. 367):

> Mais alors le doute horrible me revient toujours, et je me demande si les convictions de l'homme, qui ont été développées de l'esprit d'animaux d'un ordre inférieur, ont quelque valeur et si l'on peut s'y fier le moins du monde. Quelqu'un aurait-il confiance dans les convictions de l'esprit d'un singe, s'il y a des convictions dans un esprit pareil ?

Au-delà des primates, quelle est la situation chez les autres grands mammifères ? Si par hasard un ours, un couguar, un lion ou un tigre tue un être humain sera-t-il considéré responsable au niveau criminel ? S'il est trouvé coupable, sera-t-il condamné à une peine d'emprisonement[523] ? Tous ces droits et responsabilités découlent du statut d'humain. Si on s'oppose à de telles questions, pourquoi ? Au XIXe siècle, on n'avait pas encore mesuré toutes les conséquences de l'adoption du cosmos matérialiste. L'inertie culturelle rendait le statut unique de l'homme, pour un bref moment encore, inébranlable. Pour les petits-enfants de Darwin, la situation est tout autre. L'érudit et littéraire C. S. Lewis explore la même contradiction, qui préoccupa Darwin, entre présupposés modernes/matérialistes et la raison, et affirme (1962: 162):

> Bien avant d'admettre la vérité de la théologie [chrétienne], j'avais déjà résolu que l'idéologie scientifique populaire fût de toute manière fausse. Une contradiction absolument centrale la réduit à néant. (…) Dans l'ensemble, cette idéologie affirme dépendre d'inférences tirées de faits observables, mais si le processus d'établir des inférences est invalide, tout l'édifice s'écroule. À moins que nous puissions être sûrs que la réalité dans la nébuleuse la plus éloignée ou que les parties les plus éloignées de l'univers obéissent aux lois de la pensée du scientifique humain, ici dans son laboratoire, autrement dit, à moins que la Raison soit absolue, tout est en ruine. Mais ceux-là qui me demandent de croire à cette vision du monde me demandent aussi de croire que notre Raison est simplement le sous-produit imprévu et non intentionnel de processus matériels où n'intervient

aucun agent intelligent, à une étape d'un processus de devenir interminable et sans finalité. Il y a là une contradiction fatale. Au même moment où ils me demandent d'accepter leur conclusion, ils discréditent le seul témoignage sur lequel cette conclusion puisse être fondée[524]. La difficulté me semble fatale. Et lorsque je pose cette question à bon nombre de scientifiques, loin d'avoir une réponse, ils ne semblent même pas saisir où se trouve la difficulté. Ce fait m'indique que cette difficulté n'est pas due à un malentendu, mais constitue un dérèglement radical au cœur de tout leur système de pensée, et ce, dès le début. Une fois que l'on a compris la situation, on se voit désormais obligé de considérer la cosmologie scientifique comme - en principe - un mythe; quoique sans doute un grand nombre d'éléments véridiques ont pu lui être incorporés.*

Pour sa part, l'ancienne cosmologie judéo-chrétienne appuie et fonde la raison humaine. Elle ouvre le scénario de l'Histoire avec un Agent intelligent, personnel, doué de raison, initiant ses actes au moyen de la parole. Cet Être est conscient. Il a des pensées, des émotions et ses actes répondent à des objectifs précis. Le récit indique que cet Agent a créé l'homme à son image, donc doué de raison également. Puisque la Création résulte de l'intervention d'un Être intelligent, elle est la représentation d'un ordre divin et il en découle que ses principes sont compréhensibles à la raison humaine[525]. Bien que l'origine de cette dernière ne pose pas problème dans le contexte de cette cosmologie, elle comporte évidemment des limites/contraintes[526], mais reste utile malgré toutes ses limites. Au Siècle des Lumières, René Descartes s'est penché sur cette question dans le **Discours de la méthode** et explora la cohérence de la raison dans le contexte cosmologique judéo-chrétien (1637/1999: 164-165):

> Car d'où sait-on que les pensées qui viennent en songe sont plutôt fausses que les autres, vu que souvent elles ne sont pas moins vives et expresses ? Et que les meilleurs esprits y étudient tant qu'il leur plaira, je ne crois pas qu'ils puissent donner aucune raison qui soit suffisante pour ôter ce doute s'ils ne présupposent l'existence de Dieu. Car, premièrement, cela même que j'ai tantôt pris pour une règle, à savoir que les choses que nous concevons très clairement et très distinctement sont toutes vraies, n'est assuré qu'à cause que Dieu est ou existe, et qu'il est un être parfait, et que tout ce qui est en nous vient de lui: d'où il suit que nos idées ou notions, étant des choses réelles et qui viennent de Dieu, en tout ce en quoi elles sont claires et distinctes, ne peuvent en cela être que vraies. En sorte que si nous en avons assez souvent qui contiennent de la fausseté, ce ne

peut être que de celles qui ont quelque chose de confus et obscur, à cause qu'en cela elles participent du néant, c'est-à-dire qu'elles ne sont en nous ainsi confuses qu'à cause que nous ne sommes pas tout parfaits. Et il est évident qu'il n'y a pas moins de répugnance que la fausseté ou l'imperfection procède de Dieu en tant que telle, qu'il y en a que l'utilité ou la perfection procède du néant. Mais si nous ne savions point que tout ce qui est en nous de réel et de vrai vient d'un être parfait et infini, pour claires et distinctes que fussent nos idées, nous n'aurions aucune raison qui nous assure qu'elles eussent la perfection d'être vraies[527].

Et si les réflexions de Descartes font une place trop grande à un Être Suprême, nos élites modernes préfèrent sans doute celles de Pierre Simon de Laplace qui affirme[528] «Nous n'avons pas besoin de cette hypothèse!», mais pour ce faire, il est préférable d'éviter de trop réfléchir aux conséquences de ses présupposés. Ce genre d'activité peut, à l'occasion, nuire à la digestion.

Parfois, les attentes contradictoires du postmoderne à l'égard de la nature tournent au tragicomique lorsque des humains se donnent le droit de parler pour les animaux (et contre d'autres humains qu'on a définis comme agresseurs), affirmant qu'ils savent ce qui est mieux pour eux. Par quelle illumination donc ? Un don de télépathie interespèce possiblement… Remarquable. À ce titre, on peut penser à l'histoire de Luna l'épaulard mâle en Colombie-Britannique, qui a été séparé de sa *famille* d'épaulards en 2001 dans le détroit de Puget. Luna se débrouille bien. Il s'alimente et il est actif, mais n'a pas rejoint sa *famille* et cherche l'attention d'humains. Il se frotte parfois aux bateaux et aurait endommagé quelques petites embarcations. On a craint qu'un jour il se blesse ou blesse un humain. Au cours de l'été 2004, on a tenté de le capturer pour le réunir à sa famille, car les activistes probaleines ont déterminé qu'il était mieux que Luna retourne à sa famille d'épaulards. Des services de la faune du gouvernement canadien ont d'ailleurs été chargés de cette tâche. Le plus rigolo c'est qu'un groupe amérindien local a résolu que Luna était la réincarnation d'un leader décédé, peu de temps auparavant et ils ont décidé de s'opposer à la capture de Luna en l'attirant hors de la portée des navires gouvernementaux envoyés pour le capturer… Et l'avis de Luna ? Qui sait ? Peut-être qu'il en a soupé du conformisme culturel épaulard et aspire à devenir star à Hollywood ou veut simplement fuir une maman épaulard trop contrôlante… Ce feuilleton sera à suivre[529]…

La faim

> Ne serait-il pas horrible si un jour, dans notre monde, les hommes devenaient fous ou sauvages à l'intérieur, comme les animaux ici, mais pourtant auraient toujours l'apparence d'hommes ? Ainsi, on ne saurait distinguer l'un de l'autre.* (Lewis 1951/1970a: 117)

> Try all of Soylent's delicious flavors: Soylent red, Soylent yellow, and new, delicious, Soylent green. Made from the finest undersea growth. (Richard Fleischer, 1973, 97 min)

Ce n'est pas parce que le concept de l'homme, en tant que créature unique, fait partie depuis longtemps du bagage culturel de l'Occident que tous peuvent l'invoquer avec cohérence et en toute légitimité. Le discours environnementaliste postmoderne prend plaisir à nous faire la morale sur nos *devoirs* à l'égard des autres espèces et de l'environnement si vénéré même si un tel concept du *devoir* est sans support logique dans la cosmologie postmoderne ou matérialiste. Voici un exemple typique de ce genre de discours:

> Aujourd'hui, toute la vie sur la planète fait face au moment le plus critique de son existence depuis 3,5 milliards d'années. Jamais auparavant, même lors de la disparition des dinosaures à la fin du Crétacé il y a soixante-cinq millions d'années, avons-nous vu une réduction si importante de la diversité biologique de la planète. Nos frères et sœurs de la forêt (les arbres) sont en danger. Il s'agit d'une épreuve désespérée pour notre Mère la Terre, car lorsqu'une espèce meurt, meurt aussi une part d'elle. C'est le moment de mettre nos vies au service de notre Mère, pour la défendre. La forêt fait partie de nous. Lorsqu'ils tuent la forêt vivante, ils nous tuent tous. L'homme tire ses droits de la même source que le têtard. Les droits de l'Homme n'ont pas plus de valeur sacrée que les droits de ses autres enfants, pas plus que ceux de la coccinelle qui chante au bord de l'étang. L'homme a le pouvoir le plus grand pour faire le bien et le mal. Ainsi, ses responsabilités à notre Mère la Terre sont aussi plus grandes.

Il faut relever l'incohérence d'un tel discours, car tandis qu'on nie le statut particulier de l'homme, on maintient les responsabilités qui en découlent... C'est à une impasse semblable qu'en arrive Julian Huxley dans son introduction à une des nombreuses éditions anglaises de l'**Origine des espèces** (1958: xv):

> Ainsi, à la lumière de la science de la biologie évolutionniste que Darwin a fondée, l'homme est perçu, non pas comme une partie de la nature, mais à vrai dire une partie singulière et unique. Dans sa personne, le processus évolutif a pris conscience de lui-même et lui seul est capable de le conduire à des réalisations d'envergure. Un siècle après l'affirmation modeste de Darwin que la lumière sera jetée sur l'origine de l'homme, nous pouvons affirmer en vérité que, depuis l'œuvre de Darwin en général, et l'Origine des espèces en particulier, la lumière s'est faite sur sa destinée.*

Mais pourquoi *lui seul*? Mêmes les défenseurs les plus fervents de Darwin devront admettre ici, qu'il y a là un emprunt implicite au statut privilégié de l'homme, légué par la vision du monde judéo-chrétienne. Dans le discours moderne ou postmoderne, si on affirme que l'homme est responsable[530] de la nature, d'autres questions se posent: Qui lui a confié cette tâche? Quelles sont les sanctions que subiront ceux qui ignorent ou négligent leur *devoir*? Dans le contexte postmoderne, ce statut privilégié est désormais proscrit. Certains évolutionnistes postmodernes tels que Richard Dawkins rejettent catégoriquement (lorsque cela sert leurs intérêts) l'affirmation d'un statut distinct pour l'homme. Dawkins arrive d'ailleurs à une position diamétralement opposée (et plus cohérente) à celle de Huxley (Dawkins 2001):

> Des gens qui mangent, avec plaisir, de la viande de vache s'opposent violemment à l'avortement. Mais même le partisan provie le plus ardent devrait reconnaître qu'un fœtus humain ne peut ressentir plus de douleur, ou de détresse, ou de crainte qu'une vache adulte[531]. Cette hypocrisie a donc sa source dans l'affirmation de l'humanité absolue du fœtus. Même si nous ne mangeons pas de chimpanzé (et on en mange pourtant en Afrique, comme gibier) nous les traitons sans doute de manière *inhumaine*. Nous les incarcérons à vie, sans procès (dans les zoos). S'ils deviennent trop nombreux ou vieux et malheureux, nous faisons intervenir le vétérinaire pour les éliminer. Je ne proteste pas contre ces pratiques, mais je veux simplement souligner l'hypocrisie implicite de la chose. Et bien que cela puisse me convenir qu'un vétérinaire mette fin à mes jours lorsque je serai trop avancé en âge, il serait malgré tout accusé de meurtre, car j'ai le statut d'être humain.
> Avoir le statut d'être humain implique que l'on est exceptionnel, unique, doté d'une valeur sacrée, d'une valeur infinie, digne d'être

honoré comme détenteur de la *dignité humaine*. Avoir le statut d'animal implique être traité avec gentillesse, mais exploité à des fins humaines, détruit sans douleur lorsque jugé inutile, tué pour le sport [de la chasse] ou en tant qu'être nuisible. Un lion enragé, qui tue des gens, ne sera pas éliminé pour se venger ou comme forme de punition, ni comme mesure préventive à l'égard d'autres lions, ou pour satisfaire les parents de la victime, mais simplement dans le but de l'exterminer. Il n'est donc pas question de punition, mais simplement de l'extermination d'un organisme nuisible. Par contre, si un humain enragé tue des gens, il sera soumis à un procès en justice et, si condamné, ne sera probablement pas tué. S'il est tué, il le sera par le biais d'un rituel macabre, après des appels et face à de nombreuses objections de principe. De toutes les justifications offertes pour la peine capitale, une qui n'est jamais entendue est l'extermination d'organismes nuisibles. Une telle notion n'a aucune place dans la théorie pénale. L'être humain, de l'avis de l'absolutiste, est pour toujours séparé des animaux.*

Évidemment, de la part d'un prof d'université, ces commentaires sont certes provocateurs, mais si l'administrateur d'un centre de soins prolongés devait avancer de telles réflexions en public cela risquerait de provoquer quelques soucis... Qu'est-ce que cela signifie d'être humain ? Question existentielle... Si la vie humaine n'a effectivement plus une valeur *sacrée* et si nous faisons simplement partie de la nature et que le cannibalisme[532] est admis chez d'autres organismes tels que la veuve noire ou l'ours polaire[533] pourquoi se soucier alors qu'un être humain puisse tuer et manger un autre humain ? Pourquoi entretenir des tabous désuets ?

Si on poursuit la logique de la pensée de Dawkins ici, serait-il alors légitime de spéculer que des épiceries, qui comportent déjà des étalages où se vendent du porc, du boeuf ainsi que la viande chevaline, ne pourraient ouvrir, en toute légitimité, de nouveaux étalages où l'on vendrait de la viande humaine[534] ? Et pour faire le marketing de cette nouveauté, on installerait de petits kiosques bien mis où l'on pourrait goûter un échantillon gratuit... On peut penser que Hannibal Lecter serait preneur. N'y aurait-il pas aussi quelques familles pauvres qui pour arrondir leur budget de fin de mois vendrait, à la boucherie locale, le corps de leur grand-père décédé dans une maison pour personnes âgées ou un gang de rue celui d'un membre de gang rival criblé de balles lors d'une guérilla urbaine ? Pour l'économiste, il y a là la perspective de nouveaux marchés, tout ça peut faire rouler l'économie. Pourquoi lever le nez sur un marché potentiel ? L'interdit du cannibalisme, n'est-ce pas un simple construit culturel arbitraire, un tabou inutile qu'il faut déconstruire ? Après tout, la protéine ce n'est que de la protéine, peu importe sa source. Et, plus tard, si le marché se développe, on pourrait envisager une industrie qui élèvant des bébés humains, *non désirés* disons, à la manière des vaches et des porcs, que l'on abat pour vendre ensuite la viande de ces enfants ou jeune adultes sur le marché et dont les organes pourraient approvisionner le marché florissant de la transplantation[535]. «Inconcevable!» Ah, mais à notre époque, il ne faut jamais laisser échapper ce mot, car bien des comportements ou attitudes largement admis à l'heure actuelle étaient tout à fait *inconcevables* il y a à peine une génération ou deux...

Ce qui précède a été offert évidemment sur une note d'humour noir, mais avec un objectif tout à fait sérieux, c'est-à-dire illustrer le pouvoir des présupposés cosmologiques. Si l'homme est un être à part, il est tout à fait logique et cohérent de traiter son cadavre avec des égards exceptionnels, mais si on balance ce présupposé, rien n'empêche, dès lors, qu'on largue aussi les égards traditionnels dus à sa dépouille (funérailles, cercueil, tombeau, oraisons, etc.). Tout est lié. Si la cosmologie postmoderne devient dominante socialement (et appliquée de manière cohérente), ce ne sera pas sans conséquences.

D'après la perspective dominante, l'homme n'est rien d'autre qu'un produit, un produit susceptible d'amélioration, en vue de répondre aux besoins du *client*. Et si l'amélioration est impossible, en toute logique rien n'exclut de considérer sa *discontinuation*. Dans le contexte syncrétique qui règne en Occident, dominé par le système idéologico-religieux postmoderne, il ne faut pas s'étonner alors de la facilité avec laquelle nos élites manipulent à leur gré un concept aussi fondamental que l'humain. Puisque, jusqu'ici, ils peuvent le faire sans rendre compte de leur cosmologie sous-jacente, leur travail de propagation de la *foi* postmoderne est d'autant plus facilité. Nous naviguons sur des mers inconnues et il ne faut pas ignorer que les conséquences de ces changements d'attitude peuvent être énormes. L'on ne saurait trop souligner le fait qu'il est impossible d'apporter quelque réponse à la question du rapport homme-homme, homme-animal, homme-ordinateur, homme-environnement, sans se référer à une cosmologie, à un mythe d'origine.

6 / Postface

Écoutez, je les ai tous comptés: l'instituteur qui rit avec les enfants de leur Dieu et de leur berceau est déjà à nous. L'avocat qui défend l'assassin instruit en alléguant qu'il est plus évolué que ses victimes et que, pour se procurer de l'argent, il ne pouvait pas ne pas tuer, est déjà à nous. Les écoliers qui tuent un paysan pour éprouver des sensations sont à nous. Les jurés qui acquittent tous les criminels sans exception sont à nous. Le procureur qui tremble à l'audience de ne pas être assez libéral est à nous, à nous. Les administrateurs, les littérateurs, oh, les nôtres sont nombreux, extrêmement nombreux, et ils ne le savent pas eux-mêmes.
(Dostoïevski, Les possédés 1872/1972: 428)

Le roi est environné de gens qui ne pensent qu'à divertir le roi, et l'empêcher de penser à lui. Car il est malheureux tout roi qu'il est, s'il y pense.
(Pascal 1670/1960: 110)

En anthropologie sociale, il est habituel que l'anthropologue étudie des cultures non occidentales pour tenter de restituer une compréhension globale de cette société. Cela implique comprendre leur système idéologico-religieux et examiner son influence sur le reste des structures sociales. Ce type de regard analytique est donc habituel, mais est rarement appliqué à l'Occident de manière poussée. Cette œuvre tente de combler cette lacune. Si on tient compte de cette perspective, la logique impose qu'il faille considérer chaque structure sociale comme religieuse, ou du moins comme ayant une dimension religieuse. Le système juridique, par exemple, qui gère le comportement humain des membres d'une société se réfère toujours, plus ou moins implicitement à une cosmologie pour faire le tri des comportements humains admis ou non admis. Évidemment il est rare que l'influence d'une seule cosmologie soit en cause et pour y voir plus clair il faut examiner l'histoire de la nation concernée et les systèmes idéologico-religieux qui ont pu y dominer dans le passé. Il en est de même lorsque des individus participant au système économique établissent si un char d'assaut, une barre de chocolat ou un condom est *utile*. Répondre à la question: «S'il y a de la demande pour le produit X, est-ce que cela signifie qu'il faut le fabriquer et le mettre sur le marché?» est donc un acte religieux, car pour répondre à la question, il faut repérer (inconsciemment en général) quelques présupposés cosmologiques et déterminer leur importance relative. Affirmer que les *lois du marché* sont les seules applicables est aussi, en dernière analyse, une affirmation religieuse.

Un point sur lequel s'opposent diamétralement la religion postmoderne et les grandes traditions monothéistes, dont le christianisme, est la question du caractère explicite ou non des présupposés cosmologiques. Tandis que depuis toujours les grandes traditions monothéistes les rendent explicites sous forme d'Écrits sacrés, de Credo ou de catéchisme, la religion postmoderne, vu son invisibilité, se voit contrainte de nier leur existence et contrainte également de les diffuser de manière implicite, au moyen d'une variété presque infinie de véhicules conceptuels, soit scientifiques, artistiques ou culturels[536]. Le postmoderne a ceci de particulier, il n'offre pas ses présupposés à des fins de discussion. Il aborde la discussion en insinuant, plus ou moins explicitement, que ses concepts sont le point de départ de toute discussion *raisonnable* et que toute déviation constitue donc un indice d'ignorance sinon d'une pensée *perverse*. Lorsqu'une telle perspective est adoptée, il est bien difficile d'entretenir une discussion sérieuse avec une personne ou institution qui croit que ses perspectives sur le droit, la politique, la sexualité ou tout autre question ne sont pas des propositions sujettes à débat et examen, mais une question de *décence*. Pour le postmoderne, l'*indécence* serait de se voir obligé de *jouer cartes sur table* et reconnaître l'exigence de foi que nécessitent ses présupposés. Une exigence de ce genre le forcerait à rendre explicite la cosmologie qui oriente (plus ou moins consciemment) les valeurs et les présupposés qu'il impose sur l'ensemble de la population. Une telle révélation remettrait inévitablement en question sa neutralité et l'obligerait aussi à rendre des comptes quant aux incohérences entre sa cosmologie et ses prises de position.

Le postmoderne encadre le discours sur la religion à l'intérieur d'une dichotomie qui ressemble au lit de Procuste. On a le choix; ou bien le pluralisme *éclairé* («chacun a sa *vérité*») ou le fanatisme, la folie et la mort. Dès lors, cette logique sous-entend que ceux qui ne *comprennent* pas le pluralisme sont cinglés ou fous *dangereux*. Mais cette manière d'encadrer les discours possibles est assez simple à comprendre, il s'agit d'une réaction devant ce qui peut être considéré une menace potentielle à l'égard d'une croyance postmoderne centrale, c'est-à-dire qui considère l'individu juge de tout et qu'il est le standard ou l'étalon épistémologique absolu. Devant ceux qui osent remettre en question un des présupposés du discours officiel, une stratégie exploitée depuis quelques années par les «messages institutionnels» est: «La partie est terminée, acceptez la défaite. Désormais, il faut jouer le jeu selon nos règles.» C'est un *spin*, essentiellement. Cela fait partie de l'anesthésie générale appliquée à l'Occident. Si le discours postmoderne dominant affirme que *Tous ont leur vérité!*, une fois déconstruit, cela équivaut à l'affirmation que «personne n'a de vérité» ou tout simplement que «la *vérité* n'existe pas».

Le discours institutionnel postmoderne craint beaucoup les *spins* qui viendraient de camps adverses. Ils connaissent le pouvoir du *spin* sur l'opinion publique. Ils vont alors le condamner comme de la *désinformation*, alors qu'ils s'en servent quotidiennement. Mais le propre d'un *spin* à part entière est d'en arriver à la réalisation d'une situation souhaitée, mais non acquise. Les propagandes allemande, russe, américaine ou japonaise de la Seconde Guerre mondiale en sont de bons exemples. Cela dit, historiquement, on constate en bout du compte que le *spin* (qu'il soit capitaliste, nazi, sioniste, communiste ou islamique) n'est pas un outil infaillible. Dans le temps, le phénomène de l'entropie semble aussi s'appliquer à l'influence du discours idéologico-religieux[537].

Même si, sur un plan, le postmoderne n'est que le développement logique de tendances existantes chez le moderne, sur d'autres il se démarque du moderne de manière radicale. Là où le moderne affirmait la vérité de la science, le postmoderne, avec plus ou moins de cohérence, affirme que tous ont leur vérité et considère la science non plus une méthode transculturelle, mais un métarécit produit de la civilisation occidentale. Si, dans le discours moderne, l'homme est le sommet de l'évolution, dans le discours postmoderne (et en particulier posthumain) il se voit réduit au statut d'espèce peu significative, une étape passagère dans le processus évolutif. Là où les idéologies modernes visaient, dans bon nombre de cas, des projets collectifs, le discours postmoderne, pour sa part, est orienté vers l'individu. Son orientation communautaire passe alors par des communautés d'intérêts, car, a priori, rien ne peut être plus grand que l'individu. On constate que l'idéologie capitaliste, étant donné son intérêt pour le consommateur individuel, a pu nourrir ce courant de pensée.

Sans doute reprochera-t-on à cet essai d'être partial, assujetti à un parti pris, subjectif, etc. Il faut avouer qu'une telle accusation est fondée. Mais il faut bien comprendre que cela est aussi tout à fait nécessaire, car il est impossible qu'une déconstruction/remise en question sérieuse du système idéologico-religieux postmoderne puisse s'ériger de l'intérieur, par ses propres adeptes. Une perspective externe (avec tous ses défauts) est donc essentielle et permet, par ailleurs, de faire contrepoids à la subjectivité et aux partis-pris des courants de pensée dominants. La question se posera donc: Est-ce là une perspective qu'il faut rejeter parce qu'elle est marginale ou au contraire faut-il lui accorder plus d'attention puisqu'elle constitue justement un regard inédit sur la situation actuelle? Sans doute que les engagements idéologico-religieux des divers intervenants joueront un rôle déterminant dans le processus de trancher une telle question.

Dans le volume suivant nous poursuivrons la réflexion sur la religion postmoderne et nous examinerons de plus près ce qu'implique le développement d'une pensée éthique dans le contexte de la cosmologie postmoderne. Nous consacrerons aussi quelques chapitres à analyser la cosmologie postmoderne ainsi qu'à repérer les procédés employés pour la fonder/justifier/vendre.

7 / Bibliographie

NB: Étant donné la nature volatile de l'Internet, rien ne peut garantir la validité à long terme des adresses web fournies ci-dessous (ou des citations de textes web). Parfois, si un texte n'est plus accessible à l'URL indiqué, en citant quelques phrases clés, on peut néanmoins le retrouver ailleurs grâce aux moteurs de recherche habituels.

(1993) La Bible [édition 1910 de la Bible Louis Segond] Online Bible (version Macintosh) Oakhurst NJ
ADLER, Mortimer (1967) The Difference of Man and the Difference It Makes . Holt, Rinehart and Winston, Inc. New York
ALLPORT, Gordon (1955) Becoming: Basic Conditions for a Psychology of Personality. Yale Univ. Press New Haven CN 106p.
ANONYME (1940) German Martyrs. pp. 38-41
   Time magazine 23 déc., vol. 36 n° 26
ANONYME (1879) Pensées de Bacon, Kepler, Newton et Euler sur la religion et la morale. A. Mame Tours 384 p.
ASIMOV, Isaac (1978) L'avenir commence demain.
   Presses Pocket (Pocket n° 5034)
AUGÉ, Marc (1974a) La construction du monde. Maspero Paris 142 p.
AUGÉ, Marc (1974b) Dieux et rituels ou rituels sans dieux. pp .9-36 dans Anthropologie Religieuse: textes fondamentaux. John Middleton (éd.) Larousse Paris 251 p.
AUGÉ, Marc (1982) Génie du Paganisme. Ed. Gallimard Paris 336 p.
AUGÉ, Marc (1994) Le sens des autres: Actualité de l'anthropologie.
   Fayard [Paris] 199 p.
BAARS, Donald L., (1972/1983) The Colorado Plateau: A Geologic History. Univ. of New Mexico Press
BALASSOUPRAMANIANE, Indragandhi (2003) La nouvelle mission des tribunaux. Le Journal du Barreau [du Québec] 15 octobre vol. 35 n° 17
   www.barreau.qc.ca/journal/frameset.asp?article=/journal/vol35/no17/barreaude-montreal.html
BARABANOV, Evgeny (1975) La lumière donnée au monde. dans Soljénitsyne et al. Des voix sous les décombres. (traduit du russe par Jacques Michaut, Georges Nivat et Hilhne Zamoyska) Seuil Paris 290 p.
BARHAM, James (2004) dans Why I am Not a Darwinist. pp. 177-19 Uncommon Dissent. (William Dembski, éd.) ISI Books Wilmington Delaware 366 p.
BARKER, Eileen (1979) Thus Spake the Scientist: A Comparative Account of the New Priesthood and its Organisational Bases. pp. 79-103 Annual Review of the Social Sciences of Religion, vol. 3 Mouton Netherlands 236 p.
BARLOW, Nora (1958/1993) The Autobiography of Charles Darwin 1809-1882.

Harcourt Brace Jovanovich New York
www.uiowa.edu/~c016003a/Charles%20Darwin%20Religious%20 belief.htm
BASEN, Gwynne (1992) On The Eighth Day: Making Perfect Babies. National Film Board of Canada and Cinefort 102 min.
BATESON, Gregory) Steps to an Ecology of Mind Ballatine Books New York 1977 749 p.
BEGLEY, Sharon (2001) The Roots of Evil. pp. 30-35
NewsWeek May 21
BENNETT, Paul (2005) How to Sail accross the Atlantic (or the World) in 25 Easy Lessons. pp. 44-50; 83-86
National Geographic Adventure vol. 7 n° 1 Feb.
BERGMAN, Jerry (1999) Darwinism and the Nazi Race Holocaust. pp. 101-111 Creation Ex Nihilo Tech Journal vol. 13 n° 2)
www.trueorigin.org/holocaust.asp
BERGMAN, Jerry (2001) Influential Darwinists Supported the Nazi Holocaust. CRS Quarterly vol. 38 n° 1 pp. 31-39
http://creationresearch.org/
BERGMAN, Jerry (2003) L'affaire Galilée et les données historiques.
www.samizdat.qc.ca/cosmos/sc_nat/galilee_jb.htm
BERKOWITZ, Peter (1996) Science Fiction; postmodernism exposed. p. 15 The New Republic, July 1,
http://mason.gmu.edu/~berkowit/sciencefiction.html
BERMAN, Paul (1997) The Philosopher-King is Mortal. The New York Times Magazine (May 11; Late Edition - Final , Section 6), pp. 32-36
http://query.nytimes.com/gst/abstract.html?res=FA0713FF35550C728 DDDAC0894DF494D81&incamp=archive:search
BLACK, Jacquelyn G. (2005) Microbiology: Pinciples and Explorations. (6th edition) John Wiley & Sons Hoboken, NJ 920 p.
BOISVERT, Yves (1999) Postmodernité et religion: L'éthique est-elle une nouvelle «religio» civile au service de la démocratie postmoderne? Religiologiques, n° 19 printemps
www.unites.uqam.ca/religiologiques/19/19texte/19boisvert.html
BONNETTE, Dennis (2003) Origin of the Human Species.
Sapientia Press Naples, FL
www.ewtn.com/library/humanity/fr93207.txt
BORDUAS, Paul-Émile (et autres) (1948) le Refus global.
http://page.infinit.net/histoire/refus-gl.html
BORISSOV, Vadim (1975) Personne et conscience nationale. pp. 193-227 dans Des voix sous les décombres., Alexandr I. Soljénitsyne (éd.) (traduit du russe par Jacques Michaut, Georges Nivat et Hilhne Zamoyska) Seuil Paris 290 p.
BOUVERESSE, Jacques (1998) Qu'appellent-ils penser? Quelques remarques à propos de l'affaire Sokal et de ses suites. Conférence du 17 juin 1998 à l'Université de Genève.
Société romande de philosophie, groupe genevois. Cahiers

Rationalistes, octobre et novembre
http://hypo.ge-dip.etat-ge.ch/athena/bouveresse/
bou_pens.html
BRACHER, Karl Dietrich (1969/1995) Hitler et la dictature allemande.
Éditions Complexe [Paris] 681 p.
BRADBURY, Ray (1950/1977) chroniques martiennes.
Denoël Paris 265 p.
BURRIDGE, Kenelm O. L. (1979) Someone, No one: An Essay on
Individuality. Princeton U. Press Princeton NJ 270 p.
CAHILL, Thomas (1995) How the Irish Saved Civilisation.
Nana Talese/Random House New York 245 p.
CAMERON, Nigel M de S. (1992) Life and Death After Hippocrates: The
New Medecine. Crossway Wheaton IL 187p.
CAMPBELL, Neil & Richard Matthieu (1995) Biologie.
Éd. du Renouveau Pédagogique St-Laurent QC xxxvi - 1190 p.
(+ annexes)
CAMUS, Albert (1942) Le Mythe de Sisyphe: essai sur l'absurde.
Éditions Gallimard [Paris] [Essais 11, Bibliothèque de la Pléiade] 187 p.
CAMUS, Albert (1947) La Peste. Éditions Gallimard [Paris] 247 p.
CAMUS, Albert (1951) L'homme révolté. Gallimard, Paris 382 p.
CARREL, Alexis (1922) Eugénique et sélection. Alcan Paris
CARTER, Stephen L. (1989) The Religiously Devout Judge.
Notre Dame Law Revue 64 /932 www.puaf.umd.edu/courses/
puaf650/materials-Religion-Carter.htm
CAYLEY, David (1996) Entretiens avec Ivan Illich. Bellarmin (coll.
L'Essentiel) [Montréal] 355 p.
CECIL, Robert (1972) The Myth of the Master Race: Alfred Rosenberg and
Nazi Ideology. B.T. Batsford London 266 p.
CHASTEL, Claude E. (1998) Xénotransplantation et risque viral. Virologie
vol. 2, n° 5, sept.-oct.
www.john-libbey-eurotext.fr/fr/revues/bio_rech/vir/ sommaire.
md?cle_parution=631&type=text.html
CLARKE, Arthur C. (1986) Chants de la terre lointaine.
A. Michel Paris 310 p.
CHOMSKY, Noam (1972) Form and Meaning in Natural Languages. in
Language and Mind, enlarged edition. Harcourt, Brace, Jovanovich
New York
CHOMSKY, Noam & Herman, Edward S. (1988/2003) La fabrique de l'opi-
nion publique: la politique économique des médias américains: essai.
(traduit de l'anglais par Guy Ducornet)
Serpent à plumes Paris 331 p.
COCKBURN, Bruce (1991), Album: Nothing But a Burning Light.
True North Records
COLLINS, Warwick (1994) The Fatal Flaw of a Great Theory: Now that the
environmental theories of Marxism have collapsed so spectacularly,

perhaps the same fate will befall Darwinism. pp. 7-10
The Spectator (31 déc.) vol. 273 n° 8686
COLSON, Charles W. (1996) Kingdoms in Conflict. pp. 34-38
First Things 67 Nov.
www.firstthings.com/ftissues/ft9611/articles/colson.html
CORNWELL, John (2003) Hitler's Scientists: Science, War, and the Devil's Pact. Penguin Books London
CUSSET François (2005) La French theory, métisse transatlantique. pp. 10-13 Sciences Humaines (mai-juin, HS spécial n° 3)
DARWIN, Charles (1871/1981) Descendance de l'Homme et la sélection naturelle. Éditions Complexe vol. I Paris 363 p.
DARWIN, Charles (1871/1896) L'origine des espèces. (Traduit de l'édition anglaise définitive par Ed. Barbier) Schleicher freres, editeurs
vers. Etexte: www.abu.org
DARWIN, Charles (1888) La vie et la correspondance de Charles Darwin, avec un chapitre autobiographique. (vols. I & II) [publié par son fils Francis Darwin; traduit de l'anglais par Henry C. de Varigny] C. Reinwald Paris
DAWKINS, Richard (1986/1989) L'Horloger aveugle. Ed. Robert Laffont Paris 381 p.
DAWKINS, Richard (1989), Book Review. (of Donald Johanson and Maitland Edey's Blueprint). The New York Times, section 7, April 9.
DAWKINS, Richard (2000) The Descent of Man (Episode 1: The Moral Animal) (une série d'émissions radio diffusées en janvier et février 2000 à la Australian Broadcasting Corporation, produit par Tom Morton) www.abc.net.au/science/descent/trans1.htm
DAWKINS, Richard (2001) The word made flesh: Today we can read human and ape genetic legacies. In 50 years, we could resurrect the past, says Richard Dawkins. The Guardian
Thursday December 27, www.guardian.co.uk/Archive/Article/0,4273,4326031,00.html
DAWKINS, Richard. (2003) A Devil's Chaplain: Reflections on Hope, Lies, Science, and Love. Boston, MA: Houghton Mifflin
DAWKINS, Richard. (2004) Dawkins interviewed by Bill Moyers [Evolution]. PBS website 03 December 2004
http://onegoodmove.org/1gm/1gmarchive/001758.html
DE BEAUVOIR, Simone (1981) La cérémonie des adieux; suivi de Entretiens avec Jean-Paul Sartre. août-septembre 1974. Gallimard [Paris] 559 p.
DE FONTENAY, Elisabeth (2004) L'altruisme au sens extra-moral. pp. 68-74 Sciences & Avenir (hors série) n° 139 juin/juil.
DE VRIES, Hent & WEBER, Samuel eds. (2001) Religion and Media. Stanford U. Press Stanford CA 649p.
DEBRAY, Régis (1981) Critique de la raison politique. Gallimard Paris (coll.

Bibliothèque des idées) 473 p.
DEBRAY, Régis (2002a) L'enseignement du fait religieux dans l'école laïc. Éd. Odile Jacob [Paris]
DEBRAY, Régis (2002b) L'institution républicaine et laïque doit s'emparer de l'étude du fait religieux comme la clé d'un enseignement ouvert à la complexité et à la tolérance.
www.ac-versailles.fr/pedagogi/ses/ecjs/sequences/seconde/ecole-et-religion.html
DEBRAY, Régis (2004) Du surnaturel à la télévision[538].
http://adperso.phpnet.org/content.php?pgid=phiart
DEICHMANN, Ute (1996) Biologists under Hitler.
(trad. Thomas Dunlap) Harvard University Press Cambridge, MA & London 468p.
DEMBSKI, William éd. (2004) Uncommon Dissent.
ISI Books Wilmington Delaware 366 p.
DEMBSKI, William éd. (2004b) Reflections on Human Origins.
pp. 3-15 Professorenforum-Journal, vol. 5, n° 3
www.campusfürchristus.de/proforum/volumes/v05n03/Artikel1/dembski.pdf
DERINGIL, Selim (2000) "There Is No Compulsion in Religion": On Conversion and Apostasy in the Late Ottoman Empire: 1839–1856. pp. 547-575 Society for Comparative Study of Society and History vol. 42 n° 3
www.journals.cambridge.org/action/displayAbstract?fromPage=online&aid=54957
DERNAVICH, Paul A. (2001) Darwinian Dissonance?
www.infidels.org/library/modern/features/2001/dernavich1.html
DERR, Thomas S. (1992) Animal Rights, Human Rights. pp. 23-30
First Things 20 February www.firstthings.com/ftissues/ft9202/articles/derr.html
DESCARTES, René (1930) Œuvres choisies. (avec avant-propos et notes de L. Dimier) Garnier-Frères Paris
DESCARTES, René (1637/1999) Discours de la méthode.
Association de Bibliophiles Universels
http://cedric.cnam.fr/ABU/
DESROCHES, Henri (1974) Les Religions de Contrebande: essais sur les phénomènes religieux en époques critiques.
Maison MAME France 230 p.
DEVOS, Raymond (1989) À plus d'un titre: Sketches inédits.
Olivier Orban (Presse Pocket) Paris 178 p.
DICK, Philip K. (1968/1976) Robot Blues.
[trad. de Do Androids Dreams of Electric Sheep] Champs Libre [Paris] (Chute Libre 15) 244 p.
DICK, Philip K. (1978/1985) How to Build a Universe That Doesn't Fall Apart Two Days Later. dans I Hope I Shall Arrive Soon, ed. Mark Hurst,

Paul Williams St. Martin's, NY
www.geocities.com/pkdlw/howtobuild.html
DIDEROT, Denis, (1755/1976) Œuvres complètes, vol. VII: Encyclopédie III. Hermann Paris
DIDEROT, Denis (1769/1963) Correspondance. (janv. 1769 – déc. 1769) vol. IX [Georges Roth éd.] Ed. de Minuit Paris 1963 261p.
DOSTOÏEVSKI, Fiodor Mikhaïlovitch (1872/1972) Les possédés. (préface de Georges Philippenko) Livre de poche Paris (LP 10) 699 p.
DOSTOÏEVSKI, Fiodor Mikhaïlovitch (1879/1973) Les frères Karamazov. (préface de S. Freud) Gallimard Paris (vol. I & II: coll. Folio 486-487)
DOUGLAS, Mary (1966/1971) De la souillure: essai sur les notions de pollution et de tabou. Maspéro Paris 194 p.
DREESENS, Richard, (1994) Entrevue avec Enki Bilal, extraite de «Canal-BD».
http://bilal.enki.free.fr/afficher_interview.php3?fichier_de_l_interview=interview3
DUBOS, René (l965) Humanistic Biology. pp. 4-19 American Scientist vol. 53 March www.westga.edu/~psydept/os2/os1/dubos.htm
DUMONT, Fernand (1981) L'anthropologie en l'absence de l'homme. PUF Paris 369 p.
DURAND, Guy (2004) Le Québec et la laïcité: Avancées et dérives. Éditions Varia Montréal 124p.
DURANT, John (1981) The Myth of Human Evolution. pp. 425-438 New Universities Quarterly Vol. 35 Automn
EAGLETON, Terry (1987) Awakening from modernity. Times Literary Supplement 194. 20 Feb.
ECKSTEIN, Cheryl M. (1996) One of Our Children is Dead. Ability Network Magazine vol. 5 n° 2 – Winter www.chninternational.com/v5n2p37.html
EISENBURG, Léon (1974) Ethique et science de l'homme. pp. 324-340 dans Morin et Piattelli-Palmarini (éds.) L'unité de l'homme (Vol.3) Seuil Paris 390 p.
EINSTEIN, Albert (1939) Science and Religion I, Address: Princeton Theological Seminary, May 19, www.sacred-texts.com/aor/einstein/einsci.htm
ELBAZ, Mikhaël (2002) Cuisine de Dieu – aliments profanes. Prohibitions alimentaires du judaïsme, organismes génétiquement modifiés et enjeux éthiques. Avis: Pour une gestion éthique des OGM, Commission de l'éthique de la science et de la technologie (gouv. du Québec) 45p.
ELLISON, Michael (2000) The Men Can't Help it. The Guardian - Tuesday January 25 www.guardian.co.uk/g2/story/0,3604,240812,00.html
ELIOT, T. S. (1954/1982) Selected Pœms.

Faber and Faber Bungay Suffolk 127 p.
ELLUL, Jacques (1962) Propagandes. A. Colin Paris 335 p.
ELLUL, Jacques (1954/1990) La technique ou l'enjeux du siécle. Economica Paris vi-423 p.
ENGEL, Pascal (2004) La bête humaine. pp. 12-13
Sciences et Avenir, HS n° 139 Juin/Juillet
FAST, Howard (1963/67) The First Men. pp. 9-38 The Worlds of Science Fiction. Robert P. Mills (éd.) Paperback Library New York
FEYERABEND, Paul K. (1975/1979) Contre la Méthode.
Seuil Paris 350 p.
FIRTH, Raymond (1981) Spiritual Aroma: Religion and Politics.
pp. 582-601 American Anthropologist Vol. 83 n°3 Sept.
FLEISCHER, Richard (1973) Solyent Green. (97 min.) Production; Walter Seltzer, Russel Thacher, scénario: Harry Harrison avec Charlton Heston; Distribution; Metro-Goldwyn-Mayer
FOUCAULT, Michel (1961/1981) Histoire de la folie à l'âge classique. Gallimard Paris 583 p.
FOUCAULT, Michel (1966) Les mots et les choses: Une archéologie des sciences sociales. Gallimard Paris 400p.
FRANKL, Viktor E. (1959/1988) Découvrir un sens à sa vie avec la logothérapie. Éditions de l'Homme (Actualisation), Montréal 164 p.
FUKUYAMA, Francis (2004) La fin de l'homme: les conséquences de la révolution biotechnique. Gallimard [Paris] 444 p.
GABLIK, Suzi (1984/1995) Has Modernism Failed? Thames & Hudson New York 133 p.
GALILÉE (1615) Letter to the Grand Duchess Christina.
www.fordham.edu/halsall/mod/galileo-tuscany.html
GALILÉE (1632/1953) Dialogue Concerning the two Chief World Systems - Ptolemaic and Copernican.
University of California Press Berkeley
GANDY, R. (1996). Human versus mechanical intelligence. pp. 125-136 dans Peter Millican, & A. Clark (Eds.), Machines and thought. Oxford: Oxford University Press
GARIÉPY, Stéphane (1999) Le protestantisme et ses valeurs.
www.samizdat.qc.ca/vc/theol/protest.htm
GARVEY, John (1981) Beyond Proof & Disproof: The Religions of Pro-Choice and Pro-Life. pp. 360-361 Commonweal 19 juin
GAUVIN, Jean-François (2000) L'histoire des sciences au service de la culture scientifique. Bulletin du GIS en muséologie scientifique et technique. Le MuST, n° 3
www.smq.qc.ca/publicsspec/smq/gis/must/bulletin/archives/200004/indexp4.phtml
GEERTZ, Clifford (1973) The Interpretation of Cultures.
Basic Books New York 470 p.
GELLNER, Ernest (1992/1999) Postmodernism, Reason and Religion.

Routledge London/New York 108 p.
GIRARD, René (1999) Je vois Satan tomber comme l'éclair. Grasset [Paris] 254 p.
GIESEN, Rolf (2003) Nazi Propaganda Films: A History and Filmography. McFarland & Company, Inc. North Carolina
GLASSMAN, Jim (1997) TechnoPolitics Program No. 734, 15 nov., The Blackwell Corporation [producteur: Neal B. Freeman] ARN Library Files www.arn.org/docs/techno/techno1197.htm
GLEN, William (1994) The Mass-Extinction Debates: How Science Works in a Crisis. [On the mass-extinction debates: an interview with Stephen Jay Gould] Stanford University Press Stanford, California, p. 261
GODAWA, Brian (2002) Hollywood Worldviews. IVP Downers Grove IL 208 p.
GONZALEZ, Ramon (2001) Media ignored joy of Tracy Latimer. Western Catholic Reporter Feb. 19, www.wcr.ab.ca/news/2001/0219/pickup021901.shtml
GOODSTEIN, David Cal (2002) Conduct and Misconduct in Science. www.physics.ohio-state.edu/~wilkins/onepage/conduct.html
GOSSELIN, Paul (1986) Des catégories de religion et de science: essai d'épistémologie anthropologique. (thèse Univ. Laval) www.samizdat.qc.ca/cosmos/sc_soc/tm_pg/tdm.htm
GOULD, Stephen Jay (1980) The Panda's Thumb. Penguin London
GOULD, Stephen Jay (1991) Opus 200. pp. 12-18 Natural History, August vol. 100 n° 8 www.stephenjaygould.org/library/gould_opus200.html
GOULD, Stephen Jay (1997a) This view of life: Nonoverlapping Magisteria. pp. 16, 18-22, 60-62 Natual History vol. 106, n° 2,
GOULD, Stephen Jay (1997b) Darwinian Fundamentalism. The New York Review of Books vol. 44, n° 10 · June 12, www.nybooks.com/articles/1151
GOULD, Stephen Jay (1997c) La mal-mesure de l'homme. (Édition nouvelle traduit de l'anglais par Jacques Chabert et Marcel Blanc) Odile Jacob Paris 468 p.
GOULD, Stephen Jay (2000) The First Day of the Rest of Our Life. (the arrival of the new millenium). dans Natual History April, www.findarticles.com/cf_0/m1134/3_109/61524419/print.jhtml
GRASSÉ, Pierre-Paul (1980) L'Homme en accusation: De la biologie à la politique. Albin Michel Paris 354 p.
GREELEY, Andrew M. (1972) Unsecular Man: The Persistence of Religion. New York, Shocken Books 280 p.
GREEN, R. L. & HOOPER, Walter (1979) C. S. Lewis: A Biography. Collins Fount London
GRIFFITHS, Paul J. & Jean Bethke Elshtain (2002) Proselytizing for Tolerance. pp. 30-36. First Things n° 127 November

www.firstthings.com/ftissues/ft0211/articles/exchange.html
GUIBET LAFAYE, Caroline (2000) Esthétiques de la postmodernité Etude réalisée dans le cadre d'une coopération entre l'Université Masaryk de Brno (République tchèque) et l'Université Paris 1 Panthéon-Sorbonne. http://nosophi.univ-paris1.fr/docs/cgl_art.pdf
GUINESS, Os (1973) The Dust of Death: a critique of the counter-culture. Inter-Varsity Press Downers Grove IL 419 p.
GUINESS, Os & Seel, John (1992) No God but God. Moody Press Chicago IL 224 p.
GUINESS, Os (2001) Time For Truth. Baker Grand Rapids MI 128 p.
HÆCKEL, Ernst (1899/1903) Les Énigmes de l'univers. Reinwald Paris (trad. C. Bos) iv - 460 p.
HALLER, John S. jr. (1971/1995) Outcasts From Evolution: Scientific Attitudes of Racial Inferiority, 1859-1900. Southern Illinois University Press Carbondale xv - 228 p.
HALPERN, Catherine (2005) Jacques Derrida (1930-2004) Le subversif. pp. 52-53 Sciences humaines (mai-juin, HS spécial n° 3)
HALPERN, Mark (1987), Turing's Test and the Ideology of Artificial Intelligence. pp. 79–93 Artificial Intelligence Review vol. 1 n° 2
HALVORSON, Richard (2002) Questioning the Orthodoxy: Intelligent Design theory is breaking the scientific monopoly of Darwinism. Harvard Political Review 14 mai www.hpronline.org
HARVEY David (1989) The Condition of Postmodernity: An Enquiry in the Origins of Cultural Change. Basil Blackwell Oxford ix - 378 p.
HATCH, Elvin (1983) Culture and Morality: Relativity of Values in Anthropology. Columbia University Press New York 163p.
HAWKING, Jane (2004) Music to Move the Stars: A life with Stephen. McMillan New York 480p.
HAWKINS, Michael (1997) Hunting Down the Universe: the missing mass, primordial black holes and other dark matters. Little, Brown 278p.
HAYLES, N, Katherine (1999) How We Became Posthuman: Virtual Bodies in Cybernetics, Literature, and Informatics. U. of Chicago Press Chicago & London 350 p.
HEGAR, Alfred (1911) Die Wiederkehr des Gleichen und die Vervolkommung des Menshengeschlectes. pp. 72-85 Arhiv für Rassen und Gesellshaftsbiologie 8
HENDIN, Herbert (1997) Seduced by Death: Doctors, Patients and the Dutch Care. W.W. Norton New York 256p.
HERDT, Gilbert; STOLLER, Robert J. (1989/1990) Intimate communications. Columbia U. Press New York 467 p.
HIMMELFARB, Gertrude (1959/1968) Darwin and the Darwinian Revolution. W. W. Norton & Co. New York
HITLER, Adolf (1924/1979) Mon combat. (traduction intégrale de Mein Kampf par J. Gaudefroy-Demombynes et A. Calmettes.) Nouvelles édi-

tions latines Paris 686 p.
HITLER, Adolf (1944/1973) Hitler's Table Talks 1941-44: His Private Conversations. Translated by Norman Cameron and R.H. Stevens Weidenfeld and Nicolson London xxxix - 746 p.
HORGAN, John (1995) Profile: Fred Hoyle: The Return of the Maverick. pp. 46-47 Scientific American March vol. 272 n° 3
HSU, Feng-Hsiung, Thomas Anantharaman, Murray Campbell et Andreas Nowatzyk (1990) A Grandmaster Chess Machine.
pp. 44-50 Scientific American oct. vol. 263, n° 4
www.disi.unige.it/person/DelzannoG/AI2/hsu.html
HUGO, Victor (1987) Œuvres complètes.
Robert Laffont Choses vues / Histoire – Bouquins
HUME, David (1740/1991) La Morale: Traité de la nature humaine. (livre III, trad. Phil. Saltel) GF Flammarion Paris 282 p.
HUME, David (1748) Enquête sur l'entendement humain. [Traduction française de Philippe Folliot, Août 2002]
http://perso.club-internet.fr/folliot.philippe/
HUTIN, Jeanne-Emmanuelle (1998) Henri IV voulait vraiment la paix du royaume: Les explications de l'historien Jean Delumeau. Dimanche Ouest-France - 15 février
www.ouest-france.fr/dossiershtm/editnantes/delumeau.htm
HUXLEY, Aldous (1927/1968) Religion sans révélation.
Stock [Paris] 255 p.
HUXLEY, Aldous (1958/1990) Retour au meilleur des mondes.
Plon [Paris] 155 p.
HUXLEY, Julian (1958) Introduction. pp. ix-xv (dans The Origin of the Species). Mentor New York 479 p.
HYMAN, Stanley Edgar (1962) The Tangled Bank; Darwin, Marx, Frazer and Freud as imaginative writers.
Atheneum New York xii -492 p.
JAKI, Stanley L. (1969/1989) Brain, Mind and Computers.
Regnery Gateway Washington DC 316 p.
JOHNSON, Phillip (1995) What (If Anything) Hath God Wrought? Academic Freedom and the Religious Professor. Academe Sept.
JONES, D. Gareth (1984) Brave New People: Ethical Issues at the commencement of life. InterVarsity Press Downers Grove IL 221 p.
JORION, Paul (2000) Turing, ou la tentation de comprendre. l'Homme n° 153 pp. 251-268
JOURNET, Nicolas (2005) L'Affaire Sokal: pourquoi la France?
pp. 14-16 Sciences humaines (mai-juin, HS spécial n° 3)
JULES CÉSAR (58 à 52 av JC/ 1926) Guerre des Gaules, [Bellum Gallicum].
Traduction L.-A. Constans
http://wikisource.org/wiki/La_Guerre_des_Gaules
KARLEKAR, Karin Deutsch (2003) Freedom of The Press 2003: A Global Survey of Media Independence. Freedom House Rowman & Littlefield

Publishers, Inc. New York
http://freedomhouse.org
KARSZ, Saul (1974) Théorie et Politique: Louis Althusser.
Fayard Paris 340 p.
KASS, Leon (2004) Entretien: La posthumanité ou le piège des désirs sans fin. (propos recueillis par A. Robitaille). pp. 80-90 Argument vol. 7 n° 1
www.revueargument.ca
KREEFT, Peter (1994) C. S. Lewis for the Third Millenium. Ignatius Press San Francisco CA 193 p.
KREEFT, Peter (1996) The Journey: A Spiritual Roadmap for Modern Pilgrims. InterVarsity Press Downers Grove IL 128 p.
KREEFT, Peter (1999) A Refutation of Moral Relativism: Interviews with an Absolutist. Ignatius Press San Francisco CA 177 p.
KUHN, Thomas S. (1972) La Structure des Révolutions Scientifiques. Flammarion Paris 246 p.
KURZWEIL, Raymond (1999) The Age of Spiritual Machines: When Computers Exceed Human Intelligence.
Viking Press New York xii - 388 p.
www.penguinputnam.com/kurzweil/excerpts/chap6/chap6.htm
LALLEMAND, Suzanne (1974) Cosmologie, Cosmogonie. pp. 20-32 dans Marc Augé (éd.) 1974a
LANDAU, Paul (2004) La légalité des attentats-suicides au regard du droit musulman.
http://forum.subversiv.com/index.php?id=8680
LARSON, Edward J. & Larry WITHAM (1999) Scientists and Religion in America. Scientific American vol. 281 n° 3 Sept.
LAUDAN, Larry (1988) The Demise of the Demarcation Problem.
pp. 337-366 dans But is it Science? The philosophical question in the Creation/Evolution controversy. M. Ruse (ed.)
Prometheus Buffalo NY 406 p.
LE GOFF, Jacques (1999) Le Moyen Âge de Jacques Le Goff (Entretien).
pp. 80-86 L'Histoire n° 236
LE GOFF, Jacques (2000) Le christianisme a libéré les femmes.
pp. 34-38 L'Histoire n° 245
LEITHART, Peter J. (1996) The Politics of Baptism. pp. 5-6
First Things n° 68 Dec.
www.firstthings.com/ftissues/ft9612/opinion/leithart.html
LESSL, Thomas M. (1988) Heresy, Orthodoxy, and the Politics of Science.
pp. 18-34 Quarterly Journal of Speech v. 74, n. 1, Feb.
LÉVY-LEBLOND, J.-M. & JAUBERT, Alain (1972/75) (Auto)critique de la science. Seuil Paris (coll. Points. Sciences; S53) 310 p.
LEWIS, C. S. (1943/1977) Mere Christianity. MacMillan New York 190 p.
LEWIS, C. S. (1943/1985) Les fondemenents du christianisme. (éd. révisé de Voilà pourquoi je suis chrétien) Éditions LLB Guebwiller, France (coll. Points de vue) 236 p.

LEWIS, C. S. (1943/1986) L'Abolition de l'homme: réflexions sur l'éducation. (traduction et préface d'Irène Fernandez) Criterion Limoges 201 p.
Etexte anglais: www.columbia.edu/cu/augustine/arch/lewis/abolition1.htm
LEWIS, C. S. (1944-46/1997) La trilogie cosmique (Au-delà de la planète silencieuse; Perelandra; Cette hideuse puissance. traduit de l'anglais par Maurice Le Pichoux) L'Âge d'homme Lausanne 615 p.
LEWIS, C. S. (1947/2002) God in the Dock. (Walter Hooper éd.). Eerdmans Grand Rapids MI 347 p.
LEWIS, C. S. (1951/1970a) Prince Caspian. MacMillan New York 216 p.
LEWIS, C. S. (1955) Surprised by Joy. Harcourt Brace Jovanovich New York 238 p.
LEWIS, C. S. (1955/2001) Le Neveu du Magicien. Gallimard jeunesse Paris 211 p.
LEWIS, C. S. (1961/1974) Apprendre la mort. trad. par J. Prignaud et T. Radcliffe Éditions du Cerf Paris (coll. Évangile au XXe siècle) 124 p.
LEWIS, C. S. (1962) They Asked for a Paper. Geoffrey Bles London 211 p.
LEWIS, C. S. (1970/1986) Dieu au banc des accusés. (edité par Walter Hooper, trad. Astrid & Etienne Huser) Éditions Brummen Verlag Bâle 111 p.
LEWIS, C. S. (1986b) Present Concerns. Harvest/Harcourt Brace & Co. London/New York 108p.
LEWONTIN, Richard (1997) A review of Carl Sagan's book Billions and Billions of Demons. pp. 28-32
New York Review of Books, Jan. 9, vol. 44 n°1
www.nybooks.com/articles/article-preview?article_id=1297
LINNÉ, Carl von (1744/1972) L'équilibre de la nature. Librairie philosophique VRIN Paris
LINTON, Michael R. (1996) Redemptive Sex at the Met. pp. 26-29
First Things n° 68 December.
www.firstthings.com/ftissues/ft9612/articles/linton.html
LUCAS, John Randolph (1961) Minds, Machines and Goedel. pp. 112-127 Philosophy 36
http://users.ox.ac.uk/~jrlucas/Godel/mmg.html
LUCKMANN, Thomas (1970) The Invisible Religion. MacMillan New York 128 p.
LYDEN, John C. (2003) Film as Religion: Myths, Morals and Rituals. New York University Press 287p.
LYOTARD, Jean François (1979) La condition postmoderne. Éditions de Minuit Paris 109 p.
LYOTARD, Jean-François (1996) Musique et postmodernité. pp. 3-16 Surfaces vol. 6. 203 (27/11)
http://pum12.pum.umontreal.ca/revues/surfaces/vol6/lyotard.html
MACCORMAC, Earl R. (1976) Metaphor and Myth in Science and Religion.

Duke U. Press Durham NC 167 p.

MAHOMET (≈650ap. JC/1979) Le Coran. (traduit de l'arabe par Jean Grosjean) Éd. Philippe Lebaud 390 p.

MAO TSETOUNG (1976) Cinq essais philosophiques. Éditions en langues étrangères Pékin 295 p.

MARCEAU, Richard (2003) Extrait des délibérations de la Chambre des Communes [Canada] à l'occasion de la deuxième et dernière heure de débat portant considération de la motion M-288 (Processus de nomination des juges). Parrainé par le député de Charlesbourg / Jacques-Cartier, Richard Marceau, Ottawa, le 26 septembre 2003
www.parl.gc.ca/37/2/parlbus/chambus/house/debates/128_2003-09-26/han128_1325-F.htm

MAYR, Ernst (1942) Systematics and the origin of species.
Columbia University Press, New York

MAYR, Ernst (1997) Interview. pp. 8-11
Natural History; May; vol. 106 n° 4

MARX, Karl (1859) Contribution à la Critique de l'Économie Politique.
Editions Sociales

MCHUGH, Josh (2003) Google Sells Its Soul. pp. 130-135
Wired vol. 11 n° 1 January

MEILAENDER, Gilbert (2002) Between Beasts and God. pp. 23-29
First Things n° 119 January
http://print.firstthings.com/ftissues/ft0201/articles/meilaender.html

MELY, Benoît (2002) Est-ce à l'école laïque de valoriser «le religieux»? Observations critiques sur le rapport Debray. les Cahiers Rationalistes, (sept.-oct.) - n° 560
http://perso.wanadoo.fr/union.rationaliste44/Cadres%20Dossiers%20en%20Ligne/Dossiers_en_ligne/Laicite/Dossier%20Mely/mely%20rapport%20debray.htm

MENDUM, Mary Lou (2001) Defending the Teaching of Evolution in the Public Schools: Ten Tips For Letter Hacking. NCSE Reports 1996; March 19 16(4): 19-20 www.ncseweb.org/resources/articles/4633_ten_tips_for_letter_hacking_3_19_2001.asp

MESSALL, Rebecca (2004) The Long Road of Eugenics: From Rockefeller to Roe v. Wade. pp. 33-74
Human Life Review, Fall
www.nla.org/Documents/eugenics.pdf

MIDGLEY, Mary (1985) Evolution As a Religion: Strange Hopes and Stranger Fears. Methuen London/New York

MIDGLEY, Mary (1992) Science as Salvation: A modern myth and its meaning. Routledge London & NY 239 p.

MILLER, Kristin J. (1996) Human Rights of Women In Iran: The Universalist Approach And The Relativist Response.
Emory International Law Review, vol. 10 n° 2 Fall
www.law.emory.edu/EILR/volumes/win96/miller.html

MINSKY, Marvin (1994) Will Robots Inherit the Earth?
Scientific American, October pp. 108-113
www.ai.mit.edu/people/minsky/papers/sciam.inherit.txt
MITCHELL C. Ben (1999) Of Euphemisms and Euthanasia: The Language Games of the Nazi Doctors and Some Implications for the Modern Euthanasia Movement. pp. 255 – 265 Omega: The Journal of Death and Dying vol. 40, n° 1
MONOD, Jacques ([1971) Le hasard et la nécessité: essai sur la philosophie naturelle de la biologie moderne.
Seuil Paris 197 p.
MORTON, Tom (2000) The Descent of Man Episode 1: The Moral Animal Broadcast on The Science Show on ABC Radio National Presented and produced by Tom Morton
www.abc.net.au/science/descent/trans1.htm
MUGGERIDGE, Malcom (1977/1978) Christ and the Media. Eerdmanns Grand Rapids MI (coll. London Lectures in Contemporary Christianity) 127 p.
MUGGERIDGE, Malcom (1979) The Great Liberal Death Wish. Imprimis, the monthly journal of Hillsdale College. May, vol 8, n° 5
www.orthodoxytoday.org/articles/MuggeridgeLiberal.shtm
MUGGERIDGE, Malcom (1988) Confessions of a Twentieth Century Pilgrim. Harper San Francisco 144p.
MURGUÍA, Guillermo Agudelo; AGUDELO, Juan Sebastián (2002) The sentient universe. In search of the theory of cosmic evolution. Research Institute on Human Evolution.
www.humanevol.com/doc/doc200302100400.html
NADEAU, Robert (2004) Démocratisation ou chasse aux sorcières.
Journal du Barreau du Québec vol. 36 n° 4 - 1er mars
www.barreau.qc.ca/journal/frameset.asp?article=/journal/vol36/no4/justiceetsociete.html
NIETZCHE, Friedrich (1882/1950) Le gai savoir.
(traduit de l'allemand par Alexandre Vialatte) Éditions Gallimard Paris (coll. Folio/Essais 17) 373 p.
NIETZSCHE, Friedrich (1883/1971) Ainsi parlait Zarathoustra: un livre qui est pour tous et qui n'est pour personne.
Gallimard Paris (coll. Idées 267) 507 p.
NIETZSCHE, Friedrich (1899/1970) Crépuscule des idoles; suivi de Le cas Wagner. (trad. d'Henri et autres. Médiations; 68)
Denoël Gonthier Paris 190 p.
NIETZSCHE, Friedrich (1977) Œuvres philosophiques complètes, vol. XIV: Fragments posthumes, début 1888 – janv. 1889.
Gallimard Paris 507 p.
ORWELL, George (1949/1984) Mille neuf cent quatre-vingt-quatre.
Gallimard [Paris] (coll. Folio; 822) 438 p.
PASCAL, Blaise (1670/1960) Pensées. (Texte de l'édition Brunschvicg)

Garnier Paris (coll. Classiques) 342 p.
PEARCEY, Nancey (2004) Total Truth. Crossway Wheaton IL 479p.
PENROSE, Roger (1994) Shadows of the Mind: A Search for the Missing Science of Consciousness. Oxford UP, Oxford xvi-457 p.
PEPPERELL, Robert (1997) The Post-Human Condition. Intellect Exeter UK xi - 206 p.
PFEIFFER, John E. (1972) The Emergence of Man. Harper & Row New York 550p.
PHILLIPS, Winfred (2000) The Extraordinary Future. www.mind.ilstu.edu/published/Phillips/PhillipsTOC.html
PICHOT, André (2000) La société pure: De Darwin à Hitler. Flammarion Paris 453 p.
POPPER, Karl R. (1978) Natual Selection and the Emergence of Mind. pp. 339-355 Dialectica. Vol. 32 n° 3
POPPER, Karl R. (1979) La société ouverte et ses ennemis. Seuil Paris vols. 1-2
PORUSH, David (1992) Transcendence at the Interface: The Architecture of Cyborg Utopia -- or -- Cyberspace Utopoids as Postmodern Cargo Cult. www.cni.org/pub/LITA/Think/Porush.html
PORUSH, David (1994) Hacking the Brainstem: Postmodern Metaphysics and Stephenson's Snow Crash. pp. 537-571 Configurations 2.3
POURNIN, Kim (2004) Jacques Lacan: Un héritage au compte-gouttes. Le Figaro [le 2 septembre] www.lefigaro.fr/litteraire/20040902.LIT0016.html
PROCTOR, Robert (1988) Racial Hygiene: Medicine under the Nazis. Harvard University Press Cambridge, Massachusetts
PROPP, Vladimir (1928/1970) Morphologie du conte. Seuil/Points 12 Paris 254 p.
PROVINE, William B. (1990) Response to Phillip Johnson. (Letter) pp. 23-24 First Things n° 6 Oct. www.arn.org/docs/johnson/pjdogma2.htm
PROVINE, William B. (1994) Darwinism: Science or Naturalistic Philosophy? A debate between William B. Provine and Phillip E. Johnson at Stanford University, April 30, 1994 www.arn.org/arn/orpages/or161/161main.htm
PURTILL, R. L. (1971) Beating the Imitation Game. pp. 290-294 Mind vol. 80 n° 318
PUTALLAZ, François-Xavier (2003) La mode de l'antispécisme: un défi pour l'anthropologie? dans Quelle conception de l'homme aujourd'hui? (Actes du 5ᵉ Colloque International de la Fondation Guilé, Domaine de Guilé Boncourt 18 et19 octobre 2002) Guilé Foundation Press Suisse www.guile.net/fr/ies/livres/conception_homme_aujourdhui.pdf?PHPSESSID=fe034d0aef145c93d5e2f5424e5b64b8

RADFORD, Tim (1999) Is Science Killing The Soul?
 Échange publique au Westminster Central Hall à Londres avec Steven Pinker et Richard Dawkins (10 février)
 http://home.no.net/gladmann/dawkin1.htm
RAYMO, Chet (2000) A New Paradigm for Thomas Kuhn: Steve Fuller argues that Kuhn's ideas were anything but revolutionary. pp. 104-105 Scientific American vol. 283 n° 3 Sept.
 www.sciam.com/article.cfm?articleID=000C138A-D70A-1C73-9B81809EC588EF21
RESZLER, André (1981) Mythes politiques modernes. PUF Paris 230 p.
RICHARDS, Robert J. (1992) The Meaning of Evolution: The Morphological Construction and Ideological Reconstruction of Darwin's Theory. University of Chicago Press [Chicago] (coll. Science and Its Conceptual Foundations) 206 p.
RIES, Curt (1956) Goebbels, Joseph: 1897-1945. Fayard Paris 669 p.
ROBERT, Michel (2003) Allocution prononcée au Banquet-bénéfice de l'institut Canadien d'Administration de la Justice en hommage à l'honorable Charles D. Gonthier, Juge de la cour suprême du Canada au Ritz Carlton de Montréal 1er Mai 2003
 www.tribunaux.qc.ca/c-appel/propos/Allocution_JJ_Michel%20Robert_Charles_D_Gonthier%2001-05-03/Allocution%20banquet%20b%E9n%E9fice%20Charles%20Gonthier.pdf
ROSE H.& S. Rose éds. (2000) Alas Poor Darwin: Arguments Against Evolutionary Psychology. Harmony Books New York
ROSNAY, Joël de (1995) L'homme symbiotique. Seuil Paris
ROTHSTEIN, Edward (2004) The Meaning of 'Human' in Embryonic Research. The New York Times (Arts) March 13
 www2.kenyon.edu/Depts/Religion/Fac/Adler/Misc/Human.htm
ROUSSEAU, Jean-Jacques (1755/1985) Discours sur l'origine et les fondements de l'inégalité parmi les hommes. Gallimard [Paris] (folio-Essais) 185p.
ROWE, Dorothy (1982) The Construction of Life and Death. John Wiley & Sons Chichester (UK) 218p.
RUSE, Michael (2004) L'altruisme animale. pp. 62-66
 Sciences & Avenir (hors série) n° 139 juin/juil.
RUSE, Michael (2005) The Evolution-Creation Struggle. Harvard University Press 336 p.
RUSSELL, Bertrand (1957/1964) Pourquoi je ne suis pas chrétien: et autres essais. J.-J. Pauvert [Paris] (Collection Libertés; 11) 177 p.
RUSSELL, Bertrand (1971) Science et religion. Gallimard [Paris] (Collection Idées; 248) 187 p.
RUTHVEN, Malise (1990) A Satanic Affair: Salman Rushdie and the rage of Islam. Chatto & Windus London 184 p.
SADE, Marquis de; Blanchot, Maurice (1795/1972) Français, encore un effort si vous voulez être républicains. (extrait de «La Philosophie dans

le boudoir») précédé de L'inconvenance majeure. Jean-Jacques Pauvert Paris (coll. Libertés nouvelles; 23) 163 p.

SARTRE, J.- P. (1938) La nausée. Gallimard [Paris] 249 p.

SARTRE, J.- P. (1980) Jean-Paul Sartre (avec Benny Levy): L'espoir, maintenant. pp. 19, 56-60 Le nouvel observateur 10 mars n° 800

SAYGIN, Ayse Pinar; Ilyas Cicekli & Varol Akman (2000) Turing Test: 50 Years Later. pp. 463–518 Minds and Machines vol. 10

SAYOUS, Pierre André (1881/1970) Études littéraires sur les écrivains français de la Réformation. (2 t. en 1 v.) Slatkine Genève

SCHAEFFER, Francis (1968/1989) Dieu, illusion ou réalité? Ed. Kerygma Aix-en-Provence 155 p.
www.bible-ouverte.ch/livres/realite.htm

SCHAEFFER; Francis (1982/1994) The Complete Works of Francis Schaeffer: A Christian World-View.
Crossway Books Wheaton IL vols. I-V

SEARLE, John R. (1980), Minds, Brains and Programs. pp. 417–424 Behavioral and Brain Sciences vol. 3. Cambridge University Press

SEARLE, John (1980) Minds, brains, and programs. pp. 353-373 dans D. Hofstadter & D. Dennett (Eds.), The Mind's I: Fantasies and Reflections on Self and Soul. Basic Books New York

SCHMITZ, Christin (2004) Quebec's chief justice sees a need to change traditional legal training. pp. 1, 7 The Lawyers Weekly May 7 vol. 24 n° 1

SCHOLTE, Bob (1980) Anthropological Traditions: their definition pp. 53-87 dans Anthropology: Ancestors and Heirs. Stanley Diamond (éd.) Mouton The Hague 462 p.

SCHOLTE, Bob (1983) Cultural Anthropology and the Paradigm-Concept. pp. 229-278 dans Functions and Uses of Disciplinary Histories. Graham, Wolf et Weingart (éds.) Reidel Dordrecht 307 p.

SCHWARTZ, Peter (2000) Man and Nature: the Real Conflict. www.intellectualcapital.com/issues/issue381/item9641.asp

SHAFFER, Butler (2005) Extremism In Defense of the Status Quo.
www.lewrockwell.com/shaffer/shaffer95.html

SHELDON, Tony (2005) Killing or caring? BMJ (British Medical Journal); vol. 330: 560 (12 March), NEWS
http://bmj.bmjjournals.com/cgi/content/extract/330/7491/560

SINGER, Peter (1993/1997) Questions d'éthique pratique.
Bayard Éditions Paris 370 p.

SINGHAM, Mano (2000) Teaching and Propaganda. Physics Today June, [Opinion] www.aip.org/pt/opin600.htm

SMITH, Pierre (1974) La nature des mythes pp. 248-263 dans Morin et Piattelli-Palmarini (éds.) L'unité de l'homme (Vol.3) Seuil Paris 390 p.

SNOW, Judith (1998) The Euthanasia and Assisted Suicide Follies. 22 Oct.
ww.ccdonline.ca/publications/latimer-watch/1098a.htm

SOKAL, Alan D. (1996a) Transgressing The Boundaries: Towards A

Transformative Hermeneutics Of Quantum Gravity. pp. 217-252 Social Text n° 46/47, spring/summer
www.physics.nyu.edu/faculty/sokal/transgress_v2/transgress_v2_singlefile.html
SOKAL, Alan D. (1996b) A Physicist Experiments with Cultural Studies. pp. 62-64 Lingua Franca, May/June
www.physics.nyu.edu/faculty/sokal/lingua_franca_v4/lingua_franca_v4.html
SOLJÉNITSYNE, Alexandr I. (1978) A World Split Apart. Commencement Address Delivered At Harvard University. June 8, 1978
www.forerunner.com/forerunner/X0113_Solzhenitsyns_Harvar.htmll
SPEER, Albert (1970) Inside The Third Riech: Memoirs. Macmillan New York 596 p.
SUPERTRAMP (1987) The Logical Song (album: Breakfast in America) Rick Davies / Roger Hodgson
STARK, Rodney (1999) Atheism, Faith, and the Social Scientific Study of Religion. pp. 41–62 Journal of Contemporary Religion 14 (1)
STARK, Rodney (2003) For The Glory of God: How Monotheism Led to Reformations, Science, Witch-Hunts, and the End of Slavery. Princeton University Press Princeton
STEINER, George (1974) Nostalgia for the Absolute. C.B.C. Publications Toronto 61 p.
STEINER, George (2001) Grammaires de la création. Gallimard [Paris] (collection NRF-essais) 430p.
STRAUGHAN, Roger (1999) Ethics, morality and animal biotechnology. Biotechnology and Biological Sciences Research Council, Swindon UK 28 p.
STROBEL, Lee (2004) The Case for a Creator. Zondervan Grand Rapids MI 340 p.
TERTULLIEN, (≈200 ap JC) Traité du baptême. 18, 5. Sources chrétiennes 35. 92-93
THOMPSON, Gary (1997) Rhetoric Through Media. Allyn & Bacon London 658 p.
THORNHILL, Randy & Palmer, Craig T. (2000/2002) Viol: comprendre les causes biologiques du viol pour les surmonter, l'éviter et ne plus le perpétrer. Favre Lausanne 325p.
THUILLER, Pierre (1972) Jeux et enjeux de la science: Essai d'épistémologie critique. Laffont Paris 332 p.
TIPLER, Frank J. (2003) Refereed Journals: Do They Insure Quality or Enforce Orthodoxy? ISCID - June 30,
www.iscid.org/papers/Tipler_PeerReview_070103.pdf
TOCQUEVILLE, Alexis de (1835) De la démocratie en Amérique. vol. I
www.uqac.uquebec.ca/zone30/Classiques_des_sciences_sociales/index.html
TOCQUEVILLE, Alexis de (1840) De la démocratie en Amérique. vol. II

www.uqac.uquebec.ca/zone30/Classiques_des_sciences_sociales/index.html
TOULMIN, Stephen (1957) Contemporary Scientific Mythology.
pp. 13-81 dans Metaphysical Beliefs. Alasdair MacIntyre (éd.)
SCM Press London 216 p.
TURING, Alan (1950) Computing Machinery and Intelligence.
pp. 433–460 Mind vol. 59 n° 236
www.abelard.org/turpap/turpap.htm
ULLMAN, Ellen (2002) Programming the Post-Human. pp. 60-70 Harpers Magazine October
UNESCO (2005) Note explicative sur l'élaboration de l'avant-projet d'une déclaration relative à des normes universelles en matière de bioéthique. (Division de l'éthique des sciences et des technologies, Siège de l'UNESCO, 4-6 avril, [SHS-2005/CONF.203/CLD.4])
UNIVERSALIS (2003) Encylopédie CD-Universalis.
version 8.0 pour Mac.
VEITH, Gene Edward jr. (1994) Postmodern Times.
Crossway Books Wheaton IL 256 p.
VERHAGEN, Eduard & Sauer, Pieter J.J (2005a) The Groningen Protocol — Euthanasia in Severely Ill Newborns. pp. 959- 962 N Engl J Med vol 352 n° 10 march 10
http://content.nejm.org/cgi/content/full/352/10/959
VERHAGEN, Eduard &.Sauer, Pieter J.J (2005b) Correspondance.
p. 2355 N Engl J Med. vol. 352 n° 22 June 2,
VOLTAIRE (1761) L'education des filles.
Etexte: http://un2sg4.unige.ch/athena/
VONNEGUT, Kurt Jr. (1961) Mother Night. Dell Publishing New York
VONNEGUT, Kurt Jr. (1969/1975) Slaughterhouse Five: or the Children's Crusade, a Duty-Dance with Death.
Dell Publishing Co. Inc, New York, , 225 p.
WEBER, Bruce (1996) A Mean Chess-Playing Computer Tears at the Meaning of Thought. New York Times, February 19
WEIKART, Richard (2004) From Darwin to Hitler: Evolutionary Ethics, Eugenics, and Racism in Germany. Palgrave Macmillan New York
WEIL, Simone (1949) L'Enracinement: Prélude à une déclaration des devoirs envers l'être humain. Gallimard Paris Collection idées 381p.
www.uqac.ca/zone30/Classiques_des_sciences_sociales/html/ biblio_classiques.htm
WEINBERG, Steven (1977/1980) Les Trois premières minutes de l'univers. Seuil Paris (Coll. Points Sciences s20.) 210 p.
WELLS, H. G. (1893) Text-Book of Biology[539]. [with an introduction by G. B. Howes], 2 vols London: [Clive]
WELLS, H. G. (1902) Anticipations of the Reactions of Mechanical and Scientific Progress Upon Human Life and Thought, Bernhard Tauchnitz, Leipzig

WELLS, H. G. (1905) A Modern Utopia.
www.marxists.org/reference/archive/hgwells/1905/modern-utopia/
WERTH, Paul W. (2000) From "Pagan" Muslims to "Baptized" Communists: Religioius Conversion and Ethnic particularity in Russia's Eastern Provinces. pp. 497-523 Society for Comparative Study of Society and History vol. 42 n° 3
WHITE, Lynn (1978) Medieval Religion and Technology. U. of California Press Berkeley 360 p.
WHITEHEAD, Alfred N. (1929/1958) The Function of Reason. Beacon Press Boston 90 p.
WILBERFORCE, William (1822) Lettre à l'empereur Alexandre sur la traite des Noirs, G. Schulze Imp. Londres
www.gutenberg.net/1/0/6/8/10683/
WISE, Steven M. (2000) Rattling the cage: Toward Legal Rights for Animals. Perseus Cambridge MS 362 p.
WITTGENSTEIN, Ludwig (1921/1986) Tractatus logico-philosophicus. Gallimard [Paris] (coll. Tel: 109) 364 p.
Etexte anglais et alllemand: www.kfs.org/~jonathan/witt/tlph.html
YOUSSOUF, Cheikh (2005) Les conceptions politiques de l'islam.
http://forum.subversiv.com/index.php?id=31110
www.harissa.com/D_forum/Israel/lesconceptions.htm

8 / Notes

1 - Nous utiliserons aussi, dans ce texte, le terme système idéologico-religieux.

2 - Une cosmologie matérialiste affirme donc que tout ce qui existe dans l'univers résulte de causes matérielles dont les effets sont liés aux lois de la nature. Chez les marxistes ce point de doctrine a été véhiculé de manière massive par l'expression: *L'infrastructure est déterminante en dernière instance.*

3 - Élément d'une idéologie ou d'une religion qui s'intéresse au futur ou à la fin des temps.

4 - **Universalis 2003** (notice: Enfer et paradis):

> En ordre ascendant, ce sont le ciel d'Indra, peuplé de danseuses et de musiciens, le ciel de Çiva où règnent le dieu et sa famille, le ciel de Vishnu, construit tout en or et parsemé d'étangs couverts de lotus, le ciel de Krishna, avec ses danseuses et ses fervents, enfin le ciel de Brahma, où les âmes jouissent de la compagnie de nymphes célestes.

5 - Voir à ce sujet Porush (1992).

6 - Ensemble de croyances touchant l'avenir, la destinée.

7 - Ce terme est admissible puisque employé régulièrement en sciences sociales dans un sens élargi comme l'entendent P. Smith (1974), E. MacCormac (1976), A. Reszler (1981), et d'autres, c'est-à-dire que le mythe n'est pas forcément un récit d'événements passés impliquant des êtres ou forces surnaturels, mais simplement un véhicule pédagogique permettant la transmission d'informations cosmologiques diverses.

8 - Par inertie culturelle, dans une certaine mesure.

9 - Régis Debray écrit à ce sujet (1981: 413):

> L'Incarnation chrétienne est d'abord à l'origine de notre foi politique. En acceptant de naître et de mourir pour nous racheter, le Dieu chrétien a sacralisé l'histoire profane, en lui donnant un sens, et un seul. Se sont alors trouvés rigoureusement superposés le monde intelligible du sens et le monde irréversible de l'événement. Croire dans ce Dieu-processus, c'est croire que l'histoire ne procède pas en vain, venue de rien, allant vers rien, au coup par coup. Croire en l'Histoire-processus, c'est croire que le transcendant procède dans l'immanence, de façon que les seules voies d'accès à la transcendance passent en retour par l'immanence. Première condition de possibilité de la politique comme art suprême ou du salut comme chef-d'œuvre politique. Du moment que le Logos rationnel s'est investi en entier dans le réel, nous pourrons à notre tour investir la totalité du réel en faisant nôtre sa rationalité cachée.

10 - C'est un fait peu connu que des ordinateurs IBM de la première génération ont servi à la gestion du système des camps de concentration nazis. Voir à ce sujet le livre d'Edwin Black, **IBM et l'Holocauste**. 2001.

11 - Ce concept d'histoire unilinéaire est gravé dans la mémoire collective de l'Occident par des ouvrages tels que le **Discours sur l'histoire universelle** de Bossuet. Cet auteur entame son étude avec le récit de la Genèse pour terminer avec les rois de France... Ouvrant la voie au postmoderne,

l'anthropologue Claude Lévi-Strauss affirme (1962: 341) «L'histoire n'est donc jamais l'histoire, mais l'histoire-pour. Partiale même si elle se défend de l'être, elle demeure inévitablement partielle, ce qui est encore un mode de la partialité.» À ce sujet J. - F. Lyotard mentionne (1996:3-4):
> L'Occident est cette région du monde humain qui invente l'Idée de l'émancipation, de l'auto-constitution des communautés par elles-mêmes, et qui essaie de réaliser cette idée. La mise en actes se soutient du principe que l'histoire est l'inscription du progrès de la liberté dans l'espace et le temps humains. La première expression de ce principe est chrétienne, la dernière marxiste.

12 - Camus nous donne un exemple, parmi tant d'autres, de l'influence judéo-chrétienne sur le concept d'histoire (1951: 241):
> En opposition au monde antique, l'unité du monde chrétien et du monde marxiste est frappante. Les deux doctrines ont, en commun, une vision du monde qui les sépare de l'attitude grecque. Jaspers la définit très bien: «C'est une pensée chrétienne que de considérer l'Histoire des hommes comme strictement unique.» Les chrétiens ont, les premiers, considéré la vie humaine, et la suite des événements, comme une histoire qui se déroule à partir d'une origine vers une fin, au cours de laquelle l'homme gagne son salut ou mérite son châtiment. La philosophie de l'histoire est née d'une représentation chrétienne, surprenante pour un esprit grec. La notion grecque du devenir n'a rien de commun avec notre idée de l'évolution historique. La différence entre les deux est celle qui sépare un cercle d'une ligne droite. Les Grecs se représentaient le monde comme cyclique.

13 - L'historien allemand Karl Dietrich Bracher explore la question en notant le caractère religieux du phénomène (1969/1995: 30-31):
> En fait, la dictature moderne se distingue de l'absolutisme historique en ce qu'elle exige l'annihilation de l'individu. Elle le contraint à s'intégrer à de gigantesques organisations de masse et à professer une idéologie politique élevée au rang de religion (ou de substitut de religion). Cette sacralisation du domaine politique s'appuie sur un mythe politique suprême — dans le cas du fascisme, celui d'un passé impérial; dans celui du communisme, une utopie sociale à venir; dans celui du national-socialisme, enfin, la doctrine de la supériorité raciale.

14 - Pour certains, il y a là hérésie, mais passons...
15 - En Amérique du moins.
16 - Pour certains, la chose semble pensable. Camus, par exemple, note (1951: 19): «Si notre temps admet aisément que le meurtre ait ses justifications, c'est à cause de cette indifférence à la vie qui est la marque du nihilisme.» (Camus 1951: 189) «Le cynisme, la divinisation de l'histoire et de la matière, la terreur individuelle ou le crime d'État, ces conséquences démesurées vont alors naître, toutes armées, d'une équivoque conception du monde qui remet à la seule histoire le soin de produire les valeurs et la

vérité.» L'anthropologue Ernst Gellner a exploré l'héritage du Siècle des Lumières repris par les nazis (1999: 88).

17 - Au Québec, les signataires du **Refus global**, avant-garde de la Révolution tranquille, en 1948, déclarent (Borduas 1948):

> Nos instruments scientifiques nous donnent d'extraordinaires moyens d'investigation, de contrôle des trop petits, trop rapides, trop vibrants, trop lents ou trop grands pour nous. Notre raison permet l'envahissement du monde, mais d'un monde où nous avons perdu notre unité.

18 - Qui affirme que l'homme sera dépassé dans le processus évolutif par d'autres formes de vie, dont possiblement des fusions bio-informatiques ou des cyborgues. On voit aussi la désignation transhumanisme.

19 - Et la chute du mur de Berlin et du Rideau de fer n'ont rien à voir…

20 - Gellner dit, possiblement en boutade, à l'égard du postmodernisme (1999: 29) «En anthropologie, cela signifie en effet l'abandon de toute tentative sérieuse de fournir un compte rendu raisonnablement précis, documenté et vérifiable de quoi que ce soit.»

21 - Suzanne Lallemand expose les éléments majeurs impliqués par la notion de cosmologie, en même temps que la notion plus restreinte de cosmogonie. (Lallemand 1974: 20-21):

> Les concepts de cosmologie et de cosmogonie ont des champs sémantiques d'ampleur inégale, le premier de ces termes tendant à englober le second. En effet, l'anthropologie peut définir la cosmologie comme un ensemble de croyances et de connaissances, un savoir composite, rendant compte de l'univers naturel et humain; quant à la cosmogonie (partie de la cosmologie centrée sur la création du monde) elle expose, sous forme de mythes, les origines du cosmos et le processus de constitution de la société. Ainsi, la cosmologie - à laquelle nous nous intéressons de manière prioritaire - se présente comme une exigence de synthèse, comme la recherche d'une vision totalisante du monde; réductrice, puisqu'elle dégage et privilégie certains éléments perçus comme constitutifs de l'univers, elle est aussi explicative, car elle ordonne et met en rapport le milieu naturel et les traits culturels du groupe qui l'a produite.

22 - Steiner remarque que certains attribuent cet état des choses à une confrontation avec la pensée du Siècle des Lumières et d'autres au développement de la théorie de l'évolution. Steiner, lui-même, ne prend pas position sur ce point.

23 - La théologie chrétienne, il va sans dire…

24 - Ou de Saint-Christophe, pour ceux dont le sens d'orientation laissait à désirer…

25 - Socialiste notoire pendant une bonne partie de sa vie, Muggeridge, tandis qu'il était correspondant pour la Manchester Guardian à Moscou, a été l'un des premiers journalistes occidentaux à rapporter les faits concernant la famine en Ukraine sous Staline dans les années 30.

Famine provoquée par l'État soviétique dans le but d'éliminer des masses paysannes jugées contre-révolutionnaires. Des millions de personnes y ont trouvé la mort.

26 - C'est d'ailleurs une position déjà admise et explorée par certains anthropologues. Marc Augé remarque par exemple (1982: 320):
> Car ce serait alors moins la religion qu'il s'agirait de définir comme un système culturel que la culture, appréhendée dans ses manifestations les plus contrastées, qu'il faudrait tenter de cerner comme un ensemble virtuellement systématique et implicitement religieux.

27 - Augé, par exemple, discute des parties de foot (le soccer pour les Nord-Américains) en termes de rituels religieux modernes. Il ajoute (1982: 318):
> Mais la logique ritualiste ne concerne pas seulement les rapports de domination matérielle et idéologique entre peuples. Elle est à l'origine de tous les comportements collectifs susceptibles de communiquer aux groupes, indépendamment du principe de leur constitution, une conscience, éventuellement éphémère, de leur identité et, en termes durkheimiens, de leur sacralité. Dans les sociétés modernes, les occasions de regroupements festifs ne sont ni exclusivement ni essentiellement religieuses au sens étroit du terme: la vie économique, syndicale, politique et, plus encore, la vie sportive suscitent les manifestations de masse les plus importantes; il faudrait citer aussi les grands rassemblements autour des vedettes des formes modernes de musique populaire (pop, reggae).

28 - On peut voir ici un précurseur dans les travaux anthropologiques de Carlos Castenada dans les années 70-80 qui relatent ses expériences avec le sorcier amérindien Don Juan.

29 - En Orient, où le respect pour l'appartenance à une communauté reste très important, la collision avec l'esprit postmoderne risque d'être violente.

30 - Camus ajoute (1951: 124):
> Que signifie en effet cette apologie du meurtre, sinon que, dans un monde sans signification et sans honneur, seul le désir d'être, sous toutes ses formes, est légitime? L'élan de la vie, la poussée de l'inconscient, le cri de l'irrationnel sont les seules vérités pures qu'il faille favoriser. Tout ce qui s'oppose au désir, et principalement la société, doit donc être détruit sans merci.

31 - Si, à l'époque soviétique, une blague racontait «Eux, ils font semblant de nous payer et nous on fait semblant de travailler», aujourd'hui, à l'égard des élites postmodernes les masses diront possiblement «Eux, ils font semblant de nous donner des valeurs, un sens à la vie et nous on fait semblant d'y croire…»

32 - Et chez l'anthropologue structuraliste Claude Lévi-Strauss, les oppositions binaires foisonnent.

33 - D'origine juive, Einstein n'avait pas une conception très orthodoxe de la divinité. Tout au plus, on pourrait le considérer déiste.

34 - Commentaire fait à l'égard du principe d'incertitude de Heisenberg.
35 - Voir à ce sujet le chapitre premier de **Des catégories de religion et de science: essai d'épistémologie anthropologique.**
www.samizdat.qc.ca/cosmos/sc_soc/tm_pg/tdm.htm
36 - Voir à ce sujet, Benson Saler (1977) **Supernatural as a Western Category** pp. 31-53 dans Ethnos, Vol. 5 n° 1, Spring.
37 - Voir à ce sujet une note de ma part qui examine ce concept chez les Montagnais du Québec **Épistémologies culturelles et projection de catégories de pensée.** pp. 45-62 dans Cahiers Ethnologiques N. S., Vol. 17, n° 10 1989.
www.samizdat.qc.ca/cosmos/sc_soc/surnat.html
38 - Il se contente, à peu de choses près, de répéter les paroles que les médias et les élites juridiques lui mettent dans la bouche. Évidemment, malgré la sincérité et la ferveur de ses convictions personnelles, ce politicien ne fera, généralement, rien pour remettre en question le *droit* à l'avortement.
39 - Excluant le monde sous l'influence de l'islam bien sûr.
40 - Et cela vise d'abord les adhérents à la vision du monde judéo-chrétienne.
41 - Sans s'en rendre compte, les adhérents à la vision du monde judéo-chrétienne peuvent être affectés aussi par la marginalisation de leurs croyances. En assistant au culte du dimanche, ils vivent leurs croyances, mais le reste de la semaine, ils vivent dans le monde réel, celui où règnent les présupposés postmodernes, où le hasard est la source de tout ce qui existe (et non un Dieu personnel). Il s'agit d'un monde indifférent, où le sens est évacué. Et lorsque confrontés à une détresse qui perdure ou à des circonstances tragiques et que des pensées suicidaires font leur apparition ainsi que le mensonge de la consolation de la mort, chez certains le poids de la vie réelle peut parfois remettre en question la crédibilité de l'espoir chrétien.
42 - J. - F. Lyotard note, au sujet du postmoderne (1996: 6):
> Il est également superficiel d'interpréter le postmoderne comme une révolution du moderne. L'idée même de révolution appartient à la représentation moderne d'un progrès subit accompli dans la marche vers la liberté. Elle n'a pas de sens en dehors d'une conception qui donne à l'histoire l'émancipation des hommes comme fin. Si le terme « postmoderne » a quelque sens, il doit se soustraire à cette philosophie de l'histoire, puisqu'il est censé marquer la ruine des grands récits.

43 - Ces mêmes sociétés ressentiront vraisemblablement moins le besoin d'enregistrer doctrines et rites puisque de toute manière on ne les tient pas pour absolus, d'où le changement, la modification et surtout l'addition d'éléments ne seront pas ressentis comme une menace sérieuse,... en autant qu'un «fond» subsiste. Augé note: (1974b: 35):
> Comme les mutations brusques sont rares en Histoire, comme une

organisation sociale est rarement bouleversée d'un seul coup et tout entière, du fait d'une révolution interne ou d'une intervention extérieure, il n'est pas étonnant que la cohérence idéologique puisse se maintenir alors même que l'ordre social est en fait atteint et perturbé. Cela est si vrai que les cultes dits syncrétiques semblent moins en général s'être substitués aux religions traditionnelles que s'y être ajoutés (indépendamment de ce qu'ils leur empruntent explicitement).

44 - Concernant le bouddhisme theravāda, l'Universalis fait les commentaires suivants (2003):

> On s'en tient à l'essentiel du message du Fondateur: la prise de conscience de la misère de l'existence, la certitude que cette misère réside dans le désir, la croyance dans le salut conçu comme l'extinction de tout désir (la délivrance). Aussi, il faut mener une vie de dépouillement, devenir un «saint» (*arhant*), un être sans attaches, c'est-à-dire, finalement, se faire moine mendiant (en pali: *bhikkhu*); mais, puisqu'il s'avère que tous ne se sentent pas appelés à cet état, la pratique s'est développée de persuader les fidèles laïques de faire retraite de temps à autre dans les monastères, lesquels s'enrichissent de donations substantielles.

45 - Et la question «Qui suis-je» est toujours liée, sur le plan logique, à la réponse à la question «D'où venons nous?».

46 - Et la question sous-jacente: «Comment justifier ces règles?» Et de là, on en arrive aux concepts du Bien et du Mal.

47 - Exprimé selon les termes de la théologie chrétienne on dirait: «Où est le salut?» Évidemment ce concept de salut doit être cohérent avec les principes posés par la cosmologie de ce système de croyances spécifiques. Il n'a donc pas à être exprimé en termes chrétiens ou marxistes.

48 - Même pour ses membres...

49 - Voir à ce sujet, John C. Lyden, **Film as Religion: Myths, Morals and Rituals** (2003).

50 - Phénomène exploré par l'anthropologue français Marc Augé **Football, de l'histoire sociale à l'anthropologie religieuse.**, Le Débat, n° 19, février 1982, p. 59-67 et d'autres encore.
Manuel Vazquez Montalban, **Le football, religion laïque en quête d'un nouveau Dieu**, Le Monde diplomatique, août 1997.
www.st-andrews.ac.uk/~filtafr/spo4.htm
Jean-Marie Brohm, **La religion sportive. Éléments d'analyse des faits religieux dans la pratique sportive**. Actions et Recherches Sociales, n° 3, 1983, p. 101-117.

51 - Ou **I**ntelligence **A**rtificielle (en anglais AI: *Artificial Intelligence*).

52 - Mouvement qui affirme que l'homme, homo sapiens, n'est qu'une étape sans grande importance dans l'évolution et que, dans un avenir plus ou moins rapproché, il sera remplacé par des consciences informatiques ou cyborgues plus performants.

53 - À la religion postmoderne, il va sans dire...

54 - Pas nécessairement ceux qui en sont les propriétaires, mais ceux qui contrôlent le flux de l'information et déterminent ce qui est **significatif** et digne d'intérêt.
55 - Voir au sujet de cette institution, l'article de Larson et Witham (1999).
56 - À ceci on peut ajouter les revues scientifiques de prestige qui, si on parvient à y publier un article, peuvent influencer la carrière d'un chercheur scientifique.
57 - Sinon la censure serait visible...
58 - Ce qui est devenu réalité manifeste, tant sous le communisme de Staline que sous le régime nazi d'Hitler. K. D. Bracher affirme concernant la réalité juridique nazie (1969/1995: 484):

> Le Troisième Reich détruisit d'emblée les assises d'une société fondée sur le droit. Le principe *nulla puena sine lege* fut déjà enfreint par la loi du 29 mars 1933, autorisant des poursuites (en l'occurrence contre les responsables de l'incendie du Reichstag) sur la base de dispositions pénales prises postérieurement aux faits. Nombre de juristes conservateurs contribuèrent d'ailleurs à cette évolution. Deux années plus tard, ce principe acquit une valeur universelle: dorénavant, était punissable tout ce qui allait à l'encontre de la saine opinion populaire même lorsqu'il n'existait pas de dispositions légales précises. L'arbitraire des dirigeants devenait ainsi un principe juridique, car il n'était bien entendu pas question que le peuple fît valoir ses opinions, ce qui eût été contraire à la théorie de l'État totalitaire et au principe du Führer.

59 - Ou, au contraire, abolir même le concept du crime.
60 - Il n'y a jamais eu de système juridique totalement cohérent avec la vision du monde judéo-chrétienne. L'intégration a toujours été partielle, fragmentée. Par exemple, on a mis plus d'un millénaire pour éliminer l'institution de l'esclavage.
61 - Bien que variable dans ses manifestations d'un pays à un autre et d'une époque à une autre.
62 - On peut penser aux convictions chrétiennes de l'un des antiesclavagistes les plus notoires du XIXe siècle, l'américain John Brown.
63 - Ou, en d'autres termes, CG n'adhère pas au système de croyances judéo-chrétiennes.
64 - Au sens traditionnel du terme.
65 - C'est le cas, par exemple, du juge Robert Bork (1987) ainsi que de Clarence Thomas (1991).
66 - Ce qui, au fond, nous assure de leur partialité...
67 - Cette réaction est singulière. Elle soulève d'autres questions. Pourquoi faut-il appréhender une *démocratisation* des nominations à la Cour suprême et qui sont les *sorcières* et pourquoi pourraient-elles craindre le résultat d'un tel processus? Qu'est-ce qu'elles ont de particulier ces *sorcières*? Que pourrait révéler, à leur égard, un tel processus?
68 - Notons qu'en Occident lorsque l'État s'est éloigné de manière radicale

de l'héritage judéo-chrétien, l'esclavage est redevenu possible. Non pas l'esclavage capitaliste du XIXe siècle, mais un esclavagisme d'État, c'est-à-dire où des prisonniers dans des camps de travail sont exploités sans rémunération. Cet état de choses a existé dans les camps de concentration nazis, dans le Goulag soviétique et existe toujours dans le Laogai chinois. À ce sujet voir:
http://tibet.defense.free.fr/dossiers/laogai/laogai.html Autre étude portant sur le rôle du christianisme dans l'élimination de l'esclavage, voir Rodney Stark (2003) **For The Glory of God**: How Monotheism Led to Reformations, Science, Witch-Hunts, and the End of Slavery. Princeton: Princeton University Press.

69 - Concept emprunté à la culture judéo-chrétienne qui affirme que l'histoire a un sens puisque le Créateur y est intervenu et y a participé sous une forme humaine. Cette vision du monde affirme aussi que l'histoire a une finalité, un but vers lequel il se dirige.

70 - Le chrétien ajoute évidemment que la vérité est non pas un concept abstrait impitoyable, mais plutôt une personne...

71 - Ellul a bien analysé un aspect de la chose (1962: 27):
> Une propagande directe, tendant à modifier des opinions et des attitudes, doit être précédée d'une propagande à caractère sociologique, lente, générale, cherchant à créer un climat, une ambiance, des pré-attitudes favorables. Il y a lieu de constater qu'aucune propagande immédiate ne peut être efficace sans une pré-propagande, qui, sans aucune agression directe et sensible, se borne à créer des ambiguïtés, à diminuer des préjugés, à diffuser des images apparemment sans intention.

72 - Le syncrétisme est une idéologie qui admet/accepte la juxtaposition de dogmes religieux provenant de religions très disparates, voire incompatibles. Il nie le concept d'une vérité absolue, universelle. La foi Bahaï est un exemple quelque peu exotique de syncrétisme en Occident.

73 - Parfois le non-chrétien voit clairement ce que bien des chrétiens ne peuvent... L'anthropologue Ernst Gellner remarque (1992: 4):
> Par exemple, les croyants modernistes ne sont pas troublés par l'incompatibilité entre le livre de la Genèse et le darwinisme ou l'astrophysique moderne. Ils présupposent que les affirmations, bien qu'apparemment touchant les mêmes événements, de la création du monde et de l'origine de l'homme, sont, dans les faits, sur des niveaux tout à fait distincts, voire, comme certains l'affirment, dans des langages totalement différents, situés dans des types de discours incommensurables. Généralement, les doctrines et les exigences morales de la foi sont transformées en quelque chose qui, lorsqu'interprété correctement, provoque étonnamment peu de conflits avec la sagesse séculière même avec quelque affirmation que ce soit. C'est sur ce chemin que se trouvent la paix et le discours vide de sens.* [NdT: l'anglais est plus percutant «This way lies

peace - and doctrinal vacuity»]
74 - Le concept du **Nonoverlapping Magisteria** attribue un domaine d'autorité et de compétence à la fois à la science et à la religion. La religion, sur le plan de la moralité, et la science, en ce qui a trait au monde physique observable. Gould le résume de la manière suivante (2000):

> Nous aurions certainement besoin des bénéfices de la science, si ce n'est que pour nourrir et garder en santé tous les individus que la science nous a permis d'élever jusqu'à l'état d'adulte. Nous aurons besoin, avec autant de force, de la direction morale et des capacités nobles de la religion, de l'humanisme et des arts, car autrement le côté obscur de notre personnalité gagnera et l'humanité pourra périr dans la guerre et la récrimination sur une planète flétrie.*

75 - Il était ténor, je crois.
76 - Tant qu'elle ne remet pas en question le concept central de l'évolution lui-même.
77 - Dawkins, à l'encontre des présupposés postmodernes, croit donc (tout comme le chrétien) à une Vérité, devant laquelle tous doivent se soumettre. Un ghetto protégé pour la religion? Très peu pour Dawkins...
78 - Qui implique inévitablement un étalon auquel on compare la chose critiquée, sinon on arrive rapidement à la manipulation et à l'intimidation émotive. Dans ce contexte, la critique n'a plus pour seule fonction réelle d'affirmer, plus ou moins explicitement, «Je n'aime pas ton truc! (et je trouve que les autres ne devraient pas l'aimer non plus)».
79 - Les articles, interviews etc. concernant l'affaire Sokal se trouvent sous forme de liens dans la page personnelle d'Alan Sokal, aussi bien les critiques que les interventions en sa faveur.
www.physics.nyu.edu/faculty/sokal/
80 - En français: **Transgresser les frontières: vers une herméneutique transformative de la gravitation quantique.**
81 - Sokal écrit (1996a):

> Ils s'agrippent plutôt aux dogmes imposés par l'hégémonie tenace qui a dominé la perspective intellectuelle en Occident depuis le Siècle des Lumières. Cette perspective peut être résumée de la manière suivante: Il existe un monde externe dont les propriétés sont indépendantes de tout être humain et à vrai dire de l'humanité dans son ensemble. Ces propriétés sont encodées dans des lois physiques éternelles et, par ce biais, les êtres humains peuvent obtenir une connaissance, bien qu'imparfaite et limitée, mais tout de même fiable, de ces lois en s'appuyant sur les procédures objectives et les restrictions épistémologiques prescrites par la méthode dite scientifique.*

82 - Il faut bien noter que Raymo prend soin de confondre, dans cette citation, données empiriques et présupposés nécessaires à la cosmologie moderne.
83 - Quelques remarques ironiques de la part de David Hume semblent tout à fait justes dans ce contexte (1748; section IX, 2ᵉ partie):

Il n'y a pas de méthode de raisonnement plus commune, et pourtant il n'y en a pas de plus blâmable, que d'essayer, dans les débats philosophiques, de réfuter une hypothèse en prétextant que ses conséquences sont dangereuses pour la religion et la moralité. Quand une opinion conduit à des absurdités, elle est certainement fausse, mais il n'est pas certain qu'une opinion soit fausse parce qu'elle a des conséquences dangereuses. Il faut donc s'abstenir de tels arguments, car ils ne servent en rien à la découverte de la vérité, mais ne servent qu'à vous faire jouer le personnage d'un adversaire odieux.

Sans doute certains ne percevront pas l'ironie des commentaires d'Hume (sortis de leur contexte, il faut avouer), mais notons que parfois le manque d'imagination est parfois un excellent mécanisme de défense.

84 - On peut penser, entre autres, aux éloges de Thomas Huxley dans le premier chapitre de la **Vie et correspondance de Charles Darwin**. Huxley note (dans Darwin 1888 v.I: 1-2):

(...) le nom de Charles Darwin va de pair avec ceux d'Isaac Newton et Michel Faraday: et, comme ces derniers, il évoque le grand idéal d'un chercheur de vérité et d'un interprète de la nature. Elle considère celui qui a porté ce nom comme un assemblage rare de génie d'industrie et de sincérité constante, qui s'est fait sa place parmi les hommes les plus illustres de son temps uniquement par sa puissance personnelle, contre une tempête de préjugés populaires, sans encouragements, ne recevant ni un signe de faveur ni un témoignage d'approbation de la part des détenteurs officiels des honneurs, comme un homme qui, malgré sa grande sensibilité aux louanges ou aux blâmes qu'on lui pouvait adresser, et malgré des provocations qui auraient pu excuser une explosion de sa part, demeura net de toute envie, de toute haine et de toute malice, N'agissant qu'avec bonne foi et justice à l'égard de ceux qui faisaient pleuvoir sur lui la mauvaise foi et l'injustice, et qui jusqu'à la fin de ses jours fut toujours prêt à écouter avec patience et respect les plus insignifiantes des objections, à condition qu'elles fussent raisonnables.

Certains ont même proposé ajouter une fête en son honneur au calendrier religieux moderne.

Voir à ce sujet le site www.darwinday.org

85 - Qui est perçu comme un martyr pour la cause de la liberté sexuelle, celui qui a osé pousser à l'extrême l'épanouissement individuel et dépasser les limites traditionnelles.

86 - À ce titre, au Québec, on peut penser à Claire Lamarche; chez les Américains, le Jerry Springer Show.

87 - C'est-à-dire la vision du monde judéo-chrétienne. En attendant le vol. II de cette étude, pour de plus amples renseignements à ce sujet voir **La cosmologie judéo-chrétienne et les origines de la science**. www.samizdat.qc.ca/cosmos/sc_soc/cosmofr.htm

88 - À laquelle S. J. Gould s'est aussi opposé. Voir sa contribution (More

things in heaven and earth, pp. 101-126) au collectif **Alas Poor Darwin**: Arguments Against Evolutionary Psychology. New York: Harmony Books H. Rose and S. Rose (éds).

89 - Ce concept peut évidemment paraître novateur en milieu francophone, mais S. J. Gould (1997b) a fait appel à un concept comparable lorsqu'il traite les évolutionnistes britanniques de *Darwinian fundamentalists*. Ce concept est tout à fait justifié, car il s'agit d'une tentative délibérée d'expliquer de manière cohérente, ou intégriste, le comportement humain, dans son ensemble, par les présupposés fournis par la cosmologie darwinienne.

90 - Voir Strobel (2004:140).

91 - Ce qui est la même chose pour la majorité de ces auteurs.

92 - À moins qu'il en sorte…

93 - Cette citation a dû être traduite d'une citation anglaise trouvée sur Internet. Elle était attribuée à Ellul dans **La Technique ou l'enjeu du siècle** (1990), mais l'auteur de ces lignes n'a pu retracer cette citation dans l'ouvrage mentionné. Elle est donc offerte à l'indulgence du lecteur.

94 - Par ailleurs, il faut tenir compte que la mythologie moderne (ainsi que le postmoderne dans une certaine mesure) se présente comme libératrice des préjugés dits religieux. Admettre son rôle idéologico-religieux dans ce contexte est alors bien difficile.

95 - Ici, Gablik aborde la question du point de vue de la créativité artistique, mais on peut évidemment transposer sur le plan idéologico-religieux. À ce titre, le conformisme est d'ailleurs plus répandu.

96 - C'est-à-dire par rapport à l'essai **Religion as a Cultural System**, de Geertz (1973).

97 - Parfois attribué à Sophie Volland.

98 - Un copain a fait la remarque: «Qu'est-ce au juste que la civilisation? Quel sera notre critère, l'étalon qui permet de mesurer ce qui existe pour la comparer à ce qui devrait exister? Est-ce défini en fonction de la quantité de bibliothèques, le nombre d'années d'études, le nombre de langues parlées, le nombre de pixels de résolution sur la moyenne des écrans d'ordinateur, le nombre d'intellectuels admis à l'Académie, la capacité de réception de son cellulaire ou encore le nombre de Big Mac vendus?»

99 - Il faut nuancer. Évidemment il n'existe pas une idéologie moderne, mais plutôt des idéologies et mouvements marquant l'ère moderne, idéologies qui admettent en totalité ou en partie la cosmologie matérialiste moderne. Parmi celles-ci on peut compter: le dadaïsme, le nihilisme, le trotskisme, le déterminisme, le relativisme, le fascisme (même s'il exploite des symboles religieux), le maoïsme, le capitalisme sauvage, le racisme biologique, le sadisme, le scientisme, l'existentialisme, la psychanalyse, l'humanisme, la sociobiologie, le béhaviorisme, certaines formes d'écologisme, le positivisme, le surréalisme (qui chevauche, en fait, le moderne et le postmoderne), diverses idéologies nationalistes, économisme.

100 - Dont l'objectif est de tenter de communiquer avec les morts par le

biais d'un médium.

101 - A. Huxley, à la suite d'un voyage en Inde et au Népal, a trouvé une réponse à ses questions obsédantes dans un mysticisme d'inspiration orientale.

102 - Terme choquant ou péjoratif sans doute pour certains, mais utilisé ici uniquement pour désigner les cultures de l'Antiquité qui ne s'identifiaient pas aux présupposés judaïques ou chrétiens.

103 - D'autres avant lui ont noté ce vide éthique. Léon Eisenburg constata que la science a déçu nombre d'individus qui y étaient venus chercher un SENS plus large (englobant l'éthique) (1974: 324):

> Les hommes de science en viennent à admettre qu'il existe une crise éthique de la science. Nombreux sont ceux qui ont cru naïvement que les canons de la méthode scientifique créaient chez les chercheurs un engagement éthique en faveur de la vérité, de la justice et de l'amélioration de l'homme. Nous n'avons qu'à lire l'histoire de notre temps pour découvrir que les hommes de science peuvent se mettre au service des pires intérêts d'un pouvoir et même faire office de bourreaux.

104 - Évidemment certains, refusent une telle solution et écrivent toujours des ouvrages d'éthique matérialiste. Ouvrages qui n'intéresseront que d'autres érudits et qui finiront leurs jours comme ramasse-poussière sur les tablettes de bibliothèques universitaires. Des best-sellers qui changeront le cours de l'histoire, euh, soyons sérieux... De plus, bien trop souvent ces ouvrages parasitent des concepts de moralité judéo-chrétienne qui ne sauraient se justifier, de manière cohérente, dans un contexte matérialiste. L'envers de la médaille (ironique, puisque l'idée est proposée par un Juif), c'est que la position de Gould correspond à une forme d'apartheid intellectuel. On considère que seule la science peut prétendre expliquer le vaste monde qui nous entoure et on laisse à la religion l'administration d'un petit ghetto dans lequel elle peut se réfugier, pour s'occuper de la moralité et des confins de l'âme humaine. Si l'homme moderne aux convictions religieuses espère sortir de ce ghetto, il vaut mieux alors pour lui se déguiser en matérialiste (ou postmoderne) et taire ses convictions véritables pour avoir droit de parole. S'il ose émettre, sur la place publique, des observations sur des questions de l'heure en prenant un point de vue qui se réfère de manière explicite à la vision du monde judéo-chrétienne, par exemple, on s'empressera de lui dire de retourner dans son ghetto et de ne plus déranger les honnêtes gens...

105 - Ce que Gould reconnaît implicitement d'ailleurs lorsqu'il note que certains de ses collègues rejettent une telle position (1997: 62) qui admet une légitimité, même limitée, à la religion.

106 - L'Australian Broadcasting Corporation.

107 - L'affirmation est vite lâchée, mais on peut très bien se demander d'où lui vient un tel concept...

108 - Où le déterminisme génétique joue un rôle central. Débat où Gould

a joué un rôle important de critique.
109 - Dont les événements se déroulèrent entre 1994 et 1997. Une crise comparable a éclaté aux États-Unis en mars 1997. Trente-neuf membres de la secte *Heaven's Gate* (dont certains étaient des développeurs de site Internet) se sont suicidés à San Diego, Californie. Ils croyaient qu'ils devaient abandonner leurs corps terrestres pour rejoindre un vaisseau spatial d'extra-terrestres qui suivrait la comète Hale-Bopp pour ensuite atteindre un niveau d'existence supérieur.
110 - D'autres penseurs on fait ce même lien. Saul Karsz, un marxiste remettant en question la coupure idéologie politique/religion, note (1974: 197):
> Par exemple, quand il [Marx] pense l'idéologie religieuse comme une représentation illusoire (opium du peuple) qui, cachait le réel (inégalités sociales), doit être remplacée in situ par une représentation dite juste: la politique. Mais celle-ci fonctionne alors comme la religion renversée, comme la religion vraie. Au lieu d'analyser la religion, et de l'investir, la politique prend sa place pour dire aux hommes, avec le langage de la terre, cela même que la religion leur dit avec le langage du ciel.

111 - Voir, entre autres, l'article de Mely 2002.
112 - Voir son article **The future looks bright** (The Guardian, June 21, 2003)
http://books.guardian.co.uk/review/story/0,12084,981412,00.html
Et sur le plan marketing, la revue Wired examine la chose: Richard Dawkins, **Religion Be Damned**, vol. 11, n° 10, October 2003.
www.wired.com/wired/archive/11.10/view.html?pg=2
113 - Question de rendre justice aux milliards d'années de l'évolution...
114 - À son sujet un copain a fait le commentaire suivant:
> Tintin est le champion de la «pureté des motifs», du service humaniste et de l'internationalisation éclairée. Il est né dans un environnement fortement catholique, sous le regard bienveillant de l'Église officielle et a gardé plusieurs concepts catholiques dans ses thèmes: l'enfer pour les méchants, la miséricorde et le pardon envers l'adversaire, la priorisation de la non-violence, l'intervention de la Providence, etc. La série Tintin finira évidemment par traiter des régimes totalitaires en gardant un regard bienveillant sur une «saine monarchie légitime», discours officiel de l'Église catholique des années '30 en Europe et en Belgique en particulier.

115 - Voir à ce sujet un texte oublié, **La nouvelle église universelle**, chap. 3 dans (Auto)critique de la science. Seuil Paris 1975 Lévy-Leblond, J.M. et Jaubert, A. (éds.) 310 p.
116 - Tiré de l'album **Cream Complete**.
www.lyricsdomain.com/3/cream/anyone_for_tennis.html
117 - Voir à ce sujet Crick: **Directed Panspermia** (1973) Icarus July p. 341; Life Itself. (1981) Simon & Schuster New York.
118 - Voir à ce sujet Hoyle: **Evolution from Space The Omni Lecture**

(1982).
119 - Lewis emploie plutôt le terme équivalent *naturaliste*.
120 - Mêmes celles qui échappent pour le moment à nos instruments scientifiques et qu'on dit dues au hasard. Ce n'est là que l'aveu de notre ignorance des causes réelles. Les modèles statistiques ne font que fournir des outils permettant une emprise grossière sur les phénomènes étudiés, que l'on peut rencontrer au niveau moléculaire par exemple.
121 - Que le déterminisme soit génétique, hormonal ou autre importe peu au fond. Certains, dans le contexte cosmologique moderne, vont tenter de *sauver* la liberté de choix devant un déterminisme absolu en invoquant l'indétermination quantique, mais c'est un pis-aller, car en dernière analyse, les causes matérielles restent la source ultime de tout comportement et production intellectuelle ou culturelle humaine. Que des mouvements aléatoires/imprévisibles de molécules puissent intervenir dans ces processus ne change rien au fait que les causes matérielles déterminent tout, car la cosmologie moderne exclut, de manière absolue, le présupposé que l'humain puisse être une entité polaire, composé d'un corps et d'une âme. Il est exclu que l'humain puisse comporter une dimension extra empirique, spirituelle.
122 - NdT: Dans le texte anglais original, Lewis exploite le terme *naturalism*.
123 - Méditation IVe.
124 - Le chrétien n'admet pas que la raison puisse être infaillible. Tenant compte de la doctrine de la Chute, il croit que la raison est aussi sujette à erreur, mais puisque l'homme est fait à l'image de Dieu, il peut découvrir des choses utiles. Elle est donc utile, mais limitée.
125 - La liberté d'expression des pédophiles?
126 - Ce qui semble mieux convenir à son antisémitisme de toujours...
127 - Dans les milieux académiques, scientifiques et éducatifs particulièrement.
128 - À moins d'une mention très brève lors de la remise de son prix.
129 - Et dans certains cas, s'il a été source de scandale (ex: un créationniste sorti du placard), le laboratoire ne lui servira pas nécessairement de refuge, car il pourra même éprouver de la difficulté à trouver des fonds de recherche pour ses travaux.
130 - Des têtes parlantes.
131 - Souvent rattachés, soit aux élites scientifiques ou encore artistiques et littéraires.
132 - Quelques aspects de cette mythologie sont explorés par le professeur de droit, Phillip Johnson dans son essai **Gideon's Uncertain Trumpet** (1998: 127-143).
133 - Nous voyons ici une réaction (parmi tant d'autres) de la religion postmoderne envers le christianisme.
134 - Ce qui fait d'ailleurs un contraste marqué avec les idéologies modernes où prévalait le discours explicite. Touchant le nazisme,

K. D. Bracher note (1969/1995: 338):
> Ce n'est pas pour rien que la théorie de l'État totalitaire exige en premier lieu une mobilisation idéologique au profit d'un système de domination d'une cohésion et d'une efficacité maximales. La principale fonction de l'idéologie était de préparer les objectifs fixés par le pouvoir, objectifs toujours et partout visibles (et lisibles).

135 - Si les fondateurs des États-Unis firent inscrire sur leurs billets verts "In God We Trust" aujourd'hui, on inscrirait plutôt "In Government We Trust".

136 - On pourrait être porté à croire parfois que nos élites postmodernes n'ont pas le sens de l'humour, mais on constate que même les bien-pensants savent rigoler à l'occasion…

137 - Il est ironique de constater qu'un autre auteur de science-fiction lui donne le contre-pied sur la question de la censure de textes du passé. Il s'agit de Ray Bradbury dans **Fahrenheit 451**.

138 - Il semble qu'on peut difficilement sous-estimer le choc émotif, éthique et moral causé par les catastrophes doubles de l'Holocauste et du Goulag soviétique au xxe siècle chez les élites modernes. Les rêves de progrès grâce à la science se sont révélés au contraire un cauchemar sadique et cruel. La doctrine postmoderne de la tolérance semble surtout une réaction, une conséquence directe de cette demi-prise de conscience. Mais la réaction est plutôt d'ordre émotif que logique, car l'idéologie postmoderne peut difficilement justifier sa désapprobation. Comment affirmer que tel ou tel comportement est *inhumain* à une époque où le concept de l'humain se désagrège et n'a plus de contenu propre?

139 - Dont le relativisme des valeurs par exemple.

140 - Ce phénomène n'est pas sans précurseurs. André Breton, dans le **Manifeste du surréalisme** (1924), note «Le surréalisme repose sur la croyance à la réalité supérieure de certaines formes d'associations négligées jusqu'à lui, à la toute-puissance du rêve, au jeu désintéressé de la pensée.»

141 - En termes simples, le syncrétisme est une attitude (explicite ou non) qui postule que toutes les religions se valent et peuvent se décomposer et se recomposer sans conflit significatif. Cette attitude ouvre donc la porte à des innovateurs qui bricolent de nouveaux systèmes religieux, et ce, au moyen de collages, c'est-à-dire des systèmes de croyances construits d'éléments religieux disparates provenant de diverses religions. Éléments provenant même de systèmes de croyances a priori incompatibles. Le syncrétisme colle à la peau du capitalisme global qui affirme qu'il faut rencontrer les *besoins* du client. Les icônes et les symboles sont souvent les premiers éléments ainsi empruntés.

142 - Il faut lier ce trait, à mon sens, au fait que la religion postmoderne est, dans une très large mesure, une réaction à une religion très explicite, c'est-à-dire le christianisme, autrefois dominant en Occident.

143 - Pour le moment, la cosmologie dominante présuppose que «le monde tire son origine de processus naturels, sinon impersonnels» Évidemment ce présupposé est un emprunt à la religion moderne. Bien

qu'il reste largement admis, il n'est pas exclu qu'on le largue éventuellement, et ce, pas nécessairement pour des motifs scientifiques, car ce présupposé implique un aveu implicite de la supériorité de la science occidentale. Mais un autre facteur repousse une remise en question sérieuse sur le plan cosmologique. Puisqu'un mythe d'origine comportant un Créateur implique la possibilité d'un glissement vers une loi absolue, en général on résistera à l'admission d'un tel mythe.

144 - Sur ce plan, Nietzsche préfigure bon nombre de penseurs postmodernes lorsqu'il affirme (1882/1950: 178-179):

> On mesure la force d'un homme, ou, pour mieux dire, sa faiblesse, au degré de foi dont il a besoin pour se développer, au nombre des crampons qu'il ne veut pas qu'on touche parce qu'il s'y tient. Le christianisme, en notre vieille Europe, est encore nécessaire à la plupart des gens; c'est pour cela qu'il trouve encore des adeptes. Car tel est l'homme qu'on lui réfuterait cent fois un article de sa croyance, s'il en a besoin, il ne cesse de le tenir encore pour vrai, conformément à la fameuse preuve de force de la Bible. Quelques-uns ont encore besoin de métaphysique; mais ce furieux désir de certitude qui se décharge aujourd'hui par bataillons massifs dans la littérature scientifico-positiviste, ce désir de vouloir à tout prix posséder quelque chose de sûr (alors qu'on passe avec assez grande indulgence, dans la fièvre de ce désir, sur les preuves de cette sûreté), c'est encore un désir d'appui et de soutien, bref un désir de cet instinct de la faiblesse qui ne crée sans doute pas les religions, métaphysiques et convictions de toutes sortes, mais… les conserve cependant.

Commentaire d'ailleurs pertinent en rapport avec les réactions des élites modernes face aux critiques de la cosmologie dominante, la théorie de l'évolution…

145 - Ce qui ouvre la porte à l'occulte, les chamans, les ovnis, etc. De ce fait, rien ne s'oppose à l'emprunt de fétiches, symboles ou icônes de n'importe quel système religieux.

146 - C'est-à-dire que l'histoire a un sens et que ce sens implique une amélioration du sort humain. Le concept de l'histoire unilinéaire, qui a dominé l'Occident jusqu'ici, est relativisé, voire évacué. Il ne peut être universel. Le postmodernisme a abandonné les grands récits, il n'y a plus de héros, la symbolique et le rituel n'ont plus de sens fixe.

147 - Défini habituellement en termes émotifs, c'est-à-dire visant des sentiments de bonheur.

148 - Et dans l'absence d'*épanouissement* ou d'un potentiel réaliste d'*épanouissement*, la logique postmoderne aboutit au suicide et à l'euthanasie.

149 - Ce qui implique le rejet des idéologies collectives qui ont dominé le XXe siècle.

150 - Ce qui peut être complété de certaines formes d'appréciation esthétique ou de créativité artistique. La sotériologie postmoderne comporte donc plusieurs dimensions. Dans la mesure où la religion peut être consi-

dérée comme un moyen d'épanouissement (et qu'il ne remet pas en question les autres présupposés postmodernes), il peut y figurer aussi.
151 - Bien qu'exprimé au moyen d'autres termes, ce présupposé est partagé avec le bouddhisme.
152 - Si on traduit ce présupposé en langage populaire, on peut le rendre de la manière suivante: «Il est interdit d'interdire!» La pensée postmoderne invite les paradoxes et contradictions.
153 - À ce titre, le commentaire ironique de C. S. Lewis (**The Problem of Pain**) est d'une certaine pertinence. «Ce que nous désirons ce n'est pas tant un père céleste, mais plutôt un grand-père au ciel – une divinité sénile qui, comme on le dit, *Aime bien voir les jeunes gens s'amuser.*»*
154 - Généralement, dans les énoncés et écrits des élites scientifiques ce genre de présupposé reste implicite, mais certains auteurs, moins préoccupés des conventions sociales, tel que Richard Lewontin, paléontologue de renom, abordent la question avec une franchise plutôt inhabituelle (1997: 28):

> Nous prenons la part de la science en dépit de l'absurdité évidente de certains de ses construits, en dépit des promesses extravagantes de santé et de vie qui n'ont pas été tenues. Nous prenons la part de la science en dépit de la tolérance, de la part de la communauté scientifique, d'explications *ad hoc*, improvisées, car nous avons un engagement a priori à l'égard du matérialisme. Ce n'est pas que les méthodes et les institutions de la science nous obligent, de quelque manière, à accepter une explication matérialiste du monde des phénomènes empiriques. Au contraire, nous sommes forcés par notre engagement préalable à l'égard de causes matérielles de créer un appareil d'enquête et un ensemble de concepts qui produiront des explications matérialistes, peu importe que cela soit à l'encontre de l'intuition ou semble ésotérique aux non-initiés. De plus le matérialisme est un principe absolu, nous ne pouvons admettre un Pied divin dans la porte.*

155 - Bien que leur importance relative reste toujours le sujet de discussions et controverses.
156 - De *Sunna*, «la tradition».
157 - Dominant en Arabie Saoudite.
158 - Considéré par plusieurs musulmans comme une secte aux croyances racistes (suprématie des Noirs), se rapproche quelque peu de la branche sunnite.
159 - Environnementalistes qui affirment que l'environnement doit être protégé **de** l'homme et non pas **pour** l'homme.
160 - Mieux connue en milieu anglophone sous la désignation: *Evolutionary psychology*. On la considère une suite logique de la sociobiologie.
161 - Souvent des avocats.
162 - Cette influence idéologique, il semble que le poète T. S. Eliot l'ait identifiée (1982: 111):

Dans cette rue
Il n'y a ni début, ni mouvement, ni paix, ni fin
que du bruit sans paroles, nourriture sans saveur
Sans délais, sans hâte
Nous voudrions construire le début et la fin de cette rue
Nous construisons le sens
Une Église pour tous
Et un poste pour chacun
À chaque homme son travail.*

163 - Évaluation tout à fait juste de l'avis de l'auteur. Le Watergate (qui vit la démission du président américain Nixon en 1974) démontra le pouvoir de la presse sur le pouvoir politique. Est-ce qu'un cas inverse serait imaginable en régime démocratique? C'est-à-dire un journaliste ou propriétaire de chaîne médiatique qui perdrait son poste (ou son pouvoir) grâce à des pressions politiques? Il va sans dire que ce phénomène du contrôle gouvernemental sur la presse et les médias reste, par contre, chose courante dans le monde islamique ou en Chine communiste.

164 - Surtout si on considère le processus de consolidation des firmes de presse qui s'est produit depuis et constitue un phénomène mondial.

165 - Bien qu'il s'intéresse d'abord à des questions politiques et idéologiques, Noam Chomsky constate un phénomène comparable (1988/2003: xvii):

> Après douze ans d'intensification de la course aux annonceurs publicitaires et d'abolition des frontières entre les départements éditoriaux et commerciaux, les salles de rédaction sont devenues de petits empires multinationaux qui ont réduit leurs budgets en même temps que leur enthousiasme pour un journalisme d'investigation risquant de mettre en cause les structures du pouvoir. Cette période a vu la création de nouvelles sources d'information et les tirs de barrage contre les dissidents et les critiques se sont intensifiés, renforçant ainsi l'influence de l'élite dominante.

166 - À moins que, par malheur, il soit impliqué dans quelque scandale. L'attrait d'un *bon* scandale reste pratiquement irrésistible pour les médias.

167 - Ou *Weltanschauung* selon l'expression de von Humboldt, philosophe allemand du XIXe siècle.

168 - En linguistique, il n'y a pas d'acceptation unanime de l'hypothèse Sapir-Whorf. Elle semble avoir une application limitée sur le plan technique, mais dans le discours postmoderne la manipulation du langage dénote certes, une intention de contrôle.

169 - Ce qui est surtout vrai de la poésie, des jeux de mots et des blagues...

170 - Que seul le contexte de la relation avec votre interlocuteur permettra de fixer avec une quelconque certitude.

171 - Il faut tout de même noter que dans le contexte de son essai, Popper

pense à la prise de pouvoir de l'État allemand par les nazis dans les années 30 et non pas aux élites postmodernes qui marginalisent tout discours critique (non violent).
172 - Sans en avoir toutes les conséquences physiques, bien entendu.
173 - Dans le contexte postmoderne, ce danger sera idéologique surtout.
174 - NdT: L'expression anglaise *child free* n'a pas d'équivalent francophone comparable.
175 - En allemand, la *Gemeinnuetzige Kranken-Transport gmbh* ou encore l'acronyme *Gekrat*.
176 - Ou tentent de le devenir.
177 - À savoir des présupposés autres que postmodernes.
178 - C'est-à-dire une belle mort, une mort sans souffrance.
179 - Voir à ce sujet Mitchell (1999).
180 - Dans **Histoire de la folie à l'âge classique**.
181 - Évidemment, dans une telle perspective, l'ancienne distinction chrétienne entre péché et pécheur (aimer le pécheur, mais non le péché) doit être évacuée de force, car elle a la fâcheuse conséquence de rendre l'homosexuel responsable de ses actes.
182 - Orwell note, parlant du *Big Brother* et son parti (1949/84: 306): «Il mine systématiquement la solidarité familiale, mais il baptise son chef d'un nom qui est un appel direct au sentiment de loyauté familiale.»
183 - Cette lettre est datée des 21, 22, 24 octobre 1873. En anglais:
> I have read lately Morley's Life of Voltaire and he insists strongly that direct attacks on Christianity (even when written with the wonderful force and vigor of Voltaire) produce little permanent effect, real good seems only to follow the slow and silent side attacks.

184 - Ce qui constitue une affirmation d'une très grande importance sur le plan idéologico-religieux. En termes théologiques, cela répond à la question: *Où est la Vérité?*
185 - Tout en évitant de le faire dans le cas d'un intervenant postmoderne. Cette tactique entretient l'illusion de la neutralité de la perspective postmoderne.
186 - Puisque tout le matériel d'une entrevue peut rarement être utilisé dans l'article final, ce type de censure semblera invisible (à moins d'une entrevue intégrale) puisque l'élimination de matériel est de toute manière nécessaire pour des raisons techniques.
187 - Les médias locaux étant parfois plus ouverts à des perspectives critiques.
188 - L'individu peu connu pourra être ignoré impunément.
189 - Foucault émet une précision importante à ce sujet (1966: 253):
> L'idéologie n'interroge pas le fondement, les limites ou la racine de la représentation; elle parcourt le domaine des représentations en général; elle fixe les successions nécessaires qui y apparaissent; elle définit les liens qui s'y nouent; elle manifeste les lois de composition et de décomposition qui peuvent y régner. Elle loge tout savoir dans

l'espace des représentations, et en parcourant cet espace, elle formule le savoir des lois qui l'organise. Elle est en un sens le savoir de tous les savoirs.
190 - Voir à ce sujet le concept de *religion réussie*, dans Gosselin 1986, chap. 2.
191 - Excluant, pour le moment, le champ des sciences naturelles où, l'arrière-garde moderne matérialiste tient encore. Il faut avouer que d'un pays à l'autre en Occident, l'emprise postmoderne peut varier. L'Europe institutionnelle semble toujours, à certains égards, un refuge sûr pour les élites modernes.
192 - Mais non garanti, car tous les courtisans veulent se faire entendre.
193 - Par temps mort (où il y a peu de nouvelles) un bon scandale peut être trop tentant… Dans le premier chapitre [La loi de la nature humaine] de **Pourquoi je suis chrétien**, C. S. Lewis explore le fondement primal [interpersonnel] du scandale.
194 - Une interview réalisée en direct offre moins d'options de filtration, mais un intervieweur expérimenté peut bien s'en tirer. C'est lui qui pose les questions. Il faut dire que si la personne interviewée est très prestigieuse, cela limitera quelque peu ce genre de traitement. Une autre approche sera de poser des questions qui soulignent [plus ou moins discrètement] la marginalité et le manque de crédibilité de l'interviewé.
195 - Il y a un bon moment déjà, Aldous Huxley avait exploré divers aspects de ce processus (1958/1990 : 52):
> Dans leur propagande, les dictateurs contemporains s'en remettent le plus souvent à la répétition, à la suppression et la rationalisation - répétition de slogans qu'ils veulent faire accepter pour vrais, suppression de faits qu'ils veulent laisser ignorer, déchaînement et rationalisation des passions qui peuvent être utilisées dans l'intérêt du Parti ou de l'État.

196 - J. Ellul note pour sa part (1962 : 29):
> La propagande doit être continue et durable. Continue, c'est-à-dire qu'elle doit s'effectuer sans laisser de failles, de «blanc», elle doit remplir toute la journée et toutes les journées du citoyen. Durable, c'est-à-dire qu'elle doit se produire pendant un laps de temps très long. La propagande tend à faire vivre l'individu dans un univers particulier: Il ne faut pas qu'il ait des points de référence à l'extérieur. Il ne faut pas qu'il puisse, pendant un moment de réflexion, se situer par rapport à la propagande, ce qui arrivera lorsque la propagande est discontinue. À ce moment, l'individu sort de l'emprise de la propagande.

Ayant un point de repère cohérent à l'extérieur du système de pensée dominant, il est possible alors qu'un penseur comme Noam Chomsky, par exemple, puisse faire une critique de fond d'un système politique dont la majorité est assujettie.
197 - De télé…
198 - Dans ce dialogue **Libby** défend la position relativiste et **'Isa** est par-

tisan du concept d'une loi morale absolue.
199 - Au-delà des arguments émotifs vains: «J'aime, je n'aime pas».
200 - NdT: En Anglais: "My country right or wrong".
201 - Camus ajoute à ce sujet (1951: 350-351):
> Faut-il donc renoncer à toute révolte, soit que l'on accepte, avec ses injustices, une société qui se survit, soit que l'on décide, cyniquement, de servir contre l'homme la marche forcenée de l'histoire? Après tout, si la logique de notre réflexion devait conclure à un lâche conformisme, il faudrait l'accepter comme certaines familles acceptent parfois d'inévitables déshonneurs. Si elle devait aussi justifier toutes les sortes d'attentats contre l'homme, et même sa destruction systématique, il faudrait consentir à ce suicide.

202 - À moins que l'individu même qui avance cette critique fasse partie des élites et ait accès aux médias, un cas d'exception (M. Muggeridge, par exemple).
203 - Lors du scandale du Watergate (1973, États-Unis), on a vu le président américain perdre la face (et le pouvoir) suite aux enquêtes menées par la presse. N'a-t-on jamais vu le phénomène inverse (dans un pays démocratique), c'est-à-dire un journaliste destitué par des institutions politiques? Concernant le Watergate, N. Chomsky est d'avis, que cet événement ne constitue pas un exemple où les médias ont dépassé la mesure, mais au contraire que les médias sont en partie responsables de ce type d'activité de la part d'un gouvernement démocratique (1988/2003: 237):
> En résumé, les exemples de ceux qui applaudissent l'indépendance des médias (ou critiquent leur excès de zèle) illustrent exactement l'opposé: contrairement à l'image habituelle d'une presse oppositionnelle ou dissidente qui défie courageusement le pitoyable mastodonte de l'exécutif, c'est leur manque d'intérêt et de zèle investigateur et leur pénurie de reportages sur l'accumulation des illégalités commises par le pouvoir exécutif qui ont permis - sinon encouragé - les plus graves violations de la loi, dont la dénonciation (quand les «élites» se sont senties menacées) est présentée comme une démonstration des services rendus par les médias à la société.

Évidemment, lorsqu'il y a convergence entre les intérêts de l'État et des médias, la situation décrite par Chomsky ici ne doit pas étonner.
204 - Cela conduit à des situations paradoxales dans nos sociétés postmodernes. En France, l'importance de la communauté musulmane expose les contradictions de l'idéologie de la tolérance. Au Canada (dans la province de l'Ontario) en 2005 on a songé sérieusement à établir des tribunaux islamiques pour régler des questions de droit familial. Refuser les demandes/droits des musulmans se prête à l'accusation d'intolérance, et pourtant si on permet la démarginalisation des musulmans, il faudra l'admettre pour les autres religions. Cela pourrait entraîner des conflits de société, entre présupposés postmodernes et islamiques et exposer à la lumière, les dogmes religieux postmodernes. Les enjeux sont importants…

205 - Une fondation américaine portant le titre National Center for Science Education, dont la fonction principale est de maintenir et défendre le monopole idéologique de la théorie de l'évolution en milieu scolaire, c'est-à-dire de l'école primaire jusqu'à l'université.
206 - C'est-à-dire dans un contexte où d'autres moyens de persuasion sont disponibles...
207 - Voire des hérésies. Que le postmoderne soit aussi une réaction au moderne explique bien l'attitude postmoderne à l'égard de la science occidentale et en particulier à son statut épistémologique. J-F Gauvin met en garde les vieilles élites modernes (2000: 4)

> Avant le canular de Sokal, une des premières salves lancées par les scientifiques vint de Paul Gross et Norman Levitt dans un ouvrage intitulé **Higher Superstition. The Academic Left and Its Quarrels with Science** (Baltimore, The Johns Hopkins University Press, 1994). En dénonçant les écrits intellectuels des environnementalistes, des féministes, des multiculturalistes (lire afrocentristes américains) et des postmodernistes radicaux, qui se complaisent à faire du *science bashing* leur nouvelle religion, les deux auteurs mettent en garde la communauté scientifique des effets néfastes que cela pourrait causer à court et moyen termes sur la population. Le ressentiment anti-science est, à leur avis, originaire d'une longue tradition romantique, depuis toujours insatisfaite du rationalisme engendré par les Lumières.

208 - Ce dont fait vaguement allusion J. - F. Lyotard (1979: 53):

> Il n'y a donc pas à s'étonner que les représentants de la nouvelle légitimation par le peuple soient aussi des destructeurs actifs des savoirs traditionnels des peuples, perçus désormais comme des minorités ou des séparatismes potentiels dont le destin ne peut être qu'obscurantiste.

Sans doute Lyotard vise ici les élites modernes, mais il y a tout lieu de croire que les élites postmodernes poursuivent cette tradition à leur manière...
209 - Tout comme le militant antiavortement qui pose des bombes devant des cliniques d'avortement leur est bien utile aussi... S'il n'existait pas, il faudrait l'inventer. Le passé *démoniaque* rappelle, bien sur, des événements historiques. Mais ces événements sont utiles surtout sur le plan idéologique puisque grâce à eux on brûle les ponts. Tout retour en arrière devient impossible, *impensable*...
210 - En anglais: **Of Superstition and Enthusiasm**.
211 - NdT: en anglais: *profest latitudinarians*.
212 - Et des idéologies modernes qui en dérivent.
213 - Système de camps de concentration en Chine communiste où les prisonniers sont réduits à l'esclavage et exploités pour leur travail dont les produits sont revendus au profit des responsables du système.
Wu, Harry (2004) **Retour au Laogai**: La vérité sur les camps de la mort

dans la Chine d'aujourd'hui. Belfond 360 p.

214 - Lorsqu'il est question d'analyse des mouvements géopolitiques au xxe siècle, la perspective postmoderne orthodoxe sur cette question affirme l'évidence que le racisme est caractéristique de la pensée conservatrice d'extrême droite. Mais c'est négliger les données historiques. Au début du xxe siècle, la majorité des chercheurs en sciences sociales, sous l'influence du darwinisme, étaient racistes et discouraient abondamment sur les races dites *inférieures*. Le concept s'est popularisé à tel point que même un activiste de la gauche tel que le romancier anglais H. G. Wells, s'il avait quelques réserves touchant le concept de race *inférieure*, affirma néanmoins (1905: ch. 10):

> L'objection fondamentale que l'on peut faire à l'esclavage n'est pas qu'il constitue une injustice faite à un [homme] inférieur, mais qu'il corrompt [l'homme] supérieur. Il n'y a qu'une seule chose sensée et logique que l'on peut faire avec une race réellement inférieure, c'est de l'exterminer.*

Ces questions sont aussi examinées dans **Anticipations** (1902), un autre livre de Wells.

215 - Celui à qui l'éditeur de la revue confie un manuscrit pour commentaire et évaluation.

216 - C'est-à-dire publiez ou disparaissez!

217 - Dans ce cas-ci, il y a lieu de penser que Gould vise la théorie darwinienne dominante qui affirme que l'évolution se fait par une lente accumulation de mutations ce qui s'oppose à la théorie de Gould [évolution saltatoire] affirmant que l'évolution se déroule dans des périodes très courtes où un grand nombre de mutations peuvent, en peu de temps, transformer de manière radicale, une espèce. Selon Gould, la majorité du temps géologique est statique sur le plan de l'évolution. Il ne s'y passe rien.

218 - Ou connu aussi par l'expression dérive des continents.

219 - Touchant l'interprétation historique de la situation entre l'Église catholique et Galilée, voir un article de Jerry Bergman; **L'affaire Galilée et les données historiques**.
www.samizdat.qc.ca/cosmos/sc_nat/galilee_jb.htm

220 - Tout comme ce fut le cas précédent du juge Bork dont la nomination échoua.

221 - On peut évidemment éviter de tels tiraillements si le système est plus efficace encore et filtre les candidats non postmodernes pour des postes d'influence et de responsabilité inférieurs.

222 - Le dilemme des médias complètement uniforme sur le plan idéologique n'est pas nouveau. Dans le contexte nazi, K. D. Bracher note à ce sujet (1969/1995: 344):

> La tolérance de journaux non nazis dépendait directement de l'utilité pour le régime du prestige dont ceux-ci pouvaient encore jouir en Allemagne et à l'étranger. Le dernier grand quotidien non nazi (la *Frankfurter Zeitung*) ne disparut qu'au début de la guerre.

L'expression d'opinions indépendantes, voire de critiques, exigeait une parfaite maîtrise de l'art d'écrire (et de lire) entre les lignes: aussi bien était-ce son style, et non une information plus complète, qui distinguait cette presse bourgeoise des organes du parti. Grâce à un système de conférences «internes» et d'incessantes «instructions», Goebbels s'assura le quasi-monopole de l'information et de son interprétation peu après la création du ministère de la Propagande (mars 1933). Il avait suffisamment le sens du journalisme pour reconnaître la nécessité de tolérer certaines variantes, sous peine de rendre la lecture de la presse si ennuyeuse que son pouvoir de manipulation de l'opinion risquerait d'en souffrir.

223 - Il faut noter que l'arrangement communément adopté en Occident, où les médias servent de limite au pouvoir étatique, est le résultat d'une longue évolution sociale. Dans ces sociétés, dominées autrefois par l'influence judéo-chrétienne, on est lentement arrivé à la perspective où l'on postulait qu'aucun individu ou institution sociale ne devait jouir d'un pouvoir absolu. L'historien britannique Lord Acton (1834-1902) affirmait que «le pouvoir corrompt et le pouvoir absolu corrompt de manière absolue». Une telle perspective est évidemment compatible avec le présupposé chrétien que l'homme est un être déchu, qui n'est jamais capable d'une vie totalement juste. De ce fait, il faut prévoir, sur le plan social, un équilibre entre le pouvoir des diverses institutions sociales, pour ainsi éviter les abus. Le principe est affirmé dans les Écritures où l'un des plus grands apôtres voit son discours sujet à examen dans l'épisode des disciples de Bérée (Actes 17: 10-11). On rencontre ce principe à nouveau de manière un peu plus implicite dans la première épître aux Corinthiens, dans laquelle on discute de l'importance des diverses parties de la communauté sous la forme d'une analogie: le corps. On note:

> Nous avons tous, en effet, été baptisés dans un seul Esprit, pour former un seul corps, soit Juifs, soit Grecs, soit esclaves, soit libres, et nous avons tous été abreuvés d'un seul Esprit. Ainsi le corps n'est pas un seul membre, mais il est formé de plusieurs membres. Si le pied disait: Parce que je ne suis pas une main, je ne suis pas du corps, — ne serait-il pas du corps pour cela? Et si l'oreille disait: Parce que je ne suis pas un œil, je ne suis pas du corps, — ne serait-elle pas du corps pour cela? Si tout le corps était œil, où serait l'ouïe? S'il était tout ouïe, où serait l'odorat? Maintenant Dieu a placé chacun des membres dans le corps comme il a voulu. Si tous étaient un seul membre, où serait le corps? Maintenant donc il y a plusieurs membres, et un seul corps. L'œil ne peut pas dire à la main: Je n'ai pas besoin de toi; ni la tête dire aux pieds: Je n'ai pas besoin de vous. Mais bien plutôt, les membres du corps qui paraissent être les plus faibles sont nécessaires. (1Co 12: 13-22)

Ailleurs dans l'Ancien Testament, on note l'opposition au pouvoir absolu dans le livre d'Esther où le fonctionnaire juif Mardochée refuse de se prosterner (tel une divinité) devant Haman le bras droit du roi Assuérus (voir le chap. 3 en particulier). Dans l'Ancien Testament, ce thème revient aussi, à quelques reprises, dans le livre de Daniel. Les prophètes, pour leur part, servent, à de nombreuses reprises, de limite au pouvoir absolu des rois israélites. Sur le plan chronologique d'ailleurs, il faut noter que les prophètes précèdent les rois. De plus, dès l'établissement de la royauté en Israël, on affirme que le roi devait être soumis à la loi de Dieu tout aussi bien que le peuple (1Sa. chap. 12) ainsi que les conseils à son fils Salomon dans 1Rois chap. 2).

224 - La réaction à la publication du livre de Hawkins dans les médias scientifiques nous fournit des renseignements intéressants sur les mécanismes de défense de l'establishment scientifique. Murguía et Agudelo notent (2002: chap. 5):

> Le livre de Hawkins est en partie théorique, en partie remise en question. À sa publication, les auteurs de comptes rendus ont remarqué, non pas le besoin d'une telle critique de l'establishment, mais surtout la méchanceté avec laquelle Hawkins a abordé la communauté. Ces comptes rendus étaient malavisés, car ils n'ont guère examiné les critiques de Hawkins. Dans les faits, la majorité d'entre eux, se replièrent sur une logique retord qui consistait à blâmer le passé de Hawkins, sa personnalité, etc. pour expliquer les motifs de son livre, comme s'il avait eu l'audace de pointer du doigt un étranger complètement innocent.*

Mais, oui, quel vilain personnage, osant faire de telles accusations à l'égard des scientifiques, si chastes, et si purs… Il va de soi que Hawkins est un être frustré, méchant, suspect. Sinon, comment peut-il oser affirmer de telles choses? Horreur! Ses critiques sont alors la preuve de sa culpabilité…

225 - Il en est de même en biologie évidemment à l'égard de toute critique sérieuse de la théorie de l'évolution.

226 - Larson est historien, Witham est journaliste.

227 - C'est-à-dire qui implique l'adhésion à une cosmologie matérialiste. Pour le moment, il y a peu d'adeptes de la religion postmoderne dans les sciences naturelles. Le récit de Jane Hawking (2004), épouse de l'astrophysicien Stephen Hawking, est révélateur des dogmes matérialistes des élites scientifiques.

228 - À savoir culturel. Ce qui implique nécessairement que le même individu (tenant compte d'une certaine pondération statistique), né aux Indes serait bouddhiste, en France matérialiste, en Afrique animiste et en Allemagne protestant ou catholique. La conviction de la vérité des croyances en cause n'a rien à voir alors… La fatalité, le destin est géographique (et temporel).

229 - Ces figures ont en commun qu'elles acceptent sans conteste la dominance de la cosmologie matérialiste (dite scientifique) ainsi que la marginalisation de la religion dans le ghetto de la moralité et du spirituel.

230 - Musulmane et lesbienne canadienne, auteure de **Musulmane, mais**

libre. Grasset et Fasquelle [Paris] 2004.
231 - Pour des exemples concrets de discrimination tels qu'ils s'appliquent aux critiques de la théorie de l'évolution voir les commentaires du romancier britannique Collins (1994: 7) :

> Mon introduction à la pratique darwinienne s'est produite lorsque j'étais en préparation de licence en biologie à l'université de Sussex [NdT : dans les années 60?]. Mon tuteur fut le brillant théoricien John Maynard-Smith, un disciple de JBS Haldane et - tout comme Haldane – un marxiste. J'aimais bien Maynard -Smith, mais lorsque j'ai soulevé quelques problèmes avec la théorie darwinienne, il m'a dit qu'il serait impossible d'en discuter en public et qu'il se chargerait personnellement de bloquer la publication d'un article que j'avais rédigé sur le sujet. Si je poursuivais dans cette voie, mon statut en tant que membre du cercle intérieur de ses chercheurs et étudiants serait révoqué. J'ai poursuivi mon intérêt pour les problèmes soulevés par la théorie de Darwin, mais j'ai découvert, avec le temps, qu'il était devenu impossible de fonctionner dans le contexte universitaire. J'ai donc quitté mes études pour me lancer dans le grand monde.*

Mais si, par hasard, l'individu osant se faire le critique de la théorie de l'évolution a des convictions religieuses, chrétiennes, ça n'arrange rien. Voir Bergman, Jerry, **The Criterion** (Richfield, MN: Onesimus Publishing, 1984) et **The Modern War by Darwinists Against Darwin Critics** (Delta Mills Books Michigan IL 2007). Voir aussi de Bergman, **Intolerance in America: The Case History of a Creationist.** www.rae.org/intolerance.html
232 - Le terme *incroyance* est ambivalent ici, car il souligne les croyances rejetées, mais passe sous silence (et masque) les présupposés adoptés par les *incroyants* après leur conversion.
233 - La traduction française ici, est tronquée. Voir le texte original: "If anything goes wrong, if they feel resentment or grief, then their double loyalties and their ambiguous status in the structure where they are concerned makes them appear as a danger to those belonging fully in it." (Douglas, **Purity and Danger**; 1966/79: 102)
234 - Il y a peu de raisons de croire que cette situation soit différente chez les autres groupes d'élites mentionnés ci-dessus.
235 - Au plus fort du règne de la vieille garde matérialiste.
236 - Exception faite d'idéologies modernes tels le nazisme et le communisme qui établissent des classes d'humains indignes (soit les races inférieures ou encore les classes sociales contre-révolutionnaires) pour lesquels le salut est exclu.
237 - Cela implique rechercher des causes observables à des phénomènes observables.
238 - Un mythe particulier, se distinguant par le port du sceau de la science. Mais Darwin ne fut pas le premier à tenter de répondre à ce besoin. À ce titre, on peut penser à Jean-Baptiste de Lamarck et à son concept d'une évolution par le biais de la transmission des caractères acquis.

239 - Hitler n'était donc pas un être immoral ou amoral, au contraire. Il avait sa moralité propre. À son avis la valeur morale suprême était celle d'une race supérieure, la race aryenne, et ce, dans un contexte darwinien de la lutte pour la survie. Ainsi Hitler s'attaquait aux mouvements ouvriers communistes et les targuait d'immoraux, car ils remettaient en cause le principe de la primauté de la race en faisant la promotion de l'internationalisme, un internationalisme qui contaminerait inévitablement la pureté de la race aryenne. Dans **Mein Kampf/Mon combat**, Hitler développa sa perspective morale. À son avis la philosophie du peuple [nazie] (1924/1979: 380-381):

> (…) ne croit nullement à leur égalité, mais reconnaît au contraire et leur diversité [des races], et leur valeur plus ou moins élevée. Cette connaissance lui confère l'obligation, suivant la volonté éternelle qui gouverne ce monde, de favoriser la victoire du meilleur et du plus fort, d'exiger la subordination des mauvais et des faibles. Elle rend ainsi hommage au principe aristocratique de la nature et croit en la valeur de cette loi jusqu'au dernier degré de l'échelle des êtres. Elle voit non seulement la différence de valeurs des races, mais aussi la diversité de valeurs des individus. (…) Mais elle ne peut reconnaître le droit d'existence à une éthique quelconque, quand celle-ci présente un danger pour la survie de la race qui défend une éthique plus haute (…)

240 - Pour ensuite disparaître à ton tour…
241 - Si le pouvoir, ce n'est pas toi, qui l'a…
242 - Il précise sa position en ajoutant (Russell 1971: 176):

> La théorie que je viens de présenter est une des formes de la doctrine dite de la subjectivité des valeurs. Cette doctrine consiste à soutenir que, si deux personnes sont en désaccord sur une question de valeur, ce désaccord ne porte sur aucune espèce de vérité, mais n'est qu'une différence de goûts. Si une personne dit: «J'aime les huîtres» et une autre «Moi, je ne les aime pas», nous reconnaissons qu'il n'y a pas matière à discussion. La théorie en question soutient que tous les désaccords sur des questions de valeurs sont de cette sorte, bien que nous ne le pensions naturellement pas quand il s'agit de questions qui nous paraissent plus importantes que les huîtres.

S'il est facile de relativiser les prises de position des autres, on peut se demander si Russell aurait accepté de relativiser de la même manière sa propre prise de position contre les armes nucléaires? Oserait-il affirmer à un survivant de l'Holocauste que la Solution finale n'était pas mal, mais seulement un malentendu, un conflit de goûts?
243 - Il ne faut pas trop s'étonner de la prise de position de Wittgenstein, car il a été l'étudiant, puis l'ami de Russell.
244 - Ici, il rejoint Russell, qui considère que les jugements moraux sont une question de goût.
245 - Mais cette perspective n'est pas étrangère au fait que la vision du monde matérialiste, issue de la science empirique, soit ainsi constituée, car la science s'est développée initialement dans une relation de sym-

biose/dépendance avec la vision du monde judéo-chrétienne (à ce sujet, voir **Fuite de l'Absolu, vol. II**). À cette époque, il n'était pas nécessaire que la science fournisse un discours moral, car celui-ci était pourvu par la religion chrétienne. Il faut noter que Albert Einstein, qui s'est aussi penché sur une question éthique d'une grande importance (la bombe atomique), en arrive à une position assez différente de Russell, admettant les limites de la science (1939):

> L'aspiration vers une telle connaissance objective appartient aux choses les plus élevées auquel l'homme puisse aspirer et vous ne me soupçonnerez pas de vouloir rabaisser les accomplissements et les efforts héroïques des hommes dans cette sphère d'activité. Par contre, il est clair aussi que la connaissance de ce qui est ne nous éclaire pas sur ce qui devrait être. On peut posséder la connaissance la plus éclairée et la plus complète de ce qui est, sans toutefois être capable de déduire de cette connaissance ce que devrait être le but de nos aspirations humaines. La connaissance objective nous fournit des instruments puissants pour l'accomplissement de certaines fins, mais le but ultime lui-même et le désir de l'atteindre doivent provenir d'une autre source. Et il n'est guère nécessaire d'affirmer que notre existence et nos activités acquièrent leur sens seulement par l'établissement d'un tel but et des valeurs qui lui correspondent. La connaissance de la vérité [empirique?] comme telle est merveilleuse, mais elle est peu utile comme guide qui ne peut même pas apporter la justification ni la valeur de l'aspiration vers la connaissance même de la vérité. Ici, nous sommes donc confrontés aux limites de la conception purement rationnelle de notre existence.*

246 - Qui est rejoint au XXIe siècle par la logique féroce de Peter Singer qui affirme qu'il est légitime de penser que les enfants handicapés puissent servir de cobayes à des expériences scientifiques ou médicales (puisqu'ils ne sont pas vraiment *conscients* selon les critères de Singer).

247 - Et, pour ce qui est de la culpabilité, Sade n'en a rien à cirer. Le concept qu'il a de la conscience est beaucoup plus cohérent que celui de Darwin. (Sade 1795/1972: 144):

> Daignons éclairer un instant notre âme du saint flambeau de la philosophie: quelle autre voix que celle de la nature nous suggère les haines personnelles, les vengeances, les guerres, en un mot tous ces motifs de meurtres perpétuels? Or, si elle nous les conseille, elle en a donc besoin. Comment donc pouvons-nous, d'après cela, nous supposer coupables envers elle, dès que nous ne faisons que suivre ses vues?

Comparons la position de Sade sur le meurtre à celle de Sartre que nous aborderons plus loin dans ce chapitre (p. 190). Laquelle est la plus cohérente?

248 - Et que tôt ou tard, elle éliminera aussi.

249 - Bien que dans la pratique, ce qui sera admis comme dans les limites du pensable, c'est-à-dire une conception politiquement correcte sera fixé

ailleurs, par les élites postmodernes...
250 - À ce sujet Simone Weil note (1949: 303):

> Hitler a très bien vu l'absurdité de la conception du XVIIIe siècle encore en faveur aujourd'hui, et qui d'ailleurs a sa racine dans Descartes. Depuis deux ou trois siècles, on croit à la fois que la force est maîtresse unique de tous les phénomènes de la nature, et que les hommes peuvent et doivent fonder sur la justice, reconnue au moyen de la raison, leurs relations mutuelles. C'est une absurdité criante. Il n'est pas concevable que tout dans l'univers soit soumis à l'empire de la force et que l'homme y soit soustrait, alors qu'il est fait de chair et de sang et que sa pensée vagabonde au gré des impressions sensibles. Il n'y a qu'un choix à faire. Ou il faut apercevoir à l'œuvre dans l'univers, à côté de la force, un principe autre qu'elle, ou il faut reconnaître la force comme maîtresse et souveraine des relations humaines aussi. Dans le premier cas, on se met en opposition radicale avec la science moderne telle qu'elle a été fondée par Galilée, Descartes et plusieurs autres, poursuivie notamment par Newton, au XIXe et au XXe siècles. Dans le second, on se met en opposition radicale avec l'humanisme qui a surgi à la Renaissance, qui a triomphé en 1789, qui sous une forme considérablement dégradée a servi d'inspiration à la IIIe République.

251 - Comme les affirmations *éclairées* de l'eugéniste français Charles Richet, récipiendaire du prix Nobel de médecine en 1913 (dans Carrel, 1922: 34, 54):

> Quoi! Nous nous appliquons à produire des races sélectionnées de chevaux, de chiens, de porcs, voire de prunes et de betteraves, et nous ne faisons aucun effort pour créer des races humaines moins défectueuses [...]. Quelle incurie étonnante. (...) Les moyens de sélection serviront à créer des races humaines moins défectueuses, pour donner plus de vigueur aux muscles, plus de beauté aux traits, plus de pénétration à l'intelligence, [...], plus d'énergie au caractère, pour faire accroître la longévité et la robustesse, [ce qui constituerait] un prodigieux progrès! (...) Il ne s'agit pas de punir [les tarés], mais de les écarter de nous. Il ne faut pas que leur sang vicié vienne corrompre le sang généreux d'une race forte.

252 - Mais pas toujours avec une cohérence parfaite, puisqu'on a mis des siècles à éliminer l'institution de l'esclavage en Occident. Et ce n'est qu'un exemple parmi tant d'autres, comme l'Allemagne de Luther qui a persécuté les Juifs, l'Inquisition, les pogroms, les guerres de religion, etc...

253 - L'historien Richard Weikart note (2004: 10):

> Ian Dowbiggin et Nick Kemp, dans leurs études fascinantes sur l'histoire du mouvement pour l'euthanasie aux États-Unis et en Grande-Bretagne soulignent tous les deux le rôle critique joué par le darwinisme en initiant et fondant sur le plan idéologique, le mouvement pour l'euthanasie. Dowbiggin affirme «Le point déterminant,

dans l'histoire du mouvement pour l'euthanasie, a été l'arrivée du darwinisme en Amérique.» Kemp appuie cette affirmation et note «Bien que nous devons éviter de dépeindre Darwin comme l'homme responsable pour avoir initié l'époque séculière, il faut aussi éviter de sous-estimer l'importance de la pensée évolutionniste en rapport avec les remises en question de la valeur de la vie humaine. Plusieurs études sur le mouvement eugénique aux États-Unis, en Europe et ailleurs ont démontré l'importance du darwinisme en initiant une transition vers des attitudes favorables à l'eugénisme et d'autres idées semblables, dont le déterminisme biologique, les affirmations d'inégalité, le racisme scientifique et la dévaluation de la vie humaine. Les idées exprimées par Madison Grant, président de la New York Zoological Society, dans le livre *The Passing of the Great Race* (1916), se rapprochent de manière inquiétante de la pensée nazie. Hitler lui-même avait une copie de la traduction allemande de ce livre. Grant y affirmait «qu'un respect démesuré pour des concepts de lois divines ainsi que la croyance sentimentale à la valeur sacrée de la vie tend à prévenir à la fois l'élimination des enfants défectueux ainsi que la stérilisation des adultes sans valeur pour la communauté. Les lois de la nature exigent l'élimination des maladaptés et la vie humaine n'a de valeur que si elle peut servir la communauté et la race.» Stephan Kühl a même démontré de nombreux liens entre le mouvement eugénique américain et le programme eugénique nazi.*

254 - Hors du contexte de l'administration de la justice, bien sûr... On pourrait d'ailleurs s'amuser a remplacer le terme *policier* par *terroristes, tueurs à gages de la mafia* ou encore *adolescents frustrés*.
255 - Qui devient en quelque sorte un *lépreux*.
256 - Et quelle est la cosmologie définissant cette normalité?
257 - Pensons au serment d'Hippocrate, par exemple, que tous les médecins, jusqu'à récemment, devaient prononcer avant de commencer leur pratique. Ce serment implique, entre autres, la renonciation à tout comportement pouvant blesser le patient. Il est explicitement mentionné de ne jamais offrir de poison ou de suggérer son utilisation. Aussi à ce sujet: Hendin (1997).
258 - Professeur de philosophie de l'art à l'Institut philosophique du Centre Supérieur de la Recherche scientifique (CSIC) de Madrid.
259 - C'est-à-dire transcendantes.
260 - Période de recherche que font bon nombre d'anthropologues dans une société non occidentale, d'une durée de quelques mois à plus d'un an. Idéalement, ils vivent simplement comme les gens qu'ils étudient, mangeant les mêmes aliments, habitant une maison semblable, etc.
261 - Si leur émotion n'est pas partagée par la communauté.
262 - Cela s'est vu à maintes reprises dans les camps de concentration nazis et dans le Goulag.
263 - Le sociologue britannique Os Guinness note qu'un grand nombre

des contradictions du postmoderne sont exposées lors d'une rencontre avec le Mal (2001: 103):

> (...) avez-vous déjà entendu un athée s'écrier *Goddammit*! [NdT: expression anglaise, pour lequel il n'y a pas d'équivalent francophone, qui signifie «que Dieu maudisse cette chose (ou personne)»] Il est possible d'enseigner à tous de ne pas juger. On peut tous raconter qu'il n'existe aucun absolu sur le plan moral. Mais lorsque nous faisons face au Mal, alors le relativisme, l'esprit de tolérance et l'athéisme comptent peu. Le Mal absolu appelle un jugement absolu. De manière instinctive, nous crions pour l'inconditionnel de condamner le Mal de manière inconditionnelle. Le matérialiste qui échappe un *Goddammit* devant le Mal a raison et non tort. Il y a là un signe de transcendance, un indice d'une réalité meilleure et, inconsciemment, une prière.

264 - René Girard note, par exemple (1999: 212-213): «En France, il est vrai, l'humanisme s'est développé contre le christianisme d'Ancien Régime accusé de complicité avec les puissants, à juste titre d'ailleurs.»

265 - Il y a même lieu de penser que dans le courant de pensée postmoderne il y a un trait d'autodétestation. L'Occident se méprise, du moins son lourd héritage judéo-chrétien.

266 - Pour donner un exemple français, on peut lire sur le site islam-Danger: «Xavier Ternisien est un journaliste d'extrême-gauche qui illustre la collusion rouge-brun-vert. Il tape d'abord sur l'Église: L'Extrême droite et l'Église. Par contre, il se montre extraordinairement favorable à l'islam.» www.islam-danger.com/index.php?me=tout&ru=listenoire

267 - Et d'un contexte religieux....

268 - Ce paragraphe s'appuie sur un texte sans auteur sur Internet: http://memoireonline.free.fr/memoirepeggy.html
L'existence d'une conception des droits de l'homme propre aux états musulmans. DEA de droit international. Faculté de droit de Montpellier I. Directeur de mémoire: M. Michel Levinet

269 - Où la rencontre entre la population de souche, plutôt matérialiste, et les immigrés d'Afrique, souvent de culture islamique, entraîne diverses frictions et remises en question à la fois sociales et idéologiques. Au Canada, par exemple, la situation est tout autre. En Ontario et au Québec, en 2005, on a même songé instaurer des tribunaux religieux, régis par la Shari'a pour gérer les cas de divorce chez les musulmans. Au Québec, l'établissement de tribunaux islamiques a été rejeté. Au moment de la rédaction, la situation n'est pas tranchée en Ontario.

270 - Concernant l'Arabie Saoudite, le ministère des Affaires extérieures du Canada offre, dans son document «Conseils aux voyageurs», quelques informations aux voyageurs canadiens. On donne les conseils suivants (7/9/2005):

> L'importation, l'utilisation ou la possession d'objets considérés comme contraires aux principes de l'islam sont aussi interdites. Il est

d'ailleurs interdit d'y pratiquer tout autre religion et d'y importer des livres et articles à cette fin.
www.voyage.gc.ca/dest/report-fr.asp?country=258000
271 - Étudiante en droit à l'époque.
272 - Sur le plan de la cohérence logique du moins.
273 - Comme l'indique la réplique de Zarathoustra, cette quête de chez soi, d'Absolu est une tentation même pour l'athée ou le relativiste le plus endurci. (Nietzsche 1883/1971: 332):
> À des vagabonds comme toi-même une geôle finalement paraît béatitude. Vis-tu jamais comment dorment les criminels captifs? Ils dorment paisiblement, ils jouissent de leur neuve sûreté. Prends garde qu'à la fin encore te tienne captive une étroite croyance, un dur, un strict délire! Car te séduit et tente à présent tout ce qui est strict et ferme.

274 - Sur le plan de la moralité, l'existentialisme préfigure et annonce le postmoderne.
275 - C'est-à-dire trans-individuelle ou transculturelle.
276 - Voltaire, le prototype de l'intellectuel engagé, semble un des premiers à avoir fait usage de ce terme. À ce titre, on peut penser, entre autres, à son **Traité sur la tolérance** (1763).
277 - Pourquoi ne pas tolérer l'intolérance? Ne serait-ce pas tout aussi logique, aussi cohérent? Mais dans un tel cas, le système idéologico-religieux postmoderne ne dominerait plus nécessairement la place publique.
278 - Dostoïevski aurait-il lu Hume à ce sujet, par hasard?
279 - Rien d'ailleurs ne m'oblige à le considérer comme un être humain ou à lui accorder quelque statut que ce soit. Je peux établir ma propre définition de l'être humain. Si par contre, je suis dans une position inférieure, dans un rapport de force (une victime potentielle), tout ce que je peux espérer, c'est que mon oppresseur en puissance (s'il est moderne ou postmoderne) ne soit pas très conséquent et qu'il adhère malgré tout à un code éthique qui n'est pas directement inspiré par sa vision du monde. Mais s'il adopte des valeurs cohérentes avec sa vision du monde, je n'ai alors aucun recours tant qu'il est dominant, sinon de l'éliminer, si la chose est possible. Dans le contexte de la pratique de l'avortement dans les pays développés, cette logique suit son cours inéluctable. L'enfant à naître n'a qu'à se taire, car qui veut l'entendre?
280 - Il s'en suit que si je peux échapper au pouvoir de l'État, rien ne s'oppose alors à ce que j'exprime toutes mes pulsions, même les plus violentes, les plus perverses.
281 - Définie en fonction de mes intérêts propres évidemment… Pourquoi pas?
282 - Ce qui nous renvoie inévitablement à la sociobiologie ou une autre théorie déterministe comparable…
283 - C'est-à-dire qu'ils n'ont plus aucun point en commun, aucun terrain d'entente.

284 - Il y a lieu de penser qu'il n'a jamais existé de situation où a pu régner de manière absolue une seule religion. Il s'agirait alors d'une religion ayant éliminé toutes les rivales contemporaines ainsi que toute trace de rivales passées.

285 - Défini évidemment selon les termes propres de la religion ou de l'idéologie visée et non pas nécessairement en des termes compatibles avec une théologie chrétienne.

286 - Il s'agit évidemment de mouvements issus de la Réforme qui placent les Écritures au premier plan comme autorité eu égard à la doctrine et le comportement. Chez ces protestants, une conversion n'a de légitimité qu'à partir de l'âge de raison.

287 - Qui est normalement, dans la religion chrétienne, un rituel qui achève le processus de conversion. Mais dans le cas de baptêmes d'enfants chez les catholiques, anglicans et autres, le rapport est inversé, c'est-à-dire un rituel qui débute le processus de conversion.

288 - C'est ce que confirme l'apôtre Paul dans le Nouveau Testament:

> Considérez, frères, que parmi vous qui avez été appelés il n'y a ni beaucoup de sages selon la chair, ni beaucoup de puissants, ni beaucoup de nobles. Mais Dieu a choisi les choses folles du monde pour confondre les sages; Dieu a choisi les choses faibles du monde pour confondre les fortes; et Dieu a choisi les choses viles du monde et celles qu'on méprise, celles qui ne sont point, pour réduire à néant celles qui sont, afin que nulle chair ne se glorifie devant Dieu. (1Cor. 1: 26-29)

289 - Voir aussi l'épisode de Jean 6: 14-15 où l'on a voulu faire de Christ le roi. Offre qu'il a refusé (ce qui contraste avec l'attitude du prophète Mohamed qui a accepté le pouvoir politique dès la première opportunité). À ce sujet, on peut noter aussi qu'une partie significative des épîtres du Nouveau Testament ont été rédigés en prison.

290 - Relation qui a porté le nom césaropapisme.

291 - L'historien d'art russe Eugene Barabanov décrit ce phénomène de la manière suivante (1975: 180-181):

> Bien sûr, l'«union» de l'Église et de l'État à l'époque de Constantin, ainsi que la «symphonie» politico-religieuse dont Justinien fut l'idéologue et le législateur, n'ont rien à voir avec la situation actuelle. L'État byzantin se considérait comme chrétien, et les empereurs qui soumettaient l'Église à leurs besoins avaient le sentiment d'être les instruments de la volonté divine. L'Église a moins souffert de la violence extérieure de l'État qu'elle n'a eu à pâtir de ce lent phénomène d'érosion cachée causé par l'identification toujours plus poussée de l'Église à l'État, par leur imbrication progressive et le renforcement de leur étroite (trop étroite!) unité. C'est dans cette fausse perspective d'apparente «symphonie» que s'est joué le destin historique de l'orthodoxie russe jusqu'à la révolution de 1917. Et lorsque l'Empire est tombé, l'Église s'est brusquement retrouvée en face d'un État athée,

hostile, dont les méthodes se sont avérées bien différentes de celles qu'employaient les empereurs chrétiens…

Il y a lieu de penser que parfois le contexte postmoderne reflète aussi une telle symphonie, non pas entre l'État et l'Église, mais entre l'État et les médias de masse. Évidemment, la relation n'est pas toujours parfaitement harmonieuse, mais en général elle implique une symbiose où chacun y trouve son compte.

292 - Cette situation n'a pas tellement changé, car depuis la chute du mur de Fer, l'Église orthodoxe Russe a tenté d'obtenir l'établissement de lois limitant ou interdisant les religions *non russes* sur ce territoire.

293 - Qui à partir de 411 ap. JC seront pourchassés par la police impériale. La loi punit de mort ceux qui tiennent des réunions interdites.

294 - Dès les IIe et IIIe siècles, la question est débattue chez les chrétiens. Tertullien pour sa part, dans son **Traité du baptême**, notait:

> Bien sûr, le Seigneur a dit: Laissez venir à moi les enfants [Mt 19, 14]. Oui, qu'ils viennent, mais quand ils seront plus grands, qu'ils viennent quand ils seront en âge d'êtres instruits, quand ils auront appris à connaître celui vers qui ils viennent. Qu'ils deviennent chrétiens quand ils seront capables de connaître le Christ.

295 - C'est-à-dire le droit de tous les croyants de lire et d'interpréter pour eux-mêmes les Écritures. Et ce principe a favorisé, par la suite, l'accès à l'éducation chez les évangéliques, car pour comprendre et faire un choix éclairé, il faut pouvoir lire. Voir aussi Francis Schaeffer (1982/1994, vol. V p. 124)

296 - Ce sont des dirigeants laïques, assumant des responsabilités dans l'église locale (1Tim 5:17).

297 - Mais qui eut un précédent, en Irlande, sous l'influence de saint Patrice, qui eut lieu dès le IVe siècle. Voir Cahill (1995: 114, 148).

298 - Cette attitude critique est liée au fait qu'on considère toujours chaque culture, voire chaque État, même chrétien, comme une expression relative, imparfaite et partielle d'un ordre divin, en rapport à l'absolu qu'est la Parole de Dieu. Touchant l'apport social/politique du christianisme, le sociologue marxiste Henri Desroches observe (1974: 35):

> Tels furent à peu près les trois grands cycles des vieux Left-Wingers comme autant de formes marginales de la conscience religieuse occidentale. Pour les résumer dans une imagerie incorrecte et grossière, tout s'est passé comme si, après un christianisme du premier âge modelé par le catholicisme de l'ère féodale [ce qui tait l'apport du christianisme *underground* de l'époque précédant la conversion de Constantin en 321 AD], après un christianisme du deuxième âge modelé par les protestantismes dominants de l'ère bourgeoise, des générations de *seekers* s'étaient opiniâtrement et souvent convulsivement acharnées à détecter un christianisme d'un troisième âge, celui d'une ère qui se situerait au-delà d'une division en classes.

Au point de vue des valeurs démocratiques en Occident, l'anthropologue Kenelm Burridge signale l'apport du christianisme (1979: 188):

> Il faut se rappeler que le christianisme, en tant que force politique, a pris naissance sous la forme d'un mouvement démocratique et égalitaire. Il a trouvé accueil, comme c'est toujours le cas aujourd'hui, parmi les esclaves, les bannies, et les dépossédés à l'encontre des hiérarchies établies. D'ailleurs, le christianisme lui-même est sujet à la même dialectique. Si, au cours des années, les Églises établies ont fréquemment dû admettre et se soumettre aux structures politiques restrictives et hiérarchiques. Nous ne devons pas oublier que les structures démocratiques en Europe et en Occident ne sont pas dérivées d'Athènes, où ils existaient grâce à l'esclavage, mais à des formes développées par l'Église et ses ordres religieux. Les mouvements millénaristes, et d'autres semblables, tout comme les mouvements de réforme, dans l'Église elle-même, ont toujours commencé en soulignant les formes égalitaires et démocratiques. Leur corruption et trahison par la suite sont aussi récurrentes et nécessaires au processus qu'est la présence de Judas au dernier repas.*

Nos manuels scolaires, du secondaire à l'université, nous enseignent généralement que la démocratie nous vient de la Grèce. Dans les milieux *politiquement corrects* on oublie trop vite que, dans la Grèce antique, seuls les membres des classes nobles avaient droit de vote. Les esclaves n'avaient aucune part aux grandes institutions démocratiques. Et les esclaves constituaient 75% de la population... Schaeffer, pour sa part, signale (1976/95: 87, 108, 113) que dans les Églises de la tradition réformée le concept de l'homme, fait à l'image de Dieu, a eu des répercutions importantes sur le plan de la vie de l'Église et a ouvert la porte à la notion de la prêtrise des croyants et à un début de démocratie ecclésiastique avec l'admission des anciens. D'autre part, le concept de la loi de Dieu, au-dessus des lois des hommes, a servi de rempart contre le pouvoir absolu des rois. Dans les pays touchés par la Réforme, le pouvoir absolu des rois a été opposé et limité. Dans la suite de cette logique, les pays touchés par la Réforme ont établi des systèmes politiques décentralisés, où le pouvoir est réparti entre diverses fonctions. Un coup d'œil rapide sur le plan géopolitique révélera une rapide convergence entre les pays touchés le plus profondément par la Réforme et les pays où les traditions démocratiques sont les plus profondes. Ce n'est pas une coïncidence. Touchant les restrictions au pouvoir des rois (et l'étincelle qui fit naître la démocratie en Occident) Pierre Sayous, auteur du XIXe siècle, compare les attitudes catholiques et protestantes à cet égard (1881: 335):

> Où donc se séparent ces deux grands esprits? Car si Calvin exige du sujet autant que le prélat, Bossuet n'exige pas moins du prince que le réformateur. La réserve soigneusement faite par tous deux, que l'obéissance première est due à Dieu contre lequel on ne doit pas obéir aux hommes, a chez eux une portée toute différente. Qui prononce que le chef a commandé contre Dieu - L'Église, selon Bossuet; l'individu, selon Calvin qui ne pensait qu'aux doctrines

religieuses, quand il recommandait la résistance. Alors ce qui était l'exception sous Louis XIV, du seizième siècle était le fait général. La persécution religieuse en fut la cause; elle habitua les esprits à la révolte en les plaçant entre l'obéissance à l'homme, entre les ordonnances royales et «l'édit du céleste héraut saint Pierre: Il vaut mieux obéir à Dieu qu'aux hommes.»
D'autres aspects de la chose sont explorés par Leithart (1996).
299 - Voir aussi la relation de symbiose renouvelée entre l'Église orthodoxe et l'État russe depuis la chute du Mur de fer.
300 - L'ENAP est l'École nationale d'administration publique et un organisme para-universitaire au Québec offrant des programmes d'études de 2e et de 3e cycles en administration.
301 - Religion chrétienne il va sans dire, et ce, largement influencée par la Réforme ainsi que les mouvements évangéliques.
302 - Et qui a conduit à des absurdités telles que l'emprisonnement du compositeur Louis Bourgeois pour des innovations au Psautier.
303 - Cela donne une dimension autre aux attaques constantes que subit le nouveau régime politique en Iraq depuis la chute du régime de Saddam Hussein. Au-delà des considérations politiques et nationalistes, il faut noter que pour beaucoup de pays voisins il y a lieu de penser que ce régime potentiellement démocratique, où pourrait exister une plus grande liberté de pensée et d'expression, soit perçu comme une *infection* qu'il faut stopper à tout prix. Ces turbulences ne sont donc pas seulement politiques, tel que l'on comprend ce concept en Occident, mais aussi religieuses.
304 - Paul Landau, spécialiste des mouvements islamistes, note sur le jihad comme pratique militaire (2004):

> Le jihad, observe Bat Ye'or, «exprime la sacralisation de la razzia bédouine» [3]. Cette sacralisation, doublée d'une institutionnalisation de la razzia, est soumise à une réglementation détaillée des conditions et des modalités du jihad, c'est-à-dire, au droit musulman élaboré de la guerre. Ce droit de la guerre a été codifié par les théologiens musulmans des différentes écoles de jurisprudence (hanafite, malikite, hanbalite, chafi'ite…). Des règles précises ont ainsi été édictées (et appliquées de manière variable selon les lieux et les époques) concernant les combattants et les non-combattants, les prisonniers, le butin, etc.

305 - Parfois traduit «associants», «idolâtres» ou «polythéistes».
306 - Ce qui compte plutôt est le résultat final, c'est-à-dire l'homme obéissant à la loi du Prophète.
307 - Voici quelques renseignements offerts aux voyageurs canadiens par le ministère des Affaires extérieures du Canada, dans son document «Conseils aux voyageurs» qui rend compte de la réalité quotidienne dans ce pays (7/9/2005):

> Les Canadiens travaillant comme enseignants en Arabie saoudite devraient éviter les discussions à caractère politique ou religieux avec

leurs élèves et avec le personnel de l'école. (...) Les femmes ne sont pas autorisées à conduire une voiture ou à circuler à bicyclette. La danse, la musique et le cinéma sont défendus. Les femmes et les hommes ne peuvent être ensemble en public, à moins d'êtres accompagnés d'autres membres de leur famille. Une femme arrêtée parce qu'elle est en compagnie d'un homme qui n'est pas de sa famille peut être accusée de prostitution. Les restaurants ont deux sections, l'une pour les hommes, l'autre pour les familles ainsi que pour les femmes accompagnées ou non. En outre, les femmes et les enfants doivent avoir la permission d'un parent de sexe masculin pour sortir du pays. (...) L'importation, l'utilisation ou la possession d'objets considérés comme contraires aux principes de l'islam sont aussi interdites. Il est d'ailleurs interdit d'y pratiquer tout autre religion et d'y importer des livres et articles à cette fin. [...] L'Arabie saoudite est une monarchie traditionnelle et conservatrice où l'islam, religion officielle, règle tous les aspects de la vie quotidienne. Les coutumes, les lois et les règlements du pays sont rigoureusement conformes aux pratiques et croyances islamiques. Les voyageurs doivent respecter les traditions religieuses et sociales pour éviter de froisser les sensibilités locales. Les femmes doivent observer rigoureusement le code vestimentaire saoudien et porter des vêtements conventionnels et amples, y compris un long manteau (*abbaya*), et un foulard pour se couvrir les cheveux. Les femmes n'ont pas le droit de conduire.
www.voyage.gc.ca/dest/report-fr.asp?country=258000

308 - En anglais et disponible sur Internet. http://freedomhouse.org

309 - Et ces interdits sont accompagnés d'une obligation implicite, critiquer Israël. Puisqu'il est impossible de faire de critiques sérieuses aux régimes politiques en place, c'est une soupape d'échappement, fort utile, essentielle même pour éliminer les pressions sociales.

310 - L'auteur est tout à fait conscient que certaines affirmations qui précèdent touchant l'islam peuvent choquer quelques lecteurs. Certains seront sans doute enclins à affirmer, à son sujet, qu'il *n'a rien compris à l'islam* puisqu'il n'est pas un érudit ou un expert sur ce sujet. À ce compte, si on veut bien lui fournir des données historiques ou culturelles précises réfutant ou nuançant une affirmation ou une autre, l'auteur plaidera immédiatement, et sans fausse pudeur, coupable. Mais si, par contre, on affirme que l'auteur *n'a rien compris* à l'islam en insinuant, *a priori*, que celui qui ose le critiquer ne l'a pas compris, alors, en ce qui concerne les fins de discussion présentes, une telle objection est vide et sans intérêt. Le but recherché ici n'est pas l'*illumination*, mais, dans la mesure du possible, déterminer l'exactitude des données et observations.

311 - Il faut sans doute inclure le christianisme véritable dans cette catégorie.

312 - Une partie du contenu de ce paragraphe est le résultat d'échanges avec L. Robitaille.

313 - Denys Arcand, le cinéaste québécois, qui a tourné le film **Le Confort et l'Indifférence** (1981), en sait quelque chose. Son film relate la chute des idéaux indépendantistes au Québec lors du Référendum d'août 1981. La perspective d'Arcand avancée dans ce film est que les Québécois tiennent beaucoup plus à leur confort matériel qu'à leurs idéaux politiques. Depuis le *Glasnost*, des directeurs de films russes ont aussi exploré ce thème. On peut penser, entre autres, au film **La petite Vera** (1988). Le bdéiste Enki Bilal remarque à cet égard (Dreesens 1994):

> Mais il n'y a plus de systèmes idéologiques. On l'a bien vu avec la faillite de deux systèmes qui étaient totalement imparfaits: le capitalisme et le communisme. La plus spectaculaire étant bien sur celle du communisme. On sait tout ce que cela à apporté comme drames. Mais le capitalisme aussi à failli; et le libéralisme essaye de se restructurer sans réelle idéologie. Si l'Europe a du mal à se faire c'est parce qu'il n'y a pas de projet commun; il y a une peur, une angoisse, c'est tout. Les hommes politiques gouvernent avec l'angoisse aux tripes, car ils n'ont pas la capacité de voir plus loin que certaines échéances électorales. C'est là qu'il y a d'énormes paradoxes.

314 - Attitude qui n'est pas sans danger comme le souligne K. D. Bracher, dans son étude de l'idéologie nazie (1969/1995: 40-41):

> Dans son livre trop peu connu **The German Idea of Freedom** (1957), Leonard Keiger a montré par une analyse incisive comment l'idée allemande de liberté fut, même chez la majorité des libéraux, très tôt et de façon croissante compromise par une conception de l'État en tant que facteur d'ordre placé au-dessus de la société et des partis, se portant garant de l'unité nationale, du bon fonctionnement des institutions, incarnant à la fois le pouvoir et la protection des citoyens. Cette conception de l'État, qui devait à l'origine assurer les libertés civiques; mais qui profita en dernière analyse aux forces réactionnaires et conservatrices, domina depuis le Romantisme (et à la suite d'un Hegel dont il fut quelque peu abusé) de plus en plus la pensée juridique et politique de la bourgeoisie allemande.

315 - À moins que tous rejettent son statut de victime et qu'il n'ait aucune autre porte de sortie...

316 - Sinon par l'Auteur de la nature.

317 - Marx affirmait notamment (1859: 4-5):

> L'ensemble des rapports de production constitue la structure économique de la société, la base concrète sur quoi s'élève une superstructure juridique et politique et à laquelle correspondent des formes de conscience sociale déterminées (....). Ce n'est pas la conscience des hommes qui détermine leur être: c'est inversement leur être social qui détermine leur conscience.

Mao affirmait pour sa part (1976: 291): *L'existence sociale des hommes détermine leur pensée.*

318 - Dans **Histoire de la folie à l'âge classique**, Foucault (1961) a noté un

processus parallèle au Siècle des Lumières où l'on a établi la Raison comme moyen de salut. De ce fait, on a marginalisé et exclu le fou. Les autres, on les a éduqués. L'**Universalis** note à ce sujet (2003 notice: Folie):

> L'âge du rationalisme accentue cette coupure tant sur le plan intellectuel que sur le plan social. Descartes a consacré à la folie au moins un texte célèbre. Mais il vise à l'exclure de l'ordre de la raison. Le fou ne peut penser, et la pensée ne peut être folle. La certitude de la pensée, qui repose entièrement sur son immédiate présence à elle-même – *verum est index sui*, dira Spinoza –, est indubitable. Au mieux, le fou ne peut que feindre de penser et il n'a rien à apprendre à celui qui pense vraiment, sauf de le mettre en garde contre les difficultés et les embûches qui hérissent le chemin vers cette vraie pensée.

319 - Il y a là une question qui a préoccupé de Tocqueville dans le contexte occidental. Il note (1840, 2ᵉ partie, ch. xv):

> Je ne crois pas à la prospérité non plus qu'à la durée des philosophies officielles, et, quant aux religions d'État, j'ai toujours pensé que si parfois elles pouvaient servir momentanément les intérêts du pouvoir politique, elles devenaient toujours tôt ou tard fatales à l'Église. Je ne suis pas non plus du nombre de ceux qui jugent que pour relever la religion aux yeux des peuples, et mettre en honneur le spiritualisme qu'elle professe, il est bon d'accorder indirectement à ses ministres une influence politique que leur refuse la loi.

320 - Ou entre religions différentes.

321 - C'est-à-dire celles qui sont entendues par les médias (femmes, gais, noirs, amérindiens, etc.). Ce statut de *victime* est donc fort utile. Il faut bien comprendre que dans le contexte actuel, les victimes sont, avant tout, les véhicules pour les valeurs/présupposés postmodernes.

322 - À ce sujet, l'Universalis note l'origine mythique de ce rituel (2003; notice: Siva et Shivaïsme):

> L'épouse de Siva fut d'abord, sous le nom de Sati, fille de Daksa. Son père ayant omis d'honorer Siva dans un grand sacrifice, Sati ne put supporter la honte de voir son époux humilié et se donna la mort en se jetant dans le feu du sacrifice. Siva devait se venger, sous la forme Virabhadramurti, en détruisant le sacrifice et en malmenant tous ses participants. Sati eut ensuite une seconde naissance, comme fille de l'Himalaya, sous le nom de Parvati ou Uma

323 - Bien que des discussions, sans enjeux réels, sont toujours souhaitables et utiles sur le plan marketing...

324 - Principe résumé succinctement par Girard (1999: 141):

> S'il n'y a que des différences entre les religions, elles ne font plus qu'une seule et vaste indifférenciation. On ne peut pas plus les dire vraies ou fausses qu'on ne peut dire vrais ou faux un conte de Flaubert ou un conte de Maupassant. Ce sont deux œuvres de fiction et tenir l'une des deux pour plus vraie que l'autre serait absurde.

325 - Et si on note que bon nombre de ces accomplissements sont liés à

la vision du monde judéo-chrétienne, on peut considérer cela comme un indice de plus que le postmoderne est en grande partie une réaction à cette vision du monde.

326 - C'est-à-dire comme une chose qui existe, de manière indépendante de la volonté de l'observateur et qui constitue le contexte de son existence.

327 - Ces derniers affirment parfois ne pas fournir de nouveaux dogmes, ne pas diriger. On affirme que le rôle de l'éthicien, n'est pas de dire la vérité pour autrui, mais d'aider autrui à trouver sa *vérité*, à réfléchir et à juger par soi-même. Il *accompagne* autrui dans ses questionnements, il lui *suggère* des outils de compréhension et de discussion, toujours dans la neutralité parfaite. Que de conneries… Il faut noter que parfois ces comités ne tranchent aucune question éthique. Décider de tuer un homme ou un enfant est bien sûr une question éthique. Décider de le faire au moyen de la pendaison, de la guillotine ou d'une surdose de morphine, est simplement une question technique (ou d'esthétique).

328 - C'est-à-dire de prendre pour acquis la moralité.

329 - La religion postmoderne peut, par contre, très bien s'accommoder de divinités malléables, *ouvertes* et insignifiantes.

330 - Sade distingue ici (1795/1972: 111) entre droit de propriété exclusif (le mariage), qu'il rejette, et le droit de jouissance universelle et sporadique qu'il admet (et promeut). Le rockeur Marilyn Manson pousse encore plus loin. Sur la pochette de l'album **Mechanical Animals** (1998) où figure la pièce User Friendly (qui aborde aussi les rapports hommes-femmes) on retrouve au bas, les touches de clavier ordinateur: [CRTL] [ESC] [DEL], c'est-à-dire *control* (contrôler), *escape* (fuire) et *delete* (éliminer).

331 - À ce sujet, Pearcey observe (2004: 211-212):

> Lorsque l'un des auteurs, Randy Thornhill, fut interviewé à la National Public; Radio; il s'est vu inondé d'appels de colère, jusqu'à ce qu'il insiste sur le fait que la logique est inévitable: si l'évolution est fondée, alors chaque trait de chaque être vivant, ce qui inclut les humains, comporte une histoire évolutive. Ce n'est pas une question sujette à discussion. À trois reprises dans l'émission, il a appuyé ce point avec vigueur. Cela explique pourquoi les adversaires de la psychologie évolutionniste n'ont pu freiner sa croissance rapide. Généralement, ils partagent les mêmes prémisses évolutionnistes, ce qui implique qu'ils sont sans défense contre son application au comportement humain. (…) Il y a eu un incident amusant lors de cette émission lorsque Thornhill fut confronté à Susan Brownmiller, l'auteur d'un livre important sur le sujet du viol (**Le viol/Against Our Wills**). Évidemment, elle s'opposa ardemment aux thèses de Thornhill et celui-ci répliqua avec la pire insulte qu'il pouvait trouver en l'accusant de ressembler aux partisans religieux de l'extrême droite. Sans doute fut-elle insultée, mais l'argument implicite est digne d'attention, car Thornhill affirmait que l'évolution et l'éthique évolutionniste

sont un ensemble cohérent. Si on admet la prémisse, il faut accepter la conclusion. Et si ça ne vous plait pas, vaut mieux rejoindre la droite religieuse et remettre en question l'évolution même.*

332 - Il est parfois utile d'examiner la chose sous un autre angle. On peut aussi affirmer que la cosmologie darwinienne n'impose pas l'altruisme. Il le permet bien sûr, mais il ne **l'exige** pas. Tenant compte de la structure logique de la cosmologie darwinienne, les religions modernes et postmodernes peuvent supporter n'importe quelle prise de position éthique, rien n'est exclu. André Pichot explique la polyvalence du concept de l'altruisme dans la pensée évolutionniste (2000: 145):

> En un mot, l'altruisme évolutionniste était la source d'une morale pseudo-naturaliste, qui permettait de réconcilier la loi de la jungle et l'idéologie du bon sauvage. Appliqué à la société humaine, il l'animalise en la biologisant. Appliqué à la société animale, il l'humanise en lui étendant, par anthropomorphisme, la dimension psychologique et morale des comportements sociaux humains. D'où la réversibilité des conceptions inhérentes, qui justifient aussi bien l'amour des animaux que l'extermination des *races inférieures*. Il se prête à tout et n'importe quoi, aux bons sentiments comme aux bonnes affaires. Il convenait donc à tout le monde, et tout le monde s'en réclama.

333 - Pratiqué, entre autres, chez les aborigènes d'Australie (Pfeiffer 1972: 355).

334 - Concept exploré par C. S. Lewis dans le livre I de **Mere Christianity/ Pourquoi je suis un chrétien** ainsi que dans **L'abolition de l'homme**. Le Tao, dans ce contexte, correspond non pas au taoïsme chinois, mais simplement à l'affirmation du concept universel d'une Loi morale absolue, c'est-à-dire reconnu (avec quelques variantes) par toutes les civilisations.

335 - Lorsque l'historien moderne typique examine et critique l'idéologie nazie, puisqu'en général, il partage les présupposés cosmologiques (matérialistes) des nazis, il se voit dans l'obligation de qualifier *d'abus*, les conclusions qu'ont tirées les nazis du darwinisme. À ce sujet le juriste et historien Robert Cecil remarque (1972: 69):

> Le caractère germanique primordial [du nazisme] fut dérivé en partie d'un nationalisme allemand exagéré et en partie d'une adaptation particulièrement perverse du darwinisme social. Des hommes tels que Lagarde et Moeller V. D. Bruck, qui pouvaient se vanter encore moins que H. S. Chamberlain de leurs connaissances scientifiques, avaient appliqué aux êtres humains, de manière grossière, l'hypothèse de la survie des plus adaptés. Et de là, par le biais d'analogies, on avait considéré les nations et les races comme soumises aux mêmes lois inexorables. Là où Nietzsche avait rejeté cette perversion du concept darwinien original, les esprits superficiels l'avaient appliqué au-delà de toute raison en divisant, de façon arbitraire, les nations entre celles qui sont encore jeunes, vigoureuses et destinées à survivre et celles qui sont vieilles, repues et

condamnées au déclin.*
Plusieurs éléments théoriques associés au darwinisme de Hæckel au XIXe et au début du XXe siècles ont été rejetés par la génération qui a suivi la Solution finale, car elles sont maintenant perçues comme tachées, impures. Le *marketing* semble déterminant en dernière instance. Robert Richards, professeur d'histoire de la science, note, avec une certaine complaisance, à la fin de son livre **The Meaning of Evolution** (1992: 179):

> Mais les néodarwinistes semblent s'entendre généralement sur trois postulats anciens qui devraient être mis de côté: à savoir que l'évolution d'une espèce doit se comprendre à la lumière de l'évolution individuelle, que l'embryogenèse récapitule la phylogenèse [NdT: Selon la formule répandue en biologie anglophone due à Hæckel: *embryogenesis recapitulates phylogenesis*] et que l'évolution est progressive. Ainsi il est surprenant de découvrir que ces idées servaient tout de même dans le Bauplan de la pensée de Darwin. Darwin est certes l'architecte de la théorie reconstruite sous l'appellation néodarwinisme. Mais l'architecte était notre ancêtre, qui vécut heureusement au XIXe siècle.*

336 - Cet aspect de la chose tient évidemment au fait que le postmoderne est aussi une réaction aux totalitarismes produits par la religion moderne.
337 - Il semble que Thomas Jefferson fut le propriétaire de 187 esclaves. L'une d'elles, Sally Hemings, fut sa concubine et eut avec lui plusieurs enfants.
338 - Traduit librement: Ne m'emmerde pas avec ta religion/idéologie/moralité…
339 - C'est-à-dire la sollicitation par des groupes de pression.
340 - Le nazisme est une idéologie très pragmatique. On a affirmé parfois que Hitler était chrétien. Hitler a effectivement exploité l'antisémitisme existant chez les chrétiens allemands (catholiques et protestants), mais on néglige souvent de souligner qu'il attaquait sans pitié tout groupement chrétien qui ne servait pas ses objectifs politiques. Dans ses **Table-talks,** nous voyons l'attitude véritable de Hitler à l'égard du christianisme (1944/1973: 51, le 10 oct. 1941):

> La guerre est retournée à sa forme primitive. La guerre de peuples contre peuples cède la place à une autre forme de guerre, celle faite pour la conquête des grands espaces. À l'origine, la guerre n'était rien d'autre que la lutte pour des pâturages. Aujourd'hui la guerre n'est rien d'autre qu'une lutte pour les richesses de la nature. Par la vertu d'une loi immuable, ces richesses appartiennent à celui qui les conquiert. Les grandes migrations sont parties de l'Est. Avec nous commence le retour de la pendule, de l'Ouest vers l'Est. C'est en accord avec les lois de la nature. Par le biais de luttes, les élites sont continuellement renouvelées. La loi de la sélection justifie la lutte incessante en permettant la survie des plus adaptés. Le christianisme est une rébellion contre la loi naturelle, une protestation contre la

nature. Si on poursuit cette logique, le christianisme impliquerait la protection systématique des échecs humains.*

À ce titre, Hitler se fait l'écho d'attitudes avancées par Nietzsche dans son essai **l'AntéChrist** (1889) par lequel ce dernier affirme que le christianisme est la religion des faibles et des malades. Albert Camus, pour sa part, fit ce commentaire à l'égard de l'exploitation rhétorique du concept de dieu par Hitler (1951: 228):

> Quant à Hitler, sa religion avouée se juxtaposait sans une hésitation le Dieu-Providence et le Wallhall. Son dieu, en vérité, était un argument de meeting et une manière d'élever le débat à la fin de ses discours.

Albert Einstein, étant donné son expérience de l'Allemagne d'entre les deux guerres, peut être cité comme témoin dans cette affaire (dans Anonyme 1940: 38):

> Étant un amant de la liberté, lorsqu'est venue la révolution [nazie] en Allemagne, je comptais sur les universités pour la défendre, sachant qu'elles avaient toujours affirmé haut et fort leur dévotion à la cause de la vérité, mais non, les universités ont été réduites au silence immédiatement. J'ai alors tourné mon regard vers les grands éditeurs de quotidiens, dont les éditoriaux enflammés d'autrefois avaient proclamé leur amour de la liberté, mais comme les universités, ils furent réduits au silence en quelques semaines.
>
> Seule l'Église s'est prononcée clairement contre la campagne hitlérienne qui supprimait la liberté. Jusqu'alors, l'Église n'avait jamais attiré mon attention, mais aujourd'hui je veux exprimer mon admiration et ma plus profonde estime pour cette Église qui, seule, a eu le courage de lutter pour les libertés morales et intellectuelles. Je dois admettre que ce que je méprisais autrefois, je l'admire sans réserve maintenant.*

Par ailleurs, l'historien allemand K. D. Bracher révèle un point plutôt méconnu sur le régime nazi (1995: 516):

> Jusqu'à la fin de leur règne, les dirigeants nationaux-socialistes virent un obstacle particulièrement gênant dans la résistance effective ou potentielle des Églises, dont 95% de la population allemande se reconnaissaient encore lors du recensement de 1940. Un des principaux objectifs du régime était de supprimer cet obstacle après la guerre.

341 - Traduction française bâclée? Dans le texte original anglais cela est rendu "In Oceania there is no law. Thoughts and actions which, when detected..." p. 174, Orwell **Nineteen Eighty Four**. 1949/77 Penguin Putnam New York.

342 - Extrait d'un débat ayant eu lieu le 30 avril 1994 entre W. B. Provine et Phillip E. Johnson à l'université de Stanford.

343 - Concept aussi rejeté par Nietzsche dans **Le crépuscule des idoles**, section; Erreur du libre-arbitre.

344 - Ou les sujets de toute autre forme de déterminisme; hormonal, moléculaire ou neuronal.
345 - Le Royaume auquel fait référence Monod ici n'est évidemment pas le Royaume des Cieux, tel que peut le concevoir un chrétien, mais le monde du progrès auquel rêvent les modernes où tous seront dirigés par une élite scientifique éclairée et bien-pensante. La science, devenue moyen de salut et matrice d'utopie!
346 - Évidemment, notre criminel postmoderne devrait rejeter le concept de criminel, affirmant, en toute cohérence, qu'il s'agit d'un concept imposé par une moralité sociale dont il n'admet aucune obligation à reconnaître.
347 - Une définition de la morale, conçue pour assurer sa compatibilité avec la cosmologie matérialiste, ne serait d'aucun secours dans ce contexte. (Engel 2004: 12)

> (...) une morale est un ensemble d'attitudes ou de jugements impliquant le privilège normatif de certaines options pratiques par rapport à d'autres indépendamment des buts contingents que se fixe un individu. La conception évolutionniste de l'éthique traduit ainsi cette définition: un ensemble de dispositifs de coordination au service d'un ensemble de besoins et d'intérêts de base.

348 - Expression tirée vraisemblablement d'un livre de Richard Weaver (1948) du même nom.
349 - Le psychiatre Frankl s'oppose au déterminisme biologique et note (1988: 137):

> L'être humain n'est pas un objet: les objets sont déterminés les uns par les autres, mais l'être humain, lui, choisit son destin. Dans les limites de ses dons naturels et de son environnement, il est responsable de ce qu'il devient. Ainsi, dans les camps de concentration, véritables laboratoires et terrains d'observation, nous avons vu des hommes se comporter comme des porcs et d'autres comme des saints. L'être humain possède en lui deux potentiels. C'est lui qui décide lequel il veut actualiser, indépendamment des conditions qui l'entourent.

Il n'est peut-être pas inutile dans ce contexte d'évoquer une boutade ironique attribuée au mathématicien Henri Poincaré «C'est librement qu'on est déterministe».
350 - Petits propriétaires paysans russes, opposés à la collectivisation des terres et des moyens de production après la prise du pouvoir soviétique. Le processus de dékoulakisation de 1930-1931, impliqua, selon Soljenitsyne, l'arrestation et la déportation de 15 millions de paysans. Voir **L'Archipel du goulag**, partie VI chap. 2.
351 - On songe déjà à faire des clones humains qui seraient élevés comme des banques d'organes. Leur identité d'être humain serait simplement biffée, une formalité administrative...
352 - Par contre, dans le cas d'un chercheur chrétien (un chrétien cohérent, il va sans dire) engagé dans la recherche sur des projets biotechno-

logiques, celui-ci a un frein additionnel. Ce chercheur n'a pas à rendre des comptes seulement aux actionnaires de la compagnie qui verse son salaire, mais d'abord à l'Auteur de la vie. Dès que ce présupposé est admis, cela change la donne. Évidemment, un chrétien assujetti à l'influence postmoderne, ayant assimilé le concept que la religion doit garder *sa place* (dans la vie privée), ne fera alors aucun lien entre convictions chrétiennes et pratiques professionnelles. Rien ne distinguera alors son intervention de celle d'un autre concitoyen.

353 - On peut penser aussi au verset suivant: «Et la Parole a été faite chair, et elle a habité parmi nous, pleine de grâce et de vérité; et nous avons contemplé sa gloire, une gloire comme la gloire du Fils unique venu du Père.» (Jean 1: 14)

354 - Des maladies nerveuses et physiologiques ont sans doute contribué à son état. Certains affirment qu'il a été atteint de syphilis. Nietzsche a vu, avec une grande clarté, le vide au bord de cet abîme (1883/1971: 86):

> Solitaire tu suis la voie du créateur; à partir de tes sept diables tu veux créer un dieu. (…) Avec mes larmes va dans ta solitude, ô mon frère. J'aime celui qui au-dessus et au-delà de lui-même veut créer et, de la sorte, court à sa perte.

355 - Même si Nietzsche, pour sa part, rejetait l'antisémitisme (ce qui n'était pas le cas de son ami Wagner).

356 - Ce paragraphe comporte des réflexions tirées d'échanges avec LR.

357 - C'est-à-dire un présupposé cosmologique postmoderne essentiel.

358 - Pour le moment…?

359 - On peut penser au cas de Richard Sternberg qui en 2004 a perdu son poste au National Museum of Natural History, Smithsonian Institution, à Washington, DC pour avoir permis la publication de critiques à l'égard de la théorie de l'évolution, un élément central de la cosmologie moderne, dans une publication scientifique prestigieuse. Voir à ce sujet www.rsternberg.net On peut aussi penser aux élus canadiens ou français ayant pris position contre le mariage gai. Quel sort leur réserve-t-on dans les médias?

360 - Du moins, là où elle entre en conflit avec des présupposés postmodernes.

361 - S'il ose parler de péché, d'immoralité, par exemple.

362 - Cela se compare aux divinités domestiques très largement admis chez les romains, mais dont le rituel ne devait pas remettre en question, dans la vie collective, le culte de l'empereur.

363 - Là, en somme, où la religion postmoderne est déficitaire et ne peut apporter de sens…

364 - Le chant grégorien n'est pas à négliger pour calmer les nerfs tendus du postmoderne…

365 - Tandis qu'on dépeint sans relâche la religion [chrétienne] comme une forme d'oppression dont la violence est intrinsèque, à long terme la persécution physique devient pensable.

366 - Abordée aux chapitres précédents.

367 - Pour plus de renseignements à ce sujet il est inutile de consulter les médias institutionnels, surtout en milieu francophone. Il faut chercher dans la presse alternative, en particulier sur Internet. Voici quelques sources : le site de Compass Direct:
www.compassdirect.org/
Voix des Martyrs: www.portesouvertes.fr/fr/indice-persecution.php
Ou encore des publications anglophones telles que Nina Shea, **In the Lion's Den: Persecuted Christians**. (Broadman Holman, 1997), Paul Marshall & Lela Gilbert, **Their Blood Cries Out**: The Growing Worldwide Persecution of Christians. Word. 304 p.
368 - Il faut noter que la traduction française de **La société ouverte** (1979) cache mal ses préjugés antichrétiens [de l'éditeur ou du traducteur], car la deuxième phrase de l'édition anglaise a été éliminée. Le lecteur français, qui ne peut lire l'anglais, n'y verra que du feu…
369 - Cela est peut-être justifié dans le contexte du contrat de mariage, mais la femme juive de l'Antiquité ne semble pas particulièrement restreinte dans ses activités économiques comme le souligne Proverbes 31: 10-16:

> Qui peut trouver une femme vertueuse? Elle a bien plus de valeur que les perles. Le cœur de son mari a confiance en elle et les produits ne lui feront pas défaut. Elle lui fait du bien, et non du mal, Tous les jours de sa vie. Elle se procure de la laine et du lin et travaille d'une main joyeuse. Elle est comme un navire marchand, elle amène son pain de loin. Elle se lève lorsqu'il est encore nuit et elle donne la nourriture à sa maison et la tâche à ses servantes. Elle pense à un champ, et **elle l'acquiert**; Du fruit de son travail, elle plante une vigne.

370 - Il ne faut pas gommer les paradoxes qu'implique le christianisme à l'égard des rapports hommes-femmes. La femme est évidemment soumise (Eph 5: 24) mais égale (Ga 3: 28), tandis que l'homme est évidemment chef (1Co 11: 3), mais aussi serviteur (Ep 5: 25-33, Mc 9: 35). Toutes ces éléments sont nécessaires pour comprendre la perspective judéo-chrétienne. Dans l'Occident dit *chrétien*, les déficiences empiriques du comportement des deux sexes ne doivent pas obscurcir le but visé. Il faut d'ailleurs tenir compte de l'effet d'obscurcissement d'un contexte postmoderne où règne le présupposé simpliste, mais très répandu que, dans les rapports hommes-femmes, la femme est *toujours* victime et l'homme *toujours* oppresseur.
371 - Un hasard? Là où triomphent, sur le plan institutionnel, plusieurs concepts proposés lors du Siècle des Lumières?
372 - Le contexte postmoderne, par contre, s'éloigne quelque peu de ces restrictions. À témoin, tous les débats en Occident autour des médecines alternatives.
373 - Le scientifique qui ose remettre en question la cosmologie dominante subira une marginalisation sur le plan professionnel. La question est examinée par un article de Richard Halvorson à la Harvard Political Review (2002):

À l'université de Baylor, le professeur et théoricien du Dessin Intelligent (DI) William Dembski a expérimenté ce qu'il qualifie de «maccartisme académique» de la part de la faculté des sciences après que ces derniers se sont rendu compte que sa recherche remettait en question le darwinisme. Il compare le doute à l'égard de l'orthodoxie darwinienne à ceux qui osaient s'opposer à la pensée du parti sous le régime stalinien. Dembski fit remarquer à HPR: «Comment agirais-tu si tu vivais sous le régime stalinien et que tu voulais remettre en question les théories de Lyssenko? C'est le genre de situation qui prévaut actuellement. Il faut être très prudent et l'on ne peut jamais mettre toutes ses cartes sur la table.» Michael Behe, biochimiste à l'université Lehigh et théoricien du DI affirma en entrevue que remettre en question le darwinisme met en danger sa carrière. «Il y a de bonnes raisons d'avoir peur. Même si vous ne perdez pas votre poste, on vous oubliera volontiers au moment de promotions. Je conseille fortement aux étudiants gradués qui ont des doutes à l'égard de la théorie de l'évolution de ne pas les faire connaître.»*

374 - Question qui sera abordée plus abondamment dans le prochain tome de cet essai.
375 - Du moins le christianisme.
376 - Date de la décision Roe vs Wade de 1973 où la Cour suprême américaine a rendu l'avortement légal aux États-Unis.
377 - Où l'influence de l'islam est omniprésente dans d'autres parties du tiers-monde.
378 - On a découvert, en 1950 à Bjaeldskor au Danemark, le corps nu d'un homme. Une corde autour du cou atteste la méthode de sa mise à mort. On a cru initialement à un meurtre récent tellement le corps était bien préservé par l'eau acide des tourbières. Le sacrifice humain est aussi connu en Amérique chez les Aztèques. Dans le Moyen-Orient antique, plusieurs sociétés, dont les Phéniciens, pratiquaient le sacrifice d'enfants. Universalis (2003: notice sépulture)

> Tant en Chine qu'en Mésopotamie, peut-être même chez les Celtes, les serviteurs et les esclaves, parfois les parents et les épouses du prince, constituaient une funèbre escorte au royal défunt. Des sacrifices humains accompagnaient sans doute les funérailles, et les victimes étaient ensevelies avec leur maître; les tombes d'Ur en ont conservé les marques évidentes. Par la suite, des substitutions se sont produites, et des figurines attestent la permanence d'un rite jugé trop sanglant. Il fut long à se transformer dans de nombreuses sociétés primitives.

Voir aussi l'article, Iron Age 'bog bodies' unveiled.
http://news.bbc.co.uk/2/hi/science/nature/4589638.stm
Touchant le monde antique, voir:
Heinrichs, Albert. Human Sacrifice in Greek Religion. pp. 195-242 dans **Le sacrifice dans l'antiquité**, J. Rudhardt and O. Reverdin, éds. Entretiens sur

l'antiquité classique, 27. Geneva: Vandoeuvres, 1981
Twyman, Briggs L. **Metus Gallicus: The Celts and Roman Human Sacrifice.** pp. 1-11 The Ancient History Bulletin 11.1 1997.
Seawright, Caroline **Human Sacrifice in Ancient Egypt**... 11 oct. 2003
www.thekeep.org/%7Ekunoichi/kunoichi/themestream/egypt_human-sacrifice.html
Green, A.R.W. **The Roles of Human Sacrifice in the Ancient Near East.** Missoula, MT: Scholars Press, 1975
Green, M. **Dying for the Gods: Human Sacrifice in Iron Age and Roman Europe.** Arcadia, 2001.
Lincoln, Bruce. The Druids and Human Sacrifice. pp. 176-87 dans **Death, War and Sacrifice: Studies in Ideology and Practice.** Chicago: Univ. of Chicago, 1991
Lawrence E. Stager and Samuel R. Wolff, **Child Sacrifice at Carthage: Religious Rite or Population Control?**, Biblical Archaeology Review, Jan. - Feb., 1984, pp. 31-51
Brien K. Garnand, **From Infant Sacrifice To The ABC's: Ancient Phoenicians And Modern Identities.** Stanford Journal of Archeology vol. 1 2002.
http://archaeology.stanford.edu/journal/newdraft/garnand/
379 - http://jfbradu.free.fr/celtes/les-celtes/cadre-mythologie.htm#Le%20chaudron%20de%20Gundestrup
380 - Fait de bronze doré, orné de filigranes d'or et de cabochons. Voir: www.bzh.com/keltia/skeudenn/keltia/ardagh.gif
381 - Pour certains, une telle prise de position sera déjà une concession de *trop*, car elle comporte un aveu implicite de dépendance à l'égard de la vision du monde judéo-chrétienne.
382 - Tiré d'un enregistrement de 1930 (**Soul of A Man**) par Blind Willie Johnson.
383 - Réalisé en 1898 à Tahiti tandis qu'il pense sérieusement au suicide. Après sa réalisation, il prend de l'arsenic. Il veut mourir, mais les vomissements le sauvent de l'empoisonnement. Il vivra.
384 - Constat fait par Pascal à l'égard des philosophes bien auparavant (1670/1960: 94):

> Je ne puis pardonner à Descartes; il aurait bien voulu, dans toute sa philosophie, pouvoir se passer de Dieu; mais il n'a pu s'empêcher de lui faire donner une chiquenaude, pour mettre le monde en mouvement; après cela, il n'a plus que faire de Dieu.

385 - Bien que justifiées évidemment par une rhétorique renouvelée, progressiste, postmoderne.
386 - Le code de l'opération est dû à l'adresse de la centrale à Berlin, en français, «4, Tiergartenstrasse» (rue du Zoo).
387 - Et des traits connexes comme avoir des intérêts, des goûts, etc. Mais une question supplémentaire se pose: Comment développer une identité sinon en interaction avec d'autres, différents de moi? Mais comment

savoir si l'élan de la déconstruction doit se poursuivre sur ce plan aussi? Les autres, ne sont-ils aussi que des construits arbitraires? Pourquoi seraient-ils des références/limites définissant mon identité (même si ce n'est que par opposition)?

388 - Question examinée, entre autres, au premier chapitre du livre **Pourquoi je suis chrétien/Mere Christianity** par C. S. Lewis.

389 - Soit partenaire d'accouplement potentiel ou objet comestible...

390 - Notons que les commentaires de Borissov furent rédigés avant la chute du Mur de fer en URSS à la fin des années 80.

391 - Si on rejette la réalité de repères absolus sur le plan moral, la réalité du quotidien peut parfois provoquer des prises de conscience, comme l'anecdote suivante relatée par Francis Schaeffer (1982/1994: v. 1 110):

> Je discutais un jour avec un groupe dans la chambre d'un jeune Sud-Africain à l'université de Cambridge. Parmi les personnes présentes il y avait un jeune Indien d'origine Sikh, mais dont les convictions religieuses étaient hindoues. Il remettait fortement en question le christianisme, mais ne comprenait pas vraiment les difficultés de ses propres croyances. Je lui demandai: «N'est-il pas exact d'affirmer que dans le contexte hindou, on ne peut distinguer entre la cruauté et la non-cruauté?» Il était d'accord avec cette affirmation. Ceux qui nous écoutaient le savaient une chic personne, un gentleman anglais très apprécié, furent étonnés. Mais l'étudiant chez qui nous nous trouvions avait clairement compris ce qu'impliquait la réponse du Sikh. Il prit le chaudron plein d'eau bouillante qu'il avait fait chauffer pour servir le thé et le tint au-dessus de la tête du Sikh. Ce dernier leva les yeux et lui demanda ce qu'il faisait et notre hôte répondit calmement «Il n'y a pas de différence entre la cruauté et la non-cruauté». Le Sikh quitta immédiatement la pièce pour s'en aller dans la nuit.*

392 - Comparons, par exemple, les opinions du père du mouvement eugénique moderne (et cousin de Darwin), Francis Galton et les actions des nazis. Durant note, au sujet de Galton (1981: 428):

> En 1865, il publia son premier article sur ces sujets, affirmant que chez l'homme la capacité intellectuelle est fortement influencée par l'hérédité. À partir de cette base, Galton fit une prédiction étonnante: 'Quel effet extraordinaire pourrait être produit sur notre race si son objet était d'unir en mariage ceux qui possèdent les natures, traits intellectuels, moraux et physiques supérieurs!' (...) De cette suggestion, le mouvement eugénique moderne est né.*

Et que dit Hitler dans **Mein Kampf**? Ce dont Galton pouvait seulement rêver, Hitler eut le pouvoir de le réaliser... (1924/1979: 402-403):

> Celui qui n'est pas sain, physiquement et moralement, et par conséquent n'a pas de valeur au point de vue social, ne doit pas perpétuer ses maux dans le corps de ses enfants. (...) Si, pendant six cents ans, les individus dégénérés physiquement ou souffrant de

maladies mentales étaient mis hors d'état d'engendrer, l'humanité serait délivrée de maux d'une gravité incommensurable; elle jouirait d'une santé dont on peut aujourd'hui se faire difficilement une idée. En favorisant consciemment et systématiquement la fécondité des éléments les plus robustes de notre peuple, on obtiendra une race dont le rôle sera, du moins tout d'abord, d'éliminer les germes de la décadence physique et, par la suite, morale, dont nous souffrons aujourd'hui.

La logique est donc identique, la seule différence se situe au niveau du pouvoir de concrétiser ses convictions et aspirations. Et à cet égard, Hitler et Galton se firent l'écho de Darwin lui-même dans **La descendance de l'homme**. (1871/1981: 145):

Quant à nous, hommes civilisés, nous faisons, au contraire, tous nos efforts pour arrêter la marche de l'élimination; nous construisons des hôpitaux pour les idiots, les infirmes et les malades; nous faisons des lois pour venir en aide aux indigents; nos médecins déploient toute leur science pour prolonger autant que possible la vie de chacun. On a raison de croire que le vaccin a préservé des milliers d'individus qui, faibles de constitution, auraient autrefois succombé à la variole. Les membres débiles des sociétés civilisées peuvent donc se reproduire indéfiniment. Or, quiconque s'est occupé de la reproduction des animaux domestiques sait, à n'en pas douter, combien cette perpétuation des êtres débiles doit être nuisible à la race humaine.

393 - Il faut bien se rappeler, ici, le contexte historique dans lequel ce texte a été rédigé, c'est-à-dire au début des années 70, plusieurs années avant la chute du mur de Berlin ou l'apparition du syndicat libre Solidarité en Pologne…

394 - Sauf des sentiments d'indignation ou de dégoût…

395 - Dans un texte écrit au début des années 70, au milieu de mouvements de protestation étudiantes, le sociologue Andrew M. Greeley fait écho aux commentaires de Borissov touchant la possibilité d'un divorce entre l'éthique et les croyances religieuses où l'éthique prit naissance (1972: 212):

Le précepte de la sagesse dominante qui affirme que l'éthique peut être séparée de la religion et que les hommes sont capables d'établir des jugements moraux sans référer à des principes ou pouvoirs hors d'eux-mêmes semble à la fois irréel et trop optimiste. Que certains segments de la jeunesse trouvent monstrueux les abus moraux de la société adulte, ce jugement comporte un aspect profondément religieux. Cette réaction est basée sur le précepte implicite que non seulement le mal existe dans le monde, mais aussi le péché. Sinon pourquoi se scandaliser du comportement d'un homme à moins de le considérer responsable de sa méchanceté? Pourquoi exiger que les gens se comportent de manière morale à moins de croire qu'ils sont capables d'un comportement moral? Pourquoi tenter de réformer la société à moins de croire qu'il existe certains principes sociaux absolus auxquels le comportement humain doit se conformer? Et si ces principes sont absolus, sur quoi sont-ils fondés? À ce stade, la sagesse dominante ne peut répondre et si elle ne peut expliquer – du moins tandis qu'elle reste dans le cadre de ses propres principes de progrès rationnel et scientifique – comment justifier soit l'immoralité ou la condamnation du scandale tandis que les deux sont des activités tout à fait irrationnelles?*

396 - La traduction française diffère curieusement et de manière significative, ici, de l'anglaise. On indique (1974: 202): «As Dostoyevsky once observed, such unmindful humaness is only a habit, a product of civilization. It may completely disappear.» Lequel dit vrai? Un contact russe, ayant accès au texte original, affirme que la traduction anglaise est plus précise ici.

397 - C'est-à-dire basée sur des prémisses matérialistes.

398 - Qui n'admet que des causes matérielles.

399 - Salle de la Maison Blanche à Washington DC où le président américain se décharge de ses responsabilités.

400 - Chez les béhavioristes du xxe siècle, le déterminisme était plutôt celui de l'environnement (surtout social). La perspective judéo-chrétienne offre une porte de sortie au déterminisme, mais une porte de sortie assez paradoxale tout de même. Elle nous affirme qu'à la fin des temps tous les gestes et paroles des hommes seront jugés. Ce jugement implique que l'homme est responsable de ses actes. Être responsable implique, à son tour, le pouvoir de faire de bon et mauvais choix. Et choisir implique être libre, non déterminé avec la capacité de discerner entre bon et mauvais… À cela, il faut ajouter les concepts de la Chute et d'une nature déchue, c'est-à-dire que l'humain a la capacité de reconnaître le bien, mais fait tout de même le mal (Rm. 7: 21-24).

401 - C'est justement ce que proposait Franz Boas en anthropologie au début du xxe siècle. À son avis, l'anthropologie devait se préoccuper uniquement de données empiriques et rejeter le développement de théories et de généralisations. Hatch observe qu'avant la Seconde Guerre mondiale, l'influence de l'attitude empiriste s'effritait (1983: 106):

> Il se peut que ce développement fût lié au contexte géopolitique. Le pessimisme des années 1920, la crise économique mondiale des années 1930 et la Seconde Guerre mondiale ont suscité un sentiment de crise dans la discipline. Le monde était dans la confusion, dans des troubles profonds et tout ce que pouvait faire l'anthropologie en réaction était de recueillir des récits sur les coyotes et des motifs décoratifs de mocassins. On avait besoin d'une conception scientifique de l'humanité que le monde pouvait utiliser et qui rehausserait la réputation de la discipline.*

On voit bien dans ce contexte que le cœur du projet anthropologique sert un objectif idéologico-religieux, c'est-à-dire établir une cosmologie, du moins pour l'homme.

402 - La désintégration de la famille en Occident contribue sans doute à cette charge.

403 - NdT: En anglais, le terme original *caring* implique à la fois les soins physiques apportés au patient, mais aussi l'attitude du soignant, qui se soucie du bien-être du patient.

404 - Dans bien des cas, des intellectuels de la gauche, désenchantés.

405 - Les postmodernes parlent de la fin de l'histoire, en ce sens qu'ils affirment que l'histoire en Occident n'est pas quelque chose d'objectif, mais un construit culturel. Dès lors il y a des histoires, des contes, des légendes…

406 - Mais ce n'est pas le seul, nous y reviendrons plus loin…

407 - Ce lien m'a été signalé par Gib McInnnis.

408 - Le texte original est un peu plus brutal: "Man's conquest of himself".

409 - Cette remise en question du postulat d'un monde externe, obéissant à des lois, avait déjà été prévue par David Hume dans son **Traité de la nature humaine** (1740) dans lequel il fit part de plusieurs objections au concept de causalité, principe essentiel pour la recherche scientifique.

410 - Ailleurs, il donne le motif de ce présupposé (Pepperell 1997: 23):
> Sur le plan politique, le matérialisme semblait prouver ce qui était évident pour plusieurs, c'est-à-dire que les humains sont responsables de leur propre conduite sans se référer à un agent extérieur et mystérieux tel que Dieu.*

Si l'objet du matérialisme est donc l'élimination du *Grand Gêneur*, cela semble cohérent, mais quant à fonder une moralité et la responsabilité humaine sur une telle base, cela semble d'un optimisme plutôt naïf.

411 - Qui n'introduit aucun Créateur aux exigences morales.

412 - Mais il est concevable que l'expression «La matrice» puisse aller tout aussi bien…

413 - À ce titre, on peut penser à Kurzweil, Marvin Minsky, Hayles, Pepperell.

414 - Et si l'ordinateur Big Blue peut vaincre Gary Kasparov à l'occasion est-ce que cela prouve qu'un ordinateur est supérieur à un homme? Qu'est-ce qu'on a prouvé au juste? Mais d'autres questions se posent dont la suivante: Est-ce que Kasparov s'est véritablement mesuré à un ordinateur ou plutôt, par l'intermédiaire d'une machine, à toute une équipe de programmeurs connaissant de manière approfondie les échecs. Pour mettre au défi le grand maître, on ne s'est certes pas contenté de lui opposer une meute de singes pianotant n'importe quoi sur leurs claviers en guise de réplique aux attaques de Kasparov. Au fond, Big Blue ne fait que représenter, sur le plan physique, une équipe de programmeurs et d'experts en échecs. Dans ce contexte, comment situer/qualifier l'initiative propre de la machine?

415 - Ou à un film moins connu tel qu'**Android** (1982), réalisé par Aaron

Lipstadt.
416 - En anglais: **Do Androids Dream of Electric Sheep?**
417 - Ce n'est peut-être pas un hasard que cette œuvre fut votée le film science-fiction le plus influent du XXe siècle par la BBC en 2004.
418 - Voir www.english.ucla.edu/faculty/hayles/
419 - Dans le livre **Robot Blues/Do Androids Dream...**, Dick examine le concept d'empathie et le présente [dans les réflexions de Deckard] comme un paradoxe, à toutes fins utiles en contradiction avec la logique de la cosmologie évolutionniste (1968/1976: 36):

> De toute évidence, l'empathie appartenait en propre à l'esprit humain, alors que l'intelligence se retrouvait, avec des différences de degré, à tous les échelons de l'évolution, jusque chez les arachnides. D'abord la faculté empathique ne pouvait appartenir qu'à un animal social. Un organisme solitaire, comme celui de l'araignée, n'en n'avait aucun besoin. Bien au contraire, l'empathie amoindrirait probablement les chances de survie de l'araignée qui en serait dotée. Elle deviendrait consciente du désir de vivre de sa proie. Avec une telle faculté, tous les prédateurs, y compris les mammifères les plus évolués, les félins, crèveraient de faim. Un jour il s'était convaincu du fait que l'empathie devait nécessairement être confinée aux herbivores, ou à ceux des omnivores capables de survivre en se privant d'une alimentation carnée. Parce qu'en dernière analyse, l'empathie brouillait les frontières entre chasseur et chassé, entre vainqueur et vaincu.

420 - Qui n'apparaît pas dans le livre.
421 - Dyson a été associé au Manhattan Project où fut développée la bombe atomique lors de la Seconde Guerre mondiale.
422 - Philips note qu'à l'égard de la conscience, les adeptes de l'IA défendent des perspectives contradictoires. Dans certains contextes, ils affirment que l'esprit et le cerveau sont identiques et, dans d'autres, l'esprit (ou la conscience) est distinct et peut être téléchargé (2000: chap 2):

> Bien qu'ils ne veuillent pas admettre que l'esprit soit une substance distincte du cerveau et voudraient concevoir l'esprit, dans un certain sens, comme rien d'autre que le cerveau, voire identité au cerveau, ils tendent aussi à le concevoir comme un logiciel que le cerveau fait fonctionner lorsqu'il est actif. Selon cette analogie, l'esprit est au cerveau ce qu'un logiciel est à un ordinateur. C'est la distinction classique en informatique *software/hardware*. Il faut garder cette métaphore ou modèle à l'esprit lorsque nous tentons de comprendre la perspective de nos auteurs (IA). Ils prévoient les humains de l'avenir ayant la capacité de se télécharger d'une machine à une autre dès que le besoin se fait sentir. S'ils n'admettent pas le présupposé que l'esprit est un logiciel, du même type qu'un programme enregistré fonctionnant dans une architecture de type von Neumann, il est difficile de voir comment ils pourraient concevoir de telles choses se produire. Mais pour ces auteurs, l'analogie de l'esprit

en tant que logiciel est plus qu'une métaphore. Leur perspective prédominante est que l'esprit n'est rien d'autre qu'un programme. Par exemple, Moravec (1999, p. 210) affirme que les humains, dans un avenir extraordinaire, existeront sous la forme de programmes d'intelligence artificielle fonctionnant sur des plates-formes autres que le cerveau humain. Sous la forme de programmes, nos esprits pourront être téléchargés au moyens de lasers, à la vitesse de la lumière, pour habiter des cerveaux robots, ailleurs dans l'univers (Moravec, 1988, p. 214).*

423 - Rédigée en 1956 semble-t-il, mais publiée dans des recueils plus récents. La solution offerte par Asimov est ambiguë, pleine d'ironie.

424 - Elle est auteure du livre **Close to the Machine** (1997).

425 - C'est-à-dire de personnes.

426 - Cette allusion dépasse la simple boutade, car Minsky lui-même, dans le titre de son article (**Will Robots Inherit the Earth?**), fait une allusion à peine voilée aux Évangiles (en fait aux Béatitudes) par lesquelles Christ affirme que les humbles hériteront la Terre.

427 - Dès lors le scénario de **Les Robots/I-Robot** (Asimov 1950) devient possible.

428 - Turing fut ingénieur et mathématicien. Pendant la Seconde Guerre mondiale, il travailla pour le contre-espionnage britannique, au décryptage, en particulier sur *Enigma*, nom de code de la machine utilisée par la marine allemande pour communiquer avec ses sous-marins. Plus tard, il devient membre de la Royal Society et professeur de mathématiques à l'université de Manchester avant son suicide en 1954.

429 - Dans sa première formulation, Turing fait intervenir le sexe des participants. L'un d'entre eux doit être une femme et l'autre tente d'imiter le style de conversation d'une femme. Par la suite, Turing ignore cette distinction.

430 - Pour le moment, le test se fait au moyen d'échanges de données textuelles seulement. Le test sans restrictions impliquerait la capacité de traiter aussi des données audiovisuelles.

431 - Le logiciel ALICE a été déclaré vainqueur à plusieurs reprises.

432 - Au moment de la rédaction.

433 - Ce qui est ironique, car Turing lui-même a contribué à la conception de l'ordinateur ACE (Automatic Computing Engine) et à la programmation du Manchester Mark I.

434 - Cela tient aussi pour l'existence de messages [qu'il faut contraster au concept d'information que l'auteur confond dans la citation suivante]. Stephen Meyer, directeur du controversé Discovery Institute et titulaire d'un doctorat en histoire de la science de Cambridge, est d'avis que (dans Glassman 1997):

> Lorsque nous rencontrons l'information dans tout autre domaine de la vie, nous comprenons bien la causalité impliquée et les processus qui produisent l'information. Que ce soit l'en-tête d'un

quotidien, une inscription antique ou un message sur un signal radio, nous déduisons l'existence d'une intelligence derrière ces phénomènes. Et ce que nous observons dans une cellule est ce que Bill Gates appellerait un logiciel, bien que beaucoup plus complexe que tout programme conçu par des êtres humains. Et nous savons que l'information contenue dans un logiciel est liée à l'existence d'un programmeur. Bien des scientifiques commencent à se douter que la même chose soit vraie de l'ADN. Dans l'ADN, nous rencontrons un alphabet chimique à quatre lettres comportant une grammaire, la ponctuation, des codons de début et de fin de message. Et cette information dans l'ADN est l'indice, pour bien des scientifiques, que le sujet de leurs études porte la marque de l'Esprit, qu'il est le produit d'une intelligence.*

435 - Perspective explorée il y a plus de trente ans déjà par R. L. Purtill (1971: 294):

Ignorons pour un moment le jeu d'imitation. Je poserais ainsi mon objection principale de la manière suivante: Toute sortie [*output*] d'un programme informatique existant présentement ou dans un avenir que nous pouvons discerner, peut s'expliquer comme le résultat d'un programme introduit dans la machine par un programmeur humain ou par l'interaction de ce programme et des entrées de certains types (c'est-à-dire des données). À moins de trouble mécanique, la sortie [du programme] est strictement déterminée par le programme et l'entrée. Dans certains cas, un élément aléatoire est introduit dans le programme, mais même dans ce cas, la gamme des sorties possibles, la fréquence relative des diverses sorties, etc. sont déterminées par le programme et la nature de l'élément aléatoire. Toute sortie d'ordinateur peut s'expliquer selon cette logique.*

Et même lorsqu'on ajoute un élément aléatoire, il reste que cet élément fait toujours partie du programme. Sa présence et son intervention sont liées à l'intention du programmeur. En dernier ressort, le comportement du programme reste toujours strictement déterminé par le contenu de ce même programme et cela qu'il comporte ou non des éléments aléatoires. Un contact ingénieur, bien expérimenté dans le développement de programmes permettant la gestion de ressources en temps réel, m'a fait les remarques suivantes à ce sujet: «Si l'IA avait rempli ses promesses, tous les labos de recherche du monde seraient vides de personnel et opérés par des machines. Je crois avoir poussé l'informatique aussi loin qu'elle pouvait aller présentement dans des applications **réelles** et j'en ressors avec les constatations suivantes:

- un outil informatique est essentiellement la représentation d'un processus tel que le concepteur le comprend, **rien de plus**;
- même si un outil informatique se corrige lui-même, il ne peut le faire que dans la mesure où on le développe pour qu'il **perçoive** certains écarts (il ne peut corriger des aspects dont il n'a pas

conscience... alors que l'humain semble se laisser interpeller par des aspects qu'il ne cherchait pas ou ne soupçonnait pas initialement...);
- la rapidité de calcul et le débit d'information **traitée** qu'un outil informatique peut produire sont tellement grands, que la capacité de rétroaction du concepteur est fortement handicapée au point où il peut ne voir que très tard ou **jamais** certaines erreurs qu'il a faites dans la construction de l'outil;
- les outils informatiques donnent accès à une quantité énorme de «dimensions d'analyse» possibles dans le cadre d'une étude ou d'une démarche de réflexion, et la capacité de conceptualiser et d'utiliser efficacement ces dimensions est extraordinairement faible chez les chercheurs et les humains en général (ceci met en lumière que les modèles mentaux conçus par les humains contiennent des structures qu'ils ne maîtrisent pas démontrant, à mon avis, que l'homme ne comprend pas comment il pense... tout simplement!).

De ce point de vue, pour l'homme, chercher à construire une machine qui pense comme lui ou mieux que lui, correspond aux efforts d'un enfant qui se met un masque de Batman et qui pense qu'il va s'envoler du balcon... Quelque chose n'a pas été compris...!»

436 - Une première rencontre de ce genre eut lieu en 1989, à laquelle on a présenté le couple logiciel-ordinateur Deep Thought, qui fut opposé à plusieurs reprises à Gary Kasparov et à Anatoly Karpov (matchs repris en 1991). Deep Thought ne devait remporter aucune de ces parties. Au mois de mai 1997, Gary Kasparov a joué une série de six parties d'échecs contre l'ordinateur Deep Blue. Verdict final: Kasparov: 2.5; Deep Blue: 3.5. Pour des renseignements sur l'équipe responsable du développement de Deep Blue, voir (Hsu 1990) ainsi que:
www.research.ibm.com/deepblue/meet/html/d.4.html

437 - Cela ne préjuge en rien l'intelligence de l'ado concerné, mais vise seulement sa motivation à manifester son intelligence…

438 - À moins, bien sûr, que le programmeur ait aussi été le sujet d'une inspiration soudaine au préalable…

439 - Et que ses capacités de programmation lui permettent d'exploiter ces informations.

440 - Ce qui exige évidemment du hardware qu'il soit à la hauteur de la tâche demandée par le logiciel.

441 - D'ailleurs, si on efface de l'ordinateur son logiciel (ou son système d'exploitation), que lui reste-il? Il devient un bibelot encombrant et inutile.

442 - Ou encore un prêtre ayant une longue expérience du rituel du confessionnal.

443 - NdT: En anglais *minds*.

444 - Malgré les progrès spectaculaires de l'informatique depuis 1950,

l'une des prédictions confiantes de Turing ne s'est pas réalisée (1950: 442):

> Je crois que dans cinquante ans environ, il sera possible de programmer des ordinateurs d'une capacité d'environ 10^9 et de les faire jouer le jeu d'imitation d'une telle manière que l'interrogateur moyen n'aura pas plus de 70% des chances d'établir un jugement juste [à son sujet] après cinq minutes de questions. Et la question originale: Les ordinateurs peuvent-ils penser? sera considérée tellement absurde qu'on n'en discutera plus.*

445 - C'est-à-dire un argument qui affirme que seuls existent pour le sujet pensant le moi et ses manifestations. Il s'agit d'une forme de subjectivité poussée à l'extrême qui implique la négation de l'existence d'un monde externe.

446 - Une des objections faites à Searle est que bien que l'on puisse admettre que Searle-dans-la-chambre-chinoise ne comprend rien au chinois, le système dans son ensemble le comprend. Ce type d'argument implique une conception quelque peu magique d'un élément critique du système, c'est-à-dire le livre de référence. Dans le monde réel, de tels livres ne sont pas produits sans l'intervention d'agents intelligents. Si, donc, nous devons considérer l'ensemble du système, il serait alors illégitime d'exclure l'agent responsable pour la rédaction du livre de référence.

447 - Déjà au point 7 de son article, Turing ne semble pas hésiter à exploiter ce genre de rhétorique (1950):

> Ces deux derniers paragraphes ne sont pas offerts sous la forme d'arguments convaincants, ils doivent plutôt être décrits comme des récitations ayant pour but d'encourager la croyance.*

448 - Halpern est de même avis et note au sujet de ce même article (1987: 79):

> Il a acquis cette renommée sans précédent en pourvoyant ce que j'appelle un drame de la pensée, le scénario d'un coup de théâtre qui n'a jamais été produit et qui, possiblement, ne le sera jamais. Comme c'est la tradition en théâtre, il apporte une arène où des questions abstraites et difficiles à cerner se font concrètes et visibles, peu importe le coût pour la clarté ou la rigueur. Ce drame de la pensée connu sous le nom du Test de Turing est évoqué par les techniciens et les promoteurs de l'intelligence artificielle comme s'il fournissait une preuve importante des hypothèses de l'IA. Dans les faits, ce que nous fournit le TdT est un mythe et ce qu'il appuie n'est pas une hypothèse, mais une idéologie. Mon but ici est donc d'examiner la carrière remarquable de l'article de Turing et de son test afin d'explorer l'idéologie qui l'a trouvée si satisfaisante sur le plan émotif qu'il en a fait l'analogie philosophique la plus connue depuis celle de la caverne de Platon.*

449 - Ainsi que ce que Turing appelle l'argument de la tête dans le sable, qui lui est lié.

450 - Voici la remarque d'un autre britannique qui, possiblement, a pu rencontrer ce commentaire de Turing. C. S. Lewis réexpédie, en quelque sorte, l'ironie (1961/1974: 114):
> Et-ce qu'un mortel peut poser des questions auxquelles Dieu ne trouve pas de réponse? Très facilement, je crois. Toutes les questions absurdes sont sans réponse. Combien y a-t-il d'heures dans un kilomètre? Jaune, c'est rond ou carré? Probablement la moitié des questions que nous posons — la moitié de nos grands problèmes théologiques et métaphysiques — est comme ça.

451 - Ce qui n'exclut pas les paradoxes chez un personnage comme Turing. Jorion note (2000: 264):
> Seul événement significatif mentionné par ses proches comme annonciateur de sa mort (il se produisit une dizaine de jours auparavant), son rendez-vous – d'une durée inhabituelle – chez une diseuse de bonne aventure, dont il sortit livide et en proie à un désarroi évident.

452 - Évidemment une telle hésitation peut avoir d'autres motifs, car l'individu qui exploite à fond le théorème de Gödel devra aussi oser remettre en question un présupposé fondamental du système idéologico-religieux moderne, c'est-à-dire que le monde est un système fermé. À ce qui précède Lucas ajoute (1961):
> Le théorème de Gödel doit s'appliquer aux machines cybernétiques, car c'est l'essence de la machine de constituer une manifestation concrète d'un système formel. Le résultat c'est que pour une machine particulière qui est cohérente et dotée de la capacité de résoudre des problèmes arithmétiques simples, il existe une formule dont il est incapable de démontrer la vérité, c'est-à-dire une formule ne pouvant être prouvée dans le système, mais dont nous [les humains] voyons la vérité. Il en résulte qu'aucune machine ne peut être un modèle complet ou adéquat de l'esprit, et que l'esprit diffère dans son essence des machines.*

453 - Voir à ce sujet Jorion (2000: 252):
> Sur cette question de la possibilité même d'une «intelligence artificielle», il est curieux que la machine de Turing soit apparue comme un argument au sein du même débat mathématique (le «programme de Hilbert») que le fameux «théorème d'incomplétude de Gödel», généralement évoqué pour prouver au contraire que ce programme est irréalisable. En effet, alors que la machine de Turing vient soutenir le point de vue de la faisabilité, le « théorème de Gödel » est toujours invoqué (par exemple, par Penrose [1989; 1994]) pour prouver que la machine est à jamais incapable de reproduire une pensée de type humain. La raison de ce paradoxe apparent est que les acteurs du débat portant sur l'intelligence artificielle évoquent Gödel ou Turing pour soutenir des points de vue qui se situent à des niveaux différents: Turing pour souligner l'impossibilité de distinguer les processus de la pensée de ceux d'un logiciel complexe, Gödel pour sug-

gérer que la pensée humaine étant à même de conceptualiser l'incomplétude de l'arithmétique, dépasse celle-ci d'une certaine manière, et qu'elle est donc capable d'opérations d'une autre nature. Bien qu'il ait publié avant Gödel, on observe un parallèle curieux, sur le plan logique, chez Wittgenstein lorsqu'il affirme, dans le contexte d'une discussion sur la morale (1921/86: 163) «Le sens du monde doit se trouver en dehors du monde. Dans le monde toutes choses sont comme elles sont et se produisent comme elles se produisent: il n'y a pas en lui de valeur - et s'il y en avait une, elle n'aurait pas de valeur. S'il existe une valeur qui ait de la valeur, il faut qu'elle soit hors de tout événement et de tout être-tel. (*So-sein*). Car tout événement et être-tel ne sont qu'accidentels.»

454 - Assemblage qui ferait sans doute toute l'admiration du scientifique Victor Frankenstein...

455 - L'expression «ordre naturel» apparaît fréquemment dans la littérature moderne et postmoderne. Il s'agit pourtant d'une évocation cosmologique implicite. De quelle cosmologie? De la cosmologie matérialiste-darwinienne en général.

456 - Qui ont comme fonction principale d'invoquer l'aura sacrée de la science.

457 - Mais puisqu'une telle affirmation serait ennuyeuse pour le posthumain moyen, il est inévitable qu'on nie à tout prix cet aspect de la chose.

458 - D'après J. - F. Lyotard, dans le cadre feutré des universités, la question se pose aussi (1979: 84):

> La question, explicite ou non, posée par l'étudiant professionnaliste, par l'État ou par l'institution d'enseignement supérieur n'est plus: est-ce vrai? mais: à quoi ça sert? Dans le contexte de mercantilisation du savoir, cette dernière question signifie le plus souvent: est-ce vendable? Et, dans le contexte d'augmentation de la puissance: est-ce efficace?

Sans doute cette dernière question est intimement liée à celle qui la précède.

459 - Il me semble justifié d'être optimiste quant aux capacités techniques de l'homme postmoderne, mais quant à ses capacités éthiques, vaut mieux rester prudent (et très pessimiste).

460 - Il semblerait probable que ce danger soit poussé surtout par des intérêts économiques multinationaux plutôt que par une idéologie militaire et raciste comme ce fut le cas chez les nazis.

461 - Le philosophe Francis Schaeffer mentionne à ce sujet (1982/1994, vol. 5: 124):

> Il est important de noter que la Bible affirme une connaissance vraie au sujet de l'humain. L'enseignement biblique donne sens aux détails de la vie, mais cela est vrai en particulier du détail qui est le plus important à l'homme soit l'individu lui-même. Il nous fournit une explication de la grandeur de l'individu. Il est ironique de constater que l'humanisme, qui place l'homme au cœur de son système de

pensée, n'apporte, au bout du compte, aucun sens pour la personne. Par contre, si l'on s'appuie sur la perspective biblique qui affirme que la personne est créée par Dieu, la dignité de la personne peut être justifiée de manière cohérente. La Bible nous enseigne que les gens sont faits à l'image de Dieu, qu'ils ne sont pas déterminés. Ainsi, chaque humain possède une dignité inhérente.*
462 - Ce dont fait allusion l'Ancien Testament: «Ils ont confiance en leurs biens, Et se glorifient de leur grande richesse. Ils ne peuvent se racheter l'un l'autre, ni donner à Dieu le prix du rachat. Le rachat de leur âme est cher, et n'aura jamais lieu» (Ps. 49: 6-8). Dans le Nouveau Testament, Jésus, questionné par les pharisiens sur la légitimité de guérir un homme le jour du sabbat, dit «Lequel d'entre vous, s'il n'a qu'une brebis et qu'elle tombe dans une fosse le jour du sabbat, ne la saisira pas pour l'en retirer? Combien un homme ne vaut-il pas plus qu'une brebis! Il est donc permis de faire du bien les jours de sabbat.» (Mt 12: 11-12).
463 - Organisme modifié génétiquement.
464 - Voir à ce sujet l'article «Nazi human experimentation», http://encyclopedia.thefreedictionary.com/Nazi%20human%20experimentation
465 - L'Universalis note (2003, notice: *Shoah*):
    C'est en 1941 que fut lancé le génocide à l'échelle européenne. On dispose à cet égard d'un document crucial, le procès-verbal de la fameuse conférence de Wannsee, qui se tint à Berlin le 20 janvier 1942. Selon le témoignage donné par Eichmann à Jérusalem, ce procès-verbal fut épuré; tout ne devait pas apparaître de ce qui avait été dit, mais l'essentiel devait s'y trouver. Convoquée par Reinhard Heydrich, l'un des adjoints de Heinrich Himmler et le responsable direct de la police nazie, cette conférence réunissait les secrétaires d'État des principaux ministères. Himmler et Heydrich, sur qui reposait l'exécution du crime, avaient besoin de la coopération de l'administration allemande.
466 - D'après une perspective judéo-chrétienne cohérente, les humains font tous partie non pas d'une *race*, mais d'une seule famille, une famille déchue de sa condition initiale.
467 - Ainsi que des handicapés mentaux et physiques, des Polonais, homosexuels et autres jugés inférieurs ou indésirables par le programme de génétique raciste nazi.
468 - Commentant ce passage, André Pichot écrit (2000: 104):
    Il est assez drôle de voir Hæckel se déguiser en saint François d'Assise, surtout si l'on sait qu'il a classé les races humaines dans une hiérarchie évolutive assez impitoyable. (…) En effet, la détestation du christianisme chez Hæckel est surtout un antipapisme, lié chez lui à un pangermanisme à la fois politique et racial, comportant notamment l'affirmation de la supériorité des Indo-Germains (…). La Ligue moniste, que Hæckel avait fondée pour propager sa doctrine, est du

reste aujourd'hui considérée comme l'une des officines où s'élabora ce qui devait devenir la doctrine biologico-politique nazie.
469 - Voir: www.ccac.ca/fr/publications/publicat/resource/vol221/art2221e.htm Cédric Gouverneur, Vers une écologie radicale: Les guérilleros de la cause animale. Le Monde Diplomatique août 2004 pp. 1, 12-13 www.monde-diplomatique.fr/2004/08/gouverneur/11463
470 - Le SCRS est le Service canadien du renseignement de sécurité du gouvernement canadien. www.csis-scrs.gc.ca/fr/publications/commentary/com21.asp
471 - La Déclaration universelle des droits de l'animal a été proclamée à Paris, le 15 octobre 1978, à la Maison de l'Unesco. Le texte révisé par la Ligue internationale des droits de l'animal en 1989, a été rendu public en 1990. Voir: http://league-animal-rights.org/duda.html
472 - Putallaz adresse à Singer deux critiques qui sont dignes d'attention (2003):
> Mais il est très facile de rendre Singer ridicule: en reprenant un de ses arguments, on peut le retourner contre lui et dire que Singer endormi n'est pas un être rationnel conscient de soi. Mais le point qui me semble sérieux, c'est la question de l'évaluation de la douleur. Qui est celui qui évalue la douleur? Qui mesure la quantité totale de bonheur? C'est Singer lui-même. C'est à mon avis un aspect scandaleux et très dangereux. C'est ce que, dans le milieu anglophone, on appelait *Godlike position* dans le domaine éthique.

473 - Considérer l'homme comme un animal parmi tant d'autres recèle un paradoxe et une contradiction qui échappent généralement à la majorité. Les données de la génétique ne peuvent transmettre un message sans ambiguïté, tantôt on nous rapproche, tantôt on nous éloigne des autres primates. Des études sur des ensembles de chromosomes démontrent des différences plus grandes que celles dont on s'attendait entre hommes et chimpanzés. Tout dépend évidemment du point de repère sur le plan génétique qui sert à la comparaison.
Chimps are not like humans.
www.biomedcentral.com/news/20040527/01
Néanmoins, dans le contexte cosmologique où opère Singer, il est tout à fait cohérent dans son raisonnement.
474 - Selon le **Dictionnaire Hachette** «Toute substance qui agit sur le psychisme: psychoanaleptiques et psychotoniques (stimulants), psycholeptiques (tranquillisants), psychodysleptiques (hallucinogènes, etc.).».
475 - L'opération est visible généralement, car on récupère des valeurs qui font partie du bagage culturel de l'Occident hérité du christianisme. Puisqu'elles sont là depuis si longtemps, ce sont des valeurs et attitudes *naturelles*, qui semblent aller de soi, mais qui, détachées de leur contexte chrétien, peuvent facilement disparaître.
476 - N'est-ce pas là un exemple supplémentaire d'une arrogance typiquement occidentale? Est-ce légitime d'affirmer une telle chose? Quelle

ironie lorsque ce genre de discours émane de la bouche d'un matérialiste postmoderne! Si ce dernier se donne le droit de critiquer le Moyen Âge chrétien et l'Inquisition, on admet bien ses critiques, mais un peu par inertie logique. Car si un chrétien critique l'Inquisition, il le fait de manière cohérente puisque cette institution violait l'image de Dieu inscrite dans l'homme. Sa critique est justifiée, car elle est fondée sur le plan logique et cosmologique. Lorsque le postmoderne critique l'Inquisition, sur quelle base peut-il le faire? Au nom de quel concept de justice universelle peut-il faire appel pour critiquer cette institution, éloignée de lui dans le temps aussi bien que sur le plan culturel? Et s'il le fait, d'où tire t-il ce concept? Est-ce que sa cosmologie exige une telle attitude? Est-ce effectivement cohérent?

477 - En anglais, "A woman needs a man like a fish needs a bicycle". Cette expression est attribuée à Irina Dunn, éducatrice, journaliste et politicienne australienne, vers 1970 (possiblement peu de temps après son divorce avec Brett Collins?).
www.geocities.com/SiliconValley/Vista/3255/herstory.htm

478 - De telles remarques moralisatrices seront évidemment détestées par nos élites gaies. Ce qu'elles recherchent ce n'est pas la *compréhension*, mais qu'on admette leurs présupposés idéologico-religieux, en d'autres mots, la conversion (à leur vision du monde).

479 - Chez Schaeffer, ce concept de la ligne du désespoir, vise l'abandon de la Raison comme guide ainsi que le développement d'une cosmologie cohérente. Ceci aboutit donc à des systèmes de pensée soulignant la nécessité d'un acte de foi ou de l'irrationnel (un saut de foi) pour assurer soit la moralité ou le salut/l'épanouissement et à l'aveu de l'impossibilité d'ériger une vision du monde cohérente, capable de rendre compte de tous les aspects de l'expérience humaine. Cette déficience débouche sur le syncrétisme dont le concept du NOMA de S. J. Gould est une manifestation parmi tant d'autres. Plusieurs courants de pensée occidentaux du XXe siècle, dont l'existentialisme et le surréalisme, sont les porteurs d'une telle perspective.

480 - Voir à ce sujet un article au titre tout à fait à propos:
Three of Hearts: A Postmodern Family. Reviewed by Stephen Holden NY Times 2004.
http://movies2.nytimes.com/gst/movies/movie.html?v_id=314759
www.imdb.com/title/tt0424496/

481 - Il n'y a presque rien à ce sujet dans la presse francophone. Pour plus de détails, voir: *Eén man met twee bruiden*.
www.ad.nl/binnenland/article23114.ece
Here Come the Brides. Stanley Kurtz
www.weeklystandard.com/Content/PublicArticles/000/000/006/494pqo bc.asp?pg=1

482 - Que peut signifier la découverte de la normalité de la complémentarité par un couple postmoderne, et ce, sans que la culture environnante

ou leur éducation encourage une telle prise de conscience? Un magazine touristique américain publia le récit d'un jeune couple postmoderne ordinaire qui acheta un voilier (dénommé *Lucy*) pour s'amuser à faire le tour du monde, sinon traverser quelques océans. Livrés à eux-mêmes, ils durent assumer la responsabilité de l'ensemble des tâches qu'implique un tel voyage. Comment découper, comment trancher de telles questions? Ils ont été surpris de leur propre comportement (Bennett 2005: 83):

> Après quelques semaines à bord du *Lucy*, nous nous sommes réveillés un beau matin en nous rendant compte que nous avions partagé toutes les tâches à bord en tâches roses et tâches bleues. C'était comme si nous avions navigué dans le temps, pour reculer de 40 ans. Et il en était de même pour presque chaque autre navire que nous avions rencontré. La femme à bord était responsable d'organiser, nettoyer et maintenir l'espace de vie sous le pont; l'homme était responsable de s'assurer que tout était en état de marche. Elle était June Cleaver [la ménagère] et il était Mr. Goodwrench [l'homme à tout faire, le bricoleur] même si dans la vie réelle elle était avocate et lui professeur de sciences. Cette répartition des tâches nous a laissés perplexes. Étions-nous plus heureux dans ces rôles traditionnels? Il y avait, dans une telle interrogation, quelque chose d'inquiétant.*

483 - En anglais, *Pronuclear Injection*, (PNI).
484 - C'est la technologie qui a été exploitée pour produire la brebis Dolly, le premier mammifère dérivé d'une cellule d'un animal adulte.
485 - Des médicaments fabriqués par génie génétique.
www.science-generation.com/biommede.php
486 - **'Fluorescent fish' give the green light to GM pets**. Robin McKie, The Observer, June 15, 2003.
http://education.guardian.co.uk/higher/news/story/0,9830,978391,00.html
487 - Expression latine, signifiant: À partir de rien.
488 - Voir à cet effet http://terresacree.org/araignee.htm
489 - Pour des renseignements supplémentaires à ce sujet, voir: Database of commercially approved transgenic plants, AGBIOS
www.agbios.com/dbase.php
490 - Voir à ce sujet Maryann Mott, **Animal-Human Hybrids Spark Controversy**. January 25, 2005
http://news.nationalgeographic.com/news/2005/01/0125_050125_chimeras.html
Rabbit Eggs Used to Grow Human Stem Cells.
www.medtech1.com/new_tech/new_tech_pf.cfm?newsarticle=138
491 - Plusieurs revues scientifiques refusent la publication d'articles où il est question d'expériences sur des embryons humains.
492 - Et même si on considère l'influence de la sélection des éleveurs, cherchant à favoriser certains traits génétiques, ces efforts ont toujours été limités par les traits disponibles dans le pool génétique de l'espèce.
493 - Il n'est pas exclu évidemment que d'autres techniques génétiques

(existantes ou en développement) puissent poser des questions face à la corporalité humaine, sa nature biologique.

494 - Dont ont pu contribuer les programmes de l'*Ahnenerbe* (Héritage des ancêtres) et le *Lebensborn* (Source de vie). Notons que l'Allemagne ne fut pas seule à imposer des lois eugéniques. Dans les faits, les États-Unis furent les premiers à voter de telles lois (qui inspirèrent d'ailleurs les nazis) et le Danemark et la Suède furent parmi les derniers à abolir de telles lois. Voir à ce sujet Pichot (2000: 204-215). Mais les nazis ne sont pas les seuls à avoir imaginé de tels projets. L'eugéniste américain Hermann Joseph Muller, prix Nobel de physiologie et de médecine (1946), émit l'idée d'une banque de sperme qui fut fondée plus tard par Robert K. Graham à New York sous le nom de la Fondation pour le choix germinal (*The Repository for Germinal Choice*, maintenant en Californie) qui consistait en une collection d'échantillons de sperme de grands hommes dont certains sont des prix Nobel (Pichot 2000: 233).

495 - Ce qui n'est pas toujours le cas, car depuis peu on a constaté qu'il était possible de récupérer des cellules souches de la moelle osseuse d'humains adultes.

496 - Du moins avec les technologies actuelles...

497 - En 1983, le Canada autorise la production commerciale d'insuline à partir du *E. coli* modifié génétiquement. Aujourd'hui, cette insuline est utilisée dans le traitement du diabète.

498 - Ce qui n'est pas le cas de toutes les biotechnologies, dont le clonage par exemple.

499 - **Asilomar and Recombinant DNA**. Paul Berg (section: Voluntary Moratorium)
http://nobelprize.org/chemistry/articles/berg/
Les enjeux des OGM: Un peu d'histoire.
www.cirad.fr/fr/dossier/ogm/enjeux.html

500 - Initialement, j'avais songé ajouter à cette liste les présupposés cosmologiques des dirigeants politiques ou scientifiques, mais s'ils sont d'allégeance postmoderne ce n'est pas la peine... Comme l'a noté ci-dessus P. - P. Grassé (1980: 44), les élites scientifiques et culturelles allemandes des années 30, partageant les mêmes présupposés cosmologiques que les nazis, appuyèrent massivement ce régime lorsqu'il passa à l'action.

501 - Dont l'honneur de l'exploit est partagé entre le Human Genome Project, financé par le gouvernement américain, et le projet dirigé par Craig Venter chez Celera Genomics.

502 - Évidemment, le darwinien peut proposer la société comme remplaçant, mais c'est un sosie aux qualités douteuses. Sur le plan historique, les besoins ou attitudes de sociétés concrètes varient largement. Invoquer le secours de la *Société* est à peine plus utile, dans ce contexte, que d'invoquer la Licorne ou le Monstre du Loch Ness, car à quelle société concrète voudra-t-on se référer, à celle des nazis des années 30-40 ou à la société soviétique des purges de Staline, par exemple?

503 - Gould, dans le contexte du débat sur la rapidité du processus évolutif (où s'oppose les gradualistes et les disciples de Gould prônant une évolution rapide, ponctuée), a constaté la dimension idéologique ou cosmologique de la définition de l'espèce. Il écrit (1980: 153-154)

> Si le gradualisme est d'abord un produit de la pensée occidentale plutôt qu'un fait de la nature, nous devons considérer des philosophies alternatives du changement afin d'élargir notre champ de préjugés. Dans l'Union soviétique, par exemple, les scientifiques sont entraînés avec une philosophie fort différente, (…) ce que l'on appelle les lois de la dialectique. (…) Les lois de la dialectique sont l'expression ouverte d'une idéologie. Notre préférence occidentale pour le gradualisme est du même ordre, mais exprimé de manière plus subtile.*

504 - Qui était surtout un présupposé de la cosmologie biblique, trouvant peu d'appui dans le monde antique.

505 - Bien que Jean-Baptiste de Monet de Lamarck ait fait les premiers pas pour remettre en question ce concept.

506 - À ce titre, on peut penser au Cœlacanthe, pêché au large des Comores en 1938 dans l'Océan Indien. On pensait alors qu'il était le digne ancêtre des amphibiens, quelle fut alors la surprise de constater qu'il ne montrait aucune trace d'organes internes préadaptés pour l'usage dans un environnement terrestre. Aujourd'hui on reconnaît que «les Cœlacanthes représentent un groupe étonnamment conservateur»…

507 - Cela est abordé au premier chapitre de la Genèse.

> Dieu créa les grands poissons et tous les animaux vivants qui se meuvent, et que les eaux produisirent en abondance selon leur espèce; il créa aussi tout oiseau ailé selon son espèce. Dieu vit que cela était bon. (Gn 1: 21 et aussi 1: 24)

508 - Ce qui réfère au concept de la Chute, qui affecte à la fois l'homme et son environnement. Gn ch. 3.

509 - Suivant la définition d'Ernst Mayr (1942):

> (…) une espèce est un groupe de populations naturelles au sein duquel les individus peuvent, réellement ou potentiellement, échanger du matériel génétique; toute espèce est séparée des autres par des mécanismes d'isolement reproductif.*

510 - Kurzweil est un inventeur et innovateur prolifique. Il détient de nombreux brevets importants. À la fin des années 70, il développa un des premiers logiciels de reconnaissance de caractères optiques (OCR) ainsi qu'un synthétiseur de la voix qui furent incorporés dans le Kurzweil Reading Machine, donnant ainsi accès aux aveugles à des textes et livres sur papier. Au cours des années 80, il inventa le synthétiseur digital Kurzweil K250, projet auquel participa Stevie Wonder. Un des premiers logiciels de reconnaissance de la voix pour ordinateur personnel, le Voice Xpress Plus, fut aussi inventé par Kurzweil.

511 - S. J. Gould note à cet effet (dans Campbell, 1995: 502):

Tous les paléontologues s'entendent probablement pour distinguer cinq grandes vagues de disparitions d'espèces. Je ne connais pas leur rang exact, mais la plus importante est de loin celle qui a eu lieu à la fin du Permien, il y a 225 millions d'années. On estime que jusqu'à 90% de toutes les espèces d'invertébrés marins ont alors disparu. Les quatre autres vagues de disparitions sont survenues à la fin de l'Ordovicien, du Trias et du Crétacé ainsi qu'au début du Dévonien.

512 - Ce qui correspond effectivement à la position de Charles Darwin exprimée dans **La descendance de l'homme** (1871/1981: v. 1: 135-136):

> On ne peut douter qu'il existe une immense différence entre l'intelligence de l'homme le plus sauvage et celle de l'animal le plus élevé. [...] Néanmoins, si considérable qu'elle soit, la différence entre l'esprit de l'homme et celui des animaux les plus élevés n'est certainement qu'une différence de degré, et non d'espèce.

513 - Et aux préceptes de plusieurs civilisations de l'Antiquité.

514 - Une analyse plus récente est celle de Dennis Bonnette (2003, ch. 5); **Significance of Recent Ape-Language Studies**. pp. 73-102.

515 - Dans le contexte judéo-chrétien, il y a un point qu'il faut noter c'est que l'homme a été établi intendant, gestionnaire de la nature et, de ce fait, il a des comptes à rendre. Il n'a pas carte blanche. Dans l'Apocalypse (11: 18), il est écrit que «Les nations se sont irritées; et ta colère est venue, et le temps est venu de juger les morts, de récompenser tes serviteurs les prophètes, les saints et ceux qui craignent ton nom, les petits et les grands, et de *détruire ceux qui détruisent la terre*.»

516 - On voit bien ici qu'il reprend les affirmations de Julian Huxley.

517 - Voir à ce sujet Genèse chap. 1: 28-31. Pour plus de détails sur cette question voir Francis Schaeffer **La pollution et la mort de l'homme** (1974), en particulier le chap. 4,

518 - Signé, entre autres, par Julian et Aldous Huxley, le dramaturge britannique J. B. Shaw et le mathématicien Bertrand Russell. La première version fut publiée en 1933 et par la suite, d'autres versions suivirent en 1973 et en 2003 (www.americanhumanist.org). L'évolution de ce manifeste est intéressante et témoigne de l'examen de conscience moderne faite à la suite des conséquences du matérialisme (déterminisme) que justement les événements géopolitiques du XXe siècle ont exposées.

519 - Leur site web indique: «Nous, soussignés, demandons l'extension de la communauté des égaux à tous les grands singes: êtres humains, chimpanzés, gorilles et orangs-outangs. La communauté des égaux est la communauté morale à l'intérieur de laquelle nous admettons que nos relations doivent être gouvernées par certains principes moraux ou certains droits fondamentaux, garantis par la loi. Ces principes et ces droits sont notamment les suivants: 1. Le droit de vivre; 2. La protection de la liberté individuelle; 3. La prohibition de la torture.» En anglais: «The organization is an

international group founded to work for the removal of the non-human great apes from the category of property, and for their immediate inclusion within the category of persons.» . (www.greatapeproject.org)
520 - Déjà, au Siècle des Lumières, Rousseau semble avoir réfléchi à la question du rapport aux primates et a fait vaguement allusion à une expérience pouvant établir le lien entre les hommes et les primates. Une référence voilée à un accouplement possible? (Rousseau 1755/1985: 171):

> Expériences qui ne paraissent pas avoir été faites sur le pongo [chimpanzé?] et l'orang-outang avec assez de soin pour en pouvoir tirer la même conclusion. Il y aurait pourtant un moyen par lequel, si l'orang-outang ou d'autres étaient de l'espèce humaine, les observateurs les plus grossiers pourraient s'en assurer même avec démonstration; mais outre qu'une seule génération ne suffirait pas pour cette expérience, elle doit passer pour impraticable, parce qu'il faudrait que ce qui n'est qu'une supposition fût démontré vrai, avant que l'épreuve qui devrait constater le fait pût être tentée innocemment.

521 - Déjà, des chimpanzés ont attaqué leurs gardiens ou propriétaires. L'un d'entre eux a perdu un doigt. On a documenté le cas d'une attaque du singe Washoe sur un de ses gardiens, Voir à ce sujet D. Bonnette **A Philosophical Critical Analysis of Recent Ape-Language Studies**. 1996. www.godandscience.org/evolution/ape-language.html
522 - Une missive adressée à W. Graham, datée du 3 juillet 1881.
523 - Ou mis dans un zoo? Mais dans un zoo, ils n'ont pas droit à la télé, ni aux tables de billard...
524 - Possible qu'il pense à Pascal ici (1670/1960: 92):

> Et ainsi si nous [sommes] simplement matériels, nous ne pouvons rien du tout connaître, et si nous sommes composés d'esprit et de matière, nous ne pouvons connaître parfaitement les choses simples, spirituelles ou corporelles.

525 - Cette question sera examinée dans le volume II de cet essai.
526 - Tenant compte du contexte de la Chute, par exemple, il est inadmissible d'affirmer que la raison humaine puisse être considérée infaillible ou source de Vérité...
527 - C'est un secret de polichinelle que le savoir empirique exige des repères. L'arpenteur ne peut rien faire sans repères ou bornes. La planification du travail humain exige une heure zéro absolu. L'historien, pour classer les données des époques passées, se fie à une chronologie avec son an zéro. Et si notre savoir empirique exige de tels repères, pourquoi ne serait-ce pas le cas de la pensée elle-même?
528 - (Hugo 1987: 686) «M. Arago avait une anecdote favorite. Quand Laplace eut publié sa Mécanique céleste, disait-il, l'empereur le fit venir. L'empereur était furieux. - Comment, s'écria-t-il en apercevant Laplace, vous faites tout le système du monde, vous donnez les lois de toute la création et dans tout votre livre vous ne parlez pas une seule fois de l'existence de Dieu! - Sire, répondit Laplace, je n'avais pas besoin de

cette hypothèse.»
529 - Voir **Luna, the Orphaned Orca**.
www.whale-museum.org/education/library/luna/luna_main.html
Et pour la fin triste de l'histoire (décès mars 2006) :
http://news.bbc.co.uk/2/hi/americas/4796106.stm
530 - Ou selon le terme judéo-chrétien, l'intendant.
531 - Sans doute, Dawkins n'admettrait jamais des données empiriques contredisant cette affirmation, même si elles existaient.
532 - Un terme plus politiquement correct est *transhumanisme*.
533 - À la fin de l'hiver, on a observé le mâle affamé dévorer les petits de son espèce. Voir Taylor, M., T. Larsen, and R.E. Schweinsburg 1985 **Observations of intraspecific aggression and cannibalism in polar bears** (*Ursus maritimus*). Arctic, Vol. 38, n° 4, pp. 303-309.
http://pubs.aina.ucalgary.ca/arctic/Arctic55-2-190.pdf
534 - Il faudrait peut-être situer ces étalages près de la viande porcine, car des légendes urbaines affirment que la viande humaine s'y apparente le plus en termes de saveur... Ce qui pourrait être suivi de livres de recettes pour mariner et griller son politicien favori sur le BBQ.
535 - Voir à ce sujet : **Concern over spare part babies**.
http://news.bbc.co.uk/2/hi/health/4663396.stm
536 - Si nous avons examiné ici et là en cours de route, des œuvres de la culture populaire c'est pour une raison simple, ces œuvres sont des véhicules de présupposés cosmologiques tout aussi importants que d'autres qui répondent aux exigences d'érudition les plus élevées. Les présupposés cosmologiques ne méprisent aucun emballage, ni aucun moyen d'expression. Ce qui importe, c'est la communication du sens.
537 - Ce paragraphe est le fruit d'échanges avec L. R.
538 - Une version courte de ce texte a été publiée dans Le Nouvel Observateur, le jeudi 27 mai 2004.
539 - Peter Morton note (1984) touchant ce volume :
    There was a revised edition of part I in 1894. This work, despite being Wells's first book, is very little known. It is not mentioned, for instance, in Ingvald Raknem's meticulous bibliography H.G. Wells and His Critics. Indeed, the only published reference to it by Wells himself seems to have been in a chatty letter to Grant Richards of 6 November 1895, where he calls it 'a cram book - and pure hackwork... facts imagined' (from the unpublished letter as quoted by Bernard Bergonzi, The Early H.G. Wells: A Study of the Scientific Romances, p. 24). These contemptuous remarks - which are untrue may have been occasioned by Wells not, in his own opinion, having been given sufficient credit for some revision undertaken by himself and a friend. There are some relevant letters in the Wells Archive, University of Illinois. The Text -Book was reissued in 1898, fully revised by A.M. Davies.

9 / Index

1789 15, 218, 362
1914 65
1916 136
1917 366
1940 376
1941 264, 393
1950 380
1973 219, 380
1974 284, 351
1978 283
1980 266
1981 371
1984 8, 108, 203
1991 389
2000 285

A
abbaya 370
ABC 68
abeilles 195
abîmes 209
abiogenèse 72
absolu 15, 42, 49, 116, 161, 169, 202, 208, 209, 384
absolutisme 161
absurde 4, 11, 165
abus moraux 383
Académie française 31
ACE 250
Acton, Lord 357
actualité 62
Adam 262, 277
adaptation 145
Adler, Mortimer 299
Administrateurs Mondiaux 201
ADN 51, 72, 388
Affaire Sokal 50
Afrique 18, 25, 161, 307
Afrique du Sud 165
afrocentrisme 16
agent intelligent 304, 390
agnostiques 137
Ahnenerbe 397
aléatoire 347, 388
algorithmes 253
ALICE 387
Al Jazeera 181

Allah 180, 181
Allemagne 97, 137, 175, 187, 271, 293, 356, 358, 362, 376, 397
Allemands 152
Allport, Gordon 232
altruisme 234
  évolutionniste 374
âme 148, 227, 232-233, 242, 244, 251, 256, 260, 264, 347, 393
  intellectuelle 244
Amérique 137, 177
Aministie internationale 149, 188
amour 86, 130, 144, 242
  sexuel 272
anabaptistes 174
analogie 257
Ancien Testament 357
androïde 242-243
Angleterre 36
angoisse 5
animaux 142, 228, 263, 295, 308-309, 383, 386, 394, 399
  Déclaration universelle des droits des 394
  domestiques 290
  droits des 267
  expériences sur 269, 297
animisme 129, 260
anthropologie 6, 235, 336, 384
anthropologue 66, 158-159, 363
anthropomorphisme 129, 130, 374
anticléricalisme 120, 293
antihumanisme 239, 246
Antiquité 6, 244, 286, 295
antisémitisme 152, 347, 375, 378
Apartheid 162, 165
Apocalypse 58, 399
apostasie 171, 179
apprentissage 252
approbation 155
Arabie Saoudite 180, 350, 364, 369
  code vestimentaire 370
  traitement des femmes 370
araignée 278
Arcand, Denys 371
arithmétique 391
arpenteur 400

arsenic 381
artistes 4, 12
arts 342
ascétisme 18
Asilomar 397
Asimov, Isaac 242, 245, 387
Astérix 71
astrophysique 136
athées 36, 137, 139, 221, 364, 365
athéisme 64, 215, 231, 364
atome 2
attentats à la bombe 266
Augé, Marc 63, 235, 337, 338, 339
Augustin 18, 173
aura scientifique 30
Auschwitz VI, 72, 87, 202, 243, 264, 279
Australie 266, 374
aveugle 258
avocat 310
avortement 34, 88, 96, 184, 195, 201, 219, 223, 236, 275, 293, 307, 380
Aztèques 380

B
Baars, Donald 124
babouin 281
Bakounine 149
baptême 173, 366
 d'enfants 171, 174
Baptistes 174
Barabanov, Eugene 366, 382
Barham, James 123
Barker, Eileen 30, 71
Bastille 208
Bateson, Gregory 258
Batty, Roy 243
BBC 62, 386
Béatitudes 387
Beau 6, 229
bébés 309
Begley, Sharon 167
béhaviorisme 384
Behe, Michael 380
Belgique 346
Benzenhöfer, Udo 293
Bergman, Jerry 356, 359
Berkowitz, Peter 191
Berlin, mur de 45, 73
Berman, Paul 183
besoin d'intégration 107
Bible 57, 84, 349, 392

bidon 192
bien 35, 81, 90, 110, 157–158, 167, 195, 198, 205, 210, 229, 339, 384
bien commun 168, 200, 203
bière 9, 300
Big Blue 251, 385
Big Brother 352
Bilal, Enki 371
Bingen, Hildegarde de 217
bioéthique 194, 285, 286
Biological Species Concept 291
biologie 236
biologiste 55, 291
biosphère 282, 285
BioSteelT 278
biotechnologies 88, 199, 270, 275–277
 contraintes au développement 284
 contraintes juridiques 284
 opinion publique 284
Bjaeldskor 380
Blade Runner 8, 241, 243
blé 283
Boas, Franz 384
bombes incendiaires 264
bonobo 295
bonzes scientifiques 30
Borissov, Vadim 230, 383
Bork, Robert 340, 356
Bossuet 334, 368
bouc émissaire 214
bouddhisme 182, 232, 240, 244, 350
 theravāda 339
bourgeois 186
Bourgeois, Louis 369
bourses de recherche 285
Bouveresse, Jacques 192
Bracher, Karl Dietrich 96, 335, 340, 356, 371, 376
Bradbury, Ray 4, 203, 348
Brahma 334
brebis transgénique 276
Breton, André 17, 65, 348
brevets 276
bricoleur 396
bright 70, 346
Brin, Sergey 164
bronze 381
Brown, John 340
Brownmiller, Susan 373
Burbank, Truman 62
Burridge, Kenelm 367

Index

C

Cabet 215
cacherout 292
cadavre 309
calculatrices 252, 256
calice d'Ardagh 220
califes 176
Calvin 178, 368
camps de concentration 10, 263, 334, 355, 377
camps de travail 341
Camus, Albert 4, 9, 15, 17, 32, 45, 115, 142, 165, 223, 241, 299, 335, 337, 354, 376
Canada 34, 266, 354, 364, 369, 397
cannibalisme 308-309
capacité intellectuelle 382
capitalisme 170, 295, 371
  sauvage 344
Carter, Stephen L. 38
Castenada, Carlos 337
castes 204
catéchisme 15, 70, 210, 288
  matérialiste 70
Catholicisme 87
Catholiques 120, 218
causalité 385, 387
causes matérielles 347
Cecil, Robert 374
Celera Genomics 397
cellules souches 278, 280, 397
Celtes 380
censure 65, 101, 107, 112, 117, 118, 122-124, 133, 134, 352
  dans le monde islamique 181
  postmoderne 93
cercueil 309
certitude, désir de 349
cerveau 386
César 172
César, Jules 220
césaropapisme 366
chair 244-245
chamanisme VII
chamans 11
Chamberlain, H. S. 152, 374
chambre chinoise 254, 390
chaos 127, 145, 168
Charte des droits et libertés de la personne 35
Chastel, Claude 280
chaudron de Gundestrup 220
Che Guevara 70
Cheikh Youssouf 175
cheminement VIII
chevaux 265, 289
chevreuils 270
chien 57, 144
chiisme 87
chimpanzé 251, 266-268, 281, 295, 307, 394, 399
  violence des 400
Chine 45, 164, 213, 217, 380
  droits de la personne en 165
Chine communiste 351, 355
chocolat 311
choix 384
Chomsky, Noam 106, 134-135, 298, 351, 353-354
chrétien, héritage culturel 3
chrétiens 175, 335, 341, 377
  persécution des 213, 379
  sous l'islam 175
Christ 172, 366
christianisme 10, 17, 24, 27, 35-36, 74, 102, 116, 120, 125, 129, 137-138, 148, 151, 158, 161, 168, 171-172, 211, 218, 265, 341, 348, 367, 370, 376, 382, 393, 394
  marginalisation du 215, 217, 219
chromosomes 394
Chute, doctrine de la 347, 384, 398, 400
cinéma 241
citoyen 183
civilisation 221, 344
Clarke, Arthur C. 83-84
classes sociales contre-révolutionnaires 359
client 309
clonage 241
  humain 277, 279
cobayes 361
cochon 269
Cœlacanthe 398
cohérence 98, 145, 154, 165, 199, 202, 265, 313, 362
  désir de 206
Colombie-Britannique 305
Colson, Charles 42
comète 64
  Hale-Bopp 346

communauté 170, 273, 274
 d'intérêts 313
communication 110
 animale 298
communisme 175, 186, 295, 359, 371
 stalinien 170
Comores 398
compassion 167, 225, 301
 postmoderne 154
compétition Loebner 248, 251, 256
complémentarité 272–273, 395
complot 134
comportement animal 190
comportement criminel 204
Comte-Sponville, André 221
conditionnement, maîtres du 198
conditionneurs 238
condom 311
cônes 128
confessionnal 52, 389
conformisme 11, 22, 63, 91, 99, 114–115, 134, 188, 207, 344, 354
connotations 98
conscience 8, 144, 233, 254, 260, 265, 268–269, 280, 371, 386
 de classe 186
 humaine 244
conseiller interne 195
consensus 133
consommation 7, 23, 292
conspiration 134
Constantin 172, 366–367
constitution américaine 33
contexte 105
 d'expression 107
contraception 96
contrainte 102, 117
Contrat social, le 15
contre-révolutionnaire 149
contrôle social 270
convergences 118
conversion 170–171, 359, 366, 395
 à l'islam 176, 180
 brahmanes 178
 d'adultes 178
 postmoderne 156, 182
copuler 259
Coran 84, 163, 179
Corgan, Billy 64
corps 228, 233, 259, 262, 308, 346–347, 357

 mépris du 244
correction corporelle 88
cosmogonie 336
cosmologie 17, 19, 66, 89, 153, 241, 270, 281, 287, 294, 311, 334, 336, 339, 385, 392
 darwinienne 145, 374
 définition V
 implications politiques 185
 judéo-chrétienne 224
 matérialiste 45, 138, 146, 223, 231, 233, 256, 264, 267, 344
  influence culturelle 203
 postmoderne 194, 269
couple 395
cour suprême 340
Cour suprême américaine 38, 133
Créateur 287, 349, 385
Création 58, 129, 287–288, 304
créationnistes 48
crédibilité 211
credo 46–47, 83
Crétacé 399
Crick, Francis 72, 346
crime 20, 93, 203, 267, 340
 haineux 101
criminels 17, 204, 303, 377
critique 101, 186, 188, 193, 395
croyance 80, 259, 349
croyant 170
 sacerdoce du 174
cruauté 382
culpabilité 86, 154
culte de l'empereur 378
culture
 populaire 7, 14, 28, 401
 système religieux 63
culture postchrétienne 3
cumin 294
cyberespace 81
cybernéticien 261
cybernétique 14, 258
cybionte 240
cyborgue 257, 336, 339

D
Danemark 220, 380, 397
danger 132
Daniel 358
d'Aquin, Thomas 18
Dar el Harb 175

Dar el Islam 175
Darwin, Charles 4, 67, 72, 102, 144, 148, 195, 230, 256, 287, 290, 302–303, 343, 359, 363, 375, 383, 399
  rôle de prophète 52
darwinisme 123, 187, 265, 293, 341, 356, 363
  social 374
Das Erbe 226
dauphins 295, 299
Dawkins, Richard 48–49, 68, 70, 233–234, 307, 342, 346, 401
débiles 225, 383
Debray, Régis 18, 29, 70, 334
décadence 383
déception 130
Deckard, Rick 243
décompression 263
déconstruction VIII, 6, 242
Deep Blue 389
Deep Though 389
définition 248–249
Delumeau, Jean 217
Dembski, William 298, 380
démocratie 118, 182–183, 204, 217, 368
démon de Maxwell 129
dépression 11
Deringil, Selim 176
Dernavich, Paul 301
Descartes 72–73, 235, 304, 362, 381
désespoir 395
désinformation 312
désir VII, 17, 194, 339
  extinction du 339
Desroches, Henri 215, 367
Dessin Intelligent 380
destin 5, 204
déterminisme 150, 205–206, 210, 234, 271, 302, 344, 347, 363, 377, 384
  biologique 205
  génétique 234, 345
deus ex machina 71
devoir 198
dhimmi 176, 179
diabète 397
Dick, Philip K. 192, 242
dictateurs 353
dictatures de demain 201
Diderot, Denis 64, 224
Dieu 8, 20, 36, 73, 125–128, 136, 142, 144, 164, 167, 172, 174, 200, 208, 210, 215, 218, 221, 228, 256, 262, 277, 290, 301, 304–305, 310, 338, 366, 369, 381, 385, 391, 393, 400
  mort de 235
Dieu-processus 334
dieux 260
dignité 100
dinosaures 302, 306
discours haineux 213
discrimination 137
discussion 103
diseuse de bonne aventure 391
Disneyland 192
dissection 263
divinités 223
  celtes 220
  domestiques 378
divinité sénile 350
divorce 33, 364
Djihad 175, 178
djizia 176
documentaires 62
dogmes 170, 342
  matérialistes 358
doit 147
Dolly 396
Donatistes 173
Dostoïevski 142, 164, 166, 231, 310, 365, 384
Douglas, Mary 89, 95, 104, 113, 130, 132, 139, 210, 359
douleur 394
Dowbiggin, Ian 362
droit 215
  criminel 204
  musulman 369
  nazi 340
  romain 35
droite 46, 96, 219
droits 90
  de la femme 160
  de la personne 161–162, 185, 230, 286
  de l'Homme 33, 162, 183, 185, 214, 218
  des animaux 266–267
  naturels 168, 186
druides 220
Dumont, Fernand 235
Dunn, Irina 395

Durand, Guy 218
Dyson, Freeman 244

E
Eagleton, Terry 6
échecs 252–253, 385, 389
écoles laïques 70
économique 311
écosystème 287
Écritures 357, 366–367
éducation 31, 65
égalité 185
Église 37, 117, 172, 293, 366, 368, 372, 376
 catholique 173, 175, 216, 346, 356
 orthodoxe 172
 orthodoxe Russe 367
ego 232, 233
Einstein, Albert 19, 121, 337, 361, 376
Eisenburg, Léon 345
Elbaz, Mikhaël 282
éléphants 295
Eliot, T. S. 7, 350
élites 31, 45
 juridiques 35, 37, 141
 matérialistes 71
 médiatiques VIII
 modernes 3, 120
 postmodernes 52, 75, 194, 348
  intérêts de classe 195, 198, 203, 275
  ouverture à l'égard de la religion 49
 scientifiques 59, 75–76, 139, 350
Ellul, Jacques 61, 107, 124, 186, 344, 353
embryon 278
embryons humains 396
Emerson 7
émotions 146, 160, 242
empathie 242, 243, 386
empire Ottoman 176
empire Russe 172
ENAP 369
encéphalopathie spongiforme bovine 281
enfants 33, 96, 142, 154, 167, 272, 275, 365, 367, 382
 handicapés 268–269, 361, 363
 surdoués 142
Engels 170
Enigma 387
enthousiasme 119

entrevue 352
entropie 313
environnement 241, 295–296, 306, 309, 350
 responsabilité 306
environnementalistes 297
épanouissement 7, 85, 90
épaulard 305
épistémè moderne 89
épistémologie 235
eschatologie VI
Escherichia coli 283
esclavage 36, 42, 204, 213, 340, 341, 355, 356, 362
 abolition de l' 174
esclaves 142, 175, 201, 238, 246, 265, 368, 380
espèce 194, 286, 398
 concept chez Darwin 288
 continuum des 289
 définition 286, 398
 définition morphologique 290
 disparitions 399
 fixité de l' 288, 290
espoir 152, 154
esprit 232–233, 244, 246, 259, 386
esprits 254
essence humaine 215
ET 48
étalon 342
État 17, 35, 37, 42, 45, 66, 83, 91, 99, 115, 117, 136, 151, 167, 171, 175, 177–178, 181, 218, 270, 353, 354, 365–367, 371–372, 392
 athée 366
 byzantin 366
 islamique 163, 178
 moyen de salut 83
 postmoderne 286
 russe 172
 soviétique 337
 totalitaire 348
États-Unis 36, 42, 97, 116–117, 219, 266, 271, 278–280, 348, 397
Éternel 209
éternité 2
éthique 145–146, 149, 151, 204, 234, 252, 268, 279, 294, 301, 383
 conception évolutionniste 377
 fondement cosmologique 151
 matérialiste 345

étiquetage 96
étiquettes 89
étoile 262
êtres 246
études postmodernes 16
Euclide 128
eugénisme 187, 271, 275, 289, 382
euphémisme 100
eurocentrisme 16
Europe 65, 71, 117, 137, 177, 219, 265, 290, 363, 368
  évangélisation de 172
euthanasie 33, 38, 42, 99, 152–154, 194, 197, 225, 232, 236, 262, 271, 293, 349, 362
  active 237
  passive 236
évangéliques 171, 174, 369
Évangiles 387
évolution 56, 85, 90, 116, 124, 144, 247, 256, 267, 270, 296, 302, 344, 346, 349, 355–356, 359, 373, 398
  critiques 359, 378
  monopole idéologique 117
  saltatoire 356
excommunication 171
exemplum 57
existentialisme VII, 365, 395
  érotique 74
expériences 191, 263
  scientifiques 361
  experts 111
  scientifiques 140
extermination 175
extraterrestres 71
extrémiste 98

F
famille 86, 102, 385
fascisme 65, 96, 335, 344
Fast, Howard 142
fatwa 179
femelle 273
féminisme VII, 160
femmes 160, 162, 163, 196–197, 216, 265, 272, 370, 373
  juive 379
  romaines 216
Feng Shui VII
fertilité 274
fétiche 12

Feyerabend, Paul K. 47, 121
fibrose kystique 276
fiction postmoderne 14
filtres 103, 106–107
finalité 190
Firth, Raymond 35
fœtus 269, 307
foi 66, 124, 127, 395
  scientifique 59
foie 280
folie 210, 372
Fontenay, Élisabeth de 58
football 14, 252, 339
force 148, 167
forêt 306
fou 210, 271, 312, 372
Foucault, Michel 101, 210, 238, 352, 371
foulard 370
fourmi 57
fourrures 266
France 69–70, 173, 175, 218–219, 354, 364
Frankl, Viktor 10, 60, 225, 262, 377
Freedom House 181
Freud, Sigmund 230, 232
Front de Libération des Animaux 266
Führer 340
Fukuyama, Francis 186, 270, 274
funérailles 309, 380
fusion à froid 54

G
G8 165
Gablik, Suzi 63, 207
gai 100
Galápagos 288
Galilée 125, 356
Galton, Francis 382–383
Gandy, Robin 255
Garaudy, Roger 74
Garvey, John 184
gatekeepers 32, 77
Gates, Bill 388
Gattacca 8
gauche 46, 96
Gauguin, Paul 223, 307
gaulois 220
Gauvin, Jean-François 355
Geertz, Clifford 63, 344
Gellner, Ernest 6, 66, 102, 161, 169,

192, 336, 341
gènes 204, 239
Genèse 102, 223, 290, 334, 341, 398
génétique 283, 292, 394, 396
  déterminisme 56
Genève 178
génie génétique 127
génocide 197, 204
génome humain 285
gentleman 97, 99
géologie 54
géométrie 128
ghetto chrétien 138
ghetto de la religion 116
Girard, René 111, 214, 364, 372
gnostique 240
Gödel 188, 190
  théorème de 256–257, 391
Goebbels, Joseph 271, 357
Goodall, Jane 266
Goodstein, David 122
Google 164
gorille 295, 399
Goulag 87, 120, 148–149, 168, 202, 341, 348, 363
Gould, Stephen Jay 3, 48, 67, 73, 123, 138, 200, 205, 289, 344–345, 356, 398
Gouverneur, Cédric 394
Graal 273
gradualisme 398
Graham, Robert K. 397
grammaire 298
Grande-Bretagne 266, 362
Grant, Madison 363
Grassé, P.-P. 66, 397
Great Ape Project 302
Grèce 368
Grecs 217, 335
Greeley, Andrew M. 383
greffes 281
Groningen, protocole de 155
grossesse 269
guerre 65, 375
Guibet-Lafaye, Caroline 157
Guinness, Os 363
Gundestrup, chaudron de 220, 381

H
Hæckel, Ernst 265, 293, 375, 393
Haendel 271
haine 361

Haïti 18
HAL 242
Halpern, Mark 250, 252, 390
Halvorson, Richard 379
handicapés 225, 237
  mentaux 187, 269, 393
  physiques 187, 393
hardware 251, 386, 389
Harvey, David 184
hasard 8, 126, 145, 165, 204, 234, 241, 293, 338, 347, 388
Hatch, Elvin 384
Havelock, Eric 5
Hawking, Stephen 358
Hawkins, Michael 136, 358
Haydn, Joseph 48
Hayles, Katherine 5, 242, 245, 247, 255
Hegar, Alfred 187
Hegel 115
Heidegger, Martin 66
Heming, Sally 375
Henri IV 218
hépatite B 276
herbicide 278
hérédité 382
hérésie 159
hérétiques 52, 65, 95, 171
  postmoderne 189
héros 125
Heydrich, Reinhard 393
Heyt, Hanna 226
Himmler, Heinrich 393
hindouisme 178, 382
Hippocrate, serment d' 286, 363
hippy 71
Hiroshima 72
Histoire 3, 13, 46, 148, 214, 238–240, 334, 335, 338, 341, 385
  sens de l' VI, 349
Hitler, Adolf 66, 144, 150, 187, 202, 207, 209, 226, 271, 360, 362–363, 375–376, 382
Hobbes 15
Hollywood 71
Holocauste 68, 199, 360
homme 3, 13, 56, 147, 197, 234, 238, 261–262, 272, 275, 349
  animal rationnel 259, 264
  appartenance 268
  capacités linguistiques de l' 229, 298
  conscience de son existence 229

corporalité 240, 244
créé à l'image de Dieu 149, 224, 228
définition de 267, 281
de Tollund 220
dignité 225, 262
être déchu 357
expériences sur 269
identité 229
intendant 399
mort de 235
pensée chez 253
responsabilité de l' 296, 301
sens moral 229
séparé des animaux 308
sommet du processus évolutif 224
statut privilégié 227-228, 256, 264, 267, 299
utilité sociale 262
homophobie 100
homo sapiens 296
homosexualité 197, 273, 275
homosexuels 100, 393
honte 167, 205
Hopis 93
hôpitaux 383
horoscopes 70
Hoyle, Fred 72, 122, 346
Huguenots 173
humain 85, 149, 258, 392
 barrière homme / machine 240
 cheminement de l' 243
 comportement verbal 248
 redéfinition de l' 260, 292
humain/animal, rapport 295, 297
humains bidon 192
Human Genome Project 397
humanisme 33, 231, 238-240, 342, 362, 364, 392
 utopique 231
Hume, David 119, 146-147, 259, 342, 385
humiliation 167
Huxley, Aldous 8, 67, 86, 118, 201, 345, 353, 399
Huxley, Julian 307, 399
Huxley, Thomas 293, 343
hypothèse Sapir-Whorf 351

I
IBM 334
Ich klage an ! 226

identité VIII, 60-61, 217
 crises d' 217
idéologie 352
 gaie 100-101
 moderne 344
 nationaliste 344
 politique 335, 346
 scientifique 303
idiots 383
idolâtres 175
ignorer 111
Illich, Ivan 98
image de Dieu 298, 368, 393, 395
immortalité 228
incertitude 338
incomplétude 392
inconscient 17
incroyance 139
incroyants 170, 175, 179
Inde 345
indépendance de la magistrature 40
indétermination 347
individu VII, 15-16, 27, 46, 61, 66, 76, 86, 90, 148, 157, 207, 214, 227, 239, 245-246, 262, 280
individualisme 15, 157-158
Indonésie 213
inertie culturelle 303
infanticide 197, 268, 293
infection de la pensée 117
infirmes 383
informateur 158
information 109, 239, 244, 251, 253, 387
 débit d' 389
 édition de l' 112
 génétique 290
 sources 114
informatique 388
infrastructure 334
ingénieur 250
iniquité 209
injustice 214, 354
Innus 93
Inquisition 3, 92, 120, 125, 208, 395
insectes 288, 301
instinct 109
 social 144
insuline 283, 397
intégrisme 98
intellectuels 77, 117, 385

intelligence 245, 251, 253, 260, 388, 399
  artificielle 238, 241, 247, 387, 391
intendance 301
interdit 110
internationalisme 360
Internet 104
interrogateur 252
interview 353
intolérance 165, 169, 208, 354, 365
intolérant 94-95, 98, 165
intouchable 178
invertébrés marins 289
Iran 163
Iraq 181, 369
Irlande 288, 367
irrationnel 85, 146
irtidad 179
islam 3, 35, 74, 87, 138, 156, 161-163, 168, 171, 181, 213, 338, 354, 364, 369-370, 380
  droits de l'homme 364
Israël 358, 370

J
Jaki, Stanley L. 261
James, William 59
Jefferson, Thomas 201, 375
Jérusalem 393
jihad 369
Johnson, Blind Willie 381
Johnson, Phillip 90, 376
journalisme 81, 351, 357
journalistes 77, 106-107, 112-113, 354
journaux 356
  scientifiques 122
judaïsme 138, 216, 292
jugement 160
  éthique 151
juges 40
  processus de sélection des 36, 133
Juifs 115, 148, 152, 173, 265, 362
  lois sanitaires 291
jumeaux 264
justice 34, 111, 151, 168, 185, 189, 308, 395
  sociale 215

K
Kant 18
Karpov, Anatoly 389

Karsz, Saul 346
Kasparov, Gary 251, 385, 389
Kass, Leon 96
kémalisme 138
Kemp, Nick 362
Kepler, Johannes 126
King, Martin Luther 36
koan 258
koulaks 149, 377
Kreeft, Peter 97
Krishna 334
Kubrick, Stanley 71
Kuhn, Thomas 51
Kurzweil, Raymond 246, 292, 398

L
Lacan, Jacques 30
laïcisation IV, 11, 24
laïcité 218, 221
Lake & Palmer 7
Lallemand, Suzanne 336
Lamarck, Jean-Baptiste de 359, 398
langage 86, 93, 99, 298
  contrôle du 94, 103
  dogmatique 15
  moral 202
Laogai 120, 341, 355
lapins 278
  d'Australie 270
Laplace, Pierre Simon de 305, 400
Larson, Edward J. 136-138
Laudan, Larry 140
Lebensborn 397
Lecter, Hannibal 308
lecteur 122
législateur 32
Législateur divin 150, 196
Le Goff, Jacques 215
Lénine 168
Lévi-Strauss, Claude 335, 337
Lewis, Clive Staples 44, 72-73, 97, 149, 157, 159, 198, 202, 227, 238, 259-260, 263, 303, 347, 350, 353, 374, 391
Lewontin, Richard 350
Lex Rex 200
liberté 17, 86, 103, 118-119, 157, 171, 190, 207, 209-210, 214, 223, 237, 338, 371, 376, 399
  de parole 101, 116
  de pensée 193
  de presse 91, 180, 186

sexuelle 343
libre arbitre 204, 229
Ligue moniste 393
Linné, Karl von 127, 290
lion 303
lobbying 202
logiciel 244, 248-249, 251-252, 386, 388-389, 391
logique ritualiste 337
loi 32, 185, 203, 226, 399
  absolue 143, 165, 167, 199, 212, 284, 286, 374
  antisectes 69
  divine 229, 368
lois morales absolues 114
lois naturelles 150
Louis XIV 53
Lucas, J.R. 257
Luckmann, Thomas VIII, 15
Luna 305, 401
lutte pour la survie 187, 360
Lyotard, J.-F. 6, 60, 103, 183, 335, 338, 355, 392
Lyssenko 380

M
machine 239-241, 247, 249, 259, 292, 391
  à calculer 128
Madère 288
magie 71
maïs 283
mal 35, 81, 90, 148, 157-158, 167, 195, 198, 205, 210, 229, 339, 364, 383, 384
malades 301
maladie 291
  mentale 211, 383
malaise 280
malaria 263
mâle 273
mammouth 296
Manhattan Project 386
Manifeste humaniste 302
manipulation 16
Manson, Marilyn 373
Mao 117, 203, 371
Marceau, Richard 40
Mardochée 357
marginalisation 38, 93, 107, 113, 116, 137, 163, 189, 379
  stratégie de 92

mariage 212, 216, 273
  gai 274
martyr 343
marxisme 335
Marx, Karl 46, 72, 149, 170, 230, 346, 371
matérialisme IV, VII, 3, 12, 17, 49, 74, 120, 124, 147, 166, 233, 239-240, 264, 350, 353, 385, 399
  déclin du 64-75
mathématiques 125, 234, 252, 255-257
matière 239, 245
Maux, Madame de 64
Maxwell, James Clerk 129
Maynard-Smith, John 359
Mayr, Ernst 55, 291, 301-302, 398
médecins 152-154, 237, 383
  de camps de concentration 263
médias 61-64, 75-76, 103, 104, 110, 133, 135, 354
  électroniques 104
  imprimés 104
  indépendance des 354
  liberté des 107
  objectivité 62
  pouvoir des 104-105
  rôle des 135
  scientifiques 358
medium cognitif 258
Meilaender, Gilbert 272
Mengele, Josephe 260, 264
Mennonites 174
Mésopotamie 380
message 388
métaphore 53
métaphysique 14, 81, 349, 391
métarécit VIII, 313
méthode scientifique 342
meurtre 147-148, 165, 205, 226, 307, 361
Meyer, Stephen 387
Midgley, Mary 59, 129, 244
millénaristes 368
mimétique 214
minorités religieuses 116
Minsky, Marvin 242, 246, 387
miracles 289
missionnaires 219
mîyn 290
moderne VI, 6, 45, 64, 67, 313, 344-

345
Mohamed 366
moi 8, 204, 234
monde 2
　inanimé 248
　mépris du 244
　réel 239
　virtuel 239
Monod, Jacques 129, 204, 377
monothéisme 47, 311
monstre 145
Montagnais 338
morale 5, 17, 145, 147, 149, 153, 157, 161, 164, 169, 191, 203, 210, 229, 254, 268, 345, 360, 374, 377, 382, 385, 392, 395
　universelle 85
moralité 234, 264
Morgentaler 34
mort 2, 88, 100, 154-155, 179, 237, 259, 272, 293, 338
Moscou 336
mot-plastique 98
Moyen Âge 172, 175, 184, 193, 210, 214, 216, 291, 395
Muggeridge, Malcom 13, 62, 91, 113, 133, 336
Muller, Hermann Joseph 397
multimédia 103
Münzer 215
mur de Fer, chute du 367
musulmans 354
mutations 241, 287, 290
mythe VI, 5, 81, 304, 334, 390
　d'origines 85, 256, 299, 349
　　matérialiste 144
　scientifique 58
mythologie 15, 245
　moderne 344

N
naissance 212
Nantes, édit de 218
Napoléon 45
narration 55
National Academy of Sciences 31, 36, 136, 139
National Center for Science Education 116, 355
nature 194, 196, 256, 275, 295, 300
nature humaine 241

nausée 4, 9
nazis 186, 260, 264, 336, 356, 382, 392-393, 397
nazisme 65, 175, 184, 187, 224, 359, 371, 374-375
néologisme 258
néoplatonisme 240
neurones 298
névrose du dimanche 11
Newton, Isaac 128, 139
Nietzsche 10, 46, 148, 208, 230, 232, 265, 299, 349, 365, 376, 378
Night Pearl 276
nihilisme 165, 169, 199, 221, 335
Nixon, Richard 351
Noirs 36
NOMA 48, 67, 73, 138, 199-200, 395
Nouveau-Mexique 173
Nouvelle-Zélande 302
novlangue 109
nucléaire 282

O
obéissance 368
objectivité 108-109
observation 53
Occident IV, VIII, 3, 11, 25, 39, 42, 74, 91, 214, 229, 271, 335
　chrétien 221
　immigration vers 214
　schizophrénie de l' 74
　vieillissement de la population 237
occulte 71
OGM VI, 263, 292, 397
oiseau 398
Ontario 354
opinion publique 134, 199
orang-outang 400
ordinateur 242, 247-248, 309, 334, 344, 385, 387, 389
　anthropomorphisé 250
　pensée chez l' 248, 390
Ordovicien 399
ordre 224
Ordre du Temple Solaire 69
organismes transgéniques 278-280
origine 54
orthodoxie 91
　scientifique 123
Orwell, George 9, 203, 352
ours polaire 401

P

paganisme 63
paléontologie 288
pangermanisme 393
Papouasie-Nouvelle-Guinée 158
paradigmes 123, 188
paradis 64, 334
paradoxe is/ought 146
paraplégique 258
parasitisme 290
parents 154
Parlement canadien 40
Parole 378
Pascal, Blaise 2, 128, 227, 381, 400
passions 236
patient 154, 237, 363, 385
Patrice, saint 367
Pays-Bas 152
Pearcey, Nancy 373
péché 142, 212, 383
pédagogue 236
pédophilie 88
peine capitale 154, 308
pèlerinage 6
pendule 71
Penrose, Sir Roger 391
pensée 303–304, 372, 390, 400
Pensées 128
penser 249
Pepperell, Robert 233, 240, 258, 385
Permien 399
persécution 173, 369
personnalité 232, 239
  anéantissement de la 240
personne 230, 262, 267–268, 393
peste 291
pharisiens 393
pharmaceutique 297
Phillips, Winfred 244
philosophe 148, 193
philosophie 64, 361
  de l'histoire 335
phoques du Groenland 297
physique 127, 234
Picasso 72
Pichot, André 271, 290, 393
piétistes 174
Pinker, Steven 233
plaisir 85–86, 244
Plamondon, Luc 7
plantes transgéniques 276, 396
Platon 244, 390
pluralisme 157, 207, 312
Poincaré, Henri 377
poison 264
poisson 272, 398
poisson-zèbre 276
politicien postmoderne 338
politique 334
polluant 95, 210–211
pollution 95, 104
Pologne 383
Polonais 393
polygamie 275
polythéisme 220
pool génétique 284, 287, 290, 396
Popper, Karl 95, 214, 351
porc 280
  transgénique 281
Porush, David 14, 29, 81
positivisme 233, 344
posthumain 5, 29, 88, 238, 247, 250, 257, 259
  moralité 246
postmoderne VI, 6, 11, 15, 17, 50, 61, 82, 88, 313, 338
  influence subliminale VIII
postmodernisme IV, 46, 157, 191
  conséquences politiques 184
  intolérance 168
  réaction au christianisme 213
poulet 269
Pournin, Kim 30
pouvoir 93, 357
prédateur 386
préjugés médiatiques 134
Première Guerre mondiale 65
président américain 354
presse 91, 351, 354
pression atmosphérique 128
présupposé 5, 27, 83, 156, 170, 255, 342, 395
  cosmologique 241, 300
  masqué 108
  métaphysique 46, 121
prière 364
primates 265, 302, 400
prison 303, 366
prisonniers 369
privé 217
probabilité 128
processus 39

programmeur 250, 252–253, 388–389
progrès VI–VII, 33, 46, 64, 85, 143, 148–149, 154, 195, 240, 257, 279, 282, 284, 338, 348, 377, 384
projets politiques collectifs VII
prolétariat 11
propagande 57, 61, 86, 106–107, 110, 114, 124, 186, 231, 236, 255, 271, 341, 353, 357
Propp, Vladimir 125
propriété 373
prosélytisme 170–190
prostitution 370
protéine 309
protestantisme 88, 174
Protestants 119, 218, 366–367
Provinciales 128
Provine, William B. 203, 376
Prozac 274
Psaumes 228
psychanalyse 263, 344
psychiatrie 60, 225
psychologie 56, 211, 217, 232, 235
psychologie évolutionniste 56–57, 88, 205, 373
psychologue 232
psychotropes 270
publications 122
Pueblos 173
pulsions 17, 144–145, 167, 195
 sexuelles 86
punition 203, 308
Puritains 174
Putallaz, F.-X. 268

Q
Qatar 181
Quakers 174
quantique 347
quarantaine 117
Québec 34, 338, 343, 364, 369, 371

R
race aryenne 264
races 148, 186, 356, 359–360, 362
 caucasiennes 148
 inférieures 264, 374
 supérieures 260, 264
racisme 267, 356
 scientifique 120, 363
 social darwinien 187

raison VII, 15, 17–18, 71, 73, 84–85, 121, 144, 147, 166, 191–192, 211, 232, 234, 303–304, 347, 372, 395
Ramsey, Paul 237
rapport homme-femme 379
rationalisme 355, 372
rats 291
Raymo, Chet 51
réalité 86, 89, 192
recherche médicale 297, 299
réel 192
Rees, Martin 58
Réforme 36, 174, 200, 214, 366, 368
Refus global 336
règles 157, 166
Reich, Ille 265
relativisme VII, 6, 47, 85–86, 97–98, 114, 157, 159–160, 162–163, 165–166, 168–169, 188, 344, 348, 364
 culturel 158
religion IV, VII, 11, 14, 19, 70, 82, 146, 170, 177, 342, 345–346, 353, 365–366
 contagion 82
 définition de la V–VI, 63
 explication totale 108
 matérialiste 67
 moderne 83, 137, 149, 251
 place de la 200, 212, 378
 postmoderne 21, 26, 27, 81–83, 85, 88, 90, 141, 154, 311
 prête-à-porter 15
 retour de la 218
 vérité de ? 372
remèdes 291
Rencontres du troisième type 48
repères 400
réplicants 242
répression 193
reproduction 290–291
responsabilité 22, 286, 301
 morale 229
résurrection 229
révision par les pairs 121–122
révolte 354
Révolution VII, 46, 173
Révolution française 223
Richards, Robert 375
Richelieu 175
Richet, Charles 362
Ridley, Matt 239
Rimbaud 5

Ritalin 189, 274
rituel 256
Robert, Michel 34, 37-38
robots 234, 246, 387
  spirituels 245
rois 200, 310, 368
  pouvoir absolu des 358
Roquentin, Antoine 9
Rosnay, Joël de 240
Rousseau, Jean-Jacques 15, 143, 400
Royal Society 31
Ruse, Michael 48, 57, 139
Rushdie, Salman 180
Russell, Bertrand 119, 145, 360, 399
Russie 65

S
sabbat 393
sacerdoce des croyants 174
sacralité 215
sacré 124
sacrifice humain 149, 220, 380
Sade, marquis de 147, 196, 361, 373
sagesse dominante 383
Saint-Barthélemy 173
saleté 113
Salomon 358
salut VII, 64, 83, 85-86, 121, 170, 178, 183-184, 334, 339, 372
  chez les nazis 186
  postmoderne 213
Sambia 158
San Diego 346
santé 383
Sapir, Edward 93
Sartre, Jean-Paul 4, 8-9, 164, 210, 361
Sati 372
savoir 191, 392
Saygin 253
Sayous, Pierre 368
scandale 110, 190, 211, 351, 384
scénario 104
scepticisme 121, 159
Schaeffer, Francis 96, 205, 367-368, 382, 392, 395, 399
schizophrénie 21
  postmoderne 5, 17
  relativiste 161
Scholte, Bob 188
Schwartz, Peter 300
science VI, VII, 18, 50-51, 74, 117, 121, 129, 136, 140, 147, 191-192, 217, 234, 259, 295, 313, 345-346, 350, 361
  aura sacrée de la 392
  bashing 355
  construit social occidental, 239
  définition de la 55
  homogénéisation conceptuel 136
  limites de la 53
  rôle idéologique 53-60, 130
science-fiction 71, 203, 240, 242
scientifiques 31, 121, 139-140, 379
  rôle religieux 59
sclérose en plaques 226
Scott, Ridley 241
SCRS 266, 394
scrupules 167
Searle, John 251, 254, 390
Seconde Guerre mondiale 68, 265, 312, 384, 386-387
secte Heaven's Gate 346
sectes 69
sélection naturelle 56, 148, 234, 293, 302
  des idées 101
sens 5-6, 11-12, 22, 24, 60, 92, 100, 104, 108, 165, 191, 337, 345, 401
  besoin de IV
  du monde 146
sens moral inné 143
sépulture 380
sexualité 74, 86, 88, 197, 213, 272-273, 312
Shaffer, Butler 98
Shari'a 36, 179, 181, 364
Shea, Nina 213, 379
Sheng, Huizhen 278
Shoah 393
Siècle des Lumières IV, 3, 17-19, 65-66, 69, 73, 129, 143, 210, 267, 304, 336, 372, 379, 400
siècle, IIIe 367
siècle, IVe 367
siècle, XIIe 217
siècle, XIXe 36, 42, 53, 82, 99, 120, 129, 144, 158, 174, 176, 201, 209, 214-215, 221, 264-265, 293, 303
siècle, XVIe 179, 369
siècle, XVIIe 89, 95, 172, 193, 210
siècle, XVIIIe 36, 120, 201, 209, 214, 216, 362
siècle, XXe IV, 7, 11-12, 19, 23, 32, 46,

60, 65, 71, 87, 90, 96, 143, 145, 187, 201, 215, 230, 247, 264, 270, 293
siècle, XXIe 58, 74, 292
significatif 90
silice 245
Singer, Peter 267-269, 302, 361, 394
singes 295, 302-303
Siva 372
socialisme 186
 européen 215
Social Text 50
sociétés 168, 397
 dites primitives 121
Sociobiologie 56, 69, 196, 205, 344, 350, 365
sociopathes 167
software 251, 386
soi 232, 245
soins palliatifs 155
Sokal, Alan D. 50, 190, 342, 355
Solidarité 383
solipsisme 253-254
Soljenitsyne, Alexandr 91, 377
Solution finale 65, 100, 148, 225, 264, 375
sorcellerie 95
 accusations de 139
Soudan 180, 213
souffrance 152, 154, 269
soupe primordiale 71, 239, 240
sources d'information 111
sous-marins 387
Soylent green 306
spécisme 267, 269
Spengler 152
sperme 397
Spielberg, Stephen 48
spin 312
Spirou 71
sport 339
Staline 45, 150, 168, 207, 397
stalinisme 65
standards éthiques 122
Stark, Rodney 341
Starmania 7
Steiner, George 10, 24, 65, 336
Stephenson, Neal 81
stérilisation 264
Sternberg, Richard 378
stress 212
subjectivité 313

Suède 397
suicide 9, 11, 232, 338, 346, 349, 354, 381, 387
 assisté 194, 293
sulfamides 264
Sunna 350
sunnisme 87
superstition 119, 355
sur-homme 230
surnaturel 334
surréalisme 16, 64, 344, 348, 395
survie 234, 302
 des plus adaptés 375
symbiose 290
sympathie 154
syncrétisme VII, 47, 84, 173, 309, 341, 395
 définition du 348
synthétiseur 398
système d'exploitation 389
système idéologico-religieux V-VI, 311
système judiciaire 32

T
T4 225, 381
tabou 121, 125, 279, 308
Tahiti 381
Taiwan 276
Talion, loi du 201
Tao 198, 202, 374
technologie 282
technophiles 282
technophobes 282
tectonique des plaques 124
tendancieux 99
téosinte 283
terme descriptif 97
Terre 244, 282, 399
Terreur 175
Tertullien 6, 367
Test de Turing 248-261
Thaïlande 161
théologie 303
théologiens 49, 58
Thomas, Clarence 133, 340
Thompson, Gary 81, 109
Thornhill, Randy 196-197, 373
Thuiller, Pierre 127
tiers-monde 219
Tintin 71, 346
Tipler, Frank 121

Tocqueville, Alexis de 74–75, 170, 176, 270, 372
tolérance 16, 47, 65, 84, 95, 117, 149, 158, 165, 189, 211, 213, 348
tolérant 94
tolérer, étymologie 94
tombeau 309
torture 65, 399
torys 119
totalitarisme 91, 118, 231, 375
Toulmin, Stephen 58
tourbières 380
toxicomanie 11
Tracy 276
trafics d'organes 280
transhumanisme 336
transition 132, 201, 217
transplantation 280, 309
triangle arithmétique 128
Trias 399
tribunaux supérieurs 31, 33
tri de l'information 105
Troisième Reich 340
Truman Show 62
tuer 164, 373
tueur 167, 200
  en série 145
Turcs 148
Turing, Alan 248, 387, 391
  machine de 391
  perspective idéologico-religieuse 255
  test de 390
typhus 263
tyrans 201

U
U2 4
Ukraine, famine en 336
Ullman, Ellen 239, 245, 247
UNESCO 285
Union soviétique 398
univers 2, 13, 18, 44, 147
  multiples 58
  primitif 130
universaux 185
université 271, 376, 392
Ur 380
URSS 91, 382
utérus 272
utopies 8, 12
utopisme 215

V
vaccin 383
vaches 265, 307
valeurs 86, 145, 158–159, 165, 203, 207, 221, 262, 293, 312, 360–361, 392, 394
  occidentales 160
  traditionnelles 157
variétés 288
variole 383
Vaudois 174
Veda 84
Veith, Edward 116
vélo 272
Venter, Craig 397
Vera, La petite 371
Verhagen, Dr. Eduard 152–153
vérité VII, 15–16, 45, 77, 83, 85, 109, 140, 143, 157–158, 192, 236, 312–313, 341, 343, 345, 352, 361, 373, 376, 391, 400
  concept chrétien 208
  concept postmoderne 212
  médiatique 62
vertu 165, 191
viande 307–308, 401
victime 101, 111, 184, 214, 371, 379
véhicule 372
vide VIII, 10–11
vie 301
  artificielle 239
  organique 259
  origine de la 72
  privée 82
  qualité de la 237
vieillards 237
vieillesse 147
vie professionnelle 82
viol 196–197, 373
Vishnu 334
vision du monde 61, 247
vivisection 78, 263
vivre avec dignité 100
Volland, Sophie 344
Voltaire 80, 102, 161, 216, 352, 365
von Humboldt 351
Vonnegut, Kurt 5, 21–22
vote 204

W
Wallace, Alfred 67

Wannsee 393
Washoe 400
Watergate 351, 354
Weikart, Richard 187, 292–293, 362
Weil, Simone 145, 362
Weinberg, Steven 44, 129
Wells, HG 194, 356, 401
Weltanschauung 351
Werth, Paul 172
whigs 119
Whitehead, Alfred North 190
Whorf, Benjamin Lee 93
Wilberforce, William 20
Wilson, E. O. 56
Wise, Steven 295
Wittgenstein, Ludwig 146, 259, 360, 392

X
xénophobie 205
xénotransplantation 280

Z
Zarathoustra 209, 365
zéro 400
zoo 400

10 / Reconnaissances

Dans ce monde virtuel, à mon épouse Margot, pour son support réel. Par ailleurs, il faut souligner la contribution essentielle de Suzan Allard à la révision.

À d'autres qui ont contribué de près ou de loin : Rodrique Allard, Marie-Claude Bernard, Jerry Bergman, Mark Billington, Francine Bilodeau, David Bump, George Cooper, Pascal Daleau, René Delorme, Ronald Dilworth, Denis Duguay, Annélie Gagnon, Alain Gendron, Louis Gosselin, Jimi Hendrix, Lisette Jobin, Donald Martin, Gib McInnis, Roger C. Ouellette, Jean-Guy Paquet, Jacques Robitaille, Louis Robitaille, Nicolas Savard, Walt Stumper, Nadia Tawbi.

Merci pour l'Internet...

11 / Considérations techniques

Les citations dans ce texte, suivies d'un astérisque (*), sont traduites par l'auteur.

Par ailleurs, les références bibliographiques ordinaires procèdent de la manière suivante:

Exemple: Une phrase (de fin de paragraphe) mentionne l'auteur **Bertrand Russell** suivi de la référence (1946/1975: 135) visera un ouvrage dont l'édition originale est de 1946 et l'édition citée est de 1975. Le chiffre suivant le deux-points donne le numéro de page où provient l'extrait suivant la référence. S'il s'agit d'un auteur cité dans un ouvrage collectif, on verra alors le nom de l'éditeur dans la référence. Et si on consulte la bibliographie de ce volume, on pourra constater que la citation ci-dessus est tirée du livre **Western Philosophical Thought**.

Dans le cas d'un **article paru dans un recueil**, la référence prendra la forme suivante (dans Curval 1990: 98-99) et réfère à l'éditeur du recueil et non pas à l'auteur de l'article. Il en est de même pour une citation d'un individu paru dans un texte publié par un autre auteur (dans le cas d'une entrevue par exemple). Dans quelques rares cas, l'ouvrage présent peut citer des références différentes d'un même auteur et de la même année. Pour les différencier, on ajoute alors une lettre à l'année (qui se retrouvera à la fois devant la citation et dans la bibliographie).

Au besoin, l'auteur peut avoir ajouté un commentaire ou une note apparente dans une citation. Dans un tel cas, les mots introduits sont entourés de crochets [ ].

Bon de commande.
(Amérique du nord)

Oui je voudrais me procurer _____ copies de « **Fuite de l'Absolu : observations cyniques sur l'Occident postmoderne.** » par Paul Gosselin (32.95 $CDN/copie)

Frais de transport / territoire :   SOUS-TOTAL$ / _____
Canada: 8$/copie ;
USA: 10$/unité ;   FRAIS DE TRANSPORT$/_____

     TOTAL$ / _____

Prière de libeller le mandat poste à l'ordre de « Samizdat ».
Modes de paiement acceptés: mandat poste et trait bancaire ($CDN)
Vos coordonnées :

nom : _____

rue : _____

ville/province : _____

code postal : _____

pays : _____

courriel : _____
    (pour confirmation d'envois électronique)

Escompte de 20% sur toute commande de 10 copies et +.
La commande est traitée dans 2 jours ouvrables après réception du paiement.
Faites parvenir le bon de commande ainsi que le paiement à :

Samizdat
COPJean-Gauvin
C. P. 25019
Québec, QC
G1X 5A3 - CANADA

www.samizdat.qc.ca/publications

Bon de commande.
(Europe)

Je voudrais me procurer _____ copies de « **Fuite de l'Absolu : observations cyniques sur l'Occident postmoderne** » par Paul Gosselin.
(20€/copie)   SOUS-TOTAL€ / _____

Frais de transport   FRAIS DE TRANSPORT€/_____
Europe 5,5€/unité

          TOTAL€/ _____

Prière de libeller le mandat poste à l'ordre de « CLC France ».
Modes de paiement acceptés: mandat poste et trait bancaire
Vos coordonnées :

nom : _____

rue : _____

code postal/ville : _____

pays : _____

courriel : _____
     (pour confirmation d'envois électronique)

Escompte de 20% sur toute commande de 10 copies et +.
La commande est traitée dans 2 jours ouvrables après réception du paiement.
Faites parvenir le bon de commande ainsi que le paiement à:

CLC France
Quartier Pélican
26740 Châteauneuf-du-Rhône
FRANCE

tél. 011 334 75 90 20 51

www.clcfrance.com

www.ingramcontent.com/pod-product-compliance
Lightning Source LLC
Chambersburg PA
CBHW021955160426
43197CB00007B/136